中国国家标准汇编

534

GB 28427～28443

（2012年制定）

中国标准出版社　编

中国标准出版社

北　京

图书在版编目(CIP)数据

中国国家标准汇编:2012年制定.534:
GB 28427～28443/中国标准出版社编.—北京:
中国标准出版社,2013.9
ISBN 978-7-5066-7265-8

Ⅰ.①中… Ⅱ.①中… Ⅲ.①国家标准-
汇编-中国-2012 Ⅳ.①T-652.1

中国版本图书馆CIP数据核字(2013)第186334号

中国标准出版社出版发行
北京市朝阳区和平里西街甲2号(100013)
北京市西城区三里河北街16号(100045)

网址 www.spc.net.cn
总编室:(010)64275323 发行中心:(010)51780235
读者服务部:(010)68523946

中国标准出版社秦皇岛印刷厂印刷
各地新华书店经销

*

开本 880×1230 1/16 印张 31.25 字数 957 千字
2013年9月第一版 2013年9月第一次印刷

*

定价 220.00 元

出 版 说 明

1.《中国国家标准汇编》是一部大型综合性国家标准全集。自1983年起，按国家标准顺序号以精装本、平装本两种装帧形式陆续分册汇编出版。它在一定程度上反映了我国建国以来标准化事业发展的基本情况和主要成就，是各级标准化管理机构，工矿企事业单位，农林牧副渔系统，科研、设计、教学等部门必不可少的工具书。

2.《中国国家标准汇编》收入我国每年正式发布的全部国家标准，分为“制定”卷和“修订”卷两种编辑版本。

“制定”卷收入上一年度我国发布的、新制定的国家标准，顺延前年度标准编号分成若干分册，封面和书脊上注明“20××年制定”字样及分册号，分册号一直连续。各分册中的标准是按照标准编号顺序连续排列的，如有标准顺序号缺号的，除特殊情况注明外，暂为空号。

“修订”卷收入上一年度我国发布的、被修订的国家标准，视篇幅分设若干分册，但与“制定”卷分册号无关联，仅在封面和书脊上注明“20××年修订-1,-2,-3,……”字样。“修订”卷各分册中的标准，仍按标准编号顺序排列(但不连续)；如有遗漏的，均在当年最后一分册中补齐。需提请读者注意的是，个别非顺延前年度标准编号的新制定的国家标准没有收入在“制定”卷中，而是收入在“修订”卷中。

读者配套购买《中国国家标准汇编》“制定”卷和“修订”卷则可收齐由我社出版的上一年度我国制定和修订的全部国家标准。

3.由于读者需求的变化，自1996年起，《中国国家标准汇编》仅出版精装本。

4.2012年我国制修订国家标准共2 101项。本分册为“2012年制定”卷第534分册，收入国家标准GB 28427～28443的最新版本。

中国标准出版社
2013年8月

目　　录

ICS 29.280
S 82

中华人民共和国国家标准

GB/T 28427—2012

电气化铁路 27.5 kV 单相交流交联聚乙烯绝缘电缆及附件

27.5 kV single-phase AC XLPE insulation cable and accessories for electrification railway

2012-06-29 发布 2012-10-01 实施

中华人民共和国国家质量监督检验检疫总局
中国国家标准化管理委员会 发布

前　言

本标准按照 GB/T 1.1—2009 给出的规则起草。

本标准由中华人民共和国铁道部提出。

本标准由中铁电气化局集团有限公司归口。

本标准负责起草单位：中铁电气化勘测设计研究院有限公司、中铁电气化局集团有限公司。

本标准参加起草单位：河北晶辉电工有限公司、广东吉熙安电缆附件有限公司、3M 中国有限公司。

本标准主要起草人：李汉卿、邵健强、沈菊、王立天、王作祥、韩士恩、吴春玲、杨韬、庄猛。

电气化铁路 27.5 kV 单相交流交联聚乙烯绝缘电缆及附件

1 范围

本标准规定了电气化铁路 27.5 kV 单相交流交联聚乙烯绝缘电缆及附件的术语及定义、电压标示及材料、使用特性及条件、代号及表示方法、技术要求、试验条件、检验规则、试验方法、验收规则、标志、包装、运输及保管。

本标准适用于电气化铁路的额定电压 U_0 为 27.5 kV 的单相交流交联聚乙烯绝缘电缆及其内锥型插入式可分离连接器、户内外终端、中间接头等。

2 规范性引用文件

下列文件对于本文件的应用是必不可少的。凡是注日期的引用文件，仅注日期的版本适用于本文件。凡是不注日期的引用文件，其最新版本(包括所有的修改单)适用于本文件。

GB/T 2951.11—2008 电缆和光缆绝缘和护套材料通用试验方法 第 11 部分：通用试验方法 厚度和外形尺寸测量 机械性能试验(IEC 60811-1-1:2001,IDT)

GB/T 2951.12—2008 电缆和光缆绝缘和护套材料通用试验方法 第 12 部分：通用试验方法 热老化试验方法(IEC 60811-1-2:1985,IDT)

GB/T 2951.13—2008 电缆和光缆绝缘和护套材料通用试验方法 第 13 部分：通用试验方法 密度测定方法 吸水试验 收缩试验(IEC 60811-1-3:2001,IDT)

GB/T 2951.14—2008 电缆和光缆绝缘和护套材料通用试验方法 第 14 部分：通用试验方法 低温试验(IEC 60811-1-4:1985,IDT)

GB/T 2951.21—2008 电缆和光缆绝缘和护套材料通用试验方法 第 21 部分：弹性体混合料专用试验方法 耐臭氧试验-热延伸试验-浸矿物油试验(IEC 60811-2-1:2001,IDT)

GB/T 2951.31—2008 电缆和光缆绝缘和护套材料通用试验方法 第 31 部分：聚氯乙烯混合料专用试验方法 高温压力试验-抗开裂试验(IEC 60811-3-1:1985,IDT)

GB/T 2951.32—2008 电缆和光缆绝缘和护套材料通用试验方法 第 32 部分：聚氯乙烯混合料专用试验方法 失重试验 热稳定性试验(IEC 60811-3-2:1985,IDT)

GB/T 2951.41—2008 电缆和光缆绝缘和护套材料通用试验方法 第 41 部分：聚乙烯和聚丙烯混合料专用试验方法 耐环境应力开裂试验 熔体指数测量方法 直接燃烧法测量聚乙烯中碳黑和(或)矿物质填料含量 热重分析法(TGA)测量碳黑含量 显微镜法评估聚乙烯中碳黑分散度(IEC 60811-4-1:2004,IDT)

GB/T 2952.3—2008 电缆外护层 第 3 部分：非金属套电缆通用外护层

GB/T 3048.4—2007 电线电缆电性能试验方法 第 4 部分：导体直流电阻试验

GB/T 3048.8—2007 电线电缆电性能试验方法 第 8 部分：交流电压试验(IEC 60060-1:1989,NEQ)

GB/T 3048.11—2007 电线电缆电性能试验方法 第 11 部分：介质损耗角正切试验

GB/T 3048.12—2007 电线电缆电性能试验方法 第 12 部分：局部放电试验(IEC 60885-3:1988,MOD)

GB/T 3048.13—2007 电线电缆电性能试验方法 第 13 部分:冲击电压试验(IEC 60230:1966,IEC 60060-1:1989,MOD)

GB/T 3512—2001 硫化橡胶或热塑性橡胶 热空气加速老化和耐热试验(eqv ISO 188:1998)

GB/T 3956—2008 电缆的导体(IEC 60228:2004,IDT)

GB/T 6553—2003 评定在严酷环境条件下使用的电气绝缘材料耐电痕化和蚀损的试验方法(IEC 60587:1984,IDT)

GB 6995.3—2008 电线电缆识别标志方法 第 3 部分:电线电缆识别标志

GB/T 9327—2008 额定电压 35 kV(U_m=40.5 kV)及以下电力电缆导体用压接式和机械式连接金具 试验方法和要求(IEC 61238-1:2003,MOD)

GB/T 14315—2008 电力电缆导体用压接型铜、铝接线端子和连接管

GB/T 16585—1996 硫化橡胶人工气候老化(荧光紫外灯)试验方法(eqv ASTM G53:1988)

GB/T 16927.1—2011 高电压试验技术 第 1 部分:一般定义及试验要求(IEC 60060-1:1989,MOD)

GB/T 17650.1—1998 取自电缆或光缆的材料燃烧时释出气体的试验方法 第 1 部分:卤酸气体总量的测定(idt IEC 60754-1:1994)

GB/T 17650.2—1998 取自电缆或光缆的材料燃烧时释出气体的试验方法 第 2 部分:用测量 pH 值和电导率来测定气体的酸度(idt IEC 60754-2:1991)

GB/T 17651.1—1998 电缆或光缆在特定条件下燃烧的烟密度测定 第 1 部分:试验装置(idt IEC 61034-1:1997)

GB/T 17651.2—1998 电缆或光缆在特定条件下燃烧的烟密度测定 第 2 部分:试验步骤和要求(idt IEC 61034-2:1997)

GB/T 18380.35—2008 电缆和光缆在火焰条件下的燃烧试验 第 35 部分:垂直安装的成束电线电缆火焰垂直蔓延试验 C 类(IEC 60332-3-24:2000,IDT)

GB/T 18889—2002 额定电压 6 kV(U_m=7.2 kV)到 35 kV(U_m=40.5 kV)电力电缆附件试验方法(IEC 61442:1997,MOD)

JB/T 4278.10—2011 橡皮塑料电线电缆试验仪器设备检定方法 第 10 部分:火花试验机

EN 50181—1997 不包括充液变压器在内的设备用 1 kV 至 36 kV,250 A 至 1 250 A 插入式套管(Plug-in type bushings above 1 kV up to 36 kV and from 250 A to 1.25 kA for equipment other than liquid filled transformers)

3 术语和定义

下列术语及定义适用于本文件。

3.1

标称值 nominal value

指定的量值并经常用于表格之中。标准中通常标称值引伸出的量值考虑规定公差,通过测量并进行检验。

3.2

近似值 approximate value

一个既不保证也不检查的数值,例如用于其他尺寸值的计算。

3.3

中间值 median value

将试验得到的若干数值以递增(或递减)的次序依次排列时,若数值的数目是奇数,中间的那个值为中间值;若数值的数目是偶数,中间两个数值的平均值为中间值。

3.4

假设值　fictitious value

按附录A计算所得的值。

3.5

导体连接金具　connector

将电缆各导体连接起来的一种金具。

3.6

终端　termination

安装在电缆末端，以保证电缆与系统的其他部分电气连接，并维持绝缘直到连接点的终端装置。

3.7

户内终端　indoor termination

在既不受阳光直接照射，也不暴露在风雨环境下使用的终端。

3.8

户外终端　outdoor termination

在受阳光直接照射，或暴露在风雨环境下，或二者都存在的情况下使用的终端。

3.9

中间接头　joint

连接两根电缆形成连续电路的附件。

3.10

预制式终端　premolded termination

将预制的橡胶终端套管或组件现场套装在经过处理后的电缆末端而构成的终端。

3.11

预制式中间接头　premolded joint

将预制的橡胶接头部件现场套装在经过处理后的电缆连接处而构成的接头。

3.12

冷缩式终端　cold shrink termination

将预扩张、内有支撑物的弹性体终端套在经过处理后的电缆末端，抽出支撑物，收缩压紧在电缆上而形成的电缆终端。

3.13

冷缩式中间接头　cold shrink joint

将预扩张、内有支撑物的弹性体接头部件现场套在经过处理后的电缆连接处，抽出支撑物，收缩压紧在电缆上而构成的接头。

3.14

可分离连接器　separable connector

使电缆与其他设备连接或断开的完全绝缘的终端。

3.15

插入式可分离连接器　plug-in type separable connector

由滑动部件作电气接触的可分离连接器。

3.16

内锥型插入式可分离连接器　inside cone plug-in type separable connector

锥形套管在封闭式设备内部的插入式可分离连接器。

4 电压标示及材料

4.1 电压标示

4.1.1 对于单相工频交流系统电压表示如表 1。

表 1 牵引供电系统电压标称值及允许波动限值

标称电压值 kV	最高值 kV	瞬时最大值 kV
25	27.5	29[a]
[a] 在牵引供电系统因改变运行方式或电网电压波动时可能出现的持续时间不大于 5 min 的电压最大值。当系统电压瞬时最大值与本标准规定不一致时，由用户与制造商商定。		

4.1.2 电缆及附件的额定电压 U_0 为 27.5 kV。

4.2 电缆绝缘材料

本标准所涉及的电缆交联聚乙烯绝缘混合料代号，见表 2。

表 2 绝缘混合料

绝缘混合料	代号
交联聚乙烯	XLPE

4.3 电缆外护套材料

规定下列两种不同类型护套混合料代号：

——以聚氯乙烯为基料的低卤低烟阻燃护套料；

——以聚乙烯为基料的无卤低烟阻燃护套料。

外护套混合料代号见表 3。

表 3 外护套混合料

外护套混合料	代　　号
低卤低烟阻燃护套料	$DD\text{-}ST_2$
无卤低烟阻燃护套料	$WD\text{-}ST_7$

5 使用特性及条件

5.1 电缆

5.1.1 一般要求

5.1.1.1 电缆导体截面优先值为 150 mm^2、185 mm^2、240 mm^2、300 mm^2、400 mm^2。

5.1.1.2 电缆应满足低卤低烟阻燃电缆或无卤低烟阻燃电缆的燃烧性能要求，要求如下：

a) 低卤低烟阻燃电缆，烟气最小透光率应大于或等于30%，燃烧时释放气体的pH值应大于或等于2.5，电导率应小于或等于30 μs/mm，卤酸气体逸出量应小于或等于100 mg/g；

b) 无卤低烟阻燃电缆，其烟气最小透光率应大于或等于60%，燃烧时释放气体的pH值应大于或等于4.3，电导率应小于或等于10 μs/mm。

5.1.1.3 电缆应具有径向防水性能。

5.1.2 工作温度

5.1.2.1 电缆在正常运行时导体允许的长期最高温度为90 ℃。

5.1.2.2 短路时(最长持续时间不超过5 s)，电缆导体允许的最高温度为250 ℃。

5.1.3 短路电流

电缆导体最大允许故障短路电流见表4。

表4 电缆导体最大允许故障短路电流[a]

标称截面 mm^2	150	185	240	300	400
最大允许故障短路电流 kA	21.4	26.4	34.3	42.9	57.2

[a] 短路持续时间为1 s，短路起始温度为90 ℃。

5.1.4 电缆参考载流量

电缆参考载流量参见附录B。

5.1.5 电缆的弯曲半径

安装时电缆最小弯曲半径为15*D*，*D*为电缆外径。

5.1.6 敷设环境

电缆主要敷设地点分为地下直埋、穿管、地面电缆沟、地下隧道、变电所电缆夹层或局部露天敷设等，电缆可能经常或周期性地被水浸泡。

5.1.7 其他

对于可能经常或周期性被水浸泡的电缆，其外护套不宜采用以聚氯乙烯(PVC)为基料的护套料。

5.2 电缆附件

5.2.1 额定参数

5.2.1.1 额定参数见表5。

表 5 附件额定参数

额定电压 U_0 kV		27.5
工频耐压(5 min) kV		124
冲击耐压 kV		250
适用电缆截面		与电缆截面相匹配
终端外爬距	户内终端外爬距 mm	不小于 700
	户外终端外爬距 mm	不小于 1 200

5.2.1.2 电缆附件长期工作温度和短路温度,满足与其配套电缆的要求。

5.2.2 使用环境条件

5.2.2.1 环境温度

−40 ℃～+60 ℃。

5.2.2.2 海拔

终端附件不超过 1 000 m。

当电缆终端在海拔高于 1 000 m 但不超过 4 000 m 地区应用时,其试验电压应按本标准规定的额定耐受电压乘以海拔校正因数 Ka,见公式(1)。

$$Ka=\frac{1}{1.1-H\times10^{-4}} \qquad \cdots\cdots(1)$$

式中:

H——设备安装地点的海拔高度,单位为米(m)。

5.2.2.3 使用环境

电缆附件的使用环境与电缆的敷设环境有关。

电缆终端主要使用在户内或户外电缆与设备连接处。

中间接头主要使用在电缆间接续处,使用环境与电缆敷设环境基本相同,主要使用地点分为地下直埋、穿管、地面电缆沟、地下隧道、变电所电缆夹层或局部露天敷设等,中间接头可能经常或周期性地被水浸泡。

内锥型插入式可分离连接器主要使用在电缆与设有内锥型套管的设备连接处。

6 电缆产品代号及表示方法

电缆产品代号及表示方法按附录 C 规定。

7 技术要求

7.1 电缆

7.1.1 导体

7.1.1.1 电缆用铜芯导体应符合 GB/T 3956—2008 中绞合紧压圆形导体(第 2 种)的规定。

7.1.1.2 导体表面应光洁、无油污、无损伤屏蔽及绝缘的毛刺、锐边,以及凸起或断裂的单线。

7.1.2 绝缘

7.1.2.1 绝缘应为交联聚乙烯(XLPE)材料,其机械、电气性能应符合表 6 的规定。

7.1.2.2 电缆标称绝缘厚度不小于 11 mm。

7.1.2.3 绝缘厚度的平均值不应小于标称值,绝缘任意一处最薄点的厚度不应小于标称值的 90%再减 0.1 mm,厚度的测量结果应修约到 0.1 mm。

7.1.2.4 绝缘的偏芯度不应大于 10%。

7.1.3 屏蔽

7.1.3.1 单芯电缆绝缘线芯的屏蔽,应由导体屏蔽和绝缘屏蔽组成。

7.1.3.2 导体屏蔽采用挤包交联粘结型半导电料,其机械、电气性能应符合表 6 的规定。

7.1.3.3 半导电屏蔽层应均匀地包覆在导体上,表面应光滑,无明显绞线凸纹、尖角、颗粒、烧焦和擦伤的痕迹。

表 6 XLPE 交联聚乙烯绝缘材料、导体屏蔽、绝缘屏蔽材料性能

序号	项目名称	单位	技术指标		
			绝缘料	导体屏蔽交联粘合型半导电料	绝缘屏蔽交联粘合型半导电料
1	抗拉强度	N/mm²	≥13.5	≥12.5	≥12.5
2	断裂伸长率	%	≥350	≥200	≥200
3	冲击脆化温度				
	试验温度	℃	≤−76	≤−40	≤−40
	冲击脆化性能	失效数	≤15/30	—	—
4	空气热老化 135 ℃±2 ℃,168 h:				
	抗拉强度变化率,最大	%	±20	±40	±40
	断裂伸长率变化率,最大	%	±20	±40	±40
5	热延伸 200 ℃,0.2 MPa,15 min:				
	负荷下伸长率	%	≤80	≤175	≤175
	冷却后永久变形	%	≤5	≤15	≤15
6	凝胶率	%	≥80	—	—
7	介质损耗角正切 50 Hz,20 ℃		≤0.000 5	—	—

表 6（续）

序号	项目名称	单位	技术指标		
			绝缘料	导体屏蔽交联粘合型半导电料	绝缘屏蔽交联粘合型半导电料
8	体积电阻率 20 ℃，测试电压为 DC 1 kV	Ω·m	≥1×10¹⁴	90 ℃±2 ℃ ≤1 000	90 ℃±2 ℃ ≤500
9	介电强度 50 Hz,20 ℃	kV/mm	≥25	—	—
10	相对介电常数 50 Hz,20 ℃	—	≤2.35	—	—
11	空气热老化 100 ℃,168 h：体积电阻率 90 ℃±2 ℃	Ω·m	—	≤1 000	≤500

7.1.3.4 绝缘屏蔽应由非金属半导电层与金属屏蔽层组合而成：

a) 非金属半导电层

非金属半导电层采用挤包交联粘结型半导电料，其机械、电气性能应符合表 6 的规定。绝缘屏蔽应均匀地包覆在绝缘上，并与绝缘牢固地粘结。半导电层与绝缘层的界面应光滑，无明显尖角、颗粒、烧焦和擦伤的痕迹。

b) 金属屏蔽层

电缆应有金属屏蔽层，金属屏蔽采用铜丝屏蔽。

铜丝屏蔽由疏绕的软铜线组成，其表面应用反向绕包的铜丝或铜带扎紧。相邻铜线的平均间隙不应大于 4 mm，任何两根相邻铜线间隙不应大于 8 mm，铜丝屏蔽的标称截面可根据故障电流容量要求选用。

金属屏蔽层中铜线的电阻要求应符合 GB/T 3956—2008 的规定。

7.1.3.5 挤包导体屏蔽、绝缘、绝缘屏蔽应采用“干法三层共挤”工艺。

7.1.4 隔离层

7.1.4.1 在金属屏蔽层和铠装层之间应设有挤包型隔离层。

7.1.4.2 材料应采用聚乙烯材料，其厚度不小于 2.0 mm。

7.1.4.3 隔离套外应叠包 0.2 mm 厚的无卤低烟阻燃玻璃纤维带。

7.1.5 铠装

铠装应为非铁磁性材料。应采用圆金属丝或扁金属丝。材质宜采用铝材质。

应优先采用下列标称尺寸：

圆金属丝：直径 2.0 mm，2.5 mm；

扁金属丝：厚度 0.8 mm。

圆铠装金属丝的标称直径不应小于表 7 规定的数值。

表 7 圆铠装金属丝标称直径

单位为毫米

铠装前假设直径 d	铠装金属丝标称直径
$25<d\leqslant 35$	2.0
$35<d\leqslant 60$	2.5

7.1.6 外护套

7.1.6.1 概述

外护套为黑色。若制造方和购买方达成协议，可采用黑色以外的其他颜色。

7.1.6.2 材料

外护套为热塑性低卤低烟(DD)或无卤低烟(WD)材料。

外护套材料应与表3中规定的电缆运行温度相适应。

在特殊条件下(例如为了防白蚁)使用的外护套，可在配方中加入化学添加剂。但这些添加剂应对人类及环境无害。

外护套材料性能应符合表8的规定。

表8 外护套材料性能

序号	项目名称	单位	性能指数	
			低卤低烟(DD)	无卤低烟(WD)
1	老化前物理性能试验			
1.1	抗拉强度，最小	N/mm^2	15	10
1.2	断裂伸长率，最小	%	180	130
2	空气热老化后物理性能试验			
	老化温度	℃	100±2	100±2
	老化持续时间	h	168	168
2.1	抗拉强度			
a)	最小	N/mm^2	15	8
b)	变化率，最大	%	±20	±20
2.2	断裂伸长率			
a)	最小	%	150	120
b)	变化率，最大	%	±20	±20
3	高温压力试验			
	试验温度	℃	90±2	80±2
	载荷下持续时间	h	6	6
	允许最大变形	%	50	40
4	抗开裂试验			
	试验温度	℃	150±3	130±3
	持续时间	h	1	1
5	低温冲击试验			
	试验温度	℃	−15±2	−15±2
6	腐蚀性试验			
6.1	pH值，最小		2.5	4.3

表 8（续）

序号	项 目 名 称	单位	性能指数	
			低卤低烟(DD)	无卤低烟(WD)
6.2	电导率	μs/mm	30	10
6.3	HCl 释放量，最大	mg/g	100	—
7	烟密度最小透光率	%	≥30	≥60
8	氧指数		≥30	≥32

7.1.6.3 **厚度**

外护套厚度按 GB/T 2952.3—2008 规定。

外护套厚度的平均值不应小于标称值，最薄点厚度不应小于标称厚度的 85%再减 0.1 mm。

7.2 电缆附件

7.2.1 终端、中间接头及内锥型插入式可分离连接器主体橡胶部件及安装材料应按附录 D，所有附件及安装材料应配套。安装后中间接头主要尺寸应符合图 1 规定。

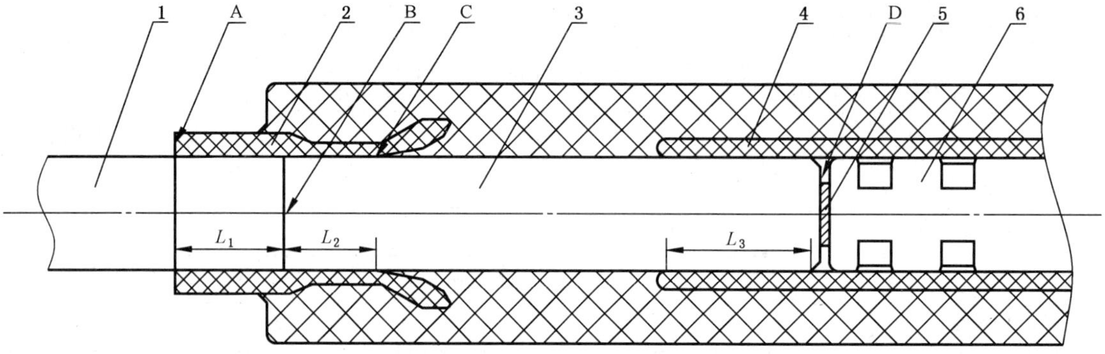

$L_1 \geqslant 25$ mm　　$L_2 \geqslant 15$ mm　　$L_3 \geqslant 25$ mm

说明：

1——电缆半导电屏蔽层；

2——应力锥；

3——电缆绝缘层；

4——屏蔽管；

5——线芯；

6——连接管；

A——应力锥端部；

B——外半导电层切断处；

C——应力锥控制起点处；

D——电缆绝缘端面。

图 1 安装后中间接头主要尺寸

7.2.2 附件的主要材料采用低烟、无卤阻燃材料，对于户外终端所用的外绝缘材料应具有耐气候老化、耐电痕化和蚀损性能，材料性能要求应按附录 E。

7.2.3 终端和中间接头用的导体连接金具应符合 GB/T 14315—2008 中的相应规定，内锥型插入式可分离连接器用的导体连接金具应符合 GB/T 9327—2008 中的相应规定。

7.2.4 内锥型插入式可分离连接器应与内锥式套管匹配。内锥式套管的界面尺寸按附录F。

7.2.5 内锥型插入式可分离连接器主体可包含滑动式顶部连接金具、应力锥的橡胶绝缘主体、顶推弹簧机构(或其他形式)、密封尾管等主要部件,所有金属部件应均为非铁磁性材料。典型结构和部件可参见附录G。

7.2.6 内锥型插入式可分离连接器在正常操作的情况下,可插/拔次数不应小于30次。30次插/拔操作后,顶部金属接触部分及绝缘部分不应有可见的损伤。

7.2.7 中间接头需要有防鼠、防蚁性能时可采取增加铝壳机械保护盒或其他措施进行防护,并应按附录H.1对安装有保护盒的接头进行机械撞击试验。

7.2.8 附件接地线和过桥线截面积应按与之相适应的电缆金属屏蔽层和铠装层截面积相一致的原则选取。铠装接地与屏蔽接地应分开处理。

7.2.9 对于中间接头,电缆外护套端部与中间接头外护层搭接长度不应少于100 mm。

8 试验条件

8.1 环境温度

除非特殊试验另有详细规定,试验应在环境温度20 ℃±15 ℃下进行。

8.2 工频试验电压的频率和波形

工频试验电压的频率应为49 Hz～61 Hz范围。波形应基本为正弦形。电压值以有效值表示。

8.3 冲击试验电压波形

按照GB/T 3048.13—2007的规定,标准冲击电压的波前时间应为1 μs～5 μs,半波峰时间为40 μs～60 μs,其他方面应按照GB/T 16927.1—2011的规定。

8.4 试验电压与额定电压的关系

试验电压按表9、表10规定。

表9 电缆试验电压

1	2		3	4	5	6
确定试验电压 U_0 值	例行电压试验		局部放电试验	电缆4 h电压试验	冲击试验后工频耐压试验	冲击电压试验
	电压	时间				
U_0 kV	$3.5U_0$ kV	min	$1.73U_0$ kV	$4U_0$ kV	$2.5U_0$ kV	kV
27.5	97	5	48	110	69	250

表10 附件试验电压

1	2		3	4	5
确定试验电压 U_0 值	交流耐压		局部放电试验	冲击试验后工频耐压试验	冲击电压试验
	电压	时间			
U_0 kV	$4.5U_0$ kV	min	$1.73U_0$ kV	$2.5U_0$ kV	kV
27.5	124	5	48	69	250

9 电缆的例行试验

9.1 概述

例行试验包括如下：

a) 导体电阻测量(见 9.2)；

b) 局部放电试验(见 9.3)；

c) 5 min 交流电压试验(见 9.4)；

d) 电缆外护套的电气试验(见 9.5)。

9.2 导体电阻测量

成品电缆或从成品电缆上取下的试样，应在保持适当温度的试验室内至少存放 24 h 后测量。也可采用另一种方法，即将导体试样浸在温度可以控制的液体槽内，至少浸入 1 h 后测量电阻。

电阻测量值应按照 GB/T 3956—2008 规定的公式和系数校正到 20 ℃下 1 km 长度的数值。

每一根导体 20 ℃时的直流电阻应不超过 GB/T 3956—2008 规定的相应的最大值。

9.3 局部放电试验

局部放电试验应按 GB/T 3048.12—2007 进行，检测灵敏度不应大于 10 pC。

应在 $1.73U_0$(48 kV)电压下测量局部放电量，测量值不应大于 10 pC。

9.4 5 min 交流电压试验

5 min 交流电压试验应使用工频交流电压在环境温度下进行。

试验电压应施加在导体和金属屏蔽间逐渐地升到 97 kV，然后保持 5 min，绝缘不应击穿。

9.5 电缆外护套的电气试验

按附录 I 进行工频交流火花试验，试验电压为 15 kV，电缆通过电极的时间应足以检查缺陷。电缆外护套的工频交流火花试验范围应达到电缆圆周方向上的 100%。

10 电缆的抽样试验

10.1 一般规定

抽样试验包括如下：

a) 导体检查(见 10.2)；

b) 绝缘和外护套厚度测量(见 10.3)；

c) 铠装金属丝的测量(见 10.4)；

d) 直径测量(见 10.5)；

e) XLPE 绝缘热延伸试验(见 10.6)；

f) 4 h 电压试验(见 10.7)；

g) 径向防水试验(见 10.8)。

10.2 导体检查

10.2.1 导体外观

导体外观检查应规整，表面光洁、无氧化、无油污、无损伤绝缘的毛刺、锐边以及凸起或断裂的单线等缺陷。

10.2.2 导体的电阻测量

导体 20 ℃时的直流电阻应符合 GB/T 3956—2008 的规定，试验方法应按 9.2 的规定进行。

10.2.3 导体的结构

第 2 种导体中的单线根数应不小于 GB/T 3956—2008 中表 2 规定的相应最少根数。

10.3 绝缘和外护套厚度测量

10.3.1 概述

试验方法应按 GB/T 2951.11—2008 第 8 章规定。

从被试电缆一端取下一段电缆试样，必要时，先截除已受损的部分再行取样。

10.3.2 绝缘厚度测量

每一段绝缘线芯，其绝缘厚度测量值的平均值按附录 J 修约到 0.1 mm 后，不应小于规定的标称厚度；最小测量值不应低于规定标称值的 90%再减 0.1 mm，即：

$$t_{min} \geqslant t_n - (0.1 + 0.1t_n) \qquad (2)$$

同时绝缘偏芯度应符合：

$$\frac{t_{max} - t_{min}}{t_{max}} \leqslant 0.1 \qquad (3)$$

式中：

t_{max}——最大厚度，单位为毫米(mm)；

t_{min}——最小厚度，单位为毫米(mm)；

t_n ——标称厚度，单位为毫米(mm)。

10.3.3 外护套厚度测量

外护套厚度测量值的平均值，按附录 J 修约到 0.1 mm，不应小于规定的标称厚度，其最小测量值应不低于规定标称值的 85%再减 0.1 mm。即：

$$t_{min} \geqslant t_n - (0.1 + 0.15t_n) \qquad (4)$$

式中：

t_{min}——最小厚度，单位为毫米(mm)；

t_n ——标称厚度，单位为毫米(mm)。

10.4 铠装金属丝的测量

使用具有两个平测头精度为±0.01 mm 的千分尺来测量圆铠装金属丝的直径和扁铠装金属丝的厚度，圆金属丝测量应在同一截面上两个互成直角的位置上各测一次，取其平均值作为金属丝的直径。

铠装金属丝的尺寸低于 7.1.5 规定的标称尺寸的量值不应超过：

——圆金属丝：5%；

——扁金属丝：8%。

10.5 直径测量

应测量电缆绝缘芯直径和(或)电缆外径。测量应按 GB/T 2951.11—2008 中 8.3 规定进行。

10.6 XLPE 绝缘热延伸试验

取样和试验步骤应按照 GB/T 2951.21—2008 第 9 章进行。

试片应取自所用交联工艺中通常交联度最低处的绝缘内层、中层或外层。

试验结果应符合表 11 要求。

表 11 电缆 XLPE 绝缘混合料特殊性能试验要求

序号	试验项目(混合料代号见 4.2)	单位	XLPE
1	热延伸试验(GB/T 2951.21—2008 中第 9 章)		
1.1	处理条件		
	——空气温度(偏差±3 ℃)	℃	200
	——负荷时间	min	15
	——机械应力	N/cm^2	20
1.2	载荷下最大伸长率	%	175
1.3	冷却后最大永久伸长率	%	15
2	吸水试验(GB/T 2951.13—2008 中 9.2)重量分析法		
2.1	温度(偏差±2 ℃)	℃	85
2.2	持续时间	d	14
2.3	重量最大变化率	mg/cm^2	1[a]
3	收缩试验(GB/T 2951.13—2008 中第 10 章)		
3.1	标志间长度 L	mm	200
3.2	温度(偏差±3 ℃)	℃	130
3.3	持续时间	h	1
3.4	最大允许收缩率	%	4
[a] 对于密度大于 1 g/cm^3 的 XLPE 要考虑吸水量增加大于 1 mg/cm^2。			

10.7 4 h 电压试验

10.7.1 取样

试验终端之间的一根成品电缆长度应至少为 5 m。

10.7.2 步骤

试验应在室温下进行,在试样的每一导体与金属屏蔽或护套间应施加工频交流电压 4 h。

试验电压为 $4U_0$,即 110 kV。试验电压应逐渐升高到规定值,并持续 4 h。绝缘不应发生击穿。

10.8 径向防水试验

试验在室温下进行，将电缆样品在水中浸泡 72 h，去除绝缘层外面的复合层后，用肉眼观察，绝缘层外表面应该是干燥的。

11 电缆的型式试验

11.1 成品电缆的电气型式试验

11.1.1 概述

从成品电缆中取出 10 m～15 m 长的电缆试样按 11.1.2 规定进行试验。

除 11.1.3 规定外，电气试验应在一根电缆试样上依次进行。

按 11.1.10 规定，应单独另取试样对半导电屏蔽进行电阻率测量。

11.1.2 试验顺序

正常试验顺序应是：

a) 局部放电试验(见 11.1.4)；

b) 弯曲试验及随后的局部放电试验(见 11.1.5)；

c) $\tan\delta$ 测量(见 11.1.6)；

d) 加热循环试验及随后的局部放电试验（见 11.1.7)；

e) 冲击电压试验及随后的工频电压试验(见 11.1.8)；

f) 4 h 电压试验(见 11.1.9)。

11.1.3 特别条款

11.1.2c)试验可以在未做过 11.1.2 中其他试验的另一根试样上进行。

11.1.2f)试验可在一个新的试样进行，但该试样应预先进行过 11.1.2b)和 d)规定的试验。

11.1.4 局部放电试验

局部放电试验应按 GB/T 3048.12—2007 进行，检测灵敏度不应大于 5 pC。

应在 $1.73U_0$(48 kV)电压下测量局部放电量，测量值不应大于 5 pC。

11.1.5 弯曲试验及随后的局部放电试验

电缆试样应在环境温度下围绕试验用圆柱体(例如电缆盘的筒体)弯曲至少一整圈，然后展直，再在反方向弯曲一整圈，如此作为一个循环。

这样的弯曲循环共应进行三次。

试验用圆柱体直径应符合：

$$D_0 \leqslant 20(d+D) \pm 5\% \quad \cdots\cdots(5)$$

式中：

D_0——试验用圆柱体直径，单位为毫米(mm)；

D——电缆试样实测外径(按 10.5 规定测量)，单位为毫米(mm)；

d——导体的实测直径，单位为毫米(mm)。

本试验结束后，电缆应立即进行局部放电试验并应符合 11.1.4 要求。

11.1.6 tanδ 测量

成品电缆试样应用下述方法之一加热：

a) 试样应放置在液体槽或烘箱中加热；

b) 在试样的金属屏蔽层或导体或两者都通电流加热。

试样应加热至导体温度超过电缆正常运行时导体最高温度 5 ℃～10 ℃。

每一方法中，导体的温度或者通过测量导体电阻确定，或者用放在液体槽、烘箱内或放在屏蔽层表面上，或者放在被测电缆相同的另一根基准电缆上的测温装置进行测量。

在额定电压 U_0 和上述温度规定下进行 tanδ 测量。

测量值不应高于 10×10^{-4}。

11.1.7 加热循环试验及随后的局部放电试验

将经过上述各项试验后的试样放在试验室的地板上，并在试样导体上通以交流电流，加热导体直至达到稳定温度，此温度应超过电缆正常运行时导体最高温度 5 ℃～10 ℃。

加热循环应持续至少 8 h，在每一加热过程中，导体在达到规定温度后至少应维持 2 h，并随即在空气中自然冷却至少 16 h。

此循环应重复 20 次。

第 20 个循环后，试样应进行局部放电试验并应完全符合 11.1.4 规定。

11.1.8 冲击电压试验及随后的交流电压试验

试验应在试样加热至导体达到 95 ℃～100 ℃之间的一个稳定温度时进行。

应按照 GB/T 3048.13—2007 规定的试验程序施加冲击电压。施加 10 次正极性和 10 次负极性电压冲击，电压峰值为 250 kV，电缆不应击穿。

冲击电压试验后，电缆试样应在室温下进行 69 kV、15 min 的工频电压试验，绝缘不应击穿。

11.1.9 4 h 电压试验

4 h 电压试验按 10.7 进行。

11.1.10 半导电屏蔽电阻率试验

导体及绝缘上挤包的半导电屏蔽的电阻率应在绝缘芯试样上测量，绝缘芯试样应分别取自制造后的电缆试样和已按 11.2.5 规定进行过组件材料相容性试验老化处理后的电缆试样。

试验步骤应符合附录 K。

测量应在导体的温度达到 90 ℃±2 ℃下进行。

老化前和老化后的电阻率不应超过：

——导体屏蔽　　1 000 Ω·m；

——绝缘屏蔽　　500 Ω·m。

11.2 成品电缆的非电气型式试验

11.2.1 绝缘混合料和护套混合料非电气型式试验

成品电缆的非电气试验见表 12，并指出每种试验所试用的绝缘和护套材料。

表 12　绝缘混合料和护套混合料非电气型式试验

序号	试验项目 (混合料代号见 4.2 和 4.3)	绝缘	护套	
		XLPE	PVC DD-ST_2	PE WD-ST_7
1	尺寸			
1.1	厚度测量	×	×	×
2	机械性能(抗张强度和断裂伸长率)			
2.1	老化前	×	×	×
2.2	空气烘箱老化后	×	×	×
2.3	成品电缆段老化	×	×	×
3	热塑性能			
3.1	高温压力试验(凹痕)	—	×	×
3.2	低温性能	—	×	—
4	其他各类试验			
4.1	空气烘箱内的失重试验	—	×	—
4.2	热冲击试验(开裂)	—	×	—
4.3	热延伸试验	×	—	—
4.4	吸水试验	×	—	—
4.5	收缩试验	×	—	×
4.6	碳黑含量[a]	—	—	×
5	燃烧试验			
5.1	成束燃烧试验	—	×	×
5.2	电缆燃烧的烟密度测定	—	×	×
5.3	护套燃烧释放气体试验	—	×	×

注：×表示应进行型式试验；—表示不进行型式试验。

[a] 仅对黑色外护套适用。

11.2.2　结构尺寸检查

导体检查、绝缘和外护套厚度以及铠装金属丝和金属带测量应分别按 10.2、10.3 及 10.4 进行，并应符合规定。

11.2.3　老化前后绝缘的机械性能试验

11.2.3.1　取样

取样和试片制备应按 GB/T 2951.11—2008 中 9.1 进行。

11.2.3.2　老化处理

老化处理应按表 13 和 GB/T 2951.12—2008 中 8.1 规定的条件进行。

表 13 绝缘混合料机械性能试验要求(老化前后)

序号	试验项目(混合料代号见 4.2)	单位	XLPE
	正常运行时导体最高温度(见 4.2)	℃	90
1	老化前(GB/T 2951.11—2008 中 9.1)		
1.1	抗张强度,最小	N/mm^2	12.5
1.2	断裂伸长率,最小	%	200
2	空气烘箱老化后(GB/T 2951.12—2008 中 8.1)		
	无导体老化后		
2.1	处理条件		
	温度	℃	135
	温度偏差	℃	±3
	持续时间	d	7
2.2	抗张强度变化率[a],最大	%	±25
2.3	断裂伸长率变化率[a],最大	%	±25
[a] 变化率是老化前后得出的中间值之差值除以老化前中间值,以百分数表示。			

11.2.3.3 预处理和机械性能试验

预处理和机械性能的测量应按 GB/T 2951.11—2008 中 9.1 进行。

11.2.3.4 试验结果

老化前和老化后试片的试验结果应符合表 13 规定。

11.2.4 老化前后外护套的机械性能试验

11.2.4.1 取样

取样和试片制备应按 GB/T 2951.11—2008 中 9.2 进行。

11.2.4.2 老化处理

老化处理应按表 14 和 GB/T 2951.12—2008 中 8.1 规定的条件进行。

表 14 护套混合料机械性能试验要求(老化前后)

序号	试 验 项 目	单 位	$DD\text{-}ST_2$	$WD\text{-}ST_7$
	正常运行时导体最高温度(见 4.3)	℃	90	90
1	老化前(GB/T 2951.11—2008 中 9.2)			
1.1	抗张强度,最小	N/mm^2	12.5	9
1.2	断裂伸长率,最小	%	150	125
2	空气烘箱老化后(GB/T 2951.12—2008 中 8.1)			

表 14（续）

序号	试验项目	单位	$DD\text{-}ST_2$	$WD\text{-}ST_7$
2.1	处理条件			
	温度(偏差±2 ℃)	℃	100	100
	持续时间	d	7	7
2.2	抗张强度：			
	a) 老化后数值，最小	N/mm^2	12.5	7
	b) 变化率[a]，最大	%	±25	±30
2.3	断裂伸长率：			
	a) 老化后数值，最小	%	150	110
	b) 变化率[a]，最大	%	±25	±30
[a] 变化率是老化前后得出的中间值之差值除以老化前中间值，以百分数表示。				

11.2.4.3 预处理和机械性能试验

预处理和机械性能的测量应按 GB/T 2951.11—2008 中 9.2 进行。

11.2.4.4 试验结果

老化前和老化后试片的试验结果应符合表 14 规定。

11.2.5 成品电缆段附加老化试验

11.2.5.1 概述

本试验旨在检验运行中电缆绝缘及护套与其他材料接触时有无劣化倾向。

11.2.5.2 取样

应按 GB/T 2951.12—2008 中 8.1.4 规定从成品电缆上截取试样。

11.2.5.3 老化处理

电缆段的老化处理应按 GB/T 2951.12—2008 中 8.1.4 在空气烘箱中进行，条件如下：
——温度：100 ℃±2 ℃；
——持续时间：7×24 h。

11.2.5.4 机械性能试验

从老化后电缆样品上取下的绝缘和护套试片，应按 GB/T 2951.12—2008 中 8.1.4 制备并进行机械性能试验。

11.2.5.5 试验结果

老化前后，抗张强度和断裂伸长率中间值(见 11.2.3 和 11.2.4)的变化率不应超过空气烘箱老化试验后的规定值。绝缘的规定值见表 13，外护套的规定值见表 14。

11.2.6 DD-ST_2 护套失重试验

DD-ST_2 型护套的失重试验应按表 15 和 GB/T 2951.32—2008 中 8.2 规定的条件进行。试验结果应符合表 15 规定。

表 15 护套混合料特殊性能试验要求

序号	试 验 项 目	单位	DD-ST_2
1	空气烘箱中失重试验(GB/T 2951.32—2008 中 8.2)		
1.1	处理条件		
	温度(偏差±2 ℃)	℃	100
	持续时间	d	7
1.2	最大允许失重量	mg/cm^2	1.5
2	高温压力试验(GB/T 2951.31—2008 中第 8 章)		
2.1	温度(偏差±2 ℃)	℃	90
3	低温性能试验[a](GB/T 2951.14—2008 中第 8 章)		
3.1	哑铃片的低温拉伸试验		
	温度(偏差±2 ℃)	℃	−15
3.2	冷冲击试验		
	温度(偏差±2 ℃)	℃	−15
4	抗开裂试验(GB/T 2951.31—2008 中第 9 章)		
4.1	温度(偏差±3 ℃)	℃	150
4.2	持续时间	h	1

[a] 因气候条件,购买方可以要求采用更低的温度。

11.2.7 护套高温压力试验

按表 15、表 16 和 GB/T 2951.31—2008 第 8 章规定的条件进行。试验结果应符合 GB/T 2951.31—2008 中 8.2 规定。

表 16 WD-ST_7 护套混合料的特殊性能

序号	试 验 项 目	单位	WD-ST_7
1	密度[a](GB/T 2951.13—2008 中第 8 章)		
2	碳黑含量(仅对于黑色护套)(GB/T 2951.41—2008 中第 11 章)		
2.1	标称值	%	2.5
2.2	偏差	%	±0.25
3	收缩试验(GB/T 2951.13—2008 中第 11 章)		
3.1	温度(偏差±2 ℃)	℃	80
3.2	加热持续时间	h	5

表 16（续）

序号	试验项目	单位	$WD-ST_7$
3.3	加热周期		5
3.4	最大允许收缩	%	3
4	高温压力试验(GB/T 2951.31—2008 中 8.2)		
4.1	温度(偏差±2 ℃)	℃	110
[a] 密度的测定仅在其他试验需要时才做。			

11.2.8 **$DD-ST_2$ 护套低温试验**

$DD-ST_2$ 护套低温试验应采用表 15 规定的试验温度，按 GB/T 2951.14—2008 第 8 章进行。试验结果应符合 GB/T 2951.14—2008 第 8 章规定。

11.2.9 **$DD-ST_2$ 护套抗开裂试验(热冲击试验)**

$DD-ST_2$ 护套热冲击试验应采用表 15 规定的试验温度和持续时间，按 GB/T 2951.31—2008 中9.2 进行。试验结果应符合 GB/T 2951.31—2008 中 9.2 规定。

11.2.10 **XLPE 绝缘热延伸试验**

应按 10.6 规定取样和进行试验，试验结果应符合 10.6 规定。

11.2.11 **绝缘吸水试验**

应按 GB/T 2951.13—2008 中 9.1 或 9.2 规定取样和进行试验。试验结果应符合表 11 规定。

11.2.12 **黑色 $WD-ST_7$ 护套碳黑含量测量**

应按 GB/T 2951.41—2008 第 11 章规定的取样和试验步骤进行。试验结果应符合表 16 规定。

11.2.13 **XLPE 绝缘收缩试验**

XLPE 绝缘收缩试验应按表 11 规定的试验条件和 GB/T 2951.13—2008 第 10 章的取样及试验步骤进行。试验结果应符合表 11 规定。

11.2.14 **$WD-ST_7$ 外护套收缩试验**

应按照 GB/T 2951.13—2008 第 11 章规定取样和进行试验，试验条件、试验结果应符合表 16 规定。

11.2.15 **燃烧试验**

11.2.15.1 **成束燃烧试验**

按 GB/T 18380.35—2008 规定通过成束燃烧试验，试验结果应符合 GB/T 18380.35—2008 中的规定。

11.2.15.2 **电缆燃烧的烟密度测定**

按 GB/T 17651.1～17651.2—1998 规定在特定条件下燃烧的烟密度测定，试验结果应符合

5.1.1.2中的规定。

11.2.15.3 护套燃烧释放气体试验

按 GB/T 17650.1～17650.2—1998 规定进行燃烧试验，试验结果应符合 5.1.1.2 中的规定。

12 成品电缆的检验规则

12.1 概述

电缆检验检查包括例行试验、抽样试验、型式试验。

12.2 例行试验

例行试验是在成品电缆的所有制造长度上进行的试验，以检验所有电缆是否符合规定的要求。

12.3 抽样试验

12.3.1 一般要求

抽样试验是在成品电缆试样上或在取自成品电缆的某些部件上进行的试验，以检验电缆是否符合规定要求。

12.3.2 试验频度

12.3.2.1 导体检查和尺寸检查

导体检查、绝缘和护套厚度测量以及电缆外径的测量应在每批同一型号和规格的电缆中的一根制造长度的电缆上进行，但应限制不超过合同长度数量的 10%。

12.3.2.2 电气和物理试验

按商定的质量控制协议，在制造长度电缆上取样进行试验。若无协议，可按表 17 进行试验。

表 17 抽样试验样品数量

电缆长度 L km	样品数
$L \leqslant 20$	1
$20 < L \leqslant 40$	2
$40 < L \leqslant 60$	3
余类推	余类推

12.3.3 复试

如果任一试样，未通过抽样试验中任何一项试验，则应从同一批电缆中再取两根试样，对未通过的项目进行试验。假如这两根加试电缆都通过了试验，则该批其他电缆应认为符合本标准要求。如任一根加试电缆未通过试验，则该批电缆应认为不符合要求。

12.4 型式试验

按一般商业原则对本标准所包含的一种类型电缆在供货之前所进行的试验，以证明电缆具有能满足预期使用条件的良好性能。

注：该试验的特点是除非电缆材料或设计或制造工艺的改变可能改变电缆的特性，试验做过以后就不需要重做。

12.5 检验项目

成品电缆应按规定试验方法完成表18规定的检验项目。

表18 成品电缆检验项目

序号	检验项目	试验要求	试验方法
1	例行试验(R)		
1.1	导体电阻测量	9.2	GB/T 3048.4—2007
1.2	局部放电试验	9.3	GB/T 3048.12—2007
1.3	5 min 交流电压试验	9.4	GB/T 3048.8—2007
1.4	电缆外护套电气试验	9.5	9.5
2	抽样试验(S)		
2.1	导体检查	10.2	10.2
2.2	绝缘和外护套厚度测量	10.3	GB/T 2951.11—2008
2.3	铠装金属丝的测量	10.4	10.4
2.4	电缆直径测量	10.5	GB/T 2951.11—2008 中 8.3
2.5	XLPE 绝缘热延伸试验	10.6	GB/T 2951.21—2008
2.6	4 h 电压试验	10.7	GB/T 3048.8—2007
2.7	径向防水试验	10.8	10.8
3	型式试验(T)		
3.1	电气型式试验		
3.1.1	局部放电试验	11.1.4	GB/T 3048.12—2007
3.1.2	弯曲试验及随后的局部放电试验	11.1.5	11.1.5
3.1.3	tanδ 测量	11.1.6	GB/T 3048.11—2007
3.1.4	加热循环试验及随后的局部放电试验	11.1.7	11.1.7
3.1.5	冲击电压试验及随后的工频电压试验	11.1.8	11.1.8
3.1.6	4 h 电压试验	11.1.9	GB/T 3048.8—2007
3.1.7	半导电屏蔽电阻率试验	11.1.10	11.1.10
3.2	非电气型式试验		
3.2.1	结构尺寸检查	11.2.2	按本表2.1,2.2,2.3执行
3.2.2	老化前后绝缘机械性能试验	11.2.3	11.2.3
3.2.3	老化前后护套机械性能试验	11.2.4	11.2.4
3.2.4	成品电缆段的附加老化试验	11.2.5	11.2.5

表 18（续）

序号	检验项目	试验要求	试验方法
3.2.5	DD-ST_2 护套失重试验	11.2.6	GB/T 2951.32—2008
3.2.6	护套高温压力试验	11.2.7	GB/T 2951.31—2008
3.2.7	DD-ST_2 护套低温试验	11.2.8	GB/T 2951.14—2008
3.2.8	DD-ST_2 护套抗开裂试验(热冲击试验)	11.2.9	GB/T 2951.31—2008
3.2.9	XLPE 绝缘热延伸试验	11.2.10	GB/T 2951.21—2008
3.2.10	XLPE 绝缘吸水试验	11.2.11	GB/T 2951.13—2008 中 9.1,9.2
3.2.11	黑色 WD-ST_7 护套碳黑含量测量	11.2.12	GB/T 2951.41—2008
3.2.12	XLPE 绝缘收缩试验	11.2.13	GB/T 2951.13—2008
3.2.13	WD-ST_7 外护套收缩试验	11.2.14	GB/T 2951.13—2008
3.2.14	电缆成束燃烧试验	11.2.15.1	GB/T 18380.35—2008
3.2.15	电缆燃烧的烟密度测定	11.2.15.2	GB/T 17651.1～17651.2—1998
3.2.16	护套燃烧释放气体试验	11.2.15.3	GB/T 17650.1～17650.2—1998

13 附件的型式试验

13.1 被试附件的安装

13.1.1 除非另有规定，电缆导体截面为 240 mm^2 或 300 mm^2。

13.1.2 附件应采用制造方提供的材料等级、数量及润滑剂(若有)，按制造方说明书规定的方法进行安装。

13.1.3 附件应该是干燥和清洁的，且不管是电缆还是附件都不应经受可能改变被试组件的电气或热或机械性能的任何方式的处理。

注：应避免与可能影响电缆附件性能的化学品(如变压器油)接触。

13.1.4 除非另有规定，可分离连接器应连接到与其配合的套管上。

13.1.5 被试终端或可分离连接器与接线端子或套管之间连接应具有与电缆导体相同的导电截面。

13.1.6 关于试验安装的主要细节，尤其是支撑装置，都应记录。

13.2 试验方法

试验按表 20～表 22“试验方法”栏里标准规定的试验方法进行。

13.3 试验程序

13.3.1 适用于各种附件的试验应按表 19 中所列出的相应的表中程序和图进行。

表 19 试验程序

附　件	对 应 表	对 应 图
终端	表 20	图 2
中间接头	表 21	图 3
内锥型插入式可分离连接器	表 22	图 4

13.3.2 对终端和中间接头，如果试验程序和要求是相同的，则可组合起来试验。

13.4 试验结果

13.4.1 概述

按表 20～表 22 所指定的项目进行试验的所有试样应满足全部试验程序的规定。

按表 20～表 22 指定的型式试验中的所有系列试验项目全部通过后，该附件被认可。对任何一个未满足要求的试样都应进行检查。

13.4.2 附件失效

如果一个附件由于安装或试验程序错误而不符合要求，应宣布该试验无效，但不否定该附件。应在新安装的试样上重复整个试验程序。如果没有上述错误证据，则该型式附件不予认可。

13.4.3 电缆失效

如果仅电缆击穿，则该试验应被宣布无效，但不否定该附件。允许重新安装附件按该试验程序从头开始试验或者修复电缆后从中断的时刻开始继续试验。

13.5 认可范围

安装在 13.1.1 规定的截面电缆上的附件，通过表 20～表 22 规定的相应的型式试验项目后，则应认为对相应的 150 mm^2～400 mm^2 这一范围内的所有截面电缆均有效。

表 20 终端的试验程序和试验要求

序号	试验项目[a]	试验要求	试验方法	试验程序[h]			
				1	2	3	4
1	交流耐压或直流耐压 交流耐压	124 kV，5 min 或 110 kV，15 min 110 kV，1 min，淋雨[b] 不闪络，不击穿	GB/T 18889—2002 第 4 章或第 5 章	• •	•	•	
2	局部放电	在环境温度下，48 kV，≤5 pC	GB/T 18889—2002 第 7 章	•			
3	冲击电压试验（在 θ_t^{cd} 下）	250 kV，±10 次	GB/T 18889—2002 第 6 章	•			
4	恒压负荷循环试验（在空气中）	3 次循环[e]，在 69 kV 和 θ_t 环境下	GB/T 18889—2002 第 9 章	•			
5	局部放电	48 kV，在环境温度下和 θ_t 环境下，≤5 pC	GB/T 18889—2002 第 7 章	•			
6	恒压负荷循环试验（在空气中）	60 次循环，在 69 kV 和 θ_t 环境下	GB/T 18889—2002 第 9 章	•			
7	浸水试验[b]	10 个周期	附录 H.2	•			
8	局部放电	48 kV，在环境温度下和 θ_t 环境下，≤5 pC	GB/T 18889—2002 第 7 章	•			
9	短路热稳定（屏蔽和铠装）	在电缆屏蔽的 I_{SC} 下，短路 2 次，无可见损伤	GB/T 18889—2002 第 10 章		•		

表 20（续）

序号	试验项目[a]	试验要求	试验方法	试验程序[h]			
				1	2	3	4
10	短路热稳定(导体)	升高到电缆导体的 Q_{SC} 时，短路 2 次，无可见损伤	GB/T 18889—2002 第 11 章		•		
11	短路动稳定	在 I_d 下短路 1 次，无可见损伤	GB/T 18889—2002 第 12 章		•		
12	冲击电压试验	250 kV，±10 次	GB/T 18889—2002 第 6 章	•	•		
13	交流耐压	69 kV，15 min	GB/T 18889—2002 第 4 章	•	•		
14	潮湿试验[f]	34.5 kV，300 h，不闪络，不击穿，跳闸不超过 3 次，无明显损坏[g]	GB/T 18889—2002 第 13 章			•	
15	盐雾试验[b]	34.5 kV，1 000 h，不闪络，不击穿，跳闸不超过 3 次，无明显损坏[g]	GB/T 18889—2002 第 13 章				•

[a] 除非另有规定，试验应在环境温度下进行；
[b] 仅用于户外终端；
[c] θ_t 是电缆正常运行导体温度加 5 ℃～10 ℃；
[d] 在加热期结束时进行；
[e] 每个负荷循环周期为 8 h，电缆导体稳定在规定的 θ_t 温度下至少 2 h，冷却时间至少 3 h；
[f] 仅用于户内终端；
[g] 当由于下述原因附件性能有明显下降时，则认为它明显损坏：(1)由于漏电痕迹引起介质质量下降；(2)电蚀深度达到 2 mm 或者达到作为使用的绝缘材料任何一处较小壁厚的 50%；(3)材料开裂；(4)材料穿孔；
[h] 试验程序见图 2。

表 21　中间接头的试验程序和试验要求

序号	试验项目[a]	试验要求	试验方法	试验程序	
				1	2
1	交流耐压或直流耐压	124 kV，5 min 或 110 kV，15 min	GB/T 18889—2002 第 4 章或第 5 章	•	•
2	局部放电	在环境温度下，48 kV，≤5 pC	GB/T 18889—2002 第 7 章	•	
3	冲击电压试验(在 θ_t^{bc} 下)	250 kV，±10 次	GB/T 18889—2002 第 6 章	•	
4	恒压负荷循环试验(在空气中)	3 次循环[d]，在 69 kV 和 θ_t 环境下	GB/T 18889—2002 第 9 章	•	
5	局部放电	48 kV，在环境温度下和 θ_t 环境下，≤5 pC	GB/T 18889—2002 第 7 章	•	
6	恒压负荷循环试验(在空气中)	30 次循环，在 69 kV 和 θ_t 环境下	GB/T 18889—2002 第 9 章	•	

表 21（续）

序号	试验项目[a]	试验要求	试验方法	试验程序	
				1	2
7	恒压负荷循环试验（在水中）	30 次循环，在 69 kV 和 θ_t 环境下	GB/T 18889—2002 第 9 章	•	
8	局部放电	48 kV，在环境温度下和 θ_t 环境下，≤5 pC	GB/T 18889—2002 第 7 章	•	
9	短路热稳定（屏蔽和铠装）	在电缆屏蔽的 I_{SC} 下，短路 2 次，无可见损伤	GB/T 18889—2002 第 10 章		•[e]
10	短路热稳定（导体）	升高到电缆导体的 Q_{SC} 时，短路 2 次，无可见损伤	GB/T 18889—2002 第 11 章		•[e]
11	短路动稳定	在 I_d 下短路 1 次，无可见损伤	GB/T 18889—2002 第 12 章		•
12	冲击电压试验	250 kV，±10 次	GB/T 18889—2002 第 6 章	•	•
13	中间接头机械冲击试验[f]	附录 H.1	附录 H.1	•	
14	交流耐压	69 kV，15 min	GB/T 18889—2002 第 4 章	•	•

[a] 除非另有规定，试验应在环境温度下进行；
[b] θ_t 是电缆正常运行导体温度加 5 ℃～10 ℃；
[c] 在加热期结束时进行；
[d] 每个负荷循环周期为 8 h，电缆导体稳定在规定的 θ_t 温度下至少 2 h，冷却时间至少 3 h；
[e] 短路热稳定试验可以与动稳定试验同时进行；
[f] 需要时可作该试验；
[g] 试验程序见图 3。

表 22　内锥型插入式可分离连接器的试验程序和试验要求

序号	试验项目[a]	试验要求	试验方法	试验程序[f]	
				1	2
1	交流耐压或直流耐压	124 kV，5 min 或 110 kV，15 min 不击穿	GB/T 18889—2002 第 4 章或第 5 章	•	•
2	局部放电	在环境温度下，48 kV，≤5 pC	GB/T 18889—2002 第 7 章	•	
3	冲击电压试验（在 θ_t^b 下）	250 kV，±10 次 不击穿	GB/T 18889—2002 第 6 章	•	
4	短路热稳定（屏蔽和铠装）	在电缆屏蔽的 I_{SC} 下，短路 2 次，无可见损伤	GB/T 18889—2002 第 10 章		•
5	短路热稳定（导体）	升高到电缆导体的 θ_{SC} 时，短路 2 次，无可见损伤	GB/T 18889—2002 第 11 章		•

表 22（续）

序号	试验项目[a]	试验要求	试验方法	试验程序[f]	
				1	2
6	短路动稳定	在 I_d 下短路 1 次，无可见损伤	GB/T 18889—2002 第 12 章		•
7	恒压负荷循环试验（在空气中）	30 次循环[c]，在 69 kV 和 θ_t^b 环境下，不击穿	GB/T 18889—2002 第 9 章	•	
8	恒压负荷循环试验（在水中）	30 次循环[c]，在 69 kV 和 θ_t^b 环境下，不击穿	GB/T 18889—2002 第 9 章	•	
9	插拔试验[d]	30 次插拔操作，金属接触部分和绝缘主体无可见损伤	—	•	
10	局部放电	48 kV，在环境温度下和 θ_t^{be} 环境下，≤5 pC	GB/T 18889—2002 第 7 章	•	
11	冲击电压试验	250 kV，±10 次，不击穿	GB/T 18889—2002 第 6 章	•	•
12	交流耐压	69 kV，15 min，不击穿	GB/T 18889—2002 第 4 章	•	•
13	外观检验	无可见损伤		•	•

[a] 除非另有规定，试验应在环境温度下进行；
[b] θ_t 是电缆正常运行导体温度加 5 ℃～10 ℃；
[c] 每个负荷循环周期为 8 h，电缆导体稳定在规定的 θ_t 温度下至少 2 h，冷却时间至少 3 h；
[d] 试验在电缆不带电的情况下进行，插入时紧固螺栓连接到位；
[e] 在加热期结束时进行；
[f] 试验程序见图 4。

14 附件的抽样试验

14.1 试验条件

被试附件的安装及环境与其型式试验要求相同。

14.2 试验规定

按表 23 进行抽样试验。

表 23 抽样试验程序和要求

序号	试验项目[a]	试验要求	试验方法
1	交流耐压或直流耐压	124 kV，5 min 110 kV，15 min	GB/T 18889—2002 第 4 章或第 5 章
2	局部放电	48 kV，≤5 pC	GB/T 18889—2002 第 7 章

表 23（续）

序号	试验项目[a]	试验要求	试验方法
3	负荷循环试验（在空气中，不加电压）	3 次循环[b]，在 θ_t^c 下	GB/T 18889—2002 第 9 章
4	插拔试验[d]	5 次插拔操作，金属接触部分和绝缘主体无可见损伤	—
5	局部放电	48 kV，≤5 pC	GB/T 18889—2002 第 7 章
6	冲击试验	250 kV，±10 次	GB/T 18889—2002 第 6 章
7	交流耐压	110 kV，4 h	GB/T 18889—2002 第 4 章

[a] 除非另有规定，试验应在环境温度下进行；
[b] 循环每周期 8 h，稳定温度时间至少 2 h，冷却时间至 3 h；
[c] θ_t 是电缆正常运行导体温度加 5 ℃～10 ℃；
[d] 仅适用于内锥型插入式可分离连接器。试验在电缆不带电的情况下进行，插入时紧固螺栓连接到位。

15 附件的检验规则

15.1 附件的检验检查包括型式试验、抽样试验。抽样试验应在交货批的电缆附件样品上进行，试验数量可由制造方与用户商定。若仅有一个试样未通过抽样试验，允许重新取样进行试验，若仍未通过，则认为该试样未通过抽样试验。

15.2 耐气候大气老化性能要求按 GB/T 16585—1996 中规定的试验方法进行试验；耐电痕化和蚀损的性能要求按 GB/T 6553—2003 规定的试验方法进行试验。

15.3 对内锥型插入式可分离连接器规定的相关要求按 GB/T 9327—2008 规定的试验方法进行试验。

15.4 电气性能要求按表 20～表 22 规定的试验方法和试验程序进行试验。

16 安装后的电气试验

16.1 测量绝缘电阻

测量各电缆导体对地或对金属屏蔽层间的绝缘电阻，应符合下列规定：

a) 耐压试验前后，绝缘电阻测量应无明显变化；
b) 电缆交联聚乙烯绝缘层的测量采用额定电压 5 000 V 兆欧表，电缆外护套、内衬层的测量采用额定电压 500 V 兆欧表；
c) 电缆外护套、内衬层的绝缘电阻不应低于 0.5 MΩ/km。

16.2 交流电压试验

对金属屏蔽/铠装一端接地，另一端装有护层过电压保护器的单芯电缆主绝缘做耐压试验时，应将护层过电压保护器短接，使这一端的电缆金属屏蔽/铠装临时接地。

试验应施加 55 kV($2U_0$)电压，持续 60 min。

16.3 测量金属屏蔽层电阻和导体电阻比

测量在相同温度下的金属屏蔽层和导体的直流电阻。

17 验收规则

17.1 电缆及附件应由制造方的质量检验部门检验合格方可出厂。每个出厂的包装件上应附有产品质量检验合格证。

17.2 电缆及附件应按本标准规定的试验项目进行试验验收。

18 标志、包装、运输、保管

18.1 电缆

18.1.1 成品电缆标志

成品电缆的护套表面应有制造厂名称、产品型号及额定电压的连续标志，标志应字迹清楚、容易辨认、耐擦。

成品电缆标志应符合 GB 6995.3—2008 规定。

18.1.2 包装

电缆应妥善包装在符合相关标准规定要求的电缆盘上交货。

电缆端头应可靠密封，伸出盘外的电缆端头应钉保护罩，伸出的长度不应小于 300 mm。

质量不超过 80 kg 的短段电缆，可以成圈包装。

成盘电缆的电缆盘外侧及成圈电缆的附加标签应标明：

a） 制造厂名称或商标；

b） 电缆型号和规格；

c） 长度：m；

d） 毛重：kg；

e） 制造日期：　　年　月；

f） 表示电缆盘正确滚动方向的符号；

g） 本标准编号。

18.1.3 运输和保管

电缆应避免在露天存放，电缆盘不允许平放；

运输中严禁从高处扔下装有电缆的电缆盘，严禁机械损伤电缆；

吊装包装件时，严禁几盘同时吊装。在车辆、船舶等运输工具，电缆盘应放稳，并用合适方法固定，防止互撞或翻倒。

18.2 电缆附件

18.2.1 标志

电缆附件用主要材料和部件均应标出牌号、名称、厂名、生产日期，并附有合格证，或验收标记，有贮存期限的材料应注明生产日期和贮存期。

18.2.2 包装

橡胶预制件、润滑剂、清洗剂等均应密封包装，橡胶预制件包装内应附有预制件内径适用范围，每套附件的部件和材料应以专用包装箱包装，包装箱内应附有材料清单、产品合格证及安装工艺说明书。

包装箱上应注明：

a） 制造厂厂名；

b） 产品型号、名称、产品标准号；

c） 额定电压；

d） 导体材料、截面和芯数；

e） 生产日期；

f） 包装箱尺寸；

g） 毛重。

18.2.3 运输和贮藏

产品在运输中应防止重压和猛烈碰撞。

产品贮存时应避免接触热源，贮存处应有防火措施、干燥通风，贮存期应不超过相应配套材料和配套件的贮存期限。

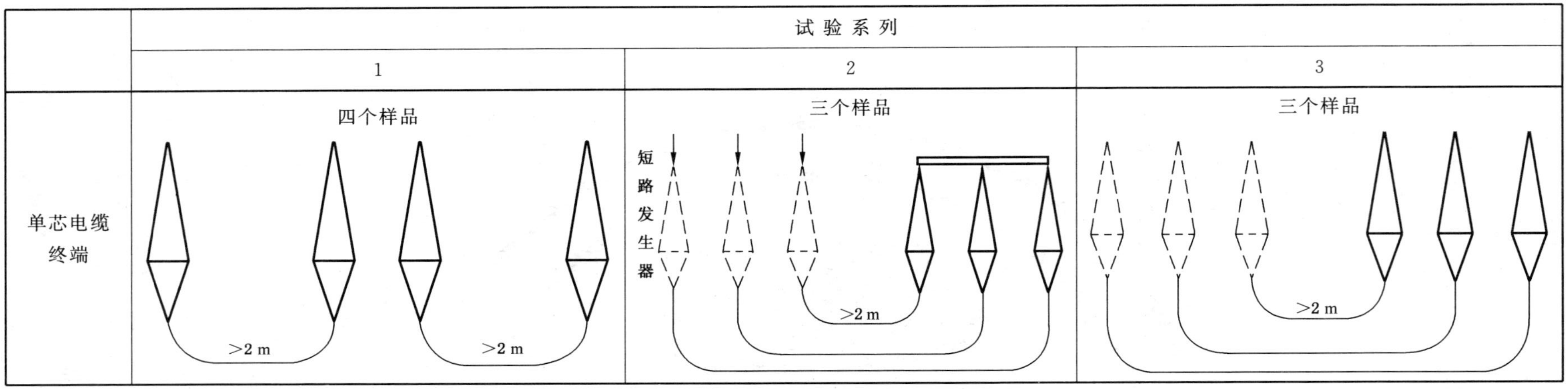

注：1) 图中所标电缆长度是电缆引入终端之间的测量长度。
2) 电缆与终端的固定方法应按照制造方的推荐。

图 2 终端的试样数量和试验布置

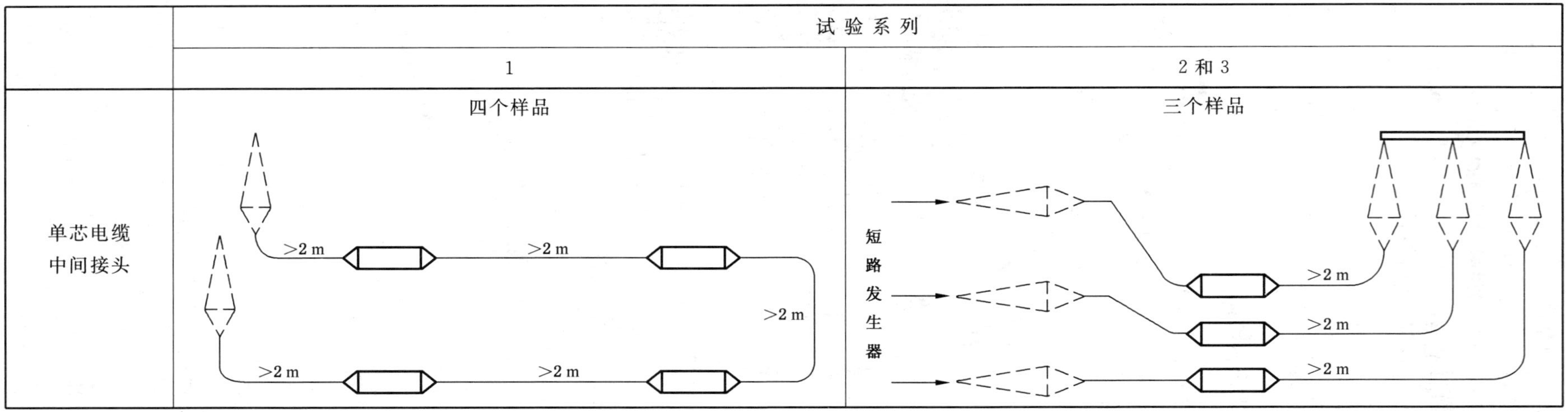

图 3 中间接头的试样数量和试验布置

	试验系列	
	1	2
单芯电缆终端	四个样品 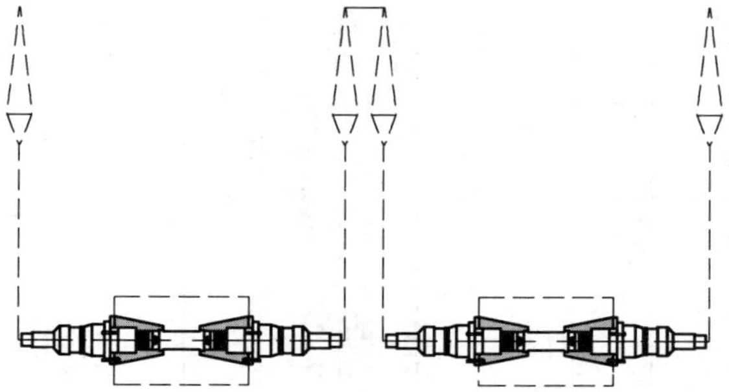	三个样品 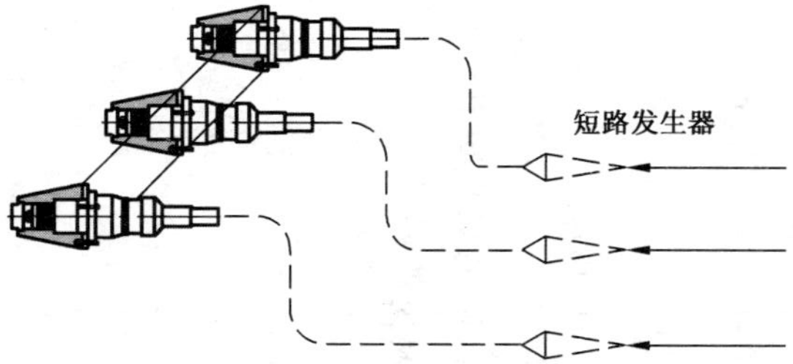

注：电缆和可分离连接器的固定方法应按照制造方的推荐。

图 4　内锥型插入式可分离连接器的试样数量和试验布置

附 录 A
（规范性附录）
确定护层尺寸的假设计算方法

A.1 概述

采用下述规定的电缆各种护层厚度的假设计算方法，是为了保证消除在单独计算中引起的任何差异，例如由于导体尺寸的假设以及标称直径和实际直径之间不可避免的差异。

所有厚度值和直径都应按照附录J中的规则修约到一位小数。

扎带，例如反向螺旋绕包在铠装外的扎带，如果不厚于0.3 mm，在此方法中忽略。

A.2 方法

A.2.1 导体

不考虑形状和紧压程度如何，每一标称截面导体的假设直径（d_L）由表A.1给出。

表 A.1 导体的假设直径

导体标称截面 mm^2	d_L mm
150	13.8
185	15.3
240	17.5
300	19.5
400	22.6
500	25.2
630	28.3

A.2.2 绝缘线芯

任何绝缘线芯的假设直径 D_c 如公式（A.1）：

$$D_c = d_L + 2t_1 + 3.0 \quad \cdots\cdots\cdots\cdots (A.1)$$

式中：

t_1——绝缘的标称厚度，单位为毫米（mm）。

如果采用金属屏蔽或同心导体，则应根据表A.2考虑增大绝缘线芯的标称直径。

A.2.3 同心导体和金属屏蔽

由于同心导体和金属屏蔽使直径增加的数值如表A.2规定。

表 A.2 同心导体和金属屏蔽使直径的增加值

同心导体或金属屏蔽的标称截面 mm^2	直径的增加值 mm
50	1.7
70	2.0
95	2.4
120	2.7
150	3.0
185	4.0
240	5.0
300	6.0

如果同心导体或金属屏蔽的标称截面介于表 A.2 所列数据的两数之间，那么取这两个标称值中较大数值所对应的直径增加值。

如果有金属屏蔽层，上表中规定的屏蔽层截面积应按公式(A.2)计算：

a) 金属带屏蔽

$$截面积(mm^2)=n_t \times t_t \times w_t \qquad \cdots\cdots (A.2)$$

式中：

n_t ——金属带根数；

t_t ——单根金属带的标称厚度，单位为毫米(mm)；

w_t——单根金属带的标称宽度，单位为毫米(mm)。

当屏蔽总厚度小于 0.15 mm 时，直径增加值为零；

——层金属带重叠绕包屏蔽或两层金属带搭盖绕包屏蔽，屏蔽总厚度为金属带厚度的两倍；

——金属带纵包屏蔽：

如果搭盖率小于 30%，屏蔽总厚度为金属带的厚度；

如果搭盖率达到或超过 30%，屏蔽总厚度为金属带厚度的两倍。

b) 金属丝屏蔽(包括一反向扎线，若存在)

$$截面积(mm^2)=\frac{n_w \times d_w^2 \times \pi}{4}+n_h \times t_h \times W_h \qquad \cdots\cdots (A.3)$$

式中：

n_w ——金属丝根数；

d_w ——单根金属丝直径，单位为毫米(mm)；

n_h ——反向扎带根数；

t_h ——厚度大于 0.3 mm 的反向扎带的厚度，单位为毫米(mm)；

W_h——反向扎带的宽度，单位为毫米(mm)。

A.2.4 隔离套

隔离套的假设直径(D_S)应按公式(A.4)计算：

$$D_S=D_U+2t_s \qquad \cdots\cdots (A.4)$$

式中：

D_U ——隔离套下的假设直径，单位为毫米(mm)；

t_s ——隔离套厚度，按7.1.4执行，单位为毫米(mm)。

A.2.5 铠装

铠装外的假设直径(D_x)应按公式(A.5)计算：

a) 扁或圆金属丝铠装

$$D_x = D_A + 2t_A + 2t_w \quad \cdots\cdots(A.5)$$

式中：

D_A ——铠装前直径，单位为毫米(mm)；

t_A ——铠装金属丝的直径或厚度，单位为毫米(mm)；

t_w ——如果有反向螺旋扎带时厚度大于0.3 mm的反向螺旋扎带厚度，单位为毫米(mm)。

b) 双金属带铠装

$$D_x = D_A + 4t_A \quad \cdots\cdots(A.6)$$

式中：

D_A ——铠装前直径，单位为毫米(mm)；

t_A ——铠装带厚度，单位为毫米(mm)。

附 录 B
（资料性附录）
电缆参考载流量及修正系数

B.1 表B.1所示不同敷设条件下，27.5 kV交联聚乙烯绝缘铜芯电缆载流量表。

表 B.1 电缆载流量

序号	敷设条件	单位	标称截面 mm²				
			150	185	240	300	400
1	1） 电缆导体工作温度 90 ℃ 2） 环境温度 40 ℃ 3） 敷设在空气中 4） 平面排列，电缆中心距为2倍电缆直径 5） 金属屏蔽和铠装单端接地	A	490	565	665	760	890
2	1） 电缆导体工作温度 90 ℃ 2） 环境温度 25 ℃ 3） 敷设在土壤中，土壤热阻系数为1.0 K·m/W 4） 平面排列，电缆中心距为2倍电缆直径 5） 金属屏蔽和铠装单端接地	A	425	485	565	635	730
3	1） 电缆导体工作温度 90 ℃ 2） 环境温度 40 ℃ 3） 敷设在空气管道中 4） 平面排列，电缆中心距为2倍电缆直径 5） 金属屏蔽和铠装单端接地	A	385	440	520	590	685
4	1） 电缆导体工作温度 90 ℃ 2） 环境温度 25 ℃ 3） 敷设在土壤管道中 4） 平面排列，电缆中心距为2倍电缆直径 5） 金属屏蔽和铠装单端接地	A	370	420	490	560	640

B.2 表B.2所示环境空气温度不同时的载流量修正系数。

表 B.2 环境空气温度不同时的载流量修正系数

导体工作温度 ℃	环境温度（空气中） ℃							
	20	25	30	35	40	45	50	55
90	1.23	1.17	1.12	1.06	1.00	0.94	0.87	0.81

B.3 表 B.3 所示环境土壤温度不同时的载流量修正系数。

表 B.3 环境土壤温度不同时的载流量修正系数

导体工作温度 ℃	环境温度(土壤中) ℃					
	10	15	20	25	30	35
90	1.11	1.07	1.04	1.00	0.96	0.92

B.4 表 B.4 所示不同土壤热阻系数的载流量修正系数。

表 B.4 不同土壤热阻系数的载流量修正系数

电压 kV	土壤热阻系数 K·m/W			
	0.8	1.0	1.2	1.5
27.5	1.06	1.0	0.94	0.80

附 录 C
（规范性附录）
电缆产品代号及表示方法

C.1 代号

电缆产品代号见表C.1。

表 C.1 产品代号

产品系列代号	TD	内护套(隔离层)代号	
低卤低烟	DD	聚乙烯护套	Y
无卤低烟	WD	铠装代号	
导体代号		非铁磁性金属丝铠装	7
铜导体	(T)省略…	外护套代号	
绝缘代号		聚氯乙烯为基料的低卤低烟阻燃外护套	2
交联聚乙烯绝缘	YJ	聚乙烯为基料的无卤低烟阻燃外护套	3

C.2 产品表示方法

C.2.1 一般要求

产品用型号(型号中有数字代号的电缆外护层，数字前的文字代号表示内护层)、规格(额定电压、芯数、标称截面)及本标准编号表示。

C.2.2 产品型号组成

产品型号的组成和排列顺序如下：

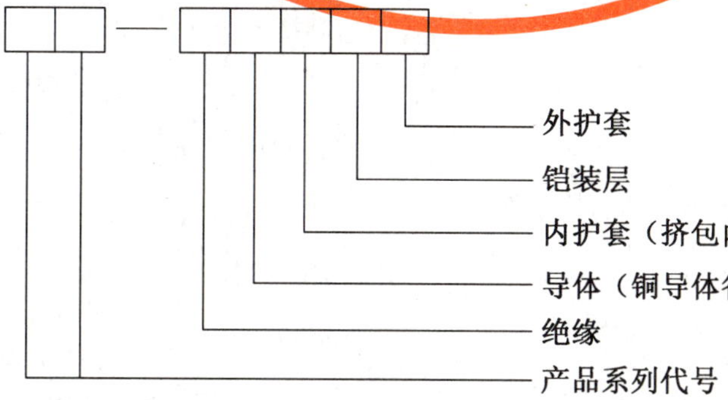

C.2.3 产品表示示例

示例1：铜芯交联聚乙烯绝缘铝丝铠装低卤低烟阻燃护套电力电缆，额定电压27.5 kV(U_0)，单芯，标称截面300 mm²，表示为：

TDDD—YJY_{72}　27.5 kV　1×300　GB/T 28427—2012

示例 2：铜芯交联聚乙烯绝缘铝丝铠装无卤低烟阻燃护套电力电缆，额定电压 27.5 kV(U_0)，单芯，标称截面 300 mm^2，表示为：

TDWD—YJY_{73}　27.5 kV　1×300　GB/T 28427—2012

附　录　D
（规范性附录）
终端、中间接头及内锥型插入式可分离连接器安装材料一般技术要求

D.1　所有主体橡胶件内外表面应光滑，无肉眼可见的因材料和工艺不完善引起的斑痕、凹坑和裂纹，结构尺寸应符合图纸要求。

D.2　主体所用的硅橡胶绝缘橡胶材料和半导电橡胶材料主要性能见附录E。

D.3　终端及中间接头的应力锥、中间接头用的半导电屏蔽管电阻值不应大于5 kΩ，试验方法见附录H.3。

D.4　安装用的硅脂润滑剂主要性能参见附录L。

D.5　安装用清洗剂应不含水分，易挥发，能溶解油污，且对被清洗的电缆绝缘及橡胶部件无损害作用。若对人身或被清洗物有不良影响，应在外包装上有明显标示和文字说明，并提供正确的使用方法。

附 录 E
（规范性附录）
终端、中间接头及内锥型插入式可分离连接器材料主要性能要求

E.1 硅橡胶绝缘材料主要性能要求见表 E.1 所示。

表 E.1 硅橡胶绝缘材料主要性能要求

序号	项 目[a]		单位	性能指标
1	抗张强度	不小于	N/mm^2	5.0
2	断裂伸长率	不小于	%	400
3	硬度(邵氏 A)	不大于		45
4	抗撕裂强度	不小于	N/mm	15
5	耐压强度	不小于	MV/m	20
6	体积电阻率	不小于	Ω·cm	10^{14}
7	介电系数	(50 Hz)		2.8～3.5
8	介质损耗角正切	不大于		0.02
9	耐漏电痕迹耐电蚀[b]	不小于		1A3.5
10	氧指数	不小于		30
11	燃烧性			FV0
12	烟密度等级(SDR)	不大于		75
13	卤酸含量		%	0
14	拉伸永久变形[c] 300%，90 ℃×120 h，不大于		%	15%

[a] 除非另有规定，表中数据为室温下试样的性能要求；
[b] 仅对终端考核；
[c] 仅对冷缩终端及接头考核。

E.2 半导电硅橡胶材料主要性能要求见表 E.2 所示。

表 E.2 半导电硅橡胶材料主要性能要求

序号	项 目[a]		单位	性能指标	
				预制式	冷缩式
1	抗张强度	不小于	N/mm^2	4.0	5.0
2	断裂伸长率	不小于	%	350	400
3	硬度(邵氏 A)	不大于	—	55	50
4	抗撕裂强度	不小于	N/mm	13	15
5	体积电阻率	不大于	Ω·cm	150	150
6	拉伸永久变形[b] 300%，90 ℃×120 h，不大于		%	—	15

[a] 除非另有规定，表中数据为室温下试样的性能要求；
[b] 仅对冷缩终端及接头考核。

附 录 F
（规范性附录）
内锥型套管的内界面尺寸

内锥型套管采用 EN 50181—1997 中的 3 型接口界面，套管的界面尺寸如图 F.1。

单位为毫米

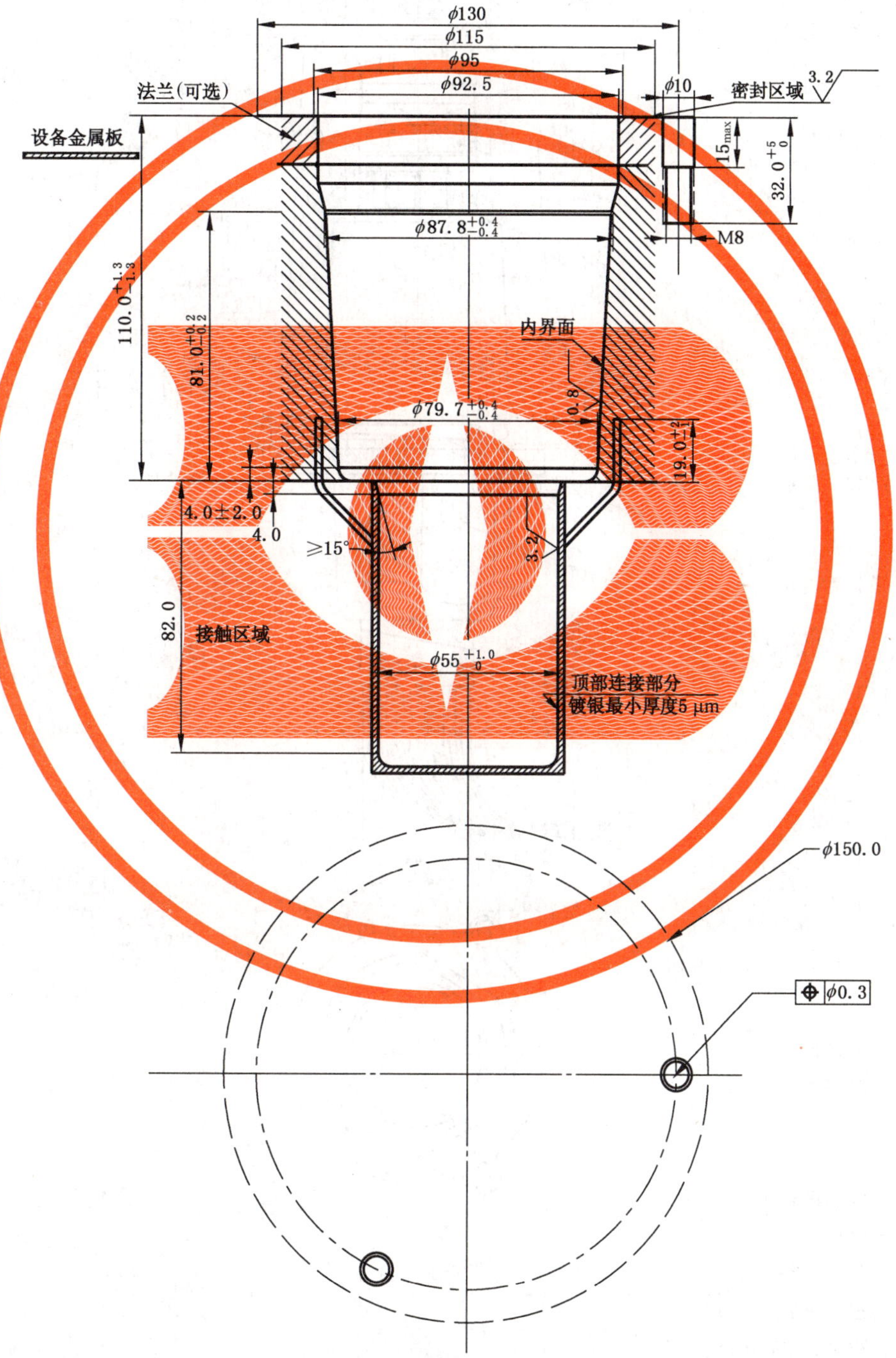

图 F.1 内锥型套管界面尺寸图

附　录　G
（资料性附录）
内锥型插入式可分离连接器典型结构和部件

内锥型插入式可分离连接器典型结构和部件参见图 G.1。

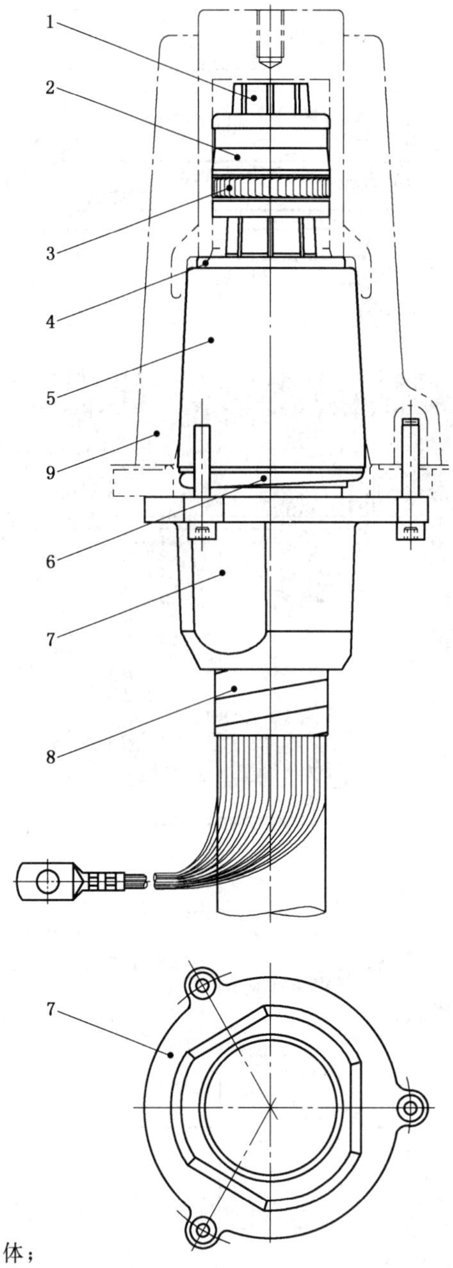

说明：

1——金属连接管；

2——顶部金属接触环；

3——表带式接触机构；

4——隔离碟；

5——含应力锥的硅橡胶绝缘主体；

6——顶推弹簧机构；

7——密封尾管及螺栓；

8——绝缘密封胶带；

9——内锥式套管(见附录 F)。

图 G.1　内锥型插入式可分离连接器典型结构和部件

附 录 H
(规范性附录)
电缆附件试验方法

H.1 中间接头机械撞击试验

H.1.1 试验装置

试验装置如图 H.1 所示，撞击块用钢制成，支撑架两侧有保证撞击块按规定方向自由降落的导轨，支撑架顶端装有起吊撞击块的滑轮。

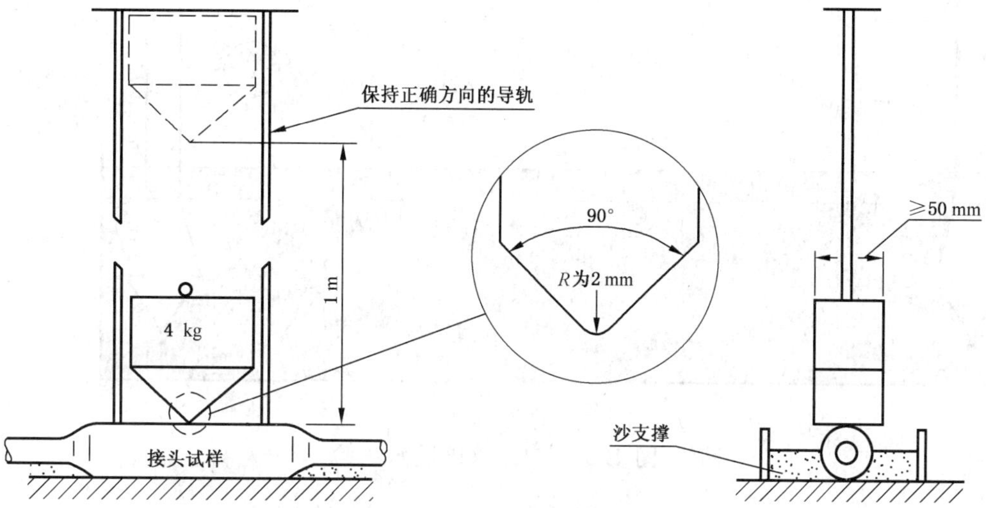

图 H.1 接头机械撞击试验装置

H.1.2 试验方法

H.1.2.1 撞击之前应测量导体与金属屏蔽之间的绝缘电阻，直流试验电压应为 100 V～1 000 V，施加足够长时间(不少于 1 min 和不多于 5 min)，以达到适当稳定后测量。

H.1.2.2 按图 H.1 所示将被试接头安放在坚硬的基础(如水泥板)上，固定试样两端电缆，周围填沙，沙填到被试接头的水平中心线，确保试验过程中试样不致滚动。

H.1.2.3 提升撞击块到规定高度 1 m。

H.1.2.4 让撞击块自由降落到被试接头上，在降落过程中使撞击块下部刀口保持水平，并与被试接头轴线成直角。在接头的每个末端撞击一次，导体连接金具部位上面撞击一次。在接头末端撞击时，应在外护套切断处。

H.1.2.5 撞击试验以后，接头应浸在环境温度下的水中最少 3 h，接头的上表面离水面 1.00 m。按上述再次测量导体与金属屏蔽之间和金属屏蔽与水之间的绝缘电阻。

H.1.3 试验结果评定

经撞击试验后试样应无破裂和明显变形，密封保护层应无损坏或穿透，绝缘电阻无明显变化。

H.2 户外终端浸水试验

H.2.1 本试验目的是检验户外终端的密封性能。

H.2.2 户外终端恒压负荷循环后，将整个终端都浸在水中，水浸没到终端的所有部件以上至少 0.03 m（如图 H.2），试验回路不加电压，共 10 个周期（每周期试验方法按 GB/T 18889—2002 第 9 章规定）。

单位为米

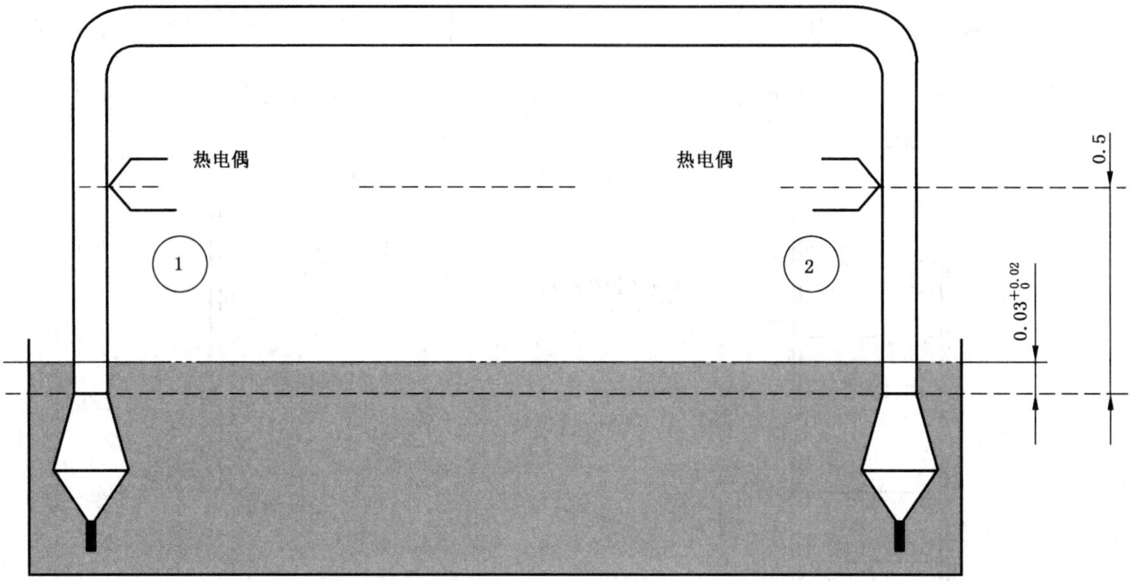

图 H.2 户外终端浸水试验

H.3 半导电屏蔽层电阻值的测试

H.3.1 本试验的目的是保证应力锥半导电屏蔽层和半导电屏蔽管能达到设计的屏蔽效果。

H.3.2 在预制的应力锥半导电屏蔽层和半导电屏蔽管的两端分别设置测试用的电极。

H.3.3 在环境温度下测量两个电极间的屏蔽电阻值，试验回路中的功率损耗应不超过 100 mW。

H.4 拉伸永久变形试验方法

拉伸永久变形采用 GB/T 3512 中规定的试样和设备。试验步骤为：在无应变状态下，将试样夹在预热的夹持器上，再将夹持器放入预热到试验温度的老化箱中。经 5 min±0.5 min 后拉伸试样，并在 1 min 内使其标志线间部分达到规定的伸长率。试样在规定的伸长率保持规定时间后，从老化箱中取出夹持器，再取下试样，使试样在室温、无应力条件下恢复 30 min 后测量标志线间的距离，并计算拉伸永久变形。

附　录　I
（规范性附录）
护套工频火花试验方法

I.1　适用范围

I.1.1　本方法规定了铁道交流27.5 kV交联聚乙烯绝缘电缆护套工频火花试验设备、试验电压、试验前准备、试验评定和工频火花试验机的检定。
I.1.2　试验环境的相对湿度宜保持在85%以下。

I.2　试验设备

I.2.1　火花试验机

火花试验机示意图如图I.1所示。

说明：
1——试样导体；
2——被试电线；
3——高压电极；
4——电极箱；
5——试验变压器；
6——电压调整器；
7——电压断路器；
8——电源；
9——绝缘不良指示器(也可以安在电源系统中)；
10——变压器接地；
11——保护电极；
12——绝缘子；
13——收线盘；
14——接地。

图I.1　火花试验机的示意图

I.2.2 高压电源

电源频率 40 Hz～60 Hz，电压波形应近似正弦波。

高电极对地的电位差由火花机的试验电压指示仪表显示。该表既可直接到高压电源输出端，也可通过任何其他合适连接方法连接，但视值误差应在±5%范围内。

试验电压指示仪表按 JB 4278.10—1993 校验。

I.2.3 试验电极

I.2.3.1 电极的有效长度应使被试电缆护套圆周方向每点通过电极的时间不少于 0.05 s。电极底部两端应有"U"形轮相支撑。对地保持良好绝缘，而使在最高电压下，当绝缘子受湿时火花机也能正常运行。电极壳体应接地。

I.2.3.2 电极为铜金属丝制成的 2 道接触式电极，铜金属丝直径应小于 0.5 mm，每道电极根数应大于 400 根并均匀的分布在电缆的护套圆周上并应保证铜丝的自由端与电缆相接触。

I.2.4 保护电极

试验电极两端应有接地保护电极。保护电极的宽度不应小于 15 mm，所用珠链的珠直径应为 2.5 mm，一串链珠上的相邻两颗珠子的间距不超过 2.5 mm。若采用环链，环由直径大于 0.8 mm 金属丝构成，环外径不大于 5 mm，每 100 mm 长环链环数不应少于 20 个。

I.2.5 安全保护连锁装置

保证开启试验电极时自动断开高压电源。

I.2.6 击穿指示器

I.2.6.1 功能

应能保证正确记录击穿次数和触发断路器断开高压电源和驱动系统电源。在必要时可遮断触发信号。

I.2.6.2 击穿电流取样

可以串接在试验变压器次级绕组低压侧的电阻上端取样，也允许采用其他实际上等效的连接方法取样。

I.2.6.3 最小灵敏度

用人工击穿装置测试。人工击穿装置由一金属针和一金属板所组成。平板对针尖作相对旋转运动，每旋转一周，针尖掠越平板一次，每次持续时间 0.025 s。在针尖掠过平板时，二者的距离为 0.25 mm±0.05 mm。

测试最小灵敏度时，将试验变压器的空载电压调整到 3 kV，在此电压下的短路稳态电流应限制在 600 μA 以下，必要时可串联阻抗。

旋转上述人工击穿装置，连续进行 20 次，每次时间间隔 1 s，人工火花间隙连续击穿，击穿指示器应准确无误的记录下每一次击穿数。

I.2.6.4 稳定性

在完成 I.2.6.3 测试后，将附加阻抗短路(如外接的话)。在电极间放入一段没有缺陷的被测电缆，或在人工击穿装置的板电极与针尖电极之间并上一个与被测电缆具有相同电容值的电容器，将电极电压升到所需测试最高电压，旋转上述人工击穿装置，持续进行20次，每旋转一次的时间为1 s，人工火花间隙应相应击穿，击穿指示器应正确无误地记录下每一次击穿数。

I.2.6.5 要求

进行第I.2.6.3和I.2.6.4试验时，应断开触发信号，以保证试验变压器的电源不被断开。

进行第I.2.6.3试验时，每次试验应更换铜针，针尖的锥度不应大于60°，直径不大于2 mm。

进行第I.2.6.4试验时，可用较粗的铜针，以防止针尖熔化。

进行第I.2.6.4试验时，所用的这段被测电缆应该是该火花机将要测试的具有最大电容值的电缆。

I.3 试验电压

铁道用交流27.5 kV交联聚乙烯绝缘电缆护套火花试验电压为交流15 kV。

I.4 试验前准备

I.4.1 火花试验设备和收、放线装置均应可靠接地。

I.4.2 每次试验前应检查电极安全保护联锁装置，应正常动作。

I.4.3 被测电缆导体应可靠地连续接地。

I.4.4 被测电缆进入电极之前，应用适当方法除去护套表面水分，以防止试验过程中产生闪络。

I.5 试验结果及评定

整根被测电缆不应有任何击穿。

I.6 火花试验机的检定

火花试验机每年至少检查一次，在大修或较大程度调整后也应进行检定。检定方法按JB 4278.10—1993规定进行。

附 录 J
（规范性附录）
数 值 修 约

J.1 假设计算法的数值修约

在按照附录A计算假设直径和确定单元尺寸而对数值进行修约时，采用下述规则。

当任何阶段的计算值小数点后多于一位数时，数值应修约到一位小数，即精确到0.1 mm。每一阶段的假设直径数值应修约到0.1 mm，当用来确定包覆层厚度和直径时，在用到相应的公式或表格中去之前应先进行修约，按照附录A要求从修约后的假设直径计算出的厚度应依次修约到0.1 mm。

用下述实例来说明这些规则：

a) 修约前数值的第二位小数为0、1、2、3或4时，则小数点后第一位小数保持不变（舍弃）。例如：

2.12≈2.1；

2.449≈2.4；

25.047 8≈25.0。

b) 修约前数值的第二位小数为9、8、7、6或5时，则小数点后第一位小数应增加1（进一）。例如：

2.17≈2.2；

2.453≈2.5；

30.050≈30.1。

J.2 用作其他目的的数值修约

除J.1考虑的用途外，有可能有些数值要修约到多于一位小数，例如计算几次测量的平均值，或标称值加上一个百分偏差以后的最小值。在这些情况下，应按有关条文修约到小数点后面的规定位数。

这时修约的方法为：

a) 如果修约前应保留的最后数值后一位数为0、1、2、3或4时，则最后数值应保持不变（舍弃）。

b) 如果修约前应保留的最后数值后一位数为9、8、7、6或5时，则最后数值加1（进一）。例如：

2.449≈2.45　　修约到二位小数；

2.449≈2.4　　修约到一位小数；

25.047 8≈25.048　　修约到三位小数；

25.047 8≈25.05　　修约到二位小数；

25.047 8≈25.0　　修约到一位小数。

附 录 K
（规范性附录）
电缆半导电屏蔽电阻率测量方法

从 150 mm 长成品电缆样品上制备试样。

将电缆绝缘线芯样品沿纵向对半切开，除去导体以制备导体屏蔽试样，如有隔离层也应去掉（见图 K.1a)。将绝缘线芯外所有保护层除去后制备绝缘屏蔽试片，见图 K.1b)。

屏蔽层体积电阻系数的测定步骤如下：

将四只涂银电极 A、B、C 和 D 置于半导电层表面，见图 K.1a）和图 K.1b)。两个电位电极 B 和 C 间距 50 mm。两个电流电极 A 和 D 相应地在电位电极外侧间隔至少 25 mm。

采用合适的夹子连接电极。在连接导体屏蔽电极时，应确保夹子与试样外表面绝缘屏蔽层的绝缘。

将组装好的试样放入预热到规定温度的烘箱中。30 min 后用测试线路测量电极间电阻，测试线路的功率不超过 100 mW。

电阻测量后，在室温下测量导体屏蔽和绝缘的外径及导体屏蔽和绝缘屏蔽层的厚度。每个数据取六个测量值的平均值，见图 K.1b)。

体积电阻率 ρ（用 Ω · m 表示）按公式(K.1)和公式(K.2)计算：

a) 导体屏蔽

$$\rho_c = \frac{R_c \times \pi \times (D_c - T_c) \times T_c}{2L_c} \qquad \text{(K.1)}$$

式中：

ρ_c ——体积电阻率，单位为欧姆 · 米（Ω · m）；

R_c ——测量电阻，单位为欧姆（Ω）；

L_c ——电位电极间距离，单位为米（m）；

D_c ——导体屏蔽外径，单位为米（m）；

T_c ——导体屏蔽平均厚度，单位为米（m）。

b) 绝缘屏蔽

$$\rho_i = \frac{R_i \times \pi \times (D_i - T_i) \times T_i}{L_i} \qquad \text{(K.2)}$$

式中：

ρ_i ——体积电阻率，单位为欧姆 · 米（Ω · m）；

R_i ——测量电阻，单位为欧姆（Ω）；

L_i ——电位电极间距离，单位为米（m）；

D_i ——绝缘屏蔽外径，单位为米（m）；

T_i ——绝缘屏蔽平均厚度，单位为米（m）。

单位为毫米

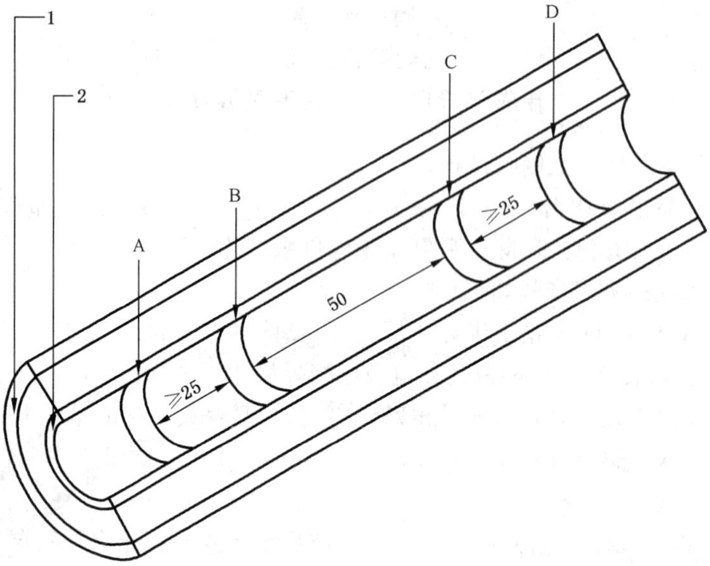

说明：

1——绝缘屏蔽层；2——导体屏蔽层；B、C——电位电极；A、D——电流电极。

a） 导体屏蔽

单位为毫米

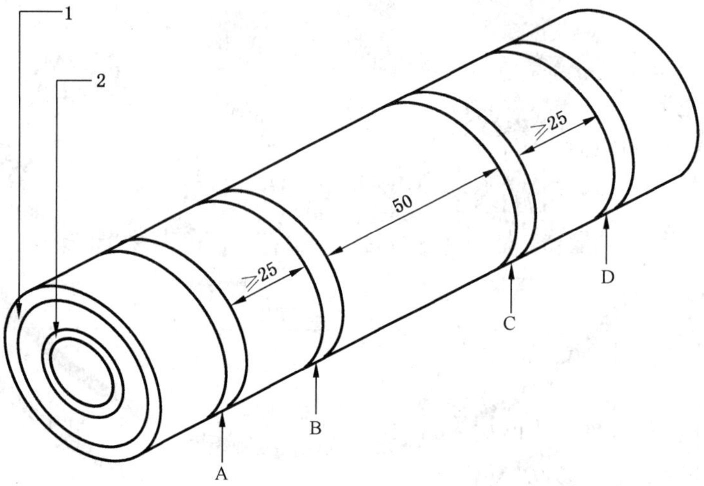

说明：

1——绝缘屏蔽层；2——导体屏蔽层；B、C——电位电极；A、D——电流电极。

b） 绝缘屏蔽

图 K.1 体积电阻率测量

附 录 L
（资料性附录）
安装用硅脂润滑剂主要性能要求

安装用硅脂润滑剂主要性能要求见表 L.1 规定。

表 L.1 安装用硅脂润滑剂主要性能要求

序号	项目[a]		单位	性能指标
1	耐压强度	不小于	MV/m	8
2	介电系数	(50 Hz)		2.8～3.2
3	介质损耗角正切	不大于	%	0.5
4	体积电阻率	不小于	Ω·cm	10^{13}
5	针入度		1/10 mm	200～300
6	挥发度(喷霜)(200 ℃,24 h)	不大于	%	3

[a] 除非另有规定，表中数据为室温下试样的性能要求。

参 考 文 献

[1] GB/T 269—1991 润滑脂和石油脂针入度测定法(eqv ISO 2137:1985)

[2] GB/T 507—2002 绝缘油 击穿电压测定法(eqv IEC 156:1995)

[3] GB/T 5654—2007 液体绝缘材料 相对电容率、介质损耗因数和直流电阻率的测量(IEC 60247:2004,IDT)

[4] GB/T 7325—1987 润滑脂和润滑油蒸发损失测定法(eqv ASTM D972:1981)

[5] IEC 60502-2:2005 额定电压 1 kV(U_m=1.2 kV)到 30 kV(U_m=36 kV)挤包绝缘电力电缆及其附件 第 2 部分:额定电压 6 kV(U_m=7.2 kV)到 30 kV(U_m=36 kV)电缆

[6] IEC 60502-4:2005 额定电压 1 kV(U_m=1.2 kV)到 30 kV(U_m=36 kV)挤包绝缘电力电缆及其附件 第 4 部分:额定电压 6 kV(U_m=7.2 kV)到 30 kV(U_m=36 kV)电缆附件试验要求

[7] IEC 61442—2005 额定电压 6 kV(U_m=7.2 kV)到 30 kV(U_m=36 kV)电力电缆附件试验方法

ICS 29.280
S 81

中华人民共和国国家标准

GB/T 28428—2012

电气化铁路 27.5 kV 和 2×27.5 kV 交流金属封闭开关设备和控制设备

27.5 kV and 2×27.5 kV AC metal-enclosed switchgear and controlgear for electrification railway

2012-06-29 发布

2012-10-01 实施

中华人民共和国国家质量监督检验检疫总局
中国国家标准化管理委员会
发布

前言

本标准按照 GB/T 1.1—2009 给出的规则起草。

本标准由中华人民共和国铁道部提出。

本标准由中铁电气化局集团有限公司归口。

本标准负责起草单位:中铁电气化勘测设计研究院有限公司、中铁电气化局集团有限公司。

本标准参加起草单位:常州太平洋电力设备(集团)有限公司、厦门 ABB 开关有限公司、四川电器集团有限公司。

本标准主要起草人:李汉卿、程军、王立天、王作祥、雷政、黄晓波、袁春萍、黄协平、兰拥军。

电气化铁路
27.5 kV 和 2×27.5 kV 交流
金属封闭开关设备和控制设备

1 范围

本标准规定了电气化铁路 27.5 kV 和 2×27.5 kV 交流金属封闭开关设备和控制设备的使用条件，额定值，设计和结构，型式试验，出厂试验，检验规则，运输、储存、安装、运行和维护规则，安全性要求。

本标准适用于具有空气绝缘和具有充气隔室、设计压力不超过 0.3 MPa(相对压力)的户内金属封闭开关设备和控制设备。

装于金属封闭开关设备和控制设备中的各元件按照各自标准的规定进行设计和试验。

2 规范性引用文件

下列文件对于本文件的应用是必不可少的。凡是注日期的引用文件，仅注日期的版本适用于本文件。凡是不注日期的引用文件，其最新版本(包括所有的修改单)适用于本文件。

GB/T 311.2—2002 绝缘配合 第 2 部分：高压输变电设备的绝缘配合使用导则

GB/T 1408.1—2006 绝缘材料电气强度试验方法 第 1 部分：工频下试验(IEC 60243-1:1998，IDT)

GB 1985—2004 高压交流隔离开关和接地开关(IEC 62271-102:2002，MOD)

GB/T 2900.1—2008 电工术语 基本术语

GB/T 2900.20—1994 电工术语 高压开关设备[neq IEC 60050(IEV):1984]

GB 3906—2006 3.6 kV～40.5 kV 交流金属封闭开关设备和控制设备(IEC 62271-200:2003，MOD)

GB 4208—2008 外壳防护等级(IP 代码)(IEC 60529:2001，IDT)

GB/T 4728.1—2005 电气简图用图形符号 第 1 部分：一般要求(IEC 60617 database，IDT)

GB/T 11021—2007 电气绝缘 耐热性分级(IEC 60085:2004 IDT)

GB/T 11022—2011 高压开关设备和控制设备标准的共用技术要求(IEC 62271-1:2007 MOD)

GB/T 12022—2006 工业六氟化硫(IEC 376:1971；IEC 376A:1973；IEC 376B:1974，MOD)

GB/T 16927.1—2011 高电压试验技术 第 1 部分：一般定义及试验要求(IEC 60060-1:2006，MOD)

GB/T 16935.1—2008 低压系统内设备的绝缘配合 第 1 部分：原理、要求和试验

GB 17627.1—1998 低压电气设备的高电压试验技术 第一部分：定义和试验要求(eqv IEC 1180-1:1992)

IEC 60073:2002 人-机接口、标记和鉴别用的基本原理和安全原则以及指示设备和调节器的编码原理(Basic and safety principles for man-machine interface，marking and identification—Coding principles for indicators and actuators)

IEC 62271-1:2007 高压开关设备和控制设备标准的共用技术要求(High-voltage switchgear and controlgear—Part 1:Common specifications)

3 术语和定义

GB/T 2900.1—2008、GB/T 2900.20—1994 界定的及以下术语和定义适用于本文件。

3.1

开关设备和控制设备 switchgear and controlgear

开关装置与相关控制、测量、保护和调节设备的组合、以及与相关的辅件、外壳和支持件及其内部连接所构成的设备的总称。

3.2

金属封闭开关设备和控制设备 metal-enclosed switchgear and controlgear

除外部连接外,全部装配完成并封闭在接地金属外壳内的开关设备和控制设备。

3.3

气体绝缘金属封闭开关设备和控制设备 gas insulated switchgear and controlgear

全部或部分地采用气体而不采用处于大气压下的空气作绝缘介质的金属封闭开关设备和控制设备。

3.4

功能单元(总装的) functional unit (of an assembly)

金属封闭开关设备和控制设备的一部分,包括为满足单一功能的主回路和辅助回路的所有元件。

注:功能单元可以根据预定的功能来区分,例如进线单元、出线单元等。

3.5

多层 multi-tier

两个或多个功能单元垂直布置在一个外壳内。

3.6

运输单元 transport unit

不需拆开便可以运输的金属封闭开关设备和控制设备的一部分。

3.7

外壳 enclosure

金属封闭开关设备和控制设备的一部分,它能够提供规定的防护等级,以保护内部设备不受外界影响,防止人员接近或触及带电部分,防止人员触及运动部分。

3.8

隔室 compartment

金属封闭开关设备和控制设备的一部分,除内部连接、控制或通风所必要的开孔外,其余均封闭。

隔室分为四种类型,其中三种可以打开,称为可触及隔室;另一种不能打开,称为不可触及隔室。

注:隔室可以按内部安装的主要元件来进一步划分,见 6.20.1。

3.9

联锁控制的可触及隔室 inter lock-controlled accessible compartment

内部装有高压部件,按制造厂的规定,可以打开进行正常操作和/或维护,触及受开关设备和控制设备总体设计控制的隔室。

注:安装、扩展和修理等不是正常的维护。

3.10

基于程序的可触及隔室 procedure-based accessible compartment

内部装有高压部件,按制造厂的规定,可以打开进行正常操作和/或维护,触及受适当的程序结合锁具控制的隔室。

注：安装、扩展和修理等不是正常的维护。

3.11

基于工具的可触及隔室　tool-based accessible compartment

内部装有高压部件，可以打开，但不是为了进行正常操作和维护，需要专用程序和工具才能打开的隔室。

3.12

不可触及隔室　unaccessible compartment

内部装有高压元件，不可以打开的隔室。打开会破坏隔室的完整性。隔室有不可打开的明显警示。

3.13

隔板　partition

金属封闭开关设备和控制设备的一个部件，它将一个隔室与另一个隔室隔开。

3.14

隔板的等级　partition class

根据隔离带电部分所用的是金属隔板还是非金属隔板，将其分类如下：

3.14.1

PM 级隔板　partition class PM

在打开的隔室和主回路的带电部件之间，金属封闭开关设备和控制设备具有的连续并接地的金属隔板和/或活门（如果适用时）。

3.14.2

PI 级隔板　partition class PI

在打开的隔室和主回路的带电部件之间，金属封闭开关设备和控制设备具有的一个或多个非金属隔板和/或活门。

3.15

活门　shutter

金属封闭开关设备和控制设备的一种部件，它具有两个可以转换的位置，一个位置是允许可移开部件的触头或隔离开关的动触头与固定触头接合，在另一个位置，它成为外壳或隔板的一部分，遮住固定触头。

3.16

分隔（导体的）　segregation (of conductors)

将接地的金属板插在导体之间的一种导体布置，这使得破坏性放电只能对地发生。

注：分隔可以建立在导体之间，也可以建立在开关装置打开的触头之间。

3.17

套管　bushing

能使一根或多根导体穿过外壳或隔板并使导体与外壳或隔板绝缘的一种构件，包括固定用的附件。

3.18

元件　component

金属封闭开关设备和控制设备主回路和接地回路中，具有特定功能的基本部件（例如断路器、隔离开关、负荷开关、熔断器、互感器、套管、母线）。

3.19

主回路（总装的）　main circuit (of an assembly)

金属封闭开关设备和控制设备中传送电能回路中的所有导电部分。

3.20

接地回路　earthing circuit

每个接地装置或接地点到设备用于与外部接地系统相连的端子间的连接。

3.21

辅助回路　auxiliary circuit

金属封闭开关设备和控制设备中用于控制、测量、信号指示和调节回路(非主回路)的所有导电部分。

注：金属封闭开关设备和控制设备的辅助回路包括开关装置的控制和辅助回路。

3.22

压力释放装置　pressure relief device

用于限制充气隔室压力的装置。

3.23

相对压力　relative pressure

相对于标准大气压力 101.3 kPa 的压力。

3.24

充气隔室　gas-filled compartment

开关设备和控制设备的隔室,隔室内部的气体压力由下列的一种系统保持:

a)　封闭压力系统:只能用人工连接到外部气源定期补气的空间。

b)　密封压力系统:在预定的使用寿命期内不需要对气体或真空作进一步地处理的空间。

注:几个充气隔室相互间可以固定联接成一公共的气体系统(气密性装配)。

3.25

最低功能压力(充气隔室的)　minimum functional pressure (of gas-filled compartment)

充气隔室的压力,把它折算到标准大气条件(+20 ℃,101.3 kPa)或密度下,可以用相对压力或绝对压力表示,大于或等于此压力时金属封闭开关设备和控制设备保持其额定特性。

3.26

设计压力(充气隔室的)　design pressure (of gas-filled compartment)

充气隔室内能长期承受的压力值,超过此压力,充气隔室会产生影响运行状态的变形。

3.27

设计温度(充气隔室的)　design temperature (of gas-filled compartment)

在运行条件下,充气隔室的气体所能达到的最高温度。

3.28

周围空气温度(金属封闭开关设备和控制设备的)　ambient air temperature (of metal-enclosed switchgear and controlgear)

在规定条件下测得的金属封闭开关设备和控制设备外壳周围的空气温度。

3.29

可移开部件　removable part

金属封闭开关设备和控制设备中能够被完全移出并能被替换的连接到主回路的部件,即使功能单元的主回路带电也不例外。

3.30

可抽出部件　withdrawable part

金属封闭开关设备和控制设备的可移开部件,它可以移到使打开的触头之间形成一个隔离断口或分离,此时仍与外壳保持机械联系。

3.31

工作位置(接通位置) service position (connected position)

为完成预定的功能,可移开部件处于完全接通的位置。

3.32

接地位置 earthing position

可移开部件的位置或隔离开关的状态。此时,开关装置的合闸操作,使主回路短路并接地。

3.33

试验位置(可抽出部件的) test position (of a withdrawable part)

可抽出部件的位置,在此位置,主回路形成一个隔离断口或分隔,辅助回路是接通的。

3.34

隔离位置 disconnected position

可抽出部件的位置。在此位置,可抽出部件与开关设备形成一个隔离断口或分离,但可抽出部件仍与外壳保持机械联系。

注:在高压金属封闭开关设备和控制设备中,辅助回路可以不断开。

3.35

移开位置(可移开部件的) removed position (of a removable part)

可移开部件的位置,可移开部件在外壳外面,且与外壳脱离了机械和电气联系。

3.36

运行连续性的丧失类别 loss of service continuity category (LSC)

根据主回路隔室打开时其他隔室和/或功能单元是否可继续带电划分的设备类别。

注1:LSC类别描述了当需要触及主回路隔室时开关设备和控制设备可以继续带电运行的范围。

注2:LSC类别不规定开关设备和控制设备的可靠性类别。

3.37

LSC2类开关设备和控制设备 category LSC2 switchgear and controlgear

有可触及隔室的金属封闭开关设备和控制设备。

又可划分两个分类:

LSC2B:打开功能单元的其他可触及隔室,该功能单元的电缆隔室仍旧可以带电的LSC2类金属封闭开关设备和控制设备。

LSC2A:除LSC2B外的LSC2类金属封闭开关设备和控制设备。

3.38

LSC1类开关设备和控制设备 category LSC1 switchgear and controlgear

除LSC2类外的金属封闭开关设备和控制设备。

3.39

内部电弧级开关设备和控制设备(IAC) internal arc classified switchgear and controlgear (IAC)

经试验验证能满足在内部电弧情况下保护人员规定要求的金属封闭开关设备和控制设备。

3.40

防护等级 degree of protection

外壳以及适用时的隔板或活门提供的、防止接近危险部件、防止固体外物进入和/或防止水的浸入,并由标准试验方法验证过的保护程度。

3.41

额定值 rated value

一般由制造厂对元件、装置、设备按规定的运行条件所指定的量值。

注:具体额定值见第5章。

3.42

破坏性放电 disruptive discharge

在电场作用下伴随绝缘破坏而产生的一种现象，此时放电完全跨接了被试绝缘，使电极之间的电压降到零或接近于零。

3.43

相对漏气率(年漏气率) relative leakage rate (leakage rate per year)

单位时间的漏气量与充气隔室在额定气体密度时的总充气量之比值。以(%)/年表示。

3.44

单极断路器 single-pole circuit breaker

仅与主回路一条导电路径相连的断路器。

3.45

双极断路器 double-pole circuit breaker

与主回路两条导电路径相连的断路器。

4 使用条件

4.1 正常使用条件

a) 周围空气温度不超过 40 ℃，且在 24 h 内测得的平均值不超过 35 ℃。最低周围空气温度对“−5 户内”级为−5 ℃，对“−15 户内”级为−15 ℃，对“−25 户内”级为−25 ℃；

b) 阳光辐射的影响可以忽略；

c) 海拔不超过 1 000 m；

d) 周围空气没有明显地受到尘埃、烟、腐蚀性和/或可燃性气体、蒸气或盐雾的污染；

e) 湿度条件如下：

——在 24 h 内测得的相对湿度的平均值不超过 95%；

——在 24 h 内测得的水蒸气压力的平均值不超过 2.2 kPa；

——月相对湿度平均值不超过 90%；

——月水蒸气压力平均值不超过 1.8 kPa。

在这样的条件下偶而会出现凝露。

注 1： 在高湿度期间温度急骤变化时可能出现凝露。

注 2： 为耐受高湿度和凝露所产生的效应，例如绝缘击穿或金属件腐蚀，应使用为此条件设计和按此条件试验的开关设备。

注 3： 可用特殊设计的建筑物或房间，变电站内采用适当的通风和加热或使用去湿装置，以防形成凝露。

f) 来自开关设备和控制设备外部的振动或地动是可以忽略的；

g) 在二次系统中感应的电磁干扰的幅值不超过 1.6 kV。

4.2 特殊使用条件

当金属封闭开关设备和控制设备被应用在不同于 4.1 中规定的正常使用条件时，用户的要求应参照以下规定步骤进行。

4.2.1 海拔

对于安装在海拔高于 1 000 m 处的设备，外绝缘在标准参考大气条件下的绝缘水平应将使用场所要求的绝缘耐受电压乘以系数 Ka 来确定，系数 Ka 按图 1 选取。在任一海拔处，内绝缘的绝缘特性是相同的，不需要采取特别的措施。关于外绝缘和内绝缘，见 GB/T 311.2—2002。

对于低压辅助设备和控制设备，如果海拔低于 2 000 m，不需要采取特别的措施。对于更高的海拔，见 GB/T 16935.1—2008。

注 1：对于气体绝缘的金属封闭开关设备和控制设备，包括在安装完成后及运行状态下处于内绝缘定义下的承受电压的部件，绝缘水平不受海拔高度的影响。

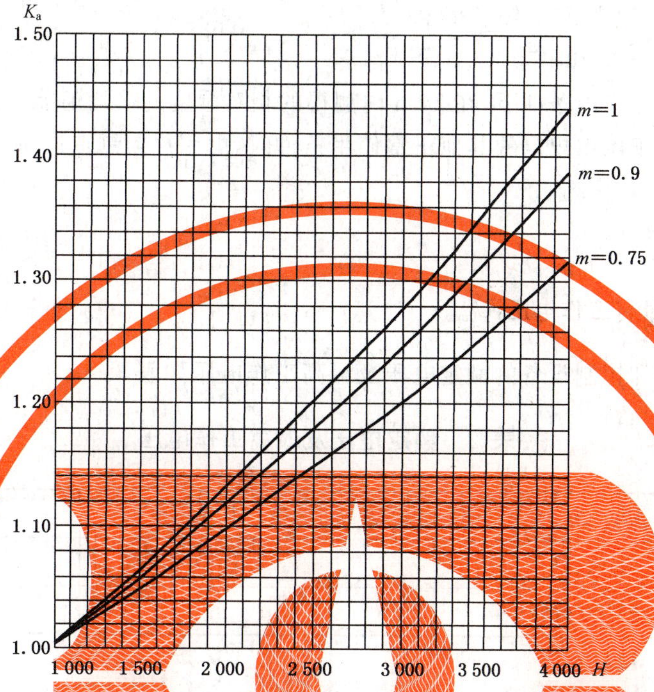

图 1　海拔修正因数

这些因数可用下式计算：

$$K_a = e^{m(H-1\,000)/8\,150}$$

式中：

H ——海拔，单位为(m)；

m ——为了简单起见，取下述值确定：

对于工频、雷电冲击和极间操作冲击电压，$m=1$；

对于纵绝缘操作冲击电压，$m=0.9$；

对于极对地操作冲击电压，$m=0.75$。

4.2.2　污秽

对于安装在污秽空气中且采用空气绝缘的设备，污秽等级宜按表 1 选取，也可由用户与制造厂协商解决。

表 1　污秽等级

外绝缘污秽等级	最小爬电比距 mm/kV
0	12
Ⅰ	18
Ⅱ	22

4.2.3 温度和湿度

对于安装在周围空气温度明显地超出4.1中规定的正常使用条件的设备，优先选用的最低和最高温度的范围规定为：

——对严寒气候，－50 ℃和＋40 ℃；

——对酷热气候，－5 ℃和＋50 ℃。

在湿热气候环境中的户内条件下，在24 h内测得的相对湿度的平均值能达到98%。

当可能使用在不同于4.1规定的其他正常使用条件时，由用户与制造厂协商解决。

5 额定值

5.1 额定电压(U_r)及最高工作电压(U_{max})

金属封闭开关设备和控制设备的额定电压及最高工作电压如表2。

表2 额定电压及最高工作电压

项　目	单　极	双　极
额定电压 U_r/kV(有效值)	27.5	2×27.5
最高工作电压 U_{max}/kV(有效值)	29	2×29

5.2 额定绝缘水平

正常使用条件下设备额定绝缘水平见表3。

表3 额定绝缘水平

系统标称电压 U_o kV	系统短时最高工作电压 U_{max} kV	额定电压 U_r kV(有效值)	额定雷电冲击耐受电压(峰值)U_p kV(峰值)			额定1 min工频耐受电压(有效值)U_d kV(有效值)		
			极对地	隔离断口	极间	极对地	隔离断口	极间
25	29	27.5	200	220	—	95	110	—
2×25	2×29	2×27.5	200	220	325	95	110	140

5.3 额定频率(f_r)

额定频率为50 Hz。

5.4 额定电流和温升

5.4.1 额定电流(I_r)

额定电流应从以下数值中选取：

630 A、1 000 A、1 250 A、1 600 A、2 000 A、2 500 A、3 150 A。

开关设备和控制设备的某些主回路(如母线、馈出线等)可以有不同的额定电流值。

5.4.2 温升

在温升试验规定的条件下，当周围空气温度不超过 40 ℃时，开关设备和控制设备任何部分的温升不应超过表 4 规定的温升极根。

金属封闭开关设备和控制设备内部元件的温升，其值不得超过该元件相应标准的规定。

当考虑母线的最高允许温度或温升时，应根据工作情况，按触头、连接及与绝缘材料接触的金属部件的最高允许温度或温升确定。

表 4 开关设备和控制设备各种部件、材料和绝缘介质的温度和温升极限

部件、材料和绝缘介质的类别（见注 1、2 和 3）	最大值	
	温度 ℃	周围空气温度不超过 40 ℃时的温升 K
1 触头（见注 4）		
裸铜或裸铜合金		
——在空气中	75	35
——在 SF_6（六氟化硫）中（见注 5）	105	65
镀银或镀镍（见注 6）		
——在空气中	105	65
——在 SF_6（见注 5）	105	65
镀锡（见注 6）		
——在空气中	90	50
——在 SF_6 中（见注 5）	90	50
2 用螺栓的或与其等效的联结（见注 4）		
裸铜、裸铜合金或裸铝合金		
——在空气中	90	50
——在 SF_6 中（见注 5）	115	75
镀银或镀镍		
——在空气中	115	75
——在 SF_6 中（见注 5）	115	75
镀锡		
——在空气中	105	65
——在 SF_6 中（见注 5）	105	65
3 其他裸金属制成的或有其他镀层的触头或联结	（见注 7）	（见注 7）
4 用螺钉或螺栓与外部导体连接的端子（见注 8）		
——裸的	90	50
——镀银、镀镍或镀锡	105	65
——其他镀层	（见注 7）	（见注 7）
5 用作弹簧的金属零件	（见注 9）	（见注 9）

表 4（续）

部件、材料和绝缘介质的类别 （见注 1、2 和 3）	最大值	
	温度 ℃	周围空气温度不超过 40 ℃时的温升 K
6 绝缘材料以及与下列在 GB/T 11021—2007 中给出分级等级的绝缘材料接触的金属部件		
——Y	90	60
——A	105	65
——E	120	80
——B	130	90
——F	155	115
——瓷漆：油基	100	60
合成	120	80
——H	180	140
——C 其他绝缘材料	（见注 10）	（见注 10）
7 除触头外，与油接触的任何金属或绝缘件	100	60
8 可触及的部件		
——在正常操作中可触及的	70	30
——在正常操作中不需触及的	80	40

注 1：按其功能，同一部件可以属于表 4 列出的几种类别。在这种情况下，允许的最高温度和温升值是相关类别中的最低值。

注 2：对真空开关装置，温度和温升的极限值不适用于处在真空中的部件。其余部件不超过表 4 给出的温度和温升值。

注 3：注意保证周围的绝缘材料不遭到损坏。

注 4：当接合的零件具有不同的镀层或一个零件是裸露的材料制成的，允许的温度和温升是：

a) 对触头，表 4 项 1 中有最低允许值的表面材料的值；

b) 对联结，表 4 项 2 中有最高允许值的表面材料的值。

注 5：六氟化硫是指纯六氟化硫或六氟化硫与其他无氧气体的混合物。

a) 由于不存在氧气，把六氟化硫开关设备中各种触头和联接的温度极限加以协调看来是合适的。在六氟化硫环境下，裸铜和裸铜合金零件的允许温度极限可以等于镀银或镀镍零件的值。在镀锡零件的特殊情况下，由于磨擦腐蚀效应，即使在六氟化硫无氧的条件下，提高其允许温度也是不合适的。因此镀锡零件仍取原来的值。

b) 裸铜和镀银触头在六氟化硫中的温升正在考虑中。

注 6：按照设备有关的技术条件：

a) 在关合和开断试验（如果有的话）后；

b) 在短时耐受电流试验后；

c) 在机械试验后。

有镀层的触头在接触区有连续的镀层，不然触头被看作是"裸露"的。

注 7：当使用表 4 没有给出的材料时，研究它们的性能，以便确定最高的允许温升。

注 8：即使和端子连接的是裸导体，这些温度和温升值仍是有效的。

注 9：温度没有达到使材料弹性受损的数值。

注 10：仅以不损害周围的零部件为限。

5.5 额定短时耐受电流(I_k)

在规定的使用和性能条件下,在规定的短时间内,开关设备和控制设备在合闸位置能够承载的电流的有效值。

额定短时耐受电流的标准值应当从下列数值中选取:

16 kA、20 kA、25 kA、31.5 kA、40 kA。

5.6 额定峰值耐受电流(I_p)

在规定的使用和性能条件下,开关设备和控制设备在合闸位置能够承载的额定短时耐受电流第一个大半波的电流峰值。

额定峰值耐受电流应等于 2.5 倍额定短时耐受电流。

5.7 额定短路持续时间(t_k)

开关设备和控制设备在合闸位置能承载额定短时耐受电流的时间间隔。

额定短路持续时间在以下数值中选取:

0.5 s、1 s、2 s、3 s 或 4 s。

5.8 合、分闸装置和辅助、控制回路的额定电源电压(U_a)

额定电源电压应当从以下数值中选取:

直流(DC):110 V、220 V;

交流(AC):220 V。

在额定值的 85%和 110%间的任一电源电压下,操动机构应能使开关合闸和分闸。

5.9 合、分闸装置和辅助回路的额定电源频率

额定电源频率的标准值为 DC 或 50 Hz。

5.10 额定充气压力

在投入运行前充入隔室的气体压力[相对于 20 ℃和 101.3 kPa 大气条件,用 MPa(相对压力)表示]。

6 设计和结构

6.1 一般规定

金属封闭开关设备和控制设备的设计应使得正常运行、检查、维护操作和主回路是否带电状态的确定,包括通常的相序检查、连接电缆的接地、电缆故障的定位、连接电缆或其他器件的电压试验以及消除危险的静电电荷均应安全地进行。

类型、额定值和结构相同的所有可移开部件和元件在机械上和电气上应有互换性。

当这些可移开部件和元件以及隔室的设计在机械上允许互换时,可以安装相同或较大额定电流及绝缘水平的可移开部件和元件,以代替相同或者较小额定电流及绝缘水平的可移开部件和元件。

6.2 对开关设备和控制设备中气体的要求

为了防止凝露,在充气开关设备和控制设备中,在额定充气密度(ρ_{re})下充入用作绝缘的气体,它在 20 ℃时测得的最大允许含水量应使它的露点温度不高于−5 ℃。在其他温度下测量时应作适当的修正。

6.3 接地

6.3.1 总则

接地回路一般应设计为能耐受一次短时耐受电流。

6.3.2 主回路的接地

为了确保维护时的人员安全，除了与开关设备和控制设备分离后变成可触及的可移开部件外，其他需要触及的主回路中的所有部件都应事先接地。

6.3.3 外壳的接地

在最后安装时，应通过接地导体将运输单元相互连接，相邻运输单元之间的连接应承受接地回路的额定短时耐受电流和峰值耐受电流。

注 1：一般而言，如果金属封闭开关设备和控制设备的接地导体的整个长度具有足够的截面积，则认为完全可以满足上述要求。

如果接地导体是铜质的，则在规定的接地故障条件下，当额定短路持续时间为 1 s 时，其中的电流密度不超过 200 A/mm^2；当额定短路持续时间 3 s 时，其中的电流密度不超过 125 A/mm^2。且其截面不应小于 30 mm^2。接地导体的末端应有合适的端子以便与设备的接地系统相连接。如果接地导体不是铜质的，则应满足等效的热效应和机械效应要求。有关导体横截面积的计算方法见附录 A 要求。

每个功能单元的外壳都应连接到接地导体上。固定在外壳上的小部件，只要直径不超过 12.5 mm，就不需要连接到接地导体上，例如：螺母。除主回路和辅助回路外的所有要接地的金属零件都应直接或通过金属构件连接到接地导体上。

通过框架、盖板、门、隔板或其他构件间的电气连续性确保功能单元内部相互之间的接地连接（例如：通过螺钉或焊接方法固定）。高电压隔室的门应采用适当的方法连接到框架。

6.3.4 可抽出部件和可移开部件的接地

可抽出部件应接地的金属部分在试验位置、隔离位置以及所有的中间位置时均应保持接地。在所有位置，接地连接的载流能力不应小于对外壳的要求值。

插入时，通常接地的可移开部件的金属部分应在主回路的可移开部件与固定触头接触之前接地。

如果可抽出部件或可移开部件包括将主回路接地的其他接地装置，则应认为工作位置的接地连接是接地回路的一部分，具有相关的额定值。

6.4 辅助设备和控制设备

按 IEC 62271-1:2007 中 5.4 的规定。

6.5 动力操作

用外部电源操作的开关装置，当操动机构的电源的电压处在 5.8 规定的下限时，应能关合和/或开断它的额定短路电流（如果有）。如果制造厂规定了最大合闸和分闸时间，则不应超过制造厂的规定。

除了在维修时的慢操作外，主触头只应在传动机构的作用下并以设计的方式运动。在合闸装置和/或分闸装置失去电源或在失去后重新施加电源时，不应引起主触头合闸或分闸位置的改变。

6.6 储能操作

6.6.1 一般要求

储能操作的开关装置，按 6.6.2 或 6.6.3 储足能量时，应能关合和开断它的额定短路电流。而且不应超过制造厂规定的最大合闸和分闸时间。

除了在维修时的慢操作外，主触头只应在传动机构的作用下并以设计的方式运动。在机构失去能源后重新施加电源时，主触头不应运动。

6.6.2 弹簧储能

如果用弹簧储能，弹簧储能后，6.6 的要求适用。如果储能不足以完成合闸操作，动触头就不应从分闸位置开始运动。

6.6.3 人力储能

如果弹簧是用人力储能的，应标出手柄运动的方向。在开关装置上应装设弹簧已储能的指示器，不依赖人力合闸操作的情形除外。

用人力给弹簧储能所需的最大操作力不应超过 250 N。

6.6.4 电动机储能

供弹簧储能的电动机及其电气辅助设备，在额定电源电压的 85%～110%之间及额定频率下，应能够正常工作，此外电动机储能也应有人力储能的机构，并配备相应的专用工具。

6.7 不依赖人力的操作

如果是不依赖人力操作的负荷开关或接地开关，为了避免在合上短路后过早地再分开，应利用合适的方法在合闸和分闸操作间引入一定的时延，该时延不应小于额定短路持续时间。

6.8 脱扣器的操作

6.8.1 并联合闸脱扣器

并联合闸脱扣器在合闸装置额定电源电压的 85%～110%（交流）或 80%～110%（直流）范围内应能正确的动作。

6.8.2 并联分闸脱扣器

并联分闸脱扣器在分闸装置额定电源电压的 65%～120%（直流）或 85%～120%（交流）之间，交流时在分闸装置的额定电源频率下，在开关装置所有的直到它的额定短路开断电流的操作条件下都应正确地运作。

6.8.3 欠压脱扣器

当欠压脱扣器端子电压降到（即便是缓慢地和逐渐地降到）它的额定电压的 35%以下时，它应动作使开关装置分闸。另一方面，当端子电压大于它的额定电压的 65%时，它不应使开关装置分闸。

当欠压脱扣器端子电压大于或等于它的额定电压的 85%时，开关装置应能合闸。当端子电压低于它的额定电压的 35%时，开关装置应不能合闸。

6.9 铭牌

开关设备和控制设备及其操动机构应装设铭牌。

在铭牌上和/或文件中的技术参数，有许多是各种高压开关设备和控制设备通用的。这些参数应用相同的符号表示。其他专用的参数（如气体的种类或温度等级）应用相关标准中使用的符号来表示。

金属封闭开关设备和控制设备的铭牌应耐久清晰、易识别，铭牌应包括表 5 规定的内容。

在正常运行期间，应能看清楚各功能单元的铭牌。若有可移开部件，它应有标明所属功能单元有关数据的单独铭牌，但仅要求在移开位置时能看清这些铭牌。

表 5 铭牌参数

<table>
<tr><th colspan="2">项 目</th><th>符号/缩写</th><th>单位</th><th>标记要求</th><th>标注条件</th></tr>
<tr><td colspan="2">(1)</td><td>(2)</td><td>(3)</td><td>(4)</td><td>(5)</td></tr>
<tr><td colspan="2">制造厂</td><td></td><td></td><td>×</td><td></td></tr>
<tr><td colspan="2">型号</td><td></td><td></td><td>×</td><td></td></tr>
<tr><td colspan="2">出厂编号</td><td></td><td></td><td>×</td><td></td></tr>
<tr><td colspan="2">制造年月</td><td></td><td></td><td>×</td><td></td></tr>
<tr><td colspan="2">适用的标准</td><td></td><td></td><td>×</td><td></td></tr>
<tr><td colspan="2">额定电压</td><td>U_r</td><td>kV</td><td>×</td><td></td></tr>
<tr><td colspan="2">额定频率</td><td>f_r</td><td>Hz</td><td>×</td><td></td></tr>
<tr><td colspan="2">额定雷电冲击耐受电压</td><td>U_p</td><td>kV</td><td>×</td><td></td></tr>
<tr><td colspan="2">额定短时工频耐受电压</td><td>U_d</td><td>kV</td><td>×</td><td></td></tr>
<tr><td colspan="2">额定电流</td><td>I_r</td><td>A</td><td>×</td><td></td></tr>
<tr><td colspan="2">额定短时耐受电流</td><td>I_k</td><td>kA</td><td>×</td><td></td></tr>
<tr><td colspan="2">额定峰值耐受电流</td><td>I_p</td><td>kA</td><td>Y</td><td>不是额定短时耐受电流的 2.5 倍时</td></tr>
<tr><td colspan="2">额定短路持续时间</td><td>t_k</td><td>s</td><td>×</td><td></td></tr>
<tr><td colspan="2">额定充气压力(充气隔室的)</td><td>p_{re}</td><td>MPa</td><td>(×)</td><td></td></tr>
<tr><td colspan="2">额定报警压力(充气隔室的)</td><td>P_{ae}</td><td>MPa</td><td>(×)</td><td></td></tr>
<tr><td colspan="2">最低功能压力(充气隔室的)</td><td>P_{me}</td><td>MPa</td><td>(×)</td><td></td></tr>
<tr><td rowspan="4">内部电弧试验特征</td><td>内部电弧等级</td><td>IAC</td><td></td><td>(×)</td><td></td></tr>
<tr><td>可触及的种类(代码)</td><td></td><td>A(F,L,R),
B(F,L,R),
C</td><td>(×)</td><td></td></tr>
<tr><td>电弧试验的电流</td><td></td><td>kA</td><td>(×)</td><td></td></tr>
<tr><td>电弧试验电流的持续时间</td><td></td><td>s</td><td>(×)</td><td></td></tr>
<tr><td colspan="6">注 1：栏(2)中的缩写可以用来代替栏(1)中的术语。
注 2：采用栏(1)中的术语时，“额定”一词可以不出现。
注 3：×表示这些数值的标记是强制性的；
(×)表示这些数值的标记是根据适用的情况；
Y 表示这些数值的标记是根据栏(5)的条件。</td></tr>
</table>

6.10 联锁装置

6.10.1 总则

为了保证安全和便于操作，金属封闭开关设备和控制设备中，不同元件之间应装设联锁，并应优先采用机械联锁。机械联锁装置的部件应有足够的机械强度，以防止因操作不正确而造成变形或损坏。主回路应满足 6.10.2～6.10.3 规定。

6.10.2 具有可移开部件的金属封闭开关设备和控制设备

断路器、负荷开关只有在分闸位置时可移开部件才能抽出或插入。

可移开部件只有处于试验位置时，接地开关才能合闸，相应隔室的门才能打开。

可移开部件只有在工作位置、隔离位置、移开位置、试验位置或接地位置时，断路器、负荷开关才能操作。

处于合闸位置的接地开关只有相应隔室的门关闭后才能分闸，可移开部件才能插入。

断路器、负荷开关只有在与自动分闸相关的辅助回路均已接通时才能在工作位置合闸。反之，当断路器、负荷开关在工作位置时辅助回路不得断开，相应隔室的门不能打开。

应设可防止就地误分或误合断路器、负荷开关的防误装置。

6.10.3 装有隔离开关的金属封闭开关设备和控制设备

应装设联锁装置以防止在规定条件以外进行隔离开关的操作。只有相关的断路器、负荷开关处于分闸位置时才能进行隔离开关的操作。

只有隔离开关处于分闸位置时，其接地开关才能合闸，隔室的门才能打开。反之，只有隔室的门关闭后，处于合闸位置的接地开关才能分闸。

接地开关与相关的隔离开关之间应装设联锁。

应装设可防止就地误分或误合断路器、负荷开关的防误装置。

附加的或者可选择的联锁措施应根据制造厂和用户的协议。制造厂应提供有关联锁特性和功能的所有必要的资料。

对于因操作不正确而可能引起损坏，或在检修时用于建立隔离断口的主回路元件，应装设锁定装置（如加装挂锁）。

如果回路接地是通过与接地开关串联的主开关装置（断路器、负荷开关）接地，则接地开关还应与主开关装置联锁，且应采取措施防止主开关意外分闸，如断开脱扣回路和阻止机械脱扣。

如果采用非机械联锁，其设计应保证在失去辅助电源时不会出现联锁失灵的情况。但是，对于紧急操作，制造厂应给出解除联锁的措施和手动操作的其他方法，并规定其操作程序。

6.11 位置指示

对不可见的触头，开关装置应提供表示主回路触头位置的清晰而可靠的指示。在就地操作时，应能容易地核对位置指示器的状态。

在分闸、合闸和接地（如果有）位置，位置指示器的颜色应符合 IEC 60073:2002 的要求。

合闸位置应有标志，最好用字符“I”或“合”。分闸位置亦应有标志，最好用字符“O”或“分”。

对于多功能的开关装置，作为替代，位置可以用 GB/T 4728.1—2005 中的图形符号来标志。

6.12 外壳的防护等级

6.12.1 一般要求

装有主回路（它可以从外部进入外壳）部件的金属封闭开关设备和控制设备的所有外壳，以及所有金属封闭开关设备和控制设备及其开关装置的低压控制和/或辅助回路及操动机构的外壳，均应按照 GB 4208—2008 规定其防护等级。

防护等级应适用于设备的使用条件。

注：对于其他条件，如维修、试验等，防护等级可以不同。

6.12.2 防止人体接近危险部件的防护和防止固体外物进入设备的防护

外壳提供的防止人体接近的主回路、控制和/或辅助回路的危险部件以及任何危险的运动部件(光滑的转轴和缓慢运动的连杆除外)的防护等级,应用表6中规定的符号表示,表示防护等级的符号应符合GB 4208—2008的要求,如果只关心防止接近危险部件的防护,则使用附加字母并把第一位特征数字用×代替。

第一位特性数字表示外壳对人体提供的防护等级以及防止固体外物进入外壳内部设备的防护等级。

如果只要求防止接近危险部件的防护,或者要求的防护比第一位特征数字表示的要高,如表6所示,可以使用一个附加的字母。

表6给出了每一个防护等级的外壳能"排斥"的物体的细节。术语"排斥"的意思是:固体外物不会完全进入外壳,人体的一部分或人持有的物体不会进入外壳,如果进入,则会保持足够的间隙并不会触及到危险的运动部件。

表6 防护等级

防护等级	防止固体异物进入	防止接近危险部件
IP1×B	直径50 mm及以上的物体	防止手指接近(直径12 mm长80 mm的试纸)
IP2×	直径12.5 mm及以上的物体	防止手指接近(直径12 mm长80 mm的试纸)
IP2×C	直径12.5 mm及以上的物体	防止工具接近(直径2.5 mm长100 mm的试棒)
IP2×D	直径12.5 mm及以上的物体	防止导线接近(直径1.0 mm长100 mm的试验导线)
IP3×	直径2.5 mm及以上的物体	防止工具接近(直径2.5 mm长100 mm的试棒)
IP3×D	直径2.5 mm及以上的物体	防止导线接近(直径1.0 mm长100 mm的试验导线)
IP4×	直径1.0 mm及以上的物体	防止导线接近(直径1.0 mm长100 mm的试验导线)
IP5×	尘埃 不能完全防止尘埃进入,但尘埃的进入量和位置不得影响设备的正常运行或危及安全	防止导线接近(直径1.0 mm长100 mm的试验导线)
注:对IP5×,GB 4208—2008的13.4的类别2是适用的。		

6.12.3 防止水浸入的防护

IP标志的第二位特征数字表示防止有害的水浸入。

6.12.4 在正常使用条件下防止设备受到机械撞击的保护

封闭开关设备和控制设备的外壳应有足够的机械强度,推荐的撞击能量为2 J。

6.13 爬电距离

空气绝缘开关设备的绝缘件爬电距离应满足4.2.2的规定。气体绝缘开关设备不规定爬电距离的数值。

6.14 气体和真空的密封[1)]

6.14.1 气体的封闭压力系统

气体封闭压力系统的密封性用每个隔室的相对漏气率(F_{rel})来规定,标准值为:

a) 对 SF6 和 SF6 混合气体,标准值为每年 0.5%;

b) 对其他气体的标准值为每年 0.5%或 1%。

制造厂应提供设备在运行时对气体系统进行安全补气的手段。

6.14.2 密封压力系统

密封压力系统的密封性能以其预期的工作寿命来表示。推荐值是 20 年、30 年。

6.15 易燃性

开关设备和控制设备应在材料的选择和零部件的设计上,使得因事故过热而引发的火焰在传播时受到阻止。

6.16 电磁兼容性(EMC)

二次系统应能耐受 4.1 规定的电磁干扰,不会造成损坏或引起误动作。

6.17 腐蚀

在设备使用寿命期限内应注意防止其腐蚀。在规定的运行条件下不得发生影响设备功能的腐蚀。外壳和主回路上的所有螺栓和螺钉应能很容易地进行拆卸。

6.18 内部故障

按照本标准要求设计和制造的金属封闭开关设备和控制设备原则上应能防止发生内部故障。因产品的缺陷、异常的使用条件或误操作而引发的外壳内部的故障可能会导致内部电弧,如果现场有运行人员可能会造成人身伤害。

可以采用其他措施使在内部电弧情况下对人员提供尽可能高等级的保护。可用 GB 3906—2006 中 6.106 的试验来检验设备在内部电弧情况下对人员提供规定防护等级的设计效果。成功通过试验验证的设计归为 IAC 类。

6.19 外壳

6.19.1 总则

除符合 6.19.4 的观察窗外,外壳应是金属材料的。如果用金属隔板或活门将高压部件屏蔽,外壳也可以是绝缘材料的。金属封闭开关设备和控制设备的外壳至少应满足表 6 的 IP3×的防护等级,同时还应保证其防护符合下述条件:

a) 外壳的金属部件到提供的接地点之间通过 30 A(DC)电流时,其压降不得超过 3 V;

b) 地板表面,即使不是金属的,也可认为是外壳的一部分。安装说明书中应给出为了使地板表面达到应提供的防护等级所需采取的措施;

c) 安装房屋的墙壁不应作为外壳的一部分;

d) 确定为不可触及的隔室的外壳部件应清楚地标明不得拆卸;

---

1) 适用于使用真空或除大气压下的空气以外的气体作为绝缘和灭弧介质的所有开关设备和控制设备。

e) 外壳的水平表面，如顶板，一般设计为不能支撑人员或非总装部件的其他设备，如果制造厂声明在运行或维护时运行人员有必要在开关设备和控制设备上站立和行走时，相关区域应设计成可以承载运行人员的重量而不发生过度变形，并应保证正常运行。但是在此区域内，那些不能安全站立或行走的地方，例如装有压力释放板的地方，应清晰地给予标示。

6.19.2 盖板和门

盖板和门应是金属的，如果高压部件被金属隔板或活门屏蔽，盖板或门也可以用非金属材料。

盖板和门关闭后，应具有与外壳相同的防护等级。

盖板和门不得使用网状的金属编织物、拉制的金属或类似的材料。当盖板或门上有通风通道、通风口或观察窗时应符合 6.19.4 和 6.19.5 的规定。

根据高压隔室的可触及类别，盖板和门分为两类：

a) 依靠工具时可触及隔室的盖板或门

在正常运行和维护时不需打开的盖板(固定盖板)或门，仅限使用工具才能打开、拆卸或移开；

b) 由联锁控制的可触及隔室或由程序控制的可触及隔室的盖板或门

按制造厂的规定，日常工作和/或日常维护需要触及的隔室，应装有盖板或门，而且应是不需要工具就可打开或移开，并且具备下列特征：

1) 联锁控制的可触及隔室

这些隔室应装有联锁装置，只有隔室内可触及的主回路部件在不带电并接地时，或都在隔离位置且相应的活门已关闭时才可能打开隔室；

2) 程序控制的可触及隔室

这些隔室应设有锁定措施，例如挂锁。

6.19.3 作为外壳一部分的隔板或活门

如果可移开部件处于接地位置、试验位置、隔离位置或移开位置中的任一位置时，其隔板或活门均为外壳的一部分，则它们应是金属的并应接地，且应提供与外壳相同的防护等级。

6.19.4 观察窗

观察窗至少应达到对外壳规定的防护等级。

观察窗应使用机械强度与外壳相当的透明遮板，同时应有足够的电气间隙和静电屏蔽等措施(例如，在观察窗的内侧加一个适当的接地金属编织网)，以防止形成危险的静电电荷。

主回路带电部分与观察窗的可触及表面之间的绝缘应能耐受 5.2 规定的对地和极间的试验电压。

6.19.5 通风通道、通风口

通风通道和通风口的布置和防护应具有与外壳相同的防护等级，可以使用网状编织物或类似材料制成，但应具有足够的机械强度。

通风通道和通风口的布置应考虑到在压力作用下排出的气体或蒸汽不致危及到操作人员。

6.20 隔室

6.20.1 概述

隔室应以其中的主要元件命名，例如断路器隔室、母线隔室、电缆隔室等。当电缆终端和其他主要元件——断路器、母线等在同一隔室时，其命名应首先考虑其他主要元件。

注：隔室可以根据所封闭的几个元件进一步划分，如电缆/CT 隔室。

隔室之间相互连接所需的开孔应采用套管或其他等效方法加以封闭。

母线隔室可以延伸到几个功能单元而不采用套管或其他等效方法加以封闭。但是，对于 LSC2 级开关设备和控制设备，每组母线均应为独立的隔室。

电缆室的空间和安装位置应便于安装、试验和维修。

6.20.2 **充气隔室**

6.20.2.1 **一般要求**

充气隔室应能承受运行中的正常压力和瞬时压力。

在运行中长期承受压力的充气隔室，其特定的使用工况是：

a) 充气隔室内通常充以充分干燥、稳定和无腐蚀性的惰性气体，在这种工况下，由于开关设备的操作而引起的气体压力波动很小，且隔室内部不会受到腐蚀，所以在确定隔室的设计时不需要考虑压力变化和腐蚀的影响；

b) 充气隔室的设计压力小于或等于 0.3 MPa(相对压力)。

6.20.2.2 **设计**

充气隔室应根据气体的性质、本标准定义的设计温度和设计水平(如果适用)进行设计。

充气隔室的设计温度通常是指当周围空气温度为上限时，由于流过额定工作电流而使气体的温度升高到的温度。

外壳的设计压力应不低于外壳的温度为设计温度时，其内部压力可能达到的上限值。

对于充气隔室应考虑发生内部故障的可能性和下列因素：

a) 隔室壁或者隔板的两侧可能出现的所有压差，包括正常充气或维修时抽真空过程中可能出现的压差；

b) 不同运行压力的相邻隔室之间发生意外的泄漏而产生的压力。

6.20.2.3 **密封**

制造厂应规定充气隔室所采用的压力系统和允许的泄漏率。

如果用户要求进入封闭压力系统的充气隔室，制造厂应规定透过隔板的允许泄漏量。

最低功能水平超过 0.1 MPa(相对压力)的充气隔室，当压力(+20 ℃时)下降到最低功能压力以下时应给出警告。

6.20.2.4 **充气隔室的压力释放**

如果充气隔室具有压力释放装置，设计时应满足下述要求：当运行人员进行正常操作时，如果在压力作用下有气体或蒸汽逸出，应不会威胁到操作人员的安全；压力释放装置低于 1.3 倍设计压力时不应动作。压力释放装置可能是自爆装置(如防爆膜)或者是隔室设计的薄弱部分。

6.20.3 **隔板和活门**

6.20.3.1 **概述**

隔板和活门的防护等级至少应达到表 6 规定的 IP2×。

当相邻隔室为正常气体压力时，隔板应能提供机械的安全防护(如果适用)。

应使用套管或其他等效方法，使导体穿过隔板后能满足要求的 IP 等级。

金属封闭开关设备和控制设备的外壳和隔室隔板上的开口(通过它可移开部件或可抽出部件与固定触头接合)应采用在正常运行中可操作的自动活门，以使在工作位置、接地位置或试验位置均能确保对人员的防护。应采取措施确保活门的可靠动作,例如活门为机械传动,它靠可移开部件或可抽出部件的正向运动来驱动。

活门的状态并不是在任何情况下都能很容易地由打开的隔室来确定(例如电缆隔室打开但活门在断路器室)。在这种情况下,可能需要进入另一个隔室,应用可靠的指示装置或者通过观察窗来确定活门的状态。

如果为了维护或试验,需要打开活门触及一组或多组固定触头,应有措施可使每组活门能单独锁定在关闭位置。如果维护或试验时,为了使活门保持在打开位置而不得自动关闭,则只有当活门恢复了自动功能后,开关装置才能推回到工作位置。活门自动功能可以通过开关装置推回到工作位置来恢复。

另外,插入临时隔板可以防止暴露带电的固定触头。

对于PM级金属封闭开关设备和控制设备,打开的隔室和主回路带电部件之间的隔板和活门应是金属的。否则,就是PI级。

6.20.3.2 金属隔板和活门

金属隔板和活门以及它们的金属部件应与功能单元的接地点相连接,并且当承载30 A(DC)电流时到预定接地点的电压降不超过3 V。

6.20.3.3 非金属隔板和活门

全部或部分由绝缘材料制成的隔板和活门应满足下述要求:

a) 主回路带电部分与绝缘隔板和活门的可触及的表面之间的绝缘,应能耐受5.2规定的对地和极间试验电压;
b) 绝缘材料应耐受项目a)中规定的工频试验电压,GB/T 1408.1—2006所规定的试验方法适用;
c) 主回路带电部分与绝缘隔板和活门的内表面之间,至少应能耐受1.5倍的额定电压;
d) 如果通过绝缘表面的连续路径或通过被小的气体间隙隔断的路径在绝缘隔板和活门的可触及表面产生泄漏电流时,其值在规定的试验条件下不应大于0.5 mA。

6.21 可移开部件

用来在高压导体之间形成隔离断口的隔离装置应符合GB 1985—2004的规定。

应能判定隔离开关或接地开关的运行位置,如果满足下述条件之一即可认为满足此要求:

a) 隔离断口是可见的;
b) 可移开部件相对于固定部分的位置是清晰可见的,并且可以清楚地鉴别是处于完全接通还是完全断开的位置;
c) 可移开部件的位置由可靠的指示器指示。

任何可移开部件与固定部分的连接,在正常运行时,特别是在短路时,不得因可能发生的力而被意外的分开。

对IAC级开关设备和控制设备,在内部电弧情况下,可抽出部件推进到工作位置或由工作位置抽出时,均不应降低其规定的防护等级。例如,可以通过只有在用于操作人员安全的盖板和门关闭时才能进行操作来实现。也可以采用与防护水平等效的其他措施。所用设计的有效性应由试验验证。

6.22 对最小空气间隙的要求

单纯以空气作为绝缘介质的金属封闭开关设备和控制设备,极对地的最小空气间隙应满足表7的要求。

表 7　最小空气间隙要求

额定电压/kV	27.5	2×27.5
极对地/mm	300	300
带电体至门/mm	330	330

以空气和绝缘板组成的复合绝缘作为绝缘介质的金属封闭开关设备和控制设备，带电体与绝缘板之间的最小空气间隙不应小于 60 mm。

以空气或以空气-绝缘材料作为绝缘介质的金属封闭开关设备和控制设备应考虑绝缘材料的厚度、设计场强和老化，并应按照要求进行凝露试验。只要能够通过凝露试验，最小空气间隙可以适当小于上述规定的距离。

7　型式试验

7.1　概述

7.1.1　金属封闭开关设备和控制设备内主要元件除应满足各自相应标准或其他等效标准外，尚应满足开关设备整体试验要求。

7.1.2　装在金属封闭开关设备和控制设备内的元件，如果它们的技术要求超出本标准的规定，则应符合各自的技术要求，并按这些要求进行试验，还应考虑到下述规定。

7.1.3　由于金属封闭开关设备和控制设备内所用元件的类型、额定参数和组合的多样性，所以不可能对其所有方案都进行型式试验。因此，型式试验只能在典型的功能单元上进行，任一具体方案的性能可以引用类似方案的试验数据。

注：典型功能单元可以采用一种可扩展式单元，然而这可能需要将两个或三个这样的单元用螺栓连接在一起。

7.1.4　金属封闭开关设备和控制设备所用的有机绝缘部件，除应按下述规定进行试验外，还应按用户和制造厂之间的协议进行补充试验(如果有)。

7.1.5　型式试验项目包括：

a）强制的型式试验：

1）绝缘试验；

2）温升试验和回路电阻的测量；

3）短时耐受电流和峰值耐受电流试验；

4）关合和开断能力的验证；

5）机械操作和机械特性测量试验；

6）防护等级检验；

7）辅助和控制回路的附加试验；

8）内部电弧试验(对 IAC 级开关设备和控制设备)。

b）适用时，强制的型式试验：

1）非金属隔板和活门的试验；

2）充气隔室的压力耐受试验和气体状态测量；

3）密封试验；

4）电磁兼容性试验(EMC)。

c）选用的型式试验(根据制造厂和用户之间的协议)：

1）机械撞击试验；

2） 局部放电试验；

3） 人工污秽试验；

4） 电缆试验回路的绝缘试验；

5） 耐受腐蚀试验。

7.1.6 型式试验可能会对被试部件造成损伤而影响以后的使用，因此，如果没有制造厂和用户之间的协议，型式试验后的试品不得在运行中使用。

7.1.7 试验的分组

按 GB/T 11022—2011 中 6.1.2 的规定，并作如下修改：

除项 8）和项 12）外，强制性试验最多可在四台试品上完成。

7.1.8 确认试品用的资料

按 GB/T 11022—2011 中 6.1.3 的规定。

7.1.9 型式试验报告包括的资料

按 GB/T 11022—2011 中 6.1.4 的规定。

7.2 绝缘试验

7.2.1 试验时周围的大气条件

按 GB/T 11022—2011 中 6.2.2 的规定。

7.2.2 绝缘试验时开关设备和控制设备的状态

按 GB/T 11022—2011 中 6.2.4 的规定，并作如下补充：

对使用气体作为绝缘的金属封闭开关设备和控制设备，进行绝缘试验时应充以制造厂规定的绝缘气体至规定的最低功能水平。

7.2.3 通过试验的判据

按 GB/T 11022—2011 中 6.2.5 的规定。但是，其中 b）项的第一段替换为：

若满足下列条件，则开关设备和控制设备通过了雷电冲击试验：

a） 非自恢复绝缘未发生破坏性放电；

b） 对每一个试验系列的 15 次冲击试验，破坏性放电应不超过两次，且最后五次冲击中破坏性放电应不超过一次。如果最后五次冲击试验中有一次破坏性放电，则应施加附加的五次试验验证且不应出现击穿。只要整个试验过程中放电总次数不超过两次，可以重复增加五次试验。

这会导致每系列试验的次数最多达到 25 次。

7.2.4 试验电压的施加和试验条件

原则上应包括下列试验，试验电压值按表 3 的规定。

a） 对地

主回路的每极导体应依次与试验电源的高压接线端连接。主回路的其他导体和辅助回路应与接地导体或框架相连，并与试验电源的接地端子相连接。

应在所有的开关装置（接地开关除外）处于合闸位置，且所有的可移开部件处于工作位置的条件下进行绝缘试验。并应注意到下述可能的情况，即在开关装置处于分闸位置或可移开部件处于隔离位置、移开位置、试验位置或接地位置时，可能引起更为不利的电场条件时，试验应在该条件下重复进行。当可移开部件处于隔离位置、试验位置或移开位置时，其本身不进行这些耐压试验。

对这些试验，例如电流互感器、电缆终端和过流脱扣/指示器这些装置应按正常工作情况装设。如果不能确定最不利的情况，则需在其他布置方式重复试验。

对操作和维护时可能触及的绝缘材料的观察窗、绝缘隔板和活门的可触及表面，在其绝缘强度最不利的位置覆盖一块接地的圆形或方形金属箔，其面积尽可能大些，但不超过 100 cm^2，当不能确定何处为最不利位置时，试验应在几个不同的位置重复进行。为便于试验，根据制造厂和用户的协议，可同时用几个金属箔，或用更大的金属箔覆盖于绝缘材料的可触及表面。

b) 极间

对于 2×27.5 kV 开关设备，按 7.2.5.1 和 7.2.5.2 的规定。

如果各极导体是分隔的，仅进行对地试验。

c) 隔离断口间

主回路的各隔离断口间，应施以规定的电压进行试验。

隔离断口可以是：

打开的隔离开关；或

由可抽出或可移开的开关装置连接的主回路的两个部分之间的断口。

如果在隔离位置，有一个接地的金属活门插在被分开的两触头之间形成一个分离，则在接地的金属活门与带电部分间的距离仅应承受对地的试验电压。

如果在隔离位置，固定部分与可抽出部分之间没有接地的金属活门或隔板，则应按下述要求施加规定的断口之间的试验电压：

1) 若可抽出部件的主回路导电部分可以被意外地触及，则试验电压应施加在固定触头与动触头之间；

2) 若可抽出部件的主回路导电部分不可能被意外地触及，则试验电压应施加在两侧的固定触头之间。如果可能，试验时可抽出部件的开关装置处于合闸位置；如果该开关装置在隔离位置不能合闸，则应在可抽出部件处在试验位置、其开关装置处于合闸位置时重复进行该试验。

d) 补充试验

为了检验是否符合 6.20.3.3 的项 c)规定的要求，应按上述 a)的规定，用一接地的金属箔覆盖于绝缘板或活门朝向带电体的表面，在主回路带电部分与绝缘隔板、活门内表面之间进行工频耐压试验，试验电压为 150% 的额定电压，时间为 1 min。

7.2.5 金属封闭开关设备和控制设备的试验

7.2.5.1 工频电压试验

试验时，试验电压值按表 3 的规定。

开关设备和控制设备应按照 GB/T 16927.1—2011 的规定承受短时工频耐受电压试验。对每一试验条件，升到试验电压并保持 1 min。

只进行工频电压干试验。

互感器、电力变压器或熔断器可以用能够再现高压连接电场分布情况的模拟品代替。过电压保护元件可以断开或移开。

进行工频电压试验时，试验变压器的一端应与金属封闭开关设备和控制设备的外壳相连并接地。但按 7.2.4b)、c)进行试验时，电源的中点或另一中间抽头接地并与外壳相连，以使得在任一带电部分和外壳之间的电压不超过 7.2.4a)的规定。

如果不能这样，经制造厂同意，试验变压器的一端可以接地，必要时，外壳应与地绝缘。

7.2.5.2 雷电冲击电压试验

试验时，试验电压值按表 3 的规定。

开关设备和控制设备只进行干燥状态下的雷电冲击电压试验。试验按 GB/T 16927.1—2011 中程序 B 的规定进行,应采用 1.2/50 μs 标准雷电冲击试验电压,对每一试验条件和正、负极性施加其额定耐受电压连续 15 次。

互感器、电力变压器或熔断器可以由可再现高压连接电场分布情况的模拟品代替。

过电压保护元件应断开或移开,电流互感器二次应短路并接地、也允许低变比的电流互感器一次侧短接。

进行雷电冲击电压试验时,冲击发生器的接地端子应与金属封闭开关设备和控制设备的外壳相连。但是,当按 7.2.4b)、c)进行试验时,若有必要,可使外壳与地绝缘,以使带电部分和外壳之间的电压不超过 7.2.4a)的规定。

7.2.6 人工污秽试验

适用时,按制造厂和用户之间的协议,在凝露和污秽方面,使用条件严于本标准规定的正常使用条件的金属封闭开关设备和控制设备可按 GB 3906—2006 中附录 C 进行试验。

其中将 C.8.3 中第二段修改为:紧接着最后一个气候周期,温度保持在 25 ℃±3 ℃,相对湿度保持在 95%。进行单极工频电压试验:一极施加 29 kV 的电压,另一极接地并连接到设备的保护导体上。电压一直升到 95 kV(电压上升率为 0.5 kV/s～0.7 kV/s)并在此值下保持 30 s。试验应连续地依次在每极上重复进行,试验间隔应尽可能短。

将 C.11.1 中第三段修改为:对一极施加 29 kV 电压,另一极接地并且连接到设备的保护导体上。1 h 后,电压升到 52 kV(电压上升率为 0.5 kV/s～0.7 kV/s)并保持 30 s,应连续依次地在每极上重复此试验,试验间隔应尽可能短。

7.2.7 局部放电试验

按 GB 3906—2006 中 6.2.9 的规定。

7.2.8 辅助和控制回路的试验

开关设备和控制设备的辅助和控制回路应承受短时工频耐受电压试验:

a) 电压加在连接在一起的辅助和控制回路与开关装置的底架之间;

b) 电压加在辅助和控制回路的每一部分(这部分在正常使用中与其他部分绝缘)与连接在一起并和底架相连的其他部分之间。

试验电压应为 2 000 V。试验应按 GB/T 17627.1—1998 进行,电压持续 1 min。如果在每次试验中都未发生破坏性放电,则应认为开关设备和控制设备的辅助和控制回路通过了试验。

通常,电动机和在辅助和控制回路中使用的其他装置的试验电压应与这些回路的试验电压相同。如果这些电器已按相应的标准做过试验,则在试验时可以隔开。

注:如果在辅助和控制回路中使用了电子元件,可以按制造厂和用户间的协议采用不同的试验程序和数值。

电流互感器的二次绕组应短路并与地隔离,电压互感器的二次绕组应开路。

限压装置(如果有)应断开。

7.2.9 作为状态检查的电压试验

按 GB/T 11022—2011 中 6.2.12 的规定。

7.3 回路电阻的测量

7.3.1 主回路

按 GB/T 11022—2011 中 6.4.1 的规定。并做如下补充:

成套金属封闭开关设备和控制设备主回路两端之间的电阻值，它表明电流通路的正常状况。该电阻的测量值供出厂试验参考。

7.3.2 辅助回路

按 GB/T 11022—2011 中 6.4.2 的规定。

7.4 温升试验

7.4.1 一般要求

按 GB 3906—2006 中 6.5 的规定。

7.4.2 受试金属封闭开关设备和控制设备的状态

按 GB/T 11022—2011 中 6.5.1 的规定。

7.4.3 设备的布置

按 GB/T 11022—2011 中 6.5.2 的规定。

7.4.4 温度和温升的测量

按 GB/T 11022—2011 中 6.5.3 的规定。

7.4.5 周围空气温度

按 GB/T 11022—2011 中 6.5.4 的规定。

7.4.6 辅助设备和控制设备的温升试验

按 GB/T 11022—2011 中 6.5.5 的规定。

7.4.7 温升试验的解释

按 GB/T 11022—2011 中 6.5.6 的规定。

7.5 短时耐受电流和峰值耐受电流试验

7.5.1 一般要求

按 GB 3906—2006 中 6.6 的规定。

7.5.2 开关设备和控制设备以及试验回路的布置

按 GB 3906—2006 中 6.6.1 的规定。

7.5.3 试验电流和持续时间

按 GB/T 11022—2011 中 6.6.3 的规定。

7.5.4 试验中开关设备和控制设备的表现

按 GB/T 11022—2011 中 6.6.4 的规定。

7.5.5 试验后开关设备和控制设备的状态

按 GB/T 11022—2011 中 6.6.5 的规定。

7.6 防护等级检验

7.6.1 IP代码的检验

按GB/T 11022—2011中6.7.1的规定。并做如下补充：

金属封闭开关设备和控制设备的隔板、活门和外壳提供的防护等级最低应为GB 4208—2008中的IP2X。更高的防护等级可以按照GB 4208—2008的规定。

7.6.2 机械撞击试验

按GB/T 11022—2011中6.7.2的规定。

7.7 密封试验

7.7.1 一般要求

按GB/T 11022—2011中6.8.1的规定。

7.7.2 气体的封闭压力系统

按GB/T 11022—2011中6.8.3的规定。

7.7.3 密封压力系统

按GB/T 11022—2011中6.8.4的规定。

7.8 电磁兼容性试验(EMC)

除无线电干扰电压试验外，按GB/T 11022—2011中6.9的规定。

7.9 辅助和控制回路的附加试验

按IEC 62271-1:2007的6.10.1、6.10.2和6.10.4到6.10.7的规定。

7.10 接地金属部件的电气连续性试验

如果证明设计是充分合理的，则通常不需要进行该试验。

但是，如果有怀疑，外壳的金属部件和/或金属隔板和活门以及它们的金属部件到提供的接地点应在30 A(DC)的条件下进行试验，电压降应不超过3 V。

7.11 关合和开断能力的验证

按GB 3906—2006中6.101的规定。

7.12 机械操作和机械特性测量试验

7.12.1 开关装置和可移开部件

开关装置及可抽出部件应按相关的技术要求操作50次，可移开部件应插入和移开各25次，以验证其操作性能良好。

如果可抽出或可移开部件要用做隔离开关，则试验应符合GB 1985—2004的规定。

对分体式开关装置(例如断路器、负荷开关、隔离开关、接地开关等)，机械操作试验的操作次数和合格判据按该开关装置技术条件和相关标准的规定进行。

7.12.2 联锁

联锁装置应处于防止开关装置操作和可移开部件插入或抽出的位置。对开关装置试操作 50 次、对可移开部件应插入和抽出各 25 次的试操作。进行试验时，只应施加正常的操作力，不允许对开关装置、可移开部件及联锁装置进行调整。对手力操动装置，应使用正常的操作手柄进行试验。

如果满足下列条件，则认为联锁通过了试验：

a) 开关装置不应被操作；

b) 可移开部件的插入与抽出完全被阻止；

c) 开关装置、可移开部件及联锁装置工作情况良好，并且试验前后操作力基本相同。

7.12.3 机械特性测量试验

主回路和接地回路中所装的开关装置在规定的操作条件下的机械特性应符合开关装置各自技术条件的要求。

7.13 充气隔室的压力耐受试验和气体状态测量

7.13.1 具有压力释放装置的充气隔室的压力耐受试验

充气隔室的每种设计应按下述程序承受压力试验：

应将相对压力升高到设计压力的 1.3 倍并保持 1 min。压力释放装置不应动作。

然后将压力升高到设计压力的 3 倍。低于此压力时，压力释放装置可能动作，只要符合制造厂的设计，这是可以接受的。此打开压力释放装置的压力应记录在型式试验报告中。试验后，隔室可能变形，但不应破裂。

注：由于有压力释放装置或在隔室壁上有专门的压力释放区域，隔室可能耐受不到 3 倍的设计压力。

7.13.2 充气隔室的气体状态测量试验

应按 6.2 的规定测量充气隔室的气体状态，并符合其相关标准和制造厂的技术要求。

7.14 非金属隔板和活门的试验

7.14.1 概述

本规定仅适用于用于防止(直接或间接)接触带电部件的隔板和活门。如果这些隔板上安装有套管，试验应在适当的条件下进行，即套管的一次部分应断开且接地。

全部或部分由绝缘材料制成的非金属隔板和活门应按下述规定进行试验。

7.14.2 绝缘试验

绝缘试验包括：

a) 主回路带电部件与绝缘隔板和活门的可触及表面之间的绝缘应能耐受表 3 中规定的对地和极间试验电压。试验方法见 7.2.4a)。

b) 绝缘材料的典型样品应耐受 a) 中的工频试验电压。试验方法按照 GB/T 1408.1—2006 的规定。

c) 主回路带电部件和绝缘的隔板和活门面向这些带电部件的内表面间的绝缘应在 150% 的设备额定电压下进行试验并保持 1 min。对于该试验，隔板或活门的内表面应通过位于最严酷点的至少 100 cm^2 的导电层接地。试验方法应按 7.2.4a) 的规定。

7.14.3 泄漏电流测量

当金属封闭开关设备和控制设备中有绝缘隔板或活门时，为了验证是否满足6.20.3.3d)规定的要求，应进行下列试验：

将主回路的带电部分连接在一起接到电压等于额定电压的单相电源上。

应将金属箔置于能防止触及带电部分的可触及的绝缘表面上的最不利的位置，若难于决定何处最不利，则试验应在不同的位置重复进行。

金属箔应接近于圆形或方形，其表面积应尽可能大，但不得超过100 cm^2，金属封闭开关设备和控制设备的外壳和框架应接地。应在干燥的、洁净的绝缘体上测量经过金属箔流到地的泄漏电流。

如果测得的泄漏电流值超过0.5 mA，则绝缘表面不能提供本标准所要求的防护。

根据6.20.3.3d)的规定，通过绝缘表面的电流路径如果被小的气隙隔断，则这些间隙应短接。但是，如果这些间隙是为了避免泄漏电流从带电部分流往绝缘隔板和各活门的可触及部分而设置的，则这些间隙应能耐受表3中所规定的对地和极间试验电压。

如果接地金属部件布置适当，且能保证泄漏电流不会流经绝缘隔板和活门的可触及部分，则可不必测量泄漏电流。

7.15 内部电弧试验

按GB 3906—2006中6.106的规定。

8 出厂试验

8.1 总则

应在制造厂内对每一个运输单元进行出厂试验，以保证出厂产品与通过型式试验的产品一致。出厂试验报告应随产品一起出厂。出厂试验项目包括：

a) 主回路的绝缘试验；

b) 辅助和控制回路的绝缘试验；

c) 主回路电阻的测量；

d) 密封试验(如果适用)；

e) 设计检查和外观检查；

f) 机械操作和机械特性测量试验；

g) 电气辅助装置的试验；

h) 充气隔室的压力试验和气体状态测量(如果适用)；

i) 局部放电测量(按制造厂与用户之间协议)；

注：额定值和结构相同的元件，可能有必要验证其互换性。

8.2 主回路的绝缘试验

按GB/T 11022—2011中7.2的规定。并作如下补充：

工频电压试验按7.2.5.1的规定进行。对于充气隔室，试验应在额定充气压力下进行。

8.3 辅助和控制回路的绝缘试验

按GB/T 11022—2011中7.3的规定。

8.4 主回路电阻的测量

本试验根据制造厂和用户间的协议进行，试验时应测量主回路每一极的直流压降或电阻，且测量条件应尽可能与相应的型式试验的条件一致。

8.5 密封试验

8.5.1 一般要求

按 GB/T 11022—2011 中 7.5.1 的规定。

8.5.2 气体的封闭压力系统

按 GB/T 11022—2011 中 7.5.3 的规定。

8.5.3 密封压力系统

按 GB/T 11022—2011 中 7.5.4 的规定。

8.6 设计检查和外观检查

按 GB/T 11022—2011 中 7.6 的规定。

8.7 机械操作和机械特性测量试验

8.7.1 机械操作试验

机械操作试验是为了证明开关装置和可移开部件能完成预定的操作，且机械联锁工作正常。

试验时主回路不通电，应对开关装置在其操动装置规定的操作电源电压和压力极限范围内的分、合动作的正确性进行验证。

每一个开关装置和每一个可移开部件应按 7.12 的规定进行试验，但把 50 次操作和试操作改为每个方向上的 5 次操作和 5 次试操作。

8.7.2 机械特性测量

机械特性测量按 7.12.3 的规定。

8.8 电气辅助装置的试验

具有预定操作顺序的控制装置与电气及其他联锁一起，应在辅助电源最不利的限值下，按规定的使用和操作条件连续试验 5 次。试验中不得调整。

如果辅助装置能正常地进行操作，试验后，它们应仍处于良好的工作状态，试验前后的操作力基本相同，则认为通过了试验。

8.9 充气隔室的压力试验和气体状态测量

8.9.1 充气隔室的压力试验

应对制造好的所有充气隔室进行压力试验，每一隔室应能承受 1.3 倍设计压力 1 min。

该试验不适用于额定充气压力为 0.05 MPa(相对压力)及以下的密封隔室。

试验后，隔室不应出现可能影响开关设备运行的损坏或变形。

8.9.2 充气隔室的气体状态测量

应按 6.2 的规定测量充气隔室中的气体状态，气体凝露点测量和确定见 GB/T 12022—2006，并应符合制造厂的其他技术要求。

8.10 局部放电测量

按 GB 3906—2006 中 7.101 的规定。

8.11 现场安装后的试验

金属封闭开关设备和控制设备在安装后，应进行试验，以检验操作的正确性。

对于在现场装配的部件和在现场充气的充气隔室，应进行下列试验：

a) 主回路的电压试验

如果制造厂和用户之间达成协议，现场安装后，按照 8.2 规定的出厂试验方式对金属封闭开关设备和控制设备的主回路进行干燥状态下的工频电压试验。

工频试验电压应为 76 kV(95 kV×80%)，依次对主回路的每一极施加电压，其余极接地。试验时，试验变压器的一个端子和金属封闭开关设备和控制设备的外壳相连并接地。

如果用现场安装后的电压试验代替制造厂的出厂试验及采用现场充气重新建立绝缘系统的设备，则应施加全部的工频试验电压。

注：除非现场试验电压的频率足够高而不会导致电压互感器铁芯饱和，否则现场试验期间电压互感器应给予断开。

b) 密封试验(如果适用)

按 8.5 的规定。

c) 现场充气后的气体状态测量(如果适用)

按 8.12 的规定。

8.12 现场充气后的气体状态测量

应确定充气隔室中的气体状态，并应符合制造厂的技术要求。

9 检验规则

9.1 型式试验

9.1.1 凡有下列情况之一者应进行型式试验：

a) 新试制的产品；

b) 转厂及异地生产的产品；

c) 当产品的设计、工艺或生产条件及使用的材料发生重大改变而影响到产品性能时，应做相应的型式试验；

d) 正常生产的产品每隔八年应进行一次温升试验、机械操作试验、短时耐受电流和峰值耐受电流试验以及关合和开断试验；

e) 不经常生产的产品(停产三年以上)，再次生产时应进行 d)规定的试验；

f) 对系列产品或派生产品，应进行相关的型式试验，部分试验项目可引用相应的有效试验报告。

9.1.2 型式试验项目见 7.1.5 要求。

9.2 出厂试验

9.2.1 产品出厂前应进行出厂试验，试验项目见 8.1 要求。

9.2.2 经检验合格的产品应签发合格证，其内容至少应包括：

a) 制造厂名称；

b) 产品名称和型号；

c) 检验日期；

d) 检验人员签章。

10 运输、储存、安装、运行和维护规则

10.1 运输、储存和安装时的条件

如果在运输、储存和安装时不能保证订货单中规定的使用条件(温度和湿度)，制造厂和用户应当就此达成专门的协议。

为了在运输、储存和安装中以及在带电前保护绝缘，以防由于雨、雪或凝露等原因而吸潮，采取特殊的预防措施可能是必要的。运输中的振动也应予以考虑。说明书中对此应给予适当的说明。

10.2 安装

10.2.1 开箱和起吊

应当给出安全开箱和起吊所需的资料，包括必需使用的专用起吊和定位器具的细节。

10.2.2 总装

如果开关设备和控制设备不是完全装成后发运的，所有的运输单元应当清晰地加以标记。应当随同开关设备和控制设备一起提供将它们总装起来的图样。

10.2.3 安装就位

开关设备和控制设备、操动机构和辅助设备安装就位用的说明书应当包括定位件和基础的详细说明，以便完成现场的准备工作。

对于IAC级开关设备和控制设备，应提供适应设备内部电弧情况的安全安装条件的导则。实际安装条件造成的危害应根据试验样品在内部电弧试验期间的安装条件(见GB 3906—2006中的A.3)进行评估。认为这些条件是最低允许条件。认为试验覆盖了所有欠严的条件和/或提供更大空间的条件。

但是，如果用户认为危险没有关系，则开关设备和控制设备的安装可以不受制造厂指出的约束条件的限制。

如果超过100 kg，应标明单独起吊的设备部件的质量。

10.2.4 连接

说明书应当包括的资料：

a) 导体的连接，包括防止在开关设备和控制设备上产生过热和不必要的变形以及提供适当的电气间隙所需的建议；

b) 辅助回路的连接；

c) 气体系统的连接(如果有的话)，包括管道尺寸和布置；

d) 接地连接。

10.2.5 安装竣工检验

在开关设备和控制设备安装完毕和完成所有的连接后应当进行检查和试验，应当提供检查和试验

的说明。

这些说明包括：

a） 为了正确地运行，建议进行的现场试验项目清单；

b） 为了达到正确的运行，可能需要进行调整的程序；

c） 为了帮助作出将来维修的决定，建议进行并记录的有关测量项目；

d） 最终检查和投入使用的说明。

10.3 运行

制造厂给出的说明书应当包括以下资料：

a） 设备的一般说明，要特别注意它的特性和运行的技术说明，使用户充分了解所涉及的主要原理；

b） 设备安全性能以及联锁和挂锁操作的说明；

c） 和运行有关的，为了对设备进行操作、隔离、接地、维修和试验所采取的行动的说明。

10.4 维护

根据需要参考 GB/T 11022—2011 中 10.5 的相应条款。

维护按制造厂编写的说明书进行。

如果为了维护需要插入临时隔板来防止偶然触及带电部件，则：

——制造厂应提供所需的隔板或其方案；

——制造厂应给出维护程序和隔板使用的建议；

——按照制造厂的指导安装完后，防护等级应达到 GB 4208—2008 规定的 IP2×；

——这些隔板应满足 6.20.3 的要求；

——隔板及其支撑应有足够的机械强度以防偶然触及带电部件。

注：仅用做机械防护的隔板和支撑件不受本标准的约束。

运行中发生短路故障后应检查接地回路是否有潜在的损坏，如果需要，可全部或部分更换。

11 安全性

按 GB/T 11022—2011 中第 11 章的规定，并作如下补充：

11.1 程序

用户应提出适当的程序，以保证基于程序的可触及隔室仅在可触及隔室中的主回路部件不带电并接地或者处于抽出位置且相应的活门关闭时才能打开。该程序可以由设备的制造商或用户的安全规程规定。

11.2 内部电弧方面

就人员防护而言，在内部电弧情况下，金属封闭开关设备和控制设备的正确性能不只是设备本身设计的问题，也与设备的状态和运行规程有关，示例参见 GB 3906—2006 中的 8.3。

对户内设备，由于金属封闭开关设备和控制设备内部故障产生的电弧可能会导致开关设备安装房间内的过压力。其影响不在本标准的范围内，但设备设计时应予以考虑。

附 录 A
（规范性附录）
根据短时持续电流的热效应计算裸导体横截面积的方法

下面的公式可用以计算承受电流持续时间为0.2 s～5 s的热效应的裸导体横截面积：

$$S=\frac{I}{a}\sqrt{\frac{t}{\Delta\theta}}$$

式中：

S ——导体横截面积，单位为平方毫米（mm^2）；

I ——电流有效值，单位为安（A）；

a ——以$\frac{A}{mm^2}\left(\frac{s}{K}\right)^{\frac{1}{2}}$表示，并按下列规定取值：

铜——13；

铝——8.5；

铁——4.5；

铅——2.5。

t ——电流通过时间，单位为秒（s）；

$\Delta\theta$ ——温升，单位为开（K）；对裸导体一般取180 K；如果时间超过2 s但小于5 s，$\Delta\theta$值可增加到215 K。

本式考虑了温度升高并非严格的绝热过程。

ICS 29.280
S 82

中华人民共和国国家标准

GB/T 28429—2012

轨道交通 1 500 V 及以下直流牵引电力电缆及附件

DC Traction power cables and accessories up to 1 500 V for urban rail transit

2012-06-29 发布　　2012-10-01 实施

中华人民共和国国家质量监督检验检疫总局
中国国家标准化管理委员会　发布

前　言

本标准按照 GB/T 1.1—2009 给出的规则起草。

本标准由中华人民共和国铁道部提出。

本标准由中铁电气化局集团有限公司归口。

本标准负责起草单位:中铁电气化勘测设计研究院有限公司、中铁电气化局集团有限公司。

本标准参加起草单位:宝胜集团有限公司、3M 中国有限公司、广东吉熙安电缆附件有限公司、天津金山电线电缆股份有限公司。

本标准起草人:李汉卿、肖明辉、王立天、唐朝荣、周建、杨韬、庄猛、吴春玲、郑国俊。

轨道交通
1 500 V 及以下直流牵引
电力电缆及附件

1 范围

本标准规定了轨道交通用额定电压 1 500 V 及以下直流牵引电力电缆及附件的技术要求、试验、产品验收规则、标志及包装、运输和保管。

本标准适用于轨道交通额定电压 1 500 V 及 750 V 直流牵引电力电缆及附件。

2 规范性引用文件

下列文件对于本文件的应用是必不可少的。凡是注日期的引用文件，仅注日期的版本适用于本文件。凡是不注日期的引用文件，其最新版本(包括所有的修改单)适用于本文件。

GB/T 2951.11—2008 电缆和光缆绝缘和护套材料通用试验方法 第 11 部分：通用试验方法——厚度和外形尺寸测量——机械性能试验(IEC 60811-1-1:2001,IDT)

GB/T 2951.12—2008 电缆和光缆绝缘和护套材料通用试验方法 第 12 部分：通用试验方法——热老化试验方法(IEC 60811-1-2:1985,IDT)

GB/T 2951.13—2008 电缆和光缆绝缘和护套材料通用试验方法 第 13 部分：通用试验方法——密度测定方法——吸水试验——收缩试验(IEC 60811-1-3:2001,IDT)

GB/T 2951.14—2008 电缆和光缆绝缘和护套材料通用试验方法 第 14 部分：通用试验方法——低温试验(IEC 60811-1-4:1985,IDT)

GB/T 2951.21—2008 电缆和光缆绝缘和护套材料通用试验方法 第 21 部分：弹性体混合料专用试验方法——耐臭氧试验——热延伸试验——浸矿物油试验(IEC 60811-2-1:2001,IDT)

GB/T 2951.31—2008 电缆和光缆绝缘和护套材料通用试验方法 第 31 部分：聚氯乙烯混合料专用试验方法——高温压力试验——抗开裂试验(IEC 60811-3-1:1985,IDT)

GB/T 2951.41—2008 电缆和光缆绝缘和护套材料通用试验方法 第 41 部分：聚乙烯和聚丙烯混合料专用试验方法——耐环境应力开裂试验——熔体指数测量方法——直接燃烧法测量聚乙烯中炭黑和/或矿物质填料含量——热重分析法(TGA)测量碳黑含量——显微镜法评估聚乙烯中炭黑分散度(IEC 60811-4-1:2004,IDT)

GB/T 3048.4—2007 电线电缆电性能试验方法 第 4 部分：导体直流电阻试验

GB/T 3048.13—2007 电线电缆电性能试验方法 第 13 部分：冲击电压试验

GB/T 3048.14—2007 电线电缆电性能试验方法 第 14 部分：直流电压试验

GB/T 3956—2008 电缆的导体(IEC 60228:2004,IDT)

GB/T 6995.3—2008 电线电缆识别标志方法 第 3 部分：电线电缆识别标志

GB/T 12527—2008 额定电压 1 kV 及以下架空绝缘电缆

GB/T 12706.1—2008 额定电压 1 kV(Um＝1.2 kV)到 35 kV(Um＝40.5 kV)挤包绝缘电力电缆及附件 第 1 部分：额定电压 1 kV(Um＝1.2 kV)和 3 kV(Um＝3.6 kV)电缆(IEC 60502-1:2004,IDT)

GB/T 14315—2008 电力电缆导体用压接型铜、铝接线端子和连接管

GB/T 16927.1—2011 高电压试验技术 第1部分：一般定义及试验要求(IEC 60060-1:2006，MOD)

GB/T 17650.1—1998 取自电缆或光缆的材料燃烧时释出气体的试验方法 第1部分：卤酸气体总量的测定(idt IEC 60754-1:1994)

GB/T 17650.2—1998 取自电缆或光缆的材料燃烧时释出气体的试验方法 第2部分：用测量pH值和电导率来测定气体的酸度(idt IEC 60754-2:1997)

GB/T 17651.2—1998 电缆或光缆在特定条件下燃烧的烟密度测定 第2部分：试验步骤和要求(idt IEC 61034-2:1997)

GB/T 18380.12—2008 电缆和光缆在火焰条件下的燃烧试验 第12部分：单根绝缘电线电缆火焰垂直蔓延试验 1 kW预混合型火焰试验方法(IEC 60332-1-2:2004,IDT)

GB/T 18380.33—2008 电缆在火焰条件下的燃烧试验 第33部分：垂直安装的成束电线电缆火焰垂直蔓延试验 A类(IEC 60332-3-22:2000,IDT)

JB/T 8137—1999 电线电缆交货盘 第1部分：一般规定

IEC 60684-2,AMD2:2005 绝缘软套管 第2部分：试验方法(Flexible insulating sleeving—Part 2:Methods of test;Amendment 1)

IEC 60724:2000 额定电压不超过0.6/1 kV电缆允许短路温度导则(Short-Circuit Temperature Limits of Electric Cables with Rated Voltages 1 kV(Um=1,2 kV)and 3 kV(Um=3,6 kV)Third Edition)

IEC 60986:2008 额定电压1.8/3.6 kV到18/30(36) kV电缆允许短路温度导则(Short-Circuit Temperature Limits of Electric Cables with Rated Voltages from 6 kV(Um=7,2 kV)up to 30 kV (Um=36 kV)Second Edition)

3 术语和定义

下列术语和定义适用于本文件。

3.1

标称值 nominal value

指定的量值并经常用于表格之中，在本标准中通常标称值引伸出的最值考虑规定公差，通过测量进行检验。

3.2

近似值 approximate value

一个既不保证也不检查的数值，例如用于其他尺寸值的计算。

3.3

中间值 median value

将试验得到的若干数值以递增(或递减)的次序依次排列时，若数值的数目是奇数，中间的那个值为中间值；若数值的数目是偶数，中间两个数值的平均值为中间值。

3.4

假设值 fictitious value

按附录A计算所得的值。

3.5

乙丙橡胶混合料 EPR/HEPR

其特有组分为乙丙橡胶和(或)合成弹性体，经过适当选择、配比、加工而成的混合料。

3.6

交联聚乙烯混合料 XLPE

其特有组分为聚乙烯或它的共聚物，经过适当选择、配比、加工而成的混合料。

3.7

导体连接金具 connector

把电缆导体连接起来的金属部件。

3.8

热缩部件 heat shrink part

以聚合物为基本材料而制成所需要的型材，经过交联工艺，使聚合物的线性分子变成网状结构的体型分子，经加热扩张至规定尺寸，再加热能自行收缩到预定尺寸的部件。

3.9

冷缩部件 cold shrink part

将预扩张、内有支撑物的弹性体部件，套在经过处理后的电缆上，抽出支撑物，收缩压紧在电缆上而构成的部件。

3.10

扩张率 Expanded ratio

指预制橡胶管主体被撑开后其内径变化的程度，即扩张后内径与未扩张内径的比值。

4 电压标示、代号和表示方法

4.1 电压标示

电缆的额定电压是指电缆及附件设计和电气性能试验用的基准电压，电缆的额定电压应适合电缆及附件所在系统的运行条件。通常为电缆及附件设计用的导体对地(周围介质、金属外壳)之间的电压，其值等于系统标称电压。本标准中电缆及附件的额定电压用 U_0 表示，单位为 V。

本标准中电缆及附件的额定电压 U_0 为直流 750 V 和直流 1 500 V(下同)，电缆及附件额定电压的选择与系统运行电压的匹配关系见表 1。

表 1 额定电压

单位为伏特

额定电压 U_0	系统标称电压	系统最低电压	系统最高电压
750 1 500	750 1 500	500 1 000	900 1 800

4.2 绝缘混合料代号及其导体温度

4.2.1 绝缘混合料及其代号见表 2。

表 2 绝缘混合料

绝缘混合料	代 号
乙丙橡胶或类似绝缘混合料(EPR 或 EPDM)	EPR
高弹性模数或高硬度乙丙橡胶	HEPR
交联聚乙烯	XLPE

4.2.2 绝缘混合料的导体最高温度见表 3。

表 3 各种绝缘混合料的导体最高温度

单位为摄氏度

绝缘混合料	导体最高温度	
	正常运行	短路(最长持续 5 s)
交联聚乙烯(XLPE)	90	250
乙丙橡胶(EPR 和 HEPR)	90	250
注：表中的温度由绝缘材料的固有特性决定，在使用这些数据计算额定电流时其他因素的考虑也是很重要的。		

4.2.3 绝缘混合料的导体短路温度的导则应按照 IEC 60724:2000 和 IEC 60986:2008 的规定。

4.3 护套混合料代号及其导体温度

不同类型护套混合料电缆的导体最高温度见表 4。

表 4 不同类型护套混合料电缆的导体最高温度

单位为摄氏度

护套混合料	代号	正常运行时导体最高温度
a) 热塑性		
无卤阻燃聚烯烃护套	SHF1	90
聚乙烯	ST7	90
b) 热固性		
无卤阻燃弹性体护套或类似聚合物	SHF2	90

4.4 电缆型号和产品表示方法

电缆型号和产品表示方法见附录 B。

5 电缆技术要求

5.1 导体

导体应是符合 GB/T 3956—2008 的第 1 种或第 2 种裸退火铜导体或镀金属层退火铜导体，或者第 5 种或第 6 种裸铜导体或镀金属层退火铜导体。

5.2 绝缘

5.2.1 材料

绝缘应为表 2 所列的各类挤包固体介质的一种。

5.2.2 绝缘厚度

绝缘标称厚度规定见表 5～表 6。

任何隔离层的厚度不应包括在绝缘厚度之中。

表 5　交联聚乙烯(XLPE)绝缘标称厚度

导体标称截面 mm²	额定电压下的绝缘标称厚度/mm	
	750 V	1 500 V
120	1.2	2.0
150	1.4	2.0
185	1.6	2.0
240	1.7	2.0
300	1.8	2.0
400	2.0	2.0
500	2.2	2.2
630	2.4	2.4
800	2.6	2.6
1 000	2.8	2.8

表 6　乙丙橡胶(EPR)和硬乙丙橡胶(HEPR)绝缘标称厚度

导体标称截面 mm²	额定电压下的绝缘标称厚度/mm			
	750 V		1 500 V	
	EPR	HEPR	EPR	HEPR
120	1.6	1.2	2.4	2.0
150	1.8	1.4	2.4	2.0
185	2.0	1.6	2.4	2.0
240	2.2	1.7	2.4	2.0
300	2.4	1.8	2.4	2.0
400	2.6	2.0	2.6	2.0
500	2.8	2.2	2.8	2.2
630	2.8	2.4	2.8	2.4
800	2.8	2.6	2.8	2.6
1 000	3.0	2.8	3.0	2.8

5.3　阻水层

5.3.1　当需要时，电缆可采用阻水层。

5.3.2　阻水层应由和电缆相适应的、非导电性阻水带绕包而成，绕包应平整。

5.4　防水层

5.4.1　当需要时，电缆可采用防水层。防水层可采用铝塑粘接结构或其他合适的防水结构。

5.4.2　铝塑粘接防水层按下列要求：

a)　当电缆采用一层铝塑粘接防水层时，铝塑粘接防水层应由纵包的涂塑铝带与聚乙烯护套粘接组合而成；

b)　双面铝塑带标称厚度为 0.20 mm，其中裸铝带的标称厚度不应小于 0.15 mm；

c)　铝塑带应完整地纵包在缆芯上，铝塑带纵包重叠宽度不应小于 6 mm，纵包重叠宽度不应小于线芯圆周的 20%；

d) 在纵包的铝塑带外应紧密挤包一层粘结的聚乙烯护套，聚乙烯护套应采用线性中密度或高密度聚乙烯。护套应与铝塑带牢固粘接，形成一个完整的铝-塑粘接防水层；

e) 聚乙烯护套标称厚度不应小于 1.6 mm，最薄点不应小于 1.4 mm；

f) 聚乙烯护层外表面应光滑、平整、无空洞、裂纹、气孔和凹陷等缺陷。

5.4.3 电缆也可采用其他防水层形式。

5.5 隔火层[1)]

5.5.1 结构

电缆隔火层采用挤包或绕包形式。

5.5.2 材料

用于隔火层材料应适合电缆的运行温度并与电缆绝缘材料相兼容。

隔火层可采用适合的无卤低烟阻燃材料挤包而成，也可采用非吸湿性的无卤低烟隔火带包覆在线芯或防水层外(如有防水层)。

5.5.3 挤包隔火层厚度

挤包隔火层的近似厚度应从表 7 中选取。

表 7 挤包隔火层厚度

单位为毫米

缆芯假设直径 d	挤包隔火层厚度近似值
$d \leqslant 25$	1.0
$25 < d \leqslant 35$	1.2
$35 < d \leqslant 45$	1.4
$45 < d \leqslant 60$	1.6
$60 < d \leqslant 80$	1.8
$80 < d$	2.0

5.5.4 绕包隔火层厚度

线芯假设直径小于或等于 40 mm 时，绕包隔火层的近似厚度取 0.4 mm；大于 40 mm 时，取 0.6 mm。

5.6 铠装[2)]

5.6.1 结构

铠装结构类型如下：

a) 金属丝铠装：由多根金属丝编织或金属丝的同心绞合组成；

b) 金属带铠装：由一根或多根金属带螺旋搭盖绕包组成。

---

1) 当需要时，电缆可采用隔火层，以满足电缆对燃烧性能的要求。

2) 当需要时，电缆可采用铠装层。

5.6.2 材料

圆金属丝应是铜丝或镀锡铜丝。

金属带为铜或铜合金带、铝或铝合金带。

5.6.3 铠装的使用

电缆的铠装应包覆在符合5.4或5.5规定的防水层或隔火层上。

5.6.4 电缆直径与铠装层尺寸的关系

铠装圆金属丝的标称直径和铠装金属带的标称厚度应分别不小于表8和表9的规定。

表8 铠装圆金属丝标称直径

单位为毫米

铠装前假设直径 d	铠装金属丝标称直径
$d \leqslant 25$	0.25
$25 < d \leqslant 35$	0.30
$35 < d \leqslant 60$	0.40
$60 < d$	0.50

表9 铠装金属带标称厚度

单位为毫米

铠装前假设直径 d	金属带标称厚度	
	铜带	铝或铝合金带
$d \leqslant 25$	0.2	0.5
$25 < d \leqslant 60$	0.3	0.5
$60 < d$	0.5	0.8

5.7 外护套

5.7.1 概述

所有电缆都应具有外护套。

外护套通常为黑色，若制造方和购买方达成协议，允许采用其他颜色，以适应电缆使用的特定条件。

5.7.2 材料

外护套为热塑性护套混合料或热固性护套混合料。

外护套材料应与表4中规定的电缆运行温度相适应。

在特殊条件下(例如为了防白蚁、防鼠)使用的外护套，可在配方中加入化学添加剂，但这些添加剂应对人类及环境无害。

电缆应具有低烟、无卤、A类阻燃、防紫外线(可选)性能。

5.7.3 厚度

若无其他规定，挤包护套标称厚度值 T_S(以mm计)应按公式(1)计算：

$$T_S = 0.035D + 1.0 \qquad (1)$$

式中：

D——挤包护套前电缆的假设直径，单位为毫米(mm)(见附录 A)。

按上式计算出的数值应修约到 0.1 mm(见附录 C)。

无铠装的电缆和护套不直接包覆在铠装、金属屏蔽的电缆，其单芯电缆护套的标称厚度不应小于 1.4 mm。

护套直接包覆在铠装上的电缆，护套的标称厚度不应小于 1.8 mm。

6 电缆附件技术要求

6.1 一般要求

6.1.1 附件应用的电压等级应与电缆相一致。

6.1.2 导体连接金具应符合 GB/T 14315—2008 中的相应规定。

6.1.3 需要时，可采用镀锡编织铜线对电缆金属铠装层进行电气上接续，接续的截面不得小于对应层的等效截面，但最小值不应小于 10 mm^2。

6.1.4 电缆具有防水结构时，附件产品应提供满足附录 D 要求的组件。

6.1.5 终端所用的外绝缘材料应具有耐大气老化及耐漏电痕迹和耐电蚀性能，其性能应满足表 10～表 12 的规定。

6.1.6 可采用冷缩、热缩或胶带绕包等方式来恢复绝缘或护套。

6.1.7 电缆附件采用的材料具有低烟、无卤、阻燃性能。

6.2 冷缩附件

6.2.1 所有冷缩部件内外表面应光滑，无肉眼可见的因材料和工艺不完善引起的斑痕、凹坑和裂纹，结构尺寸应符合图纸要求。

6.2.2 冷缩部件应由防电痕的硅橡胶材料构成，其性能应符合表 10 的规定，安装后的扩张率不应小于 120%。

6.2.3 冷缩部件的允许贮存期在环境温度不高于 35 ℃时不应少于 12 个月。

表 10 硅橡胶绝缘材料主要性能指标

序号	项　目		单　位	性能指标
1	抗张强度	不小于	N/mm^2	4.0
2	断裂伸长率	不小于	%	450
3	硬度(邵氏 A)	不大于		50
4	抗撕裂强度	不小于	N/mm	10
5	耐压强度	不小于	MV/m	20
6	体积电阻率	不小于	Ω·cm	10^{14}
7	介电系数	(50 Hz)		2.8～3.5
8	介质损耗角正切	不大于		0.02
9	耐漏电痕迹耐电蚀	不小于		1A3.5
10	氧指数	不小于	%	30
11	烟密度等级(SDR)	不大于		75
12	卤酸含量		mg/g	0
注：除非另有规定，表中数据为室温下试样的性能要求。				

6.3 绕包式附件

采用自粘性绝缘带,应能在 90 ℃下连续工作,主要性能见表 11。

表 11 绕包带性能要求

序号	项　　目		单　　位	性能指标
1	抗张强度	不小于	N/mm^2	1.7
2	断裂伸长率	不小于	%	500
3	耐压强度	不小于	MV/m	28
4	体积电阻率	不小于	Ω·cm	10^{14}
5	介质损耗角正切	不大于		0.05
6	介电常数	不大于		5
7	耐热性	不小于	℃	130
注:除非另有规定,表中数据为室温下试样的性能要求。				

6.4 热缩附件

6.4.1 所有热缩部件表面应无材质和工艺不善引起的斑痕和凹坑,热缩部件内壁应涂热溶胶,胶层均匀,且在规定的贮存条件和运输条件下,胶层不应流淌,不相互粘搭,在加热收缩后不会产生气隙。

6.4.2 热缩部件主要性能指标见表 12。

6.4.3 热缩部件在限制性收缩时不得有裂纹或开裂现象,在规定的耐受电压方式下不击穿。热缩部件的收缩温度应为 120 ℃～140 ℃。

6.4.4 热缩部件的允许贮存期在环境温度不高于 35 ℃时不应少于 24 个月。

表 12 热缩部件主要性能指标

序号	项　　目		单　　位	性能指标
1	抗张强度	不小于	N/mm^2	10
2	断裂伸长率	不小于	%	350
3	脆化温度	不大于	℃	−40
4	硬度(邵氏 A)	不大于		80
5	空气箱热老化 130 ℃ 168 h		%	
	抗张强度变化率	不大于	%	±20
	断裂伸长率变化率	不大于		±20
6	体积电阻率	不小于	Ω·cm	10^{14}
7	介电常数	不大于		4
8	击穿场强	不小于	MV/m	20
9	氧指数	不小于	%	30
10	卤酸含量		mg/g	0
11	烟密度等级(SDR)	不大于		75
12	吸水率 (23±2)℃ 24 h	不大于	%	0.1

7 试验

7.1 试验条件

7.1.1 环境温度

除非另有规定,试验应在环境温度 20 ℃±15 ℃下进行。

7.1.2 工频试验电压的频率和波形

工频试验电压的频率应在 49 Hz～61 Hz;波形基本上为正弦波,引用值为有效值。

7.1.3 冲击试验电压的波形

按 GB/T 3048.13—2007 规定,冲击波的波前时间为 1 μs～5 μs,半峰值时间在 40 μs～60 μs 之间,其他方面与 GB/T 16927.1—2011 规定一致。

7.2 电缆试验

7.2.1 例行试验

例行试验通常应在每一个电缆制造长度上进行。根据购买方和制造方达成的质量控制协议可以减少试验电缆的根数。

本标准要求的例行试验为:

a) 导体电阻测量(见 7.2.1.1);

b) 电压试验(见 7.2.1.2)。

7.2.1.1 导体电阻测量

成品电缆或从成品电缆上取下的试样,应在保持适当温度的试验室内至少存放 12 h 后测量。若怀疑导体温度是否与室温一致,电缆应在试验室内存放 24 h 后测量。也可选取另一种方法,即将导体试样浸在温度可以控制的液体槽内,至少浸入 1 h 后测量电阻。

电阻测量值应按 GB/T 3956—2008 规定的公式和系数校正到 20 ℃下 1 km 长度的数值。

每一根导体 20 ℃时的直流电阻不应超过规定的相应的最大值。

7.2.1.2 电压试验

7.2.1.2.1 概述

电压试验应在环境温度下进行。制造方可选择采用直流电压或工频交流电压。优先采用直流电压试验。

7.2.1.2.2 试验步骤

屏蔽电缆的试验电压应施加在导体与金属屏蔽之间,时间为 5 min。

无屏蔽电缆应将其浸入室温水中 1 h,在导体和水之间施加试验电压 5 min。

7.2.1.2.3 试验电压

试验电压如表 13。在任何情况下,电压都应逐渐升高到规定值。

表 13 试验电压

额定电压 U_o/V	750	1 500
直流试验电压/kV	4	6.5
工频交流试验电压/kV	1.7	2.7

7.2.1.2.4 结果

绝缘应无击穿。

7.2.2 抽样试验

7.2.2.1 概述

本标准要求的抽样试验包括：

a) 导体检查(见 7.2.2.2)；

b) 尺寸检查(见 7.2.2.3～7.2.2.5)；

c) EPR、HEPR、XLPE 绝缘和热固性护套的热延伸试验(见 7.2.2.6)。

7.2.2.2 导体检查

7.2.2.2.1 导体外观的要求

导体应规整，表面光洁、无氧化、无油污、无损伤绝缘的毛刺、锐边以及凸起或断裂的单线等与良好工业品不相符的缺陷。

7.2.2.2.2 导体电阻的测量

导体 20 ℃时的直流电阻应符合 GB/T 3956—2008 的规定，试验方法应按 7.2.1.1 的规定进行。

7.2.2.2.3 导体的结构要求

第 2 种导体中的单线根数不应小于 GB/T 3956—2008 中表 2 规定的相应最少根数；第 5 种、第 6 种导体中的单线直径不应超过 GB/T 3956—2008 中表 3 或表 4 相应规定的最大值。

7.2.2.3 绝缘和非金属护套厚度的测量

7.2.2.3.1 概述

应按 GB/T 2951.11—2008 第 8 章的规定方法进行测量。

为试验而选取的每根电缆长度可用一段电缆来代表，如果必要，这段电缆应在已去除可能受到损伤的部分以后，从电缆的一端截取。

7.2.2.3.2 对绝缘厚度的要求

每一段绝缘线芯，绝缘厚度测量值的平均值在按附录 C 修约到 0.1 mm 后，不应小于规定的标称厚度；其最小测量值不应低于规定标称值的 90%－0.1 mm，即按公式(2)：

$$t_m \geqslant t_n - (0.1 + 0.1t_n) \quad \cdots\cdots(2)$$

式中：

t_m——最小厚度，单位为毫米(mm)；

t_n——标称厚度；单位为毫米(mm)。

7.2.2.3.3 对非金属护套厚度的要求

护套应符合下列要求：

a) 包覆在光滑圆柱体表面的外护套(例如挤包隔火层或绝缘上)，其厚度测量值的平均值，按附录C修约到 0.1 mm，不应小于规定的标称厚度，其最小测量值不应低于规定标称值的 85%－0.1 mm。即按公式(3)：

$$t_m \geqslant t_n - (0.1 + 0.15t_n) \quad \cdots\cdots(3)$$

b) 包覆在不规则圆柱体表面的护套(例如直接包覆在铠装上的护套)和隔火层的厚度，其最小测量值不应低于规定标称值的 80%－0.2 mm。即按公式(4)：

$$t_m \geqslant t_n - (0.2 + 0.2t_n) \quad \cdots\cdots(4)$$

7.2.2.4 铠装金属丝和铠装金属带的测量

7.2.2.4.1 铠装金属丝的测量

使用具有两个平测头精度为±0.01 mm 的千分尺来测量圆铠装金属丝的直径，测量应在同一截面两个互成直角的位置上各测一次，取其平均值作为金属丝的直径。

7.2.2.4.2 铠装金属带的测量

测量时应使用具有两个直径为 5 mm 平测量头，精度为±0.01 mm 的千分尺，对于宽为 40 mm 及以下的金属带应在宽度中央测其厚度，对于更宽的带子应在距其每一边缘 20 mm 处各测一次，取其平均值作为金属带厚度。

7.2.2.4.3 结果

铠装金属丝和金属带的尺寸低于 5.6.4 中规定的标称尺寸的量值不应超过：

a) 圆金属丝：5%；

b) 金属带：10%。

7.2.2.5 外径测量

如果抽样试验中要求测量电缆外径，应按 GB/T 2951.11—2008 规定进行。

7.2.2.6 EPR、HEPR 和 XLPE 绝缘和 SHF2 型护套的热延伸试验

7.2.2.6.1 步骤

抽样和试验步骤按 GB/T 2951.21—2008 第 9 章规定进行。

试验条件见表 14 和表 15。

表 14　各种热固性绝缘混合料的特殊性能试验

序号	试验项目 (混合料代号见 4.2)	单位	EPR	HEPR	XLPE
1	耐臭氧试验(GB/T 2951.21—2008 中第 8 章)				
1.1	臭氧浓度(按体积)	%	0.025～0.030	0.025～0.030	—
1.2	无开裂持续时间	h	24	24	
2	热延伸试验(GB/T 2951.21—2008 中第 9 章)				
2.1	处理条件				
	——空气温度(偏差±3 ℃)	℃	250	250	200
	——负荷时间	min	15	15	15
	——机械应力	N/cm^2	20	20	20
2.2	载荷下最大伸长率	%	175	175	175
2.3	冷却后最大永久伸长率	%	15	15	15
3	吸水试验(GB/T 2951.13—2008 中 9.2)重量分析法				
3.1	温度(偏差±2 ℃)	℃	85	85	85
3.2	持续时间	d	14	14	14
3.3	重量最大增量	mg/cm^2	5	5	1[a]
4	收缩试验(GB/T 2951.13—2008 中第 10 章)				
4.1	标志间长度 L	mm	—	—	200
4.2	温度(偏差±3 ℃)	℃	—	—	130
4.3	持续时间	h	—	—	1
4.4	最大允许收缩率	%	—	—	4
5	硬度测定(见 GB/T 12706.1—2008 附录 C)				
5.1	IRHD[b],最小		—	80	—
6	弹性模量测定(见 7.2.6.17)				
6.1	150%伸长率时模量,最小	N/mm^2	—	4.5	—

[a] XLPE 密度大于 1 g/cm^3 时,吸水增量可能大于 1 mg/cm^2。

[b] IRHD:国际橡胶硬度级。

表 15　热固性护套混合料(SHF2)特殊性能试验要求

序号	试验项目 (混合料代号见 4.3)	单位	SHF2
1	低温性能试验(GB/T 2951.14—2008 中第 8 章)		
1.1	哑铃片的低温拉伸试验		
	温度(偏差±2 ℃)	℃	−15
1.2	冷冲击试验		
	温度(偏差±2 ℃)	℃	−15
2	浸油后机械性能试验(GB/T 2951.21—2008 中第 10 章和 GB/T 2951.11—2008 中第 9 章)		

表 15（续）

序号	试验项目 （混合料代号见 4.3）	单位	SHF2
2.1	处理条件		
	——温度(偏差±2 ℃)	℃	100
	——持续时间	h	24
	最大允许变化率[a]		
	a) 抗张强度：	%	±40
	b) 断裂伸长率	%	±40
3	热延伸试验(GB/T 2951.21—2008 中第 9 章)		
3.1	处理条件		
	——温度(偏差±3 ℃)	℃	200
	——载荷时间	min	15
	——机械应力	N/cm^2	20
3.2	负载下允许最大伸长率	%	175
3.3	冷却后最大永久伸长率	%	15
4	耐臭氧试验(GB/T 2951.21—2008 中第 8 章)		
4.1	臭氧浓度(按体积)	%	0.025～0.030
4.2	无开裂持续时间	h	24

[a] 变化率：处理前后得出的中间值之差除以处理前中间值，以百分数表示。

7.2.2.6.2 结果

EPR、HEPR 和 XLPE 绝缘试验结果应符合表 14 规定，SHF2 型护套应符合表 15 规定。

7.2.3 电气型式试验

7.2.3.1 导体最高温度下绝缘电阻测量

7.2.3.1.1 步骤

取成品电缆试样长度 10 m～15 m。

电缆试样的绝缘线芯在试验前应浸在电缆正常运行时导体最高温度±2 ℃的水中至少 1 h。

直流测试电压应为 80 V～500 V，应施加足够长的时间，以达到合理稳定的测量，但不少于 1 min，也不超过 5 min。

测量应在导体与水之间进行。

7.2.3.1.2 计算

体积电阻率由所测得的绝缘电阻通过公式(5)求得：

$$\rho = \frac{2 \times \pi \times L \times R}{\ln \frac{D}{d}} \qquad \cdots\cdots(5)$$

式中：

ρ ——体积电阻率，单位为欧姆·厘米(Ω·cm)；

R ——测量得到的绝缘电阻，单位为欧姆(Ω)；

L ——电缆长度，单位为厘米(cm)；

D ——绝缘外径，单位为毫米(mm)；

d ——绝缘内径，单位为毫米(mm)。

“绝缘电阻常数 K_i”可按公式(6)计算求得，以 MΩ·km 表示：

$$K_i = \frac{L \times R \times 10^{-11}}{\lg \frac{D}{d}} = 10^{-11} \times 0.367\rho \qquad \cdots\cdots(6)$$

7.2.3.1.3 **结果**

由测量值计算出的数据不应小于在表 16 中的规定值。

表 16 绝缘混合料的电气型式试验要求

序号	试验项目和试验条件 (混合料代号见 4.2)	单位	性能要求	
			EPR/HEPR	XLPE
	正常运行时导体最高温度(见 4.2)	℃	90	90
1	体积电阻率 ρ ——正常运行时导体最高温度(见 7.2.3.1)	Ω·cm	10^{12}	10^{12}
2	绝缘电阻常数 K_i ——正常运行时导体最高温度(见 7.2.3.1)	MΩ·km	3.67	3.67

7.2.3.2 **4 h 电压试验**

7.2.3.2.1 **步骤**

本项试验在 7.2.3.1 试验之后进行，可延用 7.2.3.1 试验所用电缆。

电缆试验用绝缘线芯应在试验前浸入环境温度的水中至少 1 h。

在水与导体之间施加 $4U_0$ 的工频电压，电压应逐渐升高并持续 4 h。

7.2.3.2.2 **结果**

绝缘不应击穿。

7.2.3.3 **冲击电压试验**

7.2.3.3.1 **步骤**

额定电压 1 500 V 电缆应进行冲击电压试验；试验应在另外 10 m～15 m 长的成品电缆试样上

进行。

应在导体温度高于正常运行时导体最高温度 5 ℃～10 ℃下的电缆上进行。

应按 GB/T 3048.13—2007 规定步骤施加冲击电压，峰值为 40 kV。

7.2.3.3.2 结果

每根电缆绝缘线芯应承受正负各十次冲击电压后不击穿。

7.2.4 非电气型式试验

7.2.4.1 绝缘厚度测量

7.2.4.1.1 取样

每根绝缘线芯一个样品。

7.2.4.1.2 步骤

按 GB/T 2951.11—2008 中 8.1 规定进行。

7.2.4.1.3 结果

见 7.2.4.5.2 规定。

7.2.4.2 非金属护套厚度测量

7.2.4.2.1 取样

每根电缆一个样品。

7.2.4.2.2 步骤

应按 GB/T 2951.11—2008 中 8.2 规定进行测量。

7.2.4.2.3 结果

见 7.2.4.5.3 规定。

7.2.4.3 老化前后绝缘的机械性能试验

7.2.4.3.1 取样

应按 GB/T 2951.11—2008 中 9.1 规定进行取样和制备试片。

7.2.4.3.2 老化处理

应在表 17 规定的条件下按 GB/T 2951.12—2008 中 8.1 的规定进行老化处理。

表 17 电缆绝缘混合料机械性能试验要求(老化前后)

序号	试验项目 (混合料代号见 4.2)	单位	EPR	HEPR	XLPE
	正常运行时导体最高温度(见 4.2)	℃	90	90	90
1	老化前(GB/T 2951.11—2008 中 9.1)				
1.1	抗张强度 最小	N/mm²	4.2	8.5	12.5
1.2	断裂伸长率 最小	%	200	200	200
2	空气烘箱老化后(GB/T 2951.12—2008 中 8.1)				
	无导体老化后				
2.1	处理				
2.1.1	——温度	℃	135	135	135
	——偏差	℃	±3	±3	±3
	——持续时间	d	7	7	7
2.1.2	抗张强度	N/mm²			
	a) 老化后数值 最小	%	—	—	—
	b) 变化率[a] 最大		±30	±30	±25
2.1.3	断裂伸长率				
	a) 老化后数值 最小	%	—	—	—
	b) 变化率[a] 最大	%	±30	±30	±25
2.2	带铜导体老化后抗张试验[a]				
2.2.1	处理				
	——温度	℃	150	150	150
	——偏差	℃	±3	±3	±3
	——持续时间	d	7	7	7
2.2.2	抗张强度变化率[a] 最大	%	±30	±30	±30
2.2.3	断裂伸长变化率[a] 最大	%	±30	±30	±30
2.3	带铜导体老化弯曲试验	—	—	—	—
	(仅用于如不进行 2.2 试验的试样	—	—	—	—
2.3.1	处理				
	——温度	℃	150	150	150
	——偏差	℃	±3	±3	±3
	——持续时间	d	10	10	10
2.3.2	应得结果		无裂痕	无裂痕	无裂痕

[a] 变化率:老化前后得出的中间值之差值除以老化前中间值,以百分数表示。

7.2.4.3.3 预处理和机械试验

应按 GB/T 2951.11—2008 中 9.1 规定进行预处理和机械性能的试验。

7.2.4.3.4 结果

未经老化和老化后试片的试验结果均应达到表 17 的要求。

7.2.4.4 非金属护套老化前后的机械性能试验

7.2.4.4.1 取样

应按GB/T 2951.11—2008中9.2规定进行取样及制备试片。

7.2.4.4.2 老化处理

应在表18规定的条件下:按GB/T 2951.12—2008中8.1进行老化处理。

表18 护套混合料机械性能试验要求(老化前后)

序号	试验项目 (混合料代号见4.3)		单位	ST_7	SHF1	SHF2
	正常运行导体最高温度(见4.3)		℃	90	90	90
1	老化前(GB/T 2951.11—2008中9.2)					
1.1	抗张强度	最小	N/mm²	12.5	9.0	10.0
1.2	断裂伸长率	最小	%	300	125	300
2	空气烘箱老化后(GB/T 2951.12—2008中8.1)					
2.1	处理					
	——温度(偏差±2 ℃)		℃	110	100	100
	——持续时间		d	10	7	7
2.2	抗张强度:					
	a) 老化后数值	最小	N/mm²	—	9.0	—
	b) 变化率[a]	最大	%	—	±40	±30
2.3	断裂伸长率					
	a) 老化后数值	最小	%	300	100	250
	b) 变化率[a]	最大	%	—	±40	±40
3	吸水性试验(GB/T 2951.13—2008)(重量法)					
3.1	处理					
	——温度(偏差±2 ℃)		℃	—	70	70
	——持续时间		h	—	24	24
3.2	最大增重		mg/cm²	—	10	10
4	人工气候老化试验					
	老化时间		h	1 008	1 008	1 008
	试验结果:					
4.1	a) 0 h~1 008 h					
	抗张强度变化率	最大	%	±30	±30	±30
	断裂伸长率变化率	最大	%	±30	±30	±30
4.2	b) 504 h~1 008 h					
	抗张强度变化率	最大	%	±15	±15	±15
	断裂伸长率变化率	最大	%	±15	±15	±15

[a] 变化率:老化前后得出的中间值之差值除以老化前中间值,以百分数表示。

7.2.4.4.3 预处理和机械性能试验

应按GB/T 2951.11—2008中9.2规定进行预处理和机械性能试验。

7.2.4.4.4 结果

对于未老化和经老化后的试片，试验结果应满足表 18 的要求。

7.2.4.5 成品电缆段的附加老化试验

7.2.4.5.1 概述

本试验旨在检验运行中电缆绝缘和非金属护套与电缆中其他电缆部件接触时有无劣化倾向。

本试验适用于任何类型的电缆。

7.2.4.5.2 取样

按 GB/T 2951.12—2008 中 8.1.4 规定从成品电缆上截取样品。

7.2.4.5.3 老化处理

应按 GB/T 2951.12—2008 中 8.1.4 规定在空气烘箱中进行电缆样品的老化处理。老化条件如下：

a) 温度：高于电缆正常运行时最高温度(见表 18)10 ℃±2 ℃；

b) 周期：7×24 h。

7.2.4.5.4 机械性能试验

将老化后的电缆取下的绝缘和护套试样按 GB/T 2951.12—2008 中 8.1.4 规定进行机械性能试验。

7.2.4.5.5 结果

老化前后抗张强度与断裂伸长率的中间值，不应超过表 17 中对于绝缘和表 18 中对非金属护套空气烘箱老化后的规定值。

7.2.4.6 SHF1 型护套的高温压力试验

7.2.4.6.1 步骤

应按 GB/T 2951.31—2008 第 8 章规定进行高温压力试验，试验条件和试验方法见表 19。

表 19 热塑性聚烯烃护套混合料 SHF1 特殊性能试验要求

序号	试验项目 (混合料代号见 4.2 和 4.3)	单位	SHF1 护套
1	高温压力试验(GB/T 2951.31—2008 中第 8 章)		
1.1	温度(偏差±2 ℃)	℃	80
2	热冲击试验(GB/T 2951.31—2008 中第 9 章)		
	处理		
2.1	——温度(偏差±3 ℃)	℃	150
2.2	——时间	h	1
3	低温性能试验[a](GB/T 2951.14—2008 中第 8 章)		
3.1	哑铃片的低温拉伸试验		
	温度(偏差±2 ℃)	℃	−15
3.2	冷冲击试验		
	温度(偏差±2 ℃)	℃	−15

[a] 因气候条件，购买方可以要求采用更低的温度。

7.2.4.6.2 结果

试验结果应符合 GB/T 2951.31—2008 第 8 章的要求。

7.2.4.7 低温下护套的性能试验

7.2.4.7.1 步骤

应按 GB/T 2951.14—2008 第 8 章规定进行取样和进行试验，试验温度见表 19 和表 15。

7.2.4.7.2 结果

试验结果应符合 GB/T 2951.14—2008 第 8 章的要求。

7.2.4.8 护套抗开裂试验（热冲击）

7.2.4.8.1 步骤

应按 GB/T 2951.31—2008 第 9 章规定进行取样和进行试验，试验温度和周期见表 19 和表 15。

7.2.4.8.2 结果

试验结果应符合 GB/T 2951.31—2008 第 9 章的要求。

7.2.4.9 EPR 和 HEPR 绝缘及 SHF2 型护套耐臭氧试验

7.2.4.9.1 步骤

应按 GB/T 2951.21—2008 第 8 章规定进行取样和进行试验，臭氧浓度和试验时间应符合表 14 和表 15 要求。

7.2.4.9.2 结果

试验结果应符合 GB/T 2951.21—2008 第 8 章的要求。

7.2.4.10 EPR、HEPR 和 XLPE 绝缘和 SHF2 型护套的热延伸试验

应按 7.2.4.8 规定取样和进行试验，并符合其要求。

7.2.4.11 热固性护套的浸油试验（可选）

7.2.4.11.1 步骤

应按 GB/T 2951.21—2008 第 10 章规定进行取样和进行试验，试验条件应符合表 15 规定。

7.2.4.11.2 结果

试验结果应符合表 15 要求。

7.2.4.12 绝缘吸水试验

7.2.4.12.1 步骤

应按 GB/T 2951.13—2008 中 9.1 和 9.2 规定进行取样和进行试验，试验结果应符合表 14 规定。

7.2.4.12.2 结果

试验结果应符合表 14 要求。

7.2.4.13 铝塑粘结防水层的完整性试验

铝塑粘结防水层应具备完整性。

铝塑粘结防水层的完整性应采用充气试验来检验，充入压力为 50 kPa～100 kPa 的干燥空气或氮气，在电缆全长气压均衡 3 h(有外护层电缆 6 h)内，电缆内的气压不应降低。

7.2.4.14 燃烧性能试验

7.2.4.14.1 单根电缆垂直燃烧试验

若有特殊要求，该试验应在 ST_7、SHF1 和 SHF2 型护套进行。

试验方法和要求应符合 GB/T 18380.12—2008 的规定。

7.2.4.14.2 垂直安装的成束电线电缆火焰垂直蔓延试验

该试验要用成品电缆的样品进行，试验方法和结果应符合 GB/T 18380.33—2008 中对 A 类阻燃的要求。

7.2.4.14.3 电缆烟密度试验

该试验要用成品电缆的样品进行，试验方法和结果应符合 GB/T 17651.2—1998 规定，透光率不应低于 60%。

7.2.4.14.4 护套材料的卤酸气体总量的测定

护套材料的卤酸气体总量的测定方法与结果如下：

a) 方法

取样与试验方法要符合 GB/T 17650.1—1998 中的规定。

b) 结果

试验结果要符合表 20 的要求。

表 20 无卤材料的试验方法和要求

序号	试验项目 (混合料代号见 4.3)	单位	要求
1	酸性气体释放试验(GB/T 17650.1—1998)		
	卤素含量(以 HCL 表示)，最大	%	0.5
2	氟含量试验(IEC 60684-2:2005)		
	氟含量，最大	%	0.1
3	pH 值和电导率试验(GB/T 17650.2—1998)		
	pH 值，最小		4.3
	导电率，最大	μs/mm	10

7.2.4.14.5 通过测量 pH 值和电导率对护套材料在燃烧期间的释放气体酸度的测定

通过测量 pH 值和电导率对护套材料在燃烧期间的释放气体酸度的测定方法与结果如下：

a) 方法

取样试验方法要符合 GB/T 17650.2—1998 中的规定。

b) 结果

试验结果应符合表 20 中的要求。

7.2.4.14.6 氟含量性能试验

氟含量性能试验步骤与结果如下：

a) 步骤

取样和试验要求应符合 IEC 60684-2:2005 的规定。

b) 结果

试验结果应符合表 20 中的要求。

7.2.4.15 XLPE 绝缘的收缩试验

7.2.4.15.1 步骤

应按 GB/T 2951.13—2008 第 10 章规定取样和进行试验，试验条件应符合表 14 规定。

7.2.4.15.2 结果

试验结果应符合表 14 要求。

7.2.4.16 HEPR 绝缘的硬度试验

7.2.4.16.1 步骤

应按 GB/T 12706.1—2008 附录 C 规定取样和进行试验。

7.2.4.16.2 结果

试验结果应符合表 14 规定。

7.2.4.17 HEPR 绝缘弹性模量测定

7.2.4.17.1 步骤

应按 GB/T 2951.11—2008 第 9 章规定取样、制备试片和进行试验，应测量伸长率为 150%时所需的负荷。相应的应力可用测得的负荷除以未伸长前的截面积得到。确定应力与应变的比值就可得到伸长率为 150%时的弹性模量，弹性模量应取全部试验结果的中间值。

7.2.4.17.2 结果

试验结果应符合表 14 规定。

7.2.4.18 PE 护套收缩试验

7.2.4.18.1 步骤

应按 GB/T 2951.13—2008 第 11 章规定取样和进行试验。试验条件见表 21。

表 21 PE(热塑性聚乙烯)护套混合料的特殊性能

序号	试验项目 (混合料代号见 4.3)	单位	ST_7
1	密度[a](GB/T 2951.13—2008 中第 8 章)		
2	碳黑含量(仅适于黑色护套)(GB/T 2951.41—2008 中第 11 章)		
2.1	标称值	%	2.5
2.2	偏差	%	±0.5
3	收缩试验(GB/T 2951.13—2008 中第 11 章)		
3.1	温度(偏差±2 ℃)	℃	80
3.2	加热持续时间	h	5
3.3	加热周期		5
3.4	最大允许收缩	%	3
4	高温压力试验(GB/T 2951.31—2008 中 8.2)		
4.1	温度(偏差±2 ℃)	℃	110

[a] 密度的测定仅在其他试验需要时才做。

7.2.4.18.2 **结果**

试验结果应符合表 21 规定。

7.2.4.19 **护套的吸水性试验**

7.2.4.19.1 **步骤**

应按 GB/T 2951.13—2008 中 9.2 规定取样和进行试验。

试验条件见表 18。

7.2.4.19.2 **结果**

试验结果应符合表 18 规定。

7.2.4.20 **电缆防紫外线性能试验(可选)**

7.2.4.20.1 **步骤**

该试验要用成品电缆的样品进行,试验方法和要求应符合 GB/T 12527—2008 附录 A 中人工气候老化试验方法(氙灯法)。

7.2.4.20.2 **结果**

试验结果应符合表 18 规定。

7.3 电缆附件试验

7.3.1 试验回路

7.3.1.1 用于试验的电缆应满足本标准的要求,电缆长度不小于 6 m,推荐使用 400 mm^2 电缆进行试验。

7.3.1.2 将试验电缆两端安装终端后从中间断开安装中间接头,试验回路制作按图 1。

单位为米

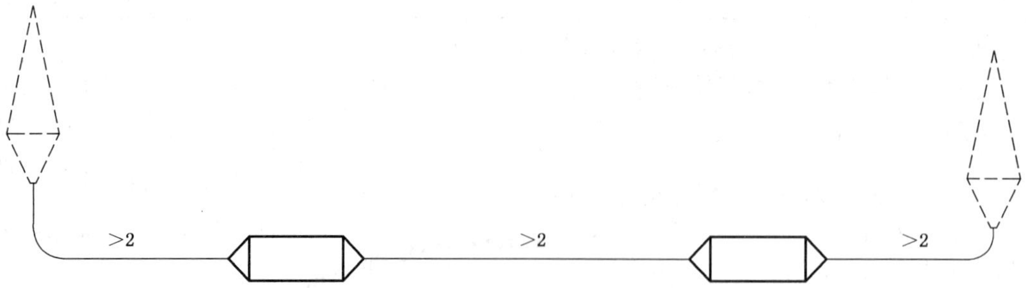

图 1

7.3.2 型式试验

7.3.2.1 型式试验项目见表 22。试验项目全部通过后，该回路附件被认可。

表 22 电缆附件型式试验项目

试验程序	条件		试验方法
	750 V	1 500 V	
导体电阻测量	不大于 1.2 倍	不大于 1.2 倍	GB/T 3048.4—2007
直流耐压	4.5 kV,5 min	9 kV,5 min	GB/T 3048.14—2007
冲击试验，正负极性各 10 次	—	40 kV	GB/T 3048.13—2007
浸水循环	20 次，每次 4 h	20 次，每次 4 h	附录 D
机械冲击[a]	无可见损伤	无可见损伤	附录 E
直流耐压	4.5 kV,5 min	9 kV, 5 min	GB/T 3048.14—2007

[a] 需要时，中间接头进行机械冲击试验。

7.3.2.2 按表 22 指定的型式试验中，如果任何一个试样未满足要求，则应拆除，按 7.3.2.3 或7.3.2.4 提供的检查判定，并记录检查结果。

7.3.2.3 如果由于附件安装或试验程序错误而不符合要求，应宣布该试验无效，但不否定该附件。应在新安装的试样上重复整个程序。如果没有上述错误证据，则该附件不予认可。

7.3.2.4 如果电缆击穿，则该试验应被宣布无效，但不否定该附件，在电缆长度允许的情况下，可重新安装附件从中断的时刻开始继续试验或者另选电缆重新安装试样，按规定程序从头开始试验。

7.3.3 抽样试验

正常生产时每两年进行一次产品的抽样试验。试验项目及试验结果评定方法应按表 23 规定。当用户提出要求，经双方协商同意后也应进行抽样试验。

表 23 电缆附件抽样试验项目

试验项目	条件		试验方法
	750 V	1 500 V	
导体电阻测量 直流耐压	不大于 1.2 倍 4.5 kV,5 min	不大于 1.2 倍 9 kV,5 min	GB/T 3048.4—2007 GB/T 3048.14—2007

若有抽样试验项目没有通过,且能证明不存在安装错误或电缆故障时,则判定产品不符合要求。

8 安装后电气试验

应在电缆和与之相配的附件(安装条件参见附录 F)完成后进行下述试验。

在导体与金属铠装或接地系统间施加 $4U_0$ 直流电压,持续 15 min。

注:电缆绝缘修复后的电气试验由安装要求决定,以上试验仅适用于新安装的电缆。

9 检验规则

9.1 例行试验

9.1.1 电缆出厂前应进行例行试验,试验项目见表 24。

9.1.2 经检验合格的产品应签发合格证,其内容至少应包括:

a) 制造厂名称;

b) 产品名称和型号;

c) 检验日期;

d) 检验人员签章。

表 24 成品电缆试验项目

序号	试 验 项 目	试验要求	试验方法
1	例行试验(R)		
1.1	导体电阻测量	7.2.1.1	7.2.1.1
1.2	电压试验	7.2.1.2	7.2.1.2
2	抽样试验(S)		
2.1	导体检查	7.2.2.2	GB/T 3956—2008
2.2	尺寸检查		
2.2.1	绝缘和非金属护套厚度的测量	7.2.2.3	GB/T 2951.11—2008
2.2.2	铠装金属丝和铠装金属带的测量	7.2.2.4	7.2.2.4
2.2.3	外径测量	7.2.2.5	GB/T 2951.11—2008
2.3	EPR、HEPR、XLPE 绝缘和热固性护套的热延伸试验	7.2.2.6	GB/T 2951.21—2008

表 24（续）

序号	试验项目	试验要求	试验方法
3	型式试验(T)		
3.1	电气型式试验		
3.1.1	导体最高温度下绝缘电阻测量	7.2.3.1	7.2.3.1
3.1.2	4 h 电压试验	7.2.3.2	7.2.3.2
3.1.3	冲击电压试验	7.2.3.3	GB/T 3048.13—2007
3.2	非电气型式试验		
3.2.1	绝缘厚度测量	7.2.4.1	GB/T 2951.11—2008
3.2.2	非金属护套厚度测量	7.2.4.2	GB/T 2951.11—2008
3.2.3	老化前后绝缘的机械性能试验	7.2.4.3	GB/T 2951.11—2008
3.2.4	非金属护套老化前后的机械性能试验	7.2.4.4	GB/T 2951.11—2008
3.2.5	成品电缆段附加老化试验	7.2.4.5	GB/T 2951.12—2008
3.2.6	SHF1 型护套的高温压力试验	7.2.4.6	GB/T 2951.31—2008
3.2.7	SHF1、SHF2 低温下的性能试验	7.2.4.7	GB/T 2951.14—2008
3.2.8	SHF1 护套抗开裂试验(热冲击)	7.2.4.8	GB/T 2951.31—2008
3.2.9	EPR 和 HEPR 绝缘及 SHF2 型护套耐臭氧试验	7.2.4.9	GB/T 2951.21—2008
3.2.10	EPR 和 HEPR、XLPE 绝缘和 SHF2 型护套热延伸试验	7.2.4.10	GB/T 2951.21—2008
3.2.11	热固性护套的浸油试验(可选)	7.2.4.11	GB/T 2951.21—2008
3.2.12	绝缘吸水试验	7.2.4.12	GB/T 2951.13—2008
3.2.13	铝塑粘结防水层的完整性试验	7.2.4.13	7.2.6.13
3.2.14	燃烧性能试验		
3.2.14.1	单根电缆垂直燃烧试验	7.2.4.14.1	GB/T 18380.12—2008
3.2.14.2	垂直安装的成束电线电缆火焰垂直蔓延试验	7.2.4.14.2	GB/T 18380.12—2008
3.2.14.3	电缆烟密度试验	7.2.4.14.3	GB/T 17651.2—1998
3.2.14.4	护套材料的卤酸气体总量的测量	7.2.4.14.4	GB/T 17650.1—1998
3.2.14.5	通过测量 pH 值和电导率对护套材料在燃烧期间的释放气体酸度的测定	7.2.4.14.5	GB/T 17650.2—1998
3.2.14.6	氟含量性能试验	7.2.4.14.6	IEC 60684-2
3.2.15	XLPE 绝缘的收缩试验	7.2.4.15	GB/T 2951.13—2008
3.2.16	HEPR 绝缘的硬度试验	7.2.4.16	GB/T 12706.1—2008
3.2.17	HEPR 绝缘弹性模量测定	7.2.4.17	GB/T 2951.11—2008
3.2.18	PE 护套收缩试验	7.2.4.18	GB/T 2951.13—2008
3.2.19	护套的吸水性试验	7.2.4.19	GB/T 2951.13—2008
3.2.20	电缆防紫外线性能试验	7.2.4.20	GB/T 12527—2008

9.2 抽样试验

抽样试验由制造方进行，按规定的频度在成品电缆试样上，或在取自成品电缆的某些部件上进行的试验，以检验电缆是否符合规定要求。抽样试验相关规定见 7.2.2。抽样试验项目见表 24。

9.2.1 抽样试验频度

9.2.1.1 导体检查和尺寸检查

导体检查，绝缘和护套厚度测量以及电缆外径的测量应在每批同一型号和规格电缆中的一根制造长度的电缆上进行，但应限制不超过合同长度数量的10%。

9.2.1.2 物理试验

若无协议，对于总长度大于4 km的单芯电缆测试按表25进行。

表25 抽样试验样品数量

电缆长度 L km	样品数
$4<L\leqslant 20$	1
$20<L\leqslant 40$	2
$40<L\leqslant 60$	3
余类推	余类推

9.2.2 复试

如果任一试样不符合7.2.2规定的任一试验要求，应从同一批中再取两个附加试样就不合格项目重新试验。两个附加试样都合格，则该批电缆才可被认为符合本标准要求。如果有一个试样不合格，则认为该批电缆不符合本标准要求。

9.3 型式试验

9.3.1 凡有下列情况之一者应进行型式试验：

a) 新产品定型或老产品转厂生产时；

b) 当设计、材料、电气元件、工艺有较大改变，可能影响产品性能时；

c) 停产一年以上，再恢复生产时。

9.3.2 型式试验项目见表24。

10 产品验收规则、标志及包装、运输和保管

10.1 电缆验收规则、成品电缆标志及电缆包装、运输和保管

若合同无特殊规定，电缆产品验收、成品电缆标志及电缆包装、运输和保管应符合附录G的规定。

10.2 电缆附件标志、包装、运输、贮存

10.2.1 附件用主要材料和部件均应标出牌号、名称、厂名、生产日期，并附有合格证，或验收标记，有贮存期限的材料应注明生产日期和有效日期。

10.2.2 主要部件、润滑剂、清洗剂等均应密封包装，部件包装内应附有电缆绝缘外径适用范围、生产日期和有效日期，每套电缆附件的部件和材料应以专用包装箱包装，包装箱内应附有材料清单、产品合格证及安装工艺说明书。

10.2.3 包装箱上应注明：

a) 制造厂厂名；

b) 产品型号、名称、产品标准号；

c) 额定电压；

d) 导体材料、截面和芯数；

e） 生产日期；

f） 包装箱尺寸；

g） 毛重。

10.2.4 产品在运输中应防止重压和猛烈碰撞。

产品贮存时应避免接触热源，贮存处应有防火措施、干燥通风，贮存期不应超过相应配套材料和配套件的有效日期。

附 录 A
（规范性附录）
确定护层尺寸的假设计算方法

A.1 概述

采用下述规定的电缆各种护层厚度的假设计算方法，是为了保证消除在单独计算中引起的任何差异，例如由于导体尺寸的假设以及标称直径和实际直径之间不可避免的差异。

所有厚度值和直径都应按附录C中的规则修约到一位小数。

扎带，例如反向螺旋绕包在铠装外的扎带，如果不厚于0.3 mm，在此方法中忽略。

A.2 方法

A.2.1 导体

不考虑形状和紧压程度如何，每一标称截面导体的假设直径（d_L）由表A.1给出。

表 A.1 导体的假设直径

导体标称截面 mm^2	导体的假设直径 d_L mm
120	12.4
150	13.8
185	15.3
240	17.5
300	19.5
400	22.6
500	25.2
630	28.3
800	31.9
1 000	35.7

A.2.2 绝缘线芯

任何绝缘线芯的假设直径 D_C 按公式（A.1）：

$$D_C = d_L + 2t_i \qquad \text{(A.1)}$$

式中：

t_i——绝缘的标称厚度，单位为毫米（mm）（见表5到表6）。

A.2.3 防水层

防水层的直径（D_f）应按公式（A.2）计算：

$$D_f = D_c + 2t_f + 2t_l \qquad \text{(A.2)}$$

式中：

t_f——铝塑带的标称厚度；单位为毫米(mm)(见5.4.2)；

t_1——聚乙烯的标称厚度，单位为毫米(mm)(见5.4.2)。

A.2.4 隔火层

隔火层的直径(D_B)应按公式(A.3)计算：

$$D_B = D_f + 2t_B \qquad \text{(A.3)}$$

式中：

t_B——隔火层的标称厚度；单位为毫米(mm)(见5.5)

A.2.5 铠装

铠装外的假设直径(D_x)应按公式(A.4)、(A.5)计算：

圆金属丝编织铠装

$$D_x = D_A + 4t_A \qquad \text{(A.4)}$$

式中：

D_A——铠装前直径，单位为毫米(mm)；

t_A——铠装金属丝的直径或厚度，单位为毫米(mm)；

金属带铠装

$$D_x = D_A + 2t_A \qquad \text{(A.5)}$$

式中：

D_A——铠装前直径，单位为毫米(mm)；

t_A——铠装带厚度，单位为毫米(mm)。

附 录 B
（规范性附录）
代号和产品表示方法

B.1 代号

系列代号：GD

导体代号

铜导体 ……………………………………………………………… （T）省略

绝缘代号

交联聚乙烯绝缘 ………………………………………………………… YJ

乙丙橡胶绝缘 …………………………………………………………… E

硬乙丙橡胶绝缘 ………………………………………………………… HE

护套代号

热塑性护套 ……………………………………………………………… Y

热固性护套 ……………………………………………………………… G

铝塑综合护层聚乙烯护套 ……………………………………………… A

铠装代号

铜丝铠装 ………………………………………………………………… 8

铜带铠装 ………………………………………………………………… 3

铝带铠装 ………………………………………………………………… 6

外护套代号

热塑性外护套 …………………………………………………………… 3

热固性外护套 …………………………………………………………… 4

B.2 产品表示方法

产品用型号（型号中有数字代号的电缆外护层，数字前的文字代号表示内护层）、规格（额定电压、芯数、标称截面）及标准编号表示。

B.3 产品型号组成

产品型号的组成和排列顺序如下：

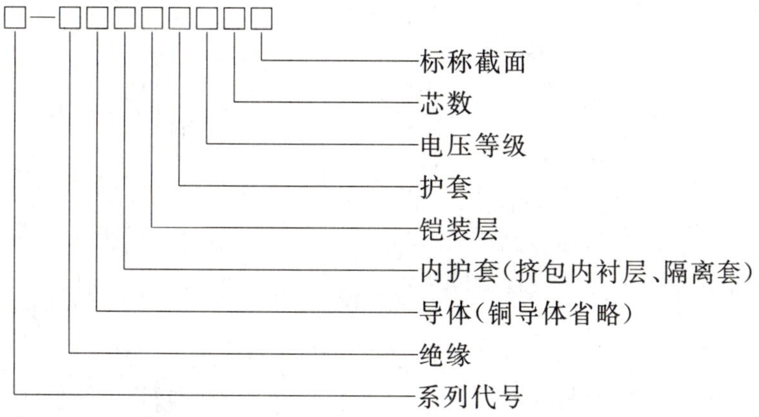

B.4 产品表示示例

示例:城市轨道交通用铜芯交联聚乙烯绝缘铜带铠装聚烯烃护套直流牵引电力电缆,额定电压为 750 V,单芯,标称截面 400 mm^2 表示为:

GD-YJY33 750V 1×400 GB/T 28429—2012;

附 录 C
（规范性附录）
数 值 修 约

C.1 假设计算法的数值修约

在按附录A计算假设直径和确定单元尺寸而对数值进行修约时，采用下述规则。

当任何阶段的计算值小数点后多于一位数时，数值应修约到一位小数，即精确到0.1 mm每一阶段的假设直径数值应修约到0.1 mm，当用来确定包覆层厚度和直径时，在用到相应的公式表中去之前应先进行修约，按附录A要求从修约后的假设直径计算出的厚度应依次修约到0.1 mm。

用下述实例来说明这些规则：

a） 修约前数据的第二位小数为0、1、2、3、或4时则小数点后第一位保持不变（舍弃）。

例如：

2.12≈2.1

2.449≈2.4

25.0478≈25.0

b） 修约前数据的第二位小数为9、8、7、6或5时则小数点后第一位小数应增加1（进一）。

例如：

2.17≈2.2

2.453≈2.5

30.050≈30.1

C.2 用作其他目的的数值修约

除C.1考虑的用途外，有可能有些数值要修约到多于一位小数，例如计算几次测量的平均值，或标称值加上一个百分率偏差以后的最小值。在这些情况下，应按有关条文修约到小数点后面的规定位数。这时，修约的方法为：

a） 如果修约前应保留的最后数值后一位数为0、1、2、3或4时，则最后数值应保持不变（舍弃）。

b） 如果修约前应保留的最后数值后一位数为9、8、7、6或5时，则最后数值加1（进）。

例如：

2.449≈2.45 修约到二位小数；

2.449≈2.4 修约到一位小数；

25.047 8≈25.048 修约到三位小数；

25.047 8≈25.05 修约到二位小数；

25.047 8≈25.0 修约到一位小数。

附　录　D
（规范性附录）
浸水循环试验

D.1　试验布置

试验布置如图 D.1 和图 D.2。

单位为米

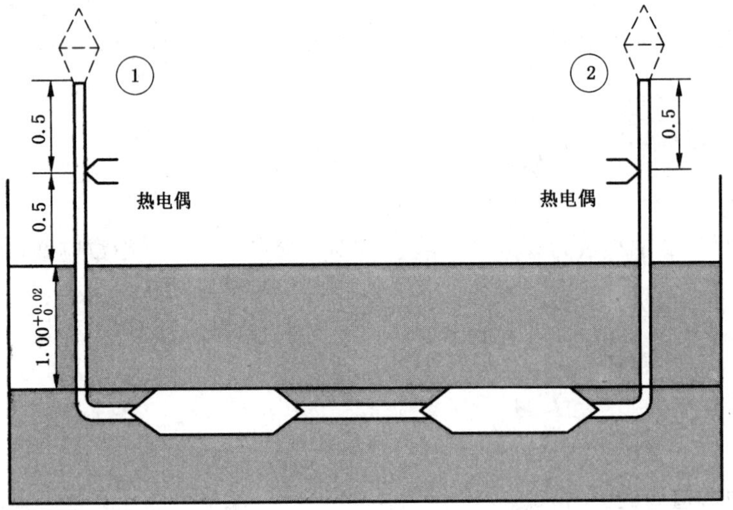

图 D.1

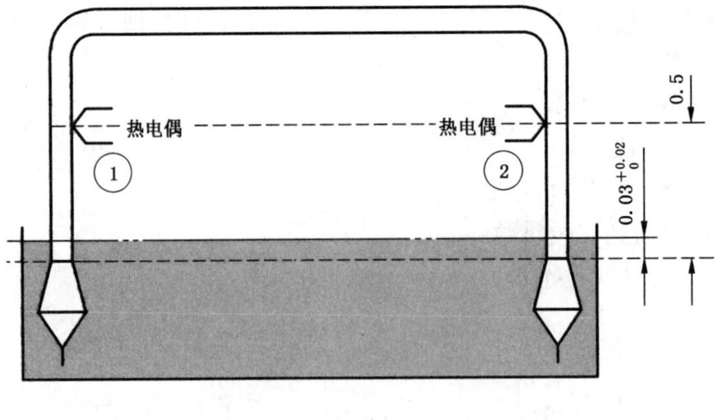

图 D.2

D.2 试验方法

在导体上施加电流使用导体温度在 1 h 内达到正常运行温度以上 5 ℃～10 ℃，保持该温度 1 h 后，冷却 2 h 作为一次循环。重复以上步骤，进行 20 次循环。

循环结束后，试样应通过直流耐压试验，试验要求如下：

750 V 电缆附件：4.5 kV，5 min；

1 500 V 电缆附件：9 kV，5 min。

附 录 E
（规范性附录）
机械冲击试验产品安装条件

E.1 试验装置

试验装置如图 E.1 所示，撞击块用钢制成，支撑架两侧有保证撞击块按规定方向自由降落的导轨，支撑架顶端装有起吊撞击块的滑轮。

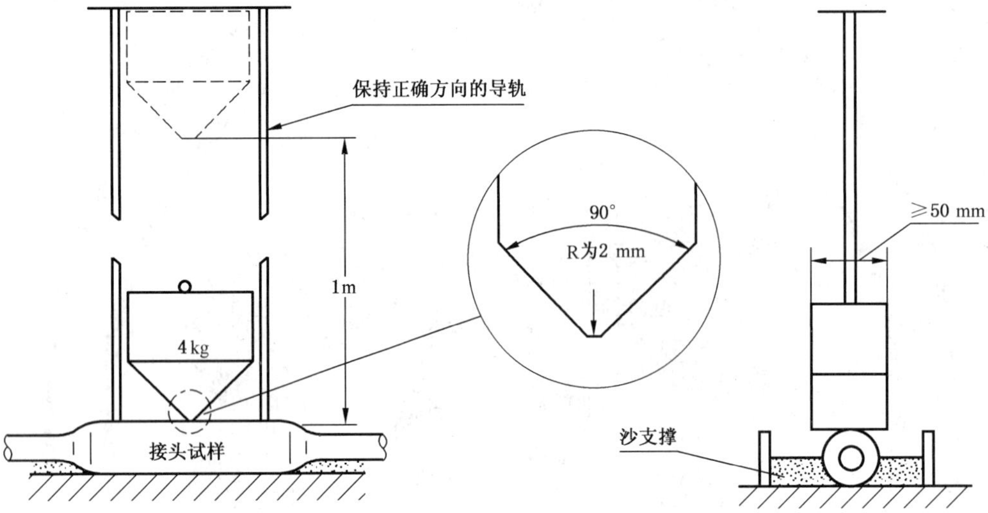

图 E.1 附件机械撞击试验装置

E.2 试验方法

E.2.1 撞击之前应测量导体与金属屏蔽之间的绝缘电阻，直流试验电压应为 100 V 到 1 000 V，施加足够长时间（不少于 1 min 和不多于 5 min），以达到适当稳定后测量。

E.2.2 按图 E.1 所示将被试附件安放在坚硬的基础（如水泥板）上，固定试样两端电缆，周围填沙，沙填到被试附件的水平中心线，确保试验过程中试样不致滚动。

E.2.3 提升撞击块到规定高度 1 m。

E.2.4 让撞击块自由降落到被试附件上，在降落过程中使撞击块下部刀口保持水平，并与被试附件轴线成直角。在附件的每个末端撞击一次，导体连接金具部位上面撞击一次。在附件末端撞击时，应在外护套切断处。

E.2.5 撞击试验以后，附件应浸在环境温度下的水中最少 3 h，附件的上表面离水面 1.00 m。按上述再次测量导体与金属屏蔽之间和金属屏蔽与水之间的绝缘电阻。

E.3 试验结果评定

经撞击试验后试样应无破裂和明显变形，密封保护层应无损坏或穿透，绝缘电阻无明显变化。

附　录　F
（资料性附录）
电缆敷设时的环境温度

对于交联聚乙烯绝缘热塑性护套电缆，敷设时的环境温度不宜低于 0 ℃。对于 EPR 或 HEPR 绝缘热固性护套电缆，敷设时的环境温度不宜低于－15 ℃。

F.1　电缆敷设时的最小弯曲半径

电缆敷设时的最小允许弯曲半径见表 F.1。

表 F.1　电缆敷设时的最小弯曲半径

项　　目	单芯 1、2 类导体电缆	单芯 5、6 类导体电缆
敷设时的电缆最小弯曲半径	20*D*（交联聚乙烯绝缘热塑性护套电缆）	6*D*(EPR 或 HEPR 绝缘热固性护套电缆)
注：*D* 为电缆外径。		

附　录　G
（规范性附录）
产品验收规则、成品电缆标志及电缆包装、运输和保管

G.1　验收规则

G.1.1　产品应由制造方的质量检验部门检验合格方可出厂。每个出厂的包装件上应附有产品质量检验合格证。

G.1.2　产品应按本标准规定的试验项目进行试验验收。

G.2　成品电缆标志

成品电缆的护套表面应有制造厂名称、产品型号及额定电压的连续标志，标志应字迹清楚、容易辨认、耐擦。

成品电缆标志应符合 GB/T 6995.3—2008 规定。

G.3　电缆包装、运输和保管

G.3.1　电缆应妥善包装在符合 JB/T 8137.1—1999 规定要求的电缆盘上交货。

电缆端头应可靠密封，伸出盘外的电缆端头应加保护保护罩，伸出的长度不应小于 300 mm。

质量不超过 80 kg 的短段电缆，可以成圈包装。

G.3.2　成盘电缆的电缆盘外侧的及成圈电缆的附加标签应标明：

a)　制造厂名称或商标；

b)　电缆型号和规格；

c)　长度，m；

d)　毛重，kg；

e)　制造日期：年　月；

f)　表示电缆盘正确滚动方向的符号；

g)　本标准编号。

G.3.3　运输和保管应符合下列要求：

a)　电缆应避免在露天存放，电缆盘不允许平放；

b)　运输中严禁从高处扔下装有电缆的电缆盘，严禁机械损伤电缆；

c)　吊装包装件时，严禁几盘同时吊装。在车辆、船舶等运输工具上，电缆盘必须放稳，并用合适方法固定，防止互撞或翻倒。

参 考 文 献

[1] IEC 60502-1:2004《额定电压 1 kV(U_m=1.2 kV)到 30 kV(U_m=36 kV)挤包绝缘电力电缆及其附件 第1部分:额定电压 1 kV(U_m=1.2 kV)和 3 kV(U_m=3.6 kV)电缆》第2版(英文版)(Power cables with extruded insulation and their accessories for rated voltages from 1 kV(*U*＜(Index)m＞=1.2 kV)up to 30 kV (*U*＜(Index)m＞=36 kV)—Part 1:Cables for rated voltages of 1 kV(*U*＜(Index)m＞=1.2 kV)and 3 kV(*U*＜(Index)m＞=3.6 kV))

ICS 33.160.01
M 63

中华人民共和国国家标准

GB/T 28430—2012

数字电视系统数据广播技术规范

Technical specification of data broadcasting in digital television system

2012-06-29 发布 2012-10-01 实施

中华人民共和国国家质量监督检验检疫总局
中国国家标准化管理委员会 发布

前　　言

本标准按照GB/T 1.1—2009给出的规则起草。

本标准由国家广播电影电视总局提出。

本标准由全国广播电影电视标准化技术委员会(SAC/TC 239)归口。

本标准起草单位:国家广播电影电视总局广播科学研究院、国家广播电影电视总局广播电视规划院。

本标准主要起草人:杨杰、崔竞飞、朱佩江、胡毓铭、杨威、李培琳、牛妍华、万倩、李博、崔俊生。

引　言

本标准从我国数字电视系统数据广播的技术和业务特点出发，在GY/T 201—2004《数字电视系统中的数据广播规范》的基础上进行了补充和修改，对数据广播前端系统通用技术要求和测量方法进行了补充规范。在本标准的编制过程中，还参照了GB/T 28161—2011《数字电视广播业务信息规范》和GY/T 221—2006《有线数字电视系统技术要求和测量方法》的相关内容。

数字电视系统数据广播技术规范

1 范围

本标准规定了数字电视广播系统中基于传送流的数据广播的数据结构、数据交换、数据传输协议等。

本标准适用于地面数字电视、有线数字电视和卫星数字电视广播系统中的数据广播系统。

2 规范性引用文件

下列文件对于本文件的应用是必不可少的。凡是注日期的引用文件，仅注日期的版本适用于本文件。凡是不注日期的引用文件，其最新版本(包括所有的修改单)适用于本文件。

GB 2312—1980 信息交换用汉字编码字符集 基本集

GB 13000—2010 信息技术 通用多八位编码字符集(UCS)

GB/T 15273.1—1994 信息处理 八位单字节编码图形字符集 第一部分:拉丁字母一

GB/Z 15629.1—2000 信息技术 系统间远程通信和信息交换 局域网和城域网 特定要求 第1部分:局域网标准综述

GB/T 15629.2—2008 信息技术 系统间远程通信和信息交换 局域网和城域网 特定要求 第2部分:逻辑链路控制

GB/T 17975.1—2010 信息技术 运动图像及其伴音信息的通用编码 第1部分:系统

GB/T 28161—2011 数字电视广播业务信息规范

GY/T 221—2006 有线数字电视系统技术要求和测量方法

ISO/IEC 13818-6:1998 信息技术 运动图像及其伴音信息的通用编码 第6部分:数字存储媒体命令和控制的扩展(Information technology—Generic coding of moving pictures and associated audio information—Part 6: Extensions for DSM-CC)

IETF RFC 1112 对于IP多点传送的主机扩展名(Host extensions for IP multicasting)

IETF RFC 1950 ZLIB压缩数据格式规范3.3版(ZLIB Compressed Data Format Specification version 3.3)

IETF RFC 1951 简化压缩数据格式规范1.3版(DEFLATE Compressed Data Format Specification version 1.3)

IETF RFC 2045 多目标互联网邮件扩展 第1部分:INTERNET消息主体格式(Multipurpose Internet Mail Extensions(MIME) Part One: Format of Internet Message Bodies)

IETF RFC 2046 多目标互联网邮件扩展 第2部分:媒体类型(Multipurpose Internet Mail Extensions (MIME) Part Two: Media Types)

ETSI EN 300 802 数字视频广播(DVB) DVB交互业务的网络独立协议(Digital Video Broadcasting (DVB);Network-independent protocols for DVB interactive services)

3 缩略语

下列缩略语适用于本文件。

AFI 授权和格式标识(Authority and Format Identifier)
API 应用移植接口(Application Portability Interface)
BIOP 广播 ORB 间协议(Broadcast Inter ORB Protocol)
CA 条件接收(Conditional Access)
CDR 公用数据表示(Common Data Representation)
CORBA 公共对象请求代理结构(Common Object Request Broker Architecture)
CRC 循环冗余校验(Cyclic Redundancy Check)
DC 数据轮播(Data Carousel)
DDB DSM-CC 下载数据块消息(DownloadDataBlock message of DSM-CC)
DII DSM-CC 下载信息指示消息(DownloadInfoIndication message of DSM-CC)
DSI DSM-CC 下载服务器初始化消息(DownloadServerInitiate message of DSM-CC)
DSM-CC 数字存储媒体-命令与控制(Digital Storage Media-Command & Control)
DSM-CC U-N DSM-CC 用户-网络模式(DSM-CC User to Network)
DSM-CC U-U DSM-CC 用户-用户模式(DSM-CC User to User)
EIT 事件信息表(Event Information Table)
EPG 电子节目指南(Electronic Program Guide)
ES 基本流(Elementary Stream)
GIF 图形交换格式(Graphics Interchange Format)
HTML 超文本描述语言(HyperText Mark-up Language)
IDL 接口定义语言(Interface Definition Language)
IETF 互联网工程任务组(Internet Engineering Task Force)
IIOP 互联网 ORB 间协议(Internet Inter ORB Protocol)
IOR 互操作对象基准(Interoperable Object Reference)
IP 互联网协议(Internet Protocol)
JPEG 联合图像专家组(Joint Photographic Experts Group)
LLC 逻辑链路控制(Logical Link Control)
MAC 媒体接入控制(Media Access Control)
MTU 最大传输单元(Maximum Transport Unit)
NPT 正常播放时间(Normal Play Time)
NSAP 网络业务接入点(Network Service Access Point)
OC 对象轮播(Object Carousel)
OMG 目标管理组(Object Management Group)
OMT 目标建模技术(Object Modelling Technique)
ORB 目标请求代理(Object Request Broker)
OUI 组织机构统一标识(Organizational Unique Identifier)
PAT 节目关联表(Program Association Table)
PCR 节目时钟参考(Program Clock Reference)
PES 打包的基本流(Packetized Elementary Stream)
PID 包标识(Packet Identifier)
PLL 锁相环(Phase Locked Loop)
PMT 节目映射表(Program Map Table)
PPP 点到点协议(Point to Point Protocol)
PSI 节目特定信息(Program Specific Information)

PTS 展现时间戳(Presentation Time Stamp)
RFC 评议征求(Request For Comments)
SDT 业务描述表(Service Description Table)
SI 业务信息(Service Information)
SNAP 子网附属点(SubNetwork Attachment Point)
TCP 传输控制协议(Transfer Control Protocol)
TS 传送流(Transport Stream)
bslbf 比特串,左位在先(bit string, left bit first)
ppm 百万分之一(parts per million)
rpchof 余数多项式系数,高阶在前(remainder polynomial coefficient,higher order first)
uimsbf 无符号整数,高位在先(unsigned integer, most significant bit first)

4 数据封装格式

4.1 数据管道

4.1.1 基本概念

数据管道规范支持数字电视系统中简单异步端到端的数据广播业务,数据直接在TS包的载荷中传输,见GB/T 17975.1—2010。数据管道的具体实施方法见附录A。

4.1.2 数据传输规范

数据广播业务直接将要广播的数据插入TS包中。

数据广播业务可通过业务特有的方式来使用TS包中的payload_unit_start_indicator域和transport_priority域。adaptation_field的使用应符合GB/T 17975.1—2010。

按照数据管道进行数据传输时,其数据格式是与业务相关的,在本标准中不做规定。

4.1.3 PSI和SI规范

4.1.3.1 PSI和SI的使用方法

数据广播业务通过包含在SI中的一个或多个data_broadcast_descriptor来标明使用了数据管道。每个data_broadcast_descriptor通过component_tag与一个具体的数据管道相关联。特别指出,component_tag域的值应该与可能存在于用作数据管道的码流的PMT中stream_identifier_descriptor的component_tag域的值相同。

4.1.3.2 data_broadcast_descriptor

data_broadcast_descriptor按以下方式使用:

- data_broadcast_id:此域置为0x0001,标明一个数据管道,见附录B;
- component_tag:此域的值应该与用作数据管道的码流的stream_identifier_descriptor的component_tag域的值相同;
- selector_length:此域置为0;
- selector_byte:此域不使用。

4.1.3.3 流类型

PMT中的stream_type不在本标准中定义。

4.2 数据流

4.2.1 基本概念

数据流规范支持数字电视系统中面向数据流、端到端的异步、同步或从同步方式的数据广播业务，数据在打包的基本流(PES)的包中传输，PES 定义见 GB/T 17975.1—2010。

异步数据流定义为只有数据、没有任何时序要求的流，例如 RS-232。

同步数据流定义为带时序要求的流。这种情况下，接收端能够从同步数据流中再生数据和时钟。

从同步的数据流定义为带时序要求的流。这种情况下，流中的数据能够同步地与其他数据流(例如音频，视频)一起回放。

数据流方式的具体实施方法见附录 A。

4.2.2 异步数据流

4.2.2.1 数据传输规范

数据广播业务的数据放在 GB/T 17975.1—2010 定义的 PES 包中，该 PES 包的长度不能为零。GB/T 17975.1—2010 中规定了如何把 PES 包映射到 TS 包中。

异步数据流的规范使用标准的 PES 包的句法和语义，并有以下约束：

- stream_id：此域置为 0xBF(private_stream_2)；
- PES_packet_length：16 比特域，数值非零。

4.2.2.2 PSI 和 SI 规范

4.2.2.2.1 PSI 和 SI 的使用方法

数据广播业务通过包含在 SI 中的一个或多个 data_broadcast_descriptor 来标明异步数据流的使用。每个 data_broadcast_descriptor 通过 component_tag 来与特定的流相关联。特别指出，如果作为数据流的码流 PMT 中出现了 stream_identifier_descriptor 的 component_tag，则这两个 component_tag 的值应该是相同的。

4.2.2.2.2 data_broadcast_descriptor

data_broadcast_descriptor 按以下方式使用：

- data_broadcast_id：此域置为 0x0002，标明异步数据流，见附录 B；
- component_tag：此域和流的 stream_identifier_descriptor 中的 component_tag 值相同，数据在该流中传输；
- selector_length：此域置为 0；
- selector_byte：此域不使用。

4.2.2.2.3 流类型

通过设定流类型为 0x06 或用户自定义的数值，可以在一个业务的 PMT 中标明异步数据流。

4.2.3 同步或从同步数据流

4.2.3.1 数据传输规范

数据广播业务将要广播的数据放在 GB/T 17975.1—2010 中定义的 PES 包内。该 PES 包应是非零长度的。把 PES 包映射到 TS 包的定义，见 GB/T 17975.1—2010。

同步和从同步数据流使用标准的 PES 包的句法和语义，并有以下约束：

- stream_id：对于同步或从同步的数据流，此域置为 0xBD(private_stream_1)；
- PES_packet_length：16 比特的域，数值非零。

数据使用 PES_data_packet 结构插入 PES 包中。PES_data_packet 结构的句法见表 1。

表 1　PES_data_packet 结构

句　　法	比特数	类型
PES_data_packet () {		
data_identifier	8	uimsbf
sub_stream_id	8	uimsbf
PTS_extension_flag	1	bslbf
output_data_rate_flag	1	bslbf
reserved	2	bslbf
PES_data_packet_header_length	4	uimsbf
if (PTS_extension_flag==“1”) {		
reserved	7	bslbf
PTS_extension	9	bslbf
}		
if (output_data_rate_flag==“1”) {		
reserved	4	bslbf
output_data_rate	28	uimsbf
}		
for (i=0;i<N1;i++) {		
PES_data_private_data_byte	8	bslbf
}		
for (i=0;i<N2;i++) {		
PES_data_byte	8	bslbf
}		
}		

PES_data_packet 的语义如下：

- data_identifier：8 比特域，定义了 PES 包中的数据类型。同一数据流中用于传送数据的 PES 包，data_identifier 的值相同，编码见表 2；

表 2　data_identifier 域的编码

data_identifier	意　　义
0x00 ～ 0x0F	为将来使用保留
0x10 ～ 0x1F	保留
0x20	数字电视系统字幕
0x21	数字电视系统同步数据流
0x22	数字电视系统从同步数据流
0x23～0x7F	为将来使用保留
0x80～0xFF	用户定义

- sub_stream_id:8 比特域,用户自定义;
- PTS_extension_flag:1 比特域。对于同步数据流,此域置为“1”。对于从同步数据流,此域置为“1”时表明在 PES_data_packet 中有 PTS_extension,此域置为“0”时表明没有 PTS_extension;
- output_data_rate_flag:1 比特域。对于从同步数据流,此域置为“0”。对于同步数据流,此域置为“1”时表明在 PES_data_packet 中有 output_data_rate,此域置为“0”时表明没有 output_data_rate;
- PES_data_packet_header_length:4 比特域。标明包含 PES_data_private_data_byte 的包头中的可选择域的长度;
- PTS_extension:9 比特域。此域扩展了 PES 包头中的 PTS;此域含有 9 比特 PCR 值,将数据的 PTS 时间分辨率从 11.1 us(90 kHz)扩展到 37 ns(27 MHz);
- output_data_rate:28 比特域,标明同步数据流再生信号的码率。输出码率被编码成 28 比特的正整数;
- PES_data_private_data_byte:此域与具体业务相关联。如果此域出现,标准的数字电视接收机将会跳过这些数据;
- PES_data_byte:此域传送要广播的数据。

4.2.3.2 PSI 和 SI 规范

4.2.3.2.1 PSI 和 SI 的使用方法

数据广播业务通过包含在 SI 中的一个或多个 data_broadcast_descriptor 来标明同步数据流或从同步数据流的使用。每个 data_broadcast_descriptor 通过 component_tag 和一个特定的流相关。特别指出,component_tag 的值应与可能出现的作为数据流的码流 PMT 的 stream_identifier_descriptor 的 component_tag 的值相同。

4.2.3.2.2 data_broadcast_descriptor

data_broadcast_descriptor 按以下的方式使用:

- data_broadcast_id:此域置为 0x0003,标明同步数据流;置为 0x0004,标明从同步数据流;见附录 B。
- component_tag:此域与传输数据的码流中 stream_identifier_descriptor 的 component_tag 域值相同。
- selector_length:此域置为零。
- selector_byte:此域不使用。

4.2.3.2.3 流类型

通过在业务的 PMT 中将 stream_type 置为 0x06 或用户自定义的值来标明业务中存在同步数据流或从同步的数据流。

4.3 多协议封装

4.3.1 基本概念

多协议封装规范支持数字电视系统中需要用通信协议中的数据报来传输的数据广播业务。

遵循多协议封装规范的数据报传输把数据报封装在 DSM-CC 段中,见 ISO/IEC 13818-6:1998,这和 GB/T 17975.1—2010 的私有段格式是兼容的。

多协议封装的具体实施方法见附录 A。

4.3.2 数据传输规范

数据报封装在与私有数据 DSM-CC 段兼容的 datagram_section 中，见 ISO/IEC 13818-6:1998。GB/T 17975-1 定义了如何将该段映射到 TS 流中。

datagram_section 的句法见表 3。

表 3 datagram_section 的句法

句　　法	比特数	助记符
datagram_section() {		
table_id	8	uimsbf
section_syntax_indicator	1	bslbf
private_indicator	1	bslbf
reserved	2	bslbf
section_length	12	uimsbf
MAC_address_6	8	uimsbf
MAC_address_5	8	uimsbf
reserved	2	bslbf
payload_scrambling_control	2	bslbf
address_scrambling_control	2	bslbf
LLC_SNAP_flag	1	bslbf
current_next_indicator	1	bslbf
section_number	8	uimsbf
last_section_number	8	uimsbf
MAC_address_4	8	uimsbf
MAC_address_3	8	uimsbf
MAC_address_2	8	uimsbf
MAC_address_1	8	uimsbf
if (LLC_SNAP_flag == "1") {		
LLC_SNAP()		
}		
else {		
for (j=0;j<N1;j++) {		
IP_datagram_data_byte	8	bslbf
}		
}		
if (section_number == last_section_number){		
for (j=0;j<N2;j++) {		
stuffing_byte	8	bslbf
}		
}		
if (section_syntax_indicator =="0") {		
checksum	32	uimsbf
}		
else {		
CRC_32	32	rpchof
}		
}		

datagram_section 的语义如下：

- table_id：8 比特域，置为 0x3E(私有数据的 DSM-CC 段，见 ISO/IEC 13818-6：1998)；
- section_syntax_index_indicator：此域按照 ISO/IEC 13818-6：1998 中定义的设置；
- private_indicator：此域按照 ISO/IEC 13818-6：1998 中的定义设置；
- reserved：2 比特域，置为"11"；
- section_length：此域按照 ISO/IEC 13818-6：1998 中的定义设置；
- MAC_address_[1～6]：48 比特域，内容为目标的 MAC 地址。MAC 地址被分成 6 个 8 比特的域，从 MAC_address_1 到 MAC_address_6 分别标识。MAC_address_1 包含 MAC 地址的最高字节，MAC_address_6 域包含 MAC 地址的最低字节。图 1 显示了 MAC 地址在该段中各个域的映射。MAC_address 中包含了一个在 address_scrambling_control 域中指定的未加扰或加扰的 MAC 地址；

注：各个字节中的比特次序并没有反转，每个字节的最高位仍然最先传送。

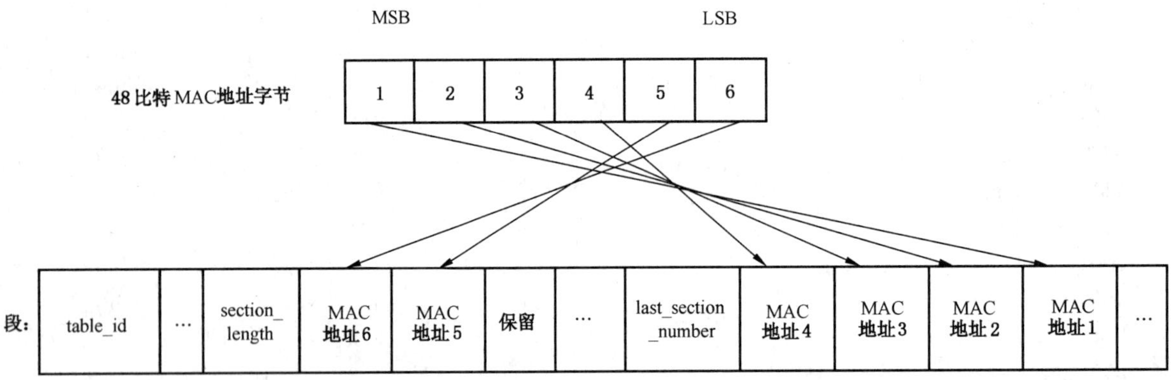

图 1　MAC 地址字节到 section 的映射

- payload_scambling_control：2 比特域，标明该段载荷的加扰模式。包括了跟在 MAC_address_1 后面的载荷，但不包括校验和或 CRC32 域在内，见表 4。所采用的加扰方法由用户自定义；

表 4　payload_scambling_control 域的编码

值	payload_scambling_control
00	未加扰
01	业务定义
10	业务定义
11	业务定义

- address_scrambling_control：2 比特域，标明 MAC 地址的加扰模式，见表 5。该域使 MAC 地址可动态变化。所采用的加扰方法由用户自定义；

表 5　address_scrambling_control 域的编码

值	address_scrambling_control
00	未加扰
01	业务定义
10	业务定义
11	业务定义

- LLC_SNAP_flag：1 比特标志位。该标志位置为“1”，标明在载荷的 MAC_address_1 之后携带 LLC/SNAP 封装的数据报。LLC/SNAP 结构应标明传送的数据报的类型。该标志位置为“0”，标明在载荷的 MAC_address_1 之后将包含一个没有用 LLC/SNAP 封装的 IP 数据报；
- current_next_indicator：1 比特域，置为“1”；
- section_number：8 比特域。如果数据报需要多个段传输，此域标明在分割过程中段的位置。否则置为“0”；
- last_section_number：8 比特域，标明携带数据报的最后一段的序号，即分割过程的最后段的序号；
- LLC_SNAP：此结构包含 LLC 遵循 GB/T 15629.2—2008 规范和 SNAP 遵循 GB/Z 15629.1—2000 规范的数据报。如果该段中的载荷被加扰(见 payload_scrambling_mode)，这些字节也将被加扰；
- IP_datagram_data_byte：这些字节包含数据报的数据。如果该段中的载荷被加扰(见 payload_scrambling_mode)，这些字节也将被加扰；
- stuffing_byte：可选的 8 比特域，值不指定。如果该段中的载荷被加扰(见 payload_scrambling_mode)，这些字节也将被加扰，以便协助宽总线环境中的分组加密和数据处理。使用的 stuffing_byte 数目应符合定义在 data_broadcast_descriptor 中的数据对齐需求；
- checksum：此域按 ISO/IEC 13818-6:1998 定义设置。它对整个 datagram_section 进行运算；
- CRC_32：此域按 ISO/IEC 13818-6:1998 定义设置。它对整个 datagram_section 进行运算。

4.3.3 PSI 和 SI 规范

4.3.3.1 PSI 和 SI 的使用方法

数据广播业务通过包含在 SI 中的一个或多个 data_broadcast_descriptor 来标明数据报的传输。每个 data_broadcast_identifier 通过 component_tag 和特定的流相关。特别指出，component_tag 值应与可能出现的、用作数据报传输的流的 PMT 的 stream_identifier_descriptor 中 component_tag 的值相同。

4.3.3.2 data_broadcast_identifier_descriptor

data_broadcast_identifier_descriptor 按以下的方式使用：

- data_broadcast_id：此域置为 0x0005，标明多协议封装，见附录 B；
- component_tag：此域与可能出现在用作数据广播的流的 PMT 的 stream_identifier_descriptor 中 component_tag 的值相同；
- selector_length：此域置为 0x02；
- selector_byte：此域用于传输表 6 定义的 multiprotocol_encapsulation_info 结构；

表 6 multiprotocol_encapsulation_info 结构的句法

句　法	比特数	类型
multiprotocol_encapsulation_info () {		
MAC_address_range	3	uimsbf
MAC_IP_mapping_flag	1	bslbf
alignment_indicator	1	bslbf
reserved	3	bslbf
max_sections_per_datagram	8	uimsbf
}		

multiprotocol_encapsulation_info 结构的语义如下：

- MAC_address_range：3 比特域，标明 MAC 地址字节数目，该数目依照表 7 来说明区分接收端时哪几位的 MAC_address 字节是有效的；

表 7　MAC_address_range 域的编码

MAC_address_range	有效的 MAC_address 字节
0x00	保留
0x01	6
0x02	6,5
0x03	6,5,4
0x04	6,5,4,3
0x05	6,5,4,3,2
0x06	6,5,4,3,2,1
0x07	保留

- MAC_IP_mapping_flag：1 比特标志位。如果使用 IETF RFC 1112 中描述的从 IP 到 MAC 的映射，此标志位置为"1"。如果此标志位被置为"0"，从 IP 到 MAC 的映射在本标准范围之外；
- alignment_indicator：1 比特域。标明 datagram_section 和 TS 流字节对齐，见表 8；

表 8　alignment_indicator 域的编码

值	对齐的比特数
0	8（缺省值）
1	32

- reserved：3 比特域，置为"111"；
- max_section_per_datagram：8 比特域，标明传输一个数据报单元的段的最大数目。

4.3.3.3　流类型

当一个业务中出现多协议数据流时，则把该流的 stream_type 值在该业务的 PMT 中设置为 0x0D 或一个用户定义值。

4.4　数据轮播

4.4.1　基本概念

数据轮播规范支持数字电视系统中周期性数据模块传输的数据广播业务。这些模块是已知大小的，并且可在数据轮播中及时更新、添加或移除。如果业务需要，这些模块还可以组成模块群，模块群也可以组成模块超群。

遵循数据轮播规范的数据广播在 DSM-CC 中定义的 DSM-CC 数据轮播中传输，而本标准定义了在数字电视系统中使用的附加结构和描述符。因为用于准备离线内容的PID和时序参数没有明确基准，所以按照以上方式定义。

数据轮播的具体实施方法见附录A。

4.4.2 数据传输规范

4.4.2.1 描述

数据轮播规范是基于DSM-CC数据轮播规范的，见ISO/IEC 13818-6：1998。DSM-CC数据轮播规范实现了到接收端的数据循环传输。在数据轮播中传输的数据按照“模块”传输，模块由“块”组成。数据轮播中，除了每个模块中的最后一个块可能较小外，模块中的所有其他块都是相同大小的。模块是数据轮播中逻辑无关的数据组的描述。当业务需要时，模块可以组合成一个模块群。同样，群又可以组合成超群。

数据轮播规范用到了DSM-CC的下载规范中的四个消息。数据由DownloadDataBlock(DDB)消息携带，对模块的控制由DownloadInfoIndication，DownloadServerInitiate和DownloadCancel消息提供。DownloadServerInitiate描述了超群中的群，DownloadInfoIndication描述了一个群中的模块。基于这些控制消息，接收端可以从网络中获得模块的子集。这些消息的句法和语义见ISO/IEC 13818-6：1998。本标准将规定这些消息在数据轮播中的使用。

4.4.2.2 数据轮播的结构

数据轮播可有一层或两层控制信息，结构见如图2。数据轮播最简单的模式是一个数据轮播拥有一个控制层，该控制层描述了单个群。在这种情况下，SDT/EIT表中包含了指向DownloadInfoIndication消息的data_broadcast_descriptor。这个消息描述了数据轮播使用的ModuleInfoByte域中的模块。这个域包含了一个描述符的循环，描述符中可能包含了各种不同的信息，如指向DownloadDataBlock消息位置的指针。

当需要两层控制信息时，DownloadServerInitiate消息用于描述超群中的不同的群。DownloadInfoIndication消息的用途和单层数据轮播中的用途一样。

DownloadServerInitiate消息描述了拥有GroupInfoByte域的群，同时支持平台多样性。GroupInfoByte域同样由一个描述符的循环组成，描述符中可能包含了各种不同的信息。

解码器应能在两种轮播方式下都可以工作。业务提供商可以任意选择使用其中一种轮播方式。

群和模块可以通过专用PID与/或共享PID传送。如果没有提供明确的位置相关信息，位置由控制消息继承得到。图2中每个箭头表示了获得所指向的消息所需要的访问信息。

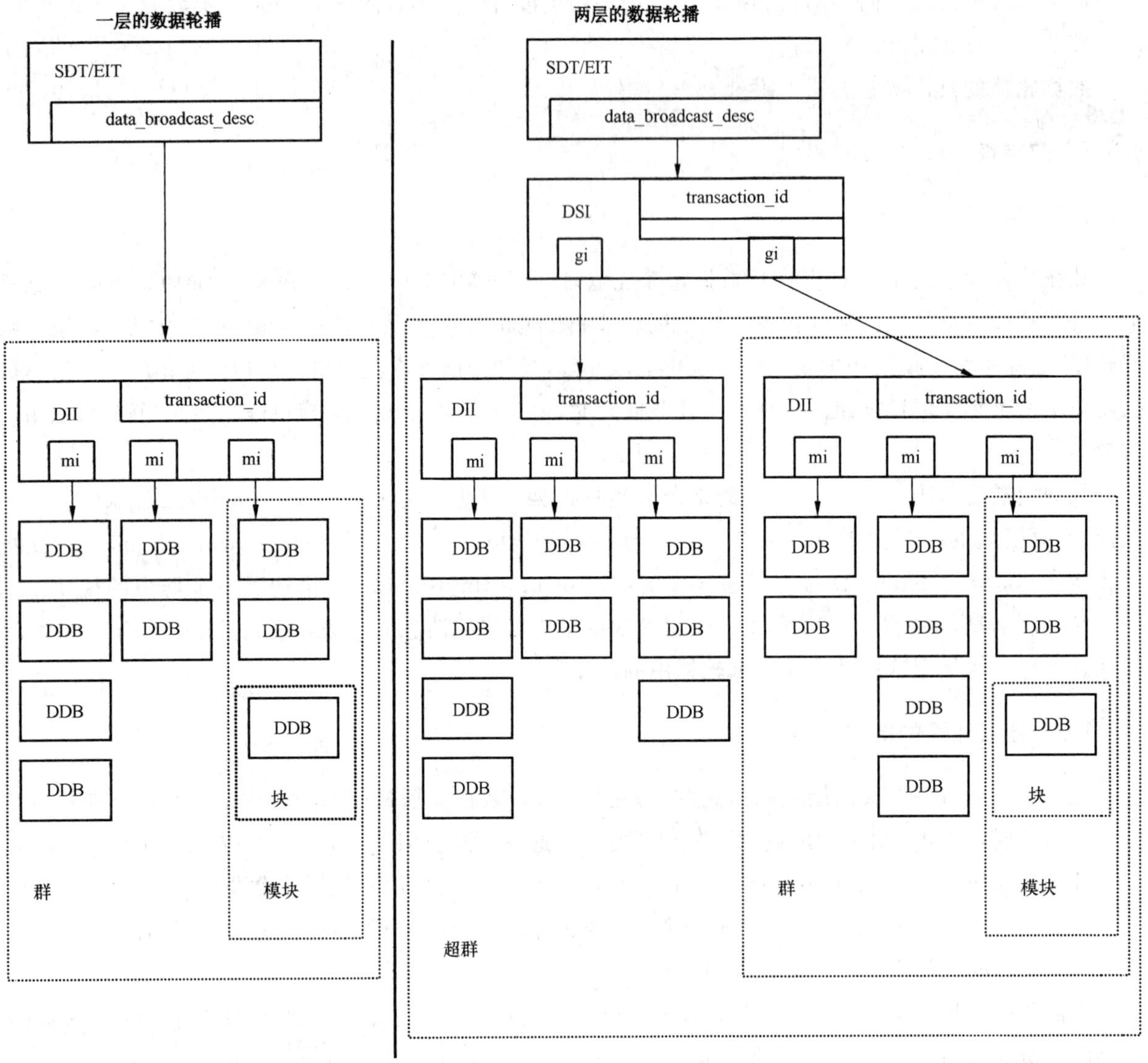

说明：

DSI——DownloadServerInitiate；

gi——GroupInfoBytes；

DII——DownloadInfoIndication；

mi——ModuleInfoBytes；

DDB——DownloadDataBlock；

→——位置参考（transactionId，optional componentTag）。

图 2　数据轮播的结构

在数据轮播中这些信息由以下部分组成：

- component_tag，指向业务中特定码流的指针；
- transaction/module identifier，控制消息或模块的独有的指示符。

接收端可以利用这些值从码流中有效地滤出消息。而且基于 DSM-CC，也对说明模块和块大小的 DownloadServerInitiate 和 DownloadInfoIndication 消息参数进行了规定。

在本标准中，DSM-CC 规定的 compatibilityDescriptor()用法被限制为一个从 DownloadServerInitiate 到 DownloadInfoIndication 的前向查询机制。

DSI 消息的 compatibilityDescriptor 位于 GroupInfoIndication 域中，称作 GroupCompatibility()。

在一个超群(在两层数据轮播情况下)或一个群(在单层数据轮播情况下)中的所有 DownloadDataBlock 和 DownloadInfoIndication 消息拥有相同的 downloadId。这意味着群可以共享模块，因为所有的 moduleId 在 downloadId 的范围内是唯一的。

每个控制消息都拥有一个 transaction_id 作为该消息唯一的指示符。基于以下的语义，Transport_id 和 module_id 可以用于有效地滤出数据轮播中的数据。

对于两层轮播：

- 对于 DownloadServerInitiate 消息，transactionId 的最低 2 个有效字节应该在 0x0000-0x0001 范围中；
- 对于 DownloadInfoIndication 消息，transactionId 的最低 2 个有效字节应该在 0x0002-0xFFFF 范围中。

对于单层轮播：

- 对于 DownloadInfoIndication 消息，transactionId 的最低 2 个有效字节应该在 0x0000-0x0001 范围中。

4.4.2.3 DownloadServerInitiate 消息

DownloadServerInitiate 消息用于建立一个超群。语义如下：

- serverId：此域置为 20 个字节的 0xFF；
- compatibilityDescriptor()：此域置为 0x0000，此结构应该只包含 DSM-CC 定义的 compatibilityDescriptor()中 compatibilityDescriptorLength 域；
- privateDataLength：此域定义了后面的 GroupInfoIndication 结构的字节长度；
- privateDataByte：此域用于传输表 9 中定义的 GroupInfoIndication 结构。

表 9 GroupInfoIndication 结构

句　法	字　节　数
GroupInfoIndication() {	
NumberOfGroups	2
for(i=0;i< numberOfGroups;i++) {	
GroupId	4
GroupSize	4
GroupCompatibility()	
GroupInfoLength	2
for(i=0;i<N;i++) {	
groupInfoByte	1
}	
}	
privateDataLength	2
for(i=0;i< privateDataLength;i++) {	
privateDataByte	1
}	
}	

GroupInfoIndication 结构的语义如下：

- NumberOfGroup：16 比特域，标明了此域后面循环中群的个数；
- GroupId：32 比特域，此域值等于描述该群的 DownloadInfoIndication 消息中的 transactionId 的值；
- GroupSize：32 比特域，标明了群中所有模块的字节总长度；
- GroupCompatibility：此结构和 DSM-CC 中 CompatibilityDescriptor 结构相同；
- GroupInfoLength：16 比特域，标明了后面的描述符循环的字节长度；
- GroupInfoByte：此域传输了描述符列表，每个描述符定义了一个或多个属性。在循环中的描述符说明了群的特性；
- PrivateDataLength：此域定义了后面的 privateDataByte 域的字节长度；
- PrivateDataByte：此域由用户定义。

4.4.2.4 DownloadInfoIndication 消息

DownloadInfoIndication 消息包含了群内模块的描述以及数据轮播的一些普通参数（如 downloadId 和 blockSize）。每个模块由一些属性来描述，其中 moduleId，moduleSize 和 moduleVersion 被 DSM-CC 定义为 DownloadInfoIndication 消息中的域。模块的其他属性由后面定义的描述符传输。moduleId 在 0xFFF0-0xFFFF 范围内的值在本标准中不使用。

数据轮播中 DownloadInfoIndication 消息的语义如下：

- compatibilityDescriptor()：此域置为 0x0000，此结构只包含 DSM-CC 定义的 compatibilityDescriptor()中的 CompatibilityDescriptorLength 域；
- moduleInfoLength：此域定义了被描述模块的 moduleInfo 域的字节长度；
- moduleInfoByte：此域传输描述符列表，当 moduleId 的值不在 0xFFF0-0xFFFF 范围内时，每个描述符定义了一个或多个模块的属性。在这种情况下，moduleInfoByte 结构包含了带有用作描述符循环结构的 privateDataByte 域的 ModuleInfo 结构；
- privateDataLength：此域定义了 privateDataByte 域的字节长度；
- privateDataByte：此域由用户定义。

4.4.2.5 DownloadDataBlock 消息

DownloadDataBlock 消息包含了被分割的模块中的块，按照 DSM-CC 规范通过 TS 包的载荷传输。

4.4.2.6 DownloadCancel 消息

DownloadCancel 消息向接收端指示终止数据轮播模块的周期传输。DownloadCancel 消息在群一级、或在超群一级，按照 DSM-CC 规范通过 TS 包的载荷传输：

- privateDataLength：此域定义了 privateDataByte 域的字节长度；
- privateDataByte：此域由用户定义。

4.4.3 描述符

4.4.3.1 描述符的标识和位置

表 10 包含数据轮播规范所定义的描述符。这些描述符有自己专用的 descriptor_tag，这些描述符不能在本标准的数据轮播规范之外使用。

表 10 数据轮播定义的描述符、值和允许的位置

描述符	Tag 值	DII-moduleInfo	DSI-groupinfo	简短描述
reserved	0x00			
type	0x01	+	+	数据的类型描述符
name	0x02	+	+	数据的名称描述符
info	0x03	+	+	文本描述
module_link	0x04	+		级联的数据模块
CRC32	0x05	+		CRC
location	0x06	+	+	数据位置
est_download_time	0x07	+	+	预计下载时间
group_link	0x08		+	连接描述群的 DII 消息
compressed_module	0x09	+		指示了压缩结构

数据轮播描述符的 tag 值的分配见表 11。

表 11 数据轮播描述符的 tag 值的分配

数据轮播中的私有描述符的 tag	值
0x00～0x09	表 10 中目前分配的值
0x0A～0x7F	为将来使用保留
0x80～0xFF	私有描述符

4.4.3.2 type_descriptor

type_descriptor 包含作为一系列字符的模块或群的类型。表 12 给出了类型描述符的句法。

表 12 type_descriptor 的句法

句　法	字节数	值
type_descriptor(){		
descriptor_tag	1	0x01
descriptor_length	1	
for (i=0; i<N;i++) {		
text_char	1	字符串
}		
}		

type_descriptor 的语义如下：

- descriptor_tag：8 比特域，标识了描述符。对于 type_descriptor 此域置为 0x01；
- descriptor_length：8 比特域，标明紧跟在此域后面的描述符内容的字节长度；
- text_char：8 比特域，一个字符串域说明了符合媒体类型规范 IETF RFC 2045 和 IETF RFC

2046 的模块和群的类型。

4.4.3.3 name_descriptor

name_descriptor 包含了模块或群的名称。表 13 给出了 name_descriptor 的句法。

表 13 name_descriptor 的句法

句　　法	字节数	值
name_descriptor(){		
descriptor_tag	1	0x02
descriptor_length	1	
for (i=0; i<N;i++) {		
text_char	1	模块的名称，如“index”
}		
}		

name_descriptor 的语义如下：

- descriptor_tag:8 比特域,标识了描述符。对于 name_descriptor 此域设置为 0x02;
- descriptor_length:8 比特域,标明了紧跟在此域后面的描述符内容的字节长度;
- text_char:8 比特域,一个字符串域说明了模块和群的名称。文本信息的编码方式参见本标准的附录 C。

4.4.3.4 info_descriptor

info_descriptor 包含了一个无格式文本描述。表 14 给出了 info_descriptor 的句法。

表 14 info_descriptor 的句法

句　　法	字节数	值
info_descriptor(){		
descriptor_tag	1	0x03
descriptor_length	1	
ISO_639_language_code	3	
for (i=0; i<N;i++) {		
text_char	1	模块或群的描述
}		
}		

info_descriptor 的语义如下：

- descriptor_tag:8 比特域,标识了描述符。对于 info_descriptor 此域设置为 0x03;
- descriptor_length:8 比特域,标明了紧跟在此域后面的描述符内容的字节长度;
- ISO_639_language_code:此 3 字节域标识了后面的文本域使用的语言。ISO_639_language_code 包含了 ISO 639-2 描述的 3 字符编码。每个字符按 GB/T 15273.1—1994 的规定编码成 8 比特,并依次放入 3 字节域中。对于中文此域置为“chi”;

● Text_char:8 比特域,字符串域说明了模块和群的名称。文本信息的编码方式参见本标准的附录 C。

4.4.3.5 **module_link_descriptor**

module_link_descriptor 包含了将哪些模块从数据轮播中取出并连接成完整数据片的信息,同时告知解码器模块连接的顺序。表 15 给出了 module_link_descriptor 的句法。

表 15 module_link_descriptor 的句法

句 法	字节数	值
module_link_descriptor(){		
descriptor_tag	1	0x04
descriptor_length	1	
position	1	
module_id	2	
}		

module_link_descriptor 的语义如下:

● descriptor_tag:8 比特域,标识了描述符。对于 module_link_descriptor 此域设置为 0x04;
● descriptor_length:8 比特域,标明了紧跟在此域后面的描述符内容的字节长度;
● position:8 比特域,标明了模块在数据链中的位置。值为 0x00 表示模块是列表的第一个模块,值为 0x01 表示模块是列表中间的模块,值为 0x02 表示模块是列表的最后一个模块;
● module_id:16 比特域,标明了列表中的下一个模块。对于列表中最后一个值,此域忽略。

4.4.3.6 **CRC32_descriptor**

CRC32_descriptor 标明了整个模块的 CRC32 的计算结果。表 16 给出了 CRC32_descriptor 的句法。

表 16 CRC32_descriptor 的句法

句 法	字节数	值
CRC32_descriptor(){		
descriptor_tag	1	0x05
descriptor_length	1	
CRC_32	4	
}		

CRC32_descriptor 的语义如下:

● descriptor_tag:8 比特域,标识了描述符。对于 CRC32_descriptor 此域设置为 0x05;
● descriptor_length:8 比特域,标明了紧跟在此域后面的描述符内容的字节长度;
● CRC_32:32 比特域,包含此模块计算出的 CRC,计算方法见 GB/T 17975.1—2010 的附录 A。

4.4.3.7 **location_descriptor**

location_descriptor 包含了块、模块或群在轮播中相关数据所在的 PID。表 17 给出了 location_descriptor 的句法。

表 17 location_descriptor 的句法

句　法	字节数	值
location_descriptor(){		
descriptor_tag	1	0x06
descriptor_length	1	
location_tag	1	
}		

location_descriptor 的语义如下：

- descriptor_tag：8 比特域，标识了描述符。对于 location_descriptor 此域设置为 0x06；
- descriptor_length：8 比特域，标明了紧跟在此域后面的描述符内容的字节长度；
- location_tag：8 比特域，此域值与 stream_identifier_descriptor（PSI 的描述符）中的 component_tag 值相同。

4.4.3.8 est_download_time_descriptor

est_download_time_descriptor 包含了一个模块或群预计下载时间的整数值。表 18 给出了 est_download_time_descriptor 的句法。

表 18 est_download_time_descriptor 的句法

句　法	字节数	值
est_download_time_descriptor(){		
descriptor_tag	1	0x07
descriptor_length	1	
est_download_time	4	
}		

est_download_time_descriptor 的语义如下：

- descriptor_tag：8 比特域，标识了描述符。对于 est_download_time_descriptor 此域设置为 0x07；
- descriptor_length：8 比特域，标明了紧跟在此域后面的描述符内容的字节长度；
- est_download_time：32 比特域，给出了以秒为单位的预计下载时间。

4.4.3.9 group_link_descriptor

group_link_descriptor 包含了连接起来的群描述，以描述一个更大的群的信息。当一个群的大小超过了单个 DownloadInfoIndication 消息的最大长度而必须展开放入多个这样的消息中时，此描述符是非常重要的，它同时告知解码器关于所连接的群的描述的顺序。当连接顺序并不重要时，此描述符不是严格需要的，它只是提供了一种方法来识别所有需要被连接的群描述。表 19 给出了 group_link_descriptor 的句法。

表 19　**group_link_descriptor 的句法**

句　　法	字节数	值
group_link_descriptor(){		
descriptor_tag	1	0x08
descriptor_length	1	
position	1	
group_id	4	
}		

group_link_descriptor 的语义如下：

- descriptor_tag:8 比特域，标识了描述符。对于 group_link_descriptor 此域设置为 0x08；
- descriptor_length:8 比特域，标明了紧跟在此域后面的描述符内容的字节长度；
- position:8 比特域，标明了群描述在数据链中的位置。值为 0x00 表示群描述是列表的一个群描述，值为 0x01 表示群描述是列表中间的群描述，值为 0x02 表示群描述是列表的最后一个群描述；
- group _id:32 比特域，表明了列表中的下一个群描述。对于列表中最后一个值，此域忽略。

4.4.3.10　**private_descriptor**

表 20 给出了 private_descriptor 的句法。

表 20　**private_descriptor 的句法**

句　　法	字节数	值
private_descriptor () {		
descriptor_tag	1	见表 11
descriptor_length	1	
for (i=0;i<N;i++) {		
descriptor_byte	1	
}		
}		

private_descriptor 的语义如下：

- descriptor_tag:8 比特域，标识了描述符。对于 private_descriptor 此域如表 11 中所定义，设置范围为 0x80-0xFF；
- descriptor_length:8 比特域，标明了紧跟在此域后面的描述符内容的字节长度；
- descriptor_byte:private_descriptor 的数据。

4.4.3.11　**compressed_module_descriptor**

compressed_module_descriptor 的出现指示了模块中的数据使用 IETF RFC 1950 中定义的“zlib”结构。表 21 给出了 compressed_module_descriptor 的句法。

表 21 compressed_module_descriptor 的句法

句　　法	字节数	值
compressed_module_descriptor(){		
descriptor_tag	1	0x09
descriptor_length	1	
compression_method	1	
original_size	4	
}		

compressed_module_descriptor 的语义如下：

- descriptor_tag：8 比特域，标识了描述符。对于 compressed_module_descriptor 此域设置为 0x09；
- descriptor_length：8 比特域，标明了紧跟在此域后面的描述符内容的字节长度；
- compressed_method：8 比特域，标明了所用的压缩方法。见 IETF RFC 1950 中 zlib 的结构定义；
- original_size：32 比特域，标明了模块压缩前的字节长度。

4.4.4 PSI 和 SI 规范

4.4.4.1 PSI 和 SI 的使用方法

数据广播业务通过包含在 SI 中的一个或多个 data_broadcast_descriptor 来标明使用了数据轮播。每个描述符应该通过 component_tag 和特定的码流关联起来。component_tag 的值应该与可能出现的、用作数据轮播的码流的 PMT 中 stream_identifier_descriptor 中 component_tag 的值相同。

data_broadcast_descriptor 按以下方式使用：

- data_broadcast_id：此域置为 0x0006，标明了数据轮播，见附录 B；
- component_tag：此域值和用于数据轮播的码流的 PMT 中 stream_identifier_descriptor 中 component_tag 的值相同；
- selector_length：此域置为 0x10；
- selector_byte：用于传输表 22 中定义的 data_carousel_info 结构。

表 22 data_carousel_info 结构的句法

句　　法	比特数	类型
data_carousel_info () {		
carousel_type_id	2	bslbf
reserved	6	bslbf
transaction_id	32	uimsbf
time_out_value_DSI	32	uimsbf
time_out_value_DII	32	uimsbf
reserved	2	bslbf
leak_rate	22	bslbf
}		

data_carousel_info 的语义如下：

- carousel_type_id：2 比特域，标明了数据轮播的类型。此域采用表 23 所示的编码方式；

表 23 carousel_type_id 的值

carousel_type_id 的值	
00	保留
01	单层轮播
10	两层轮播
11	保留

- reserved：6 比特域，置为“111111”；
- transaction_id：32 比特域，此域和最顶层的 DownloadServerInitiate 消息或 DownloadInfoIndication 消息中的 transactionId 的值相同。值 0xFFFFFFFF 用于向接收端表明相关码流上的任何收到的 DownloadServerInitiate 消息（两层轮播的情况）或 DownloadInfoIndication 消息（一层轮播的情况）都是有效的；
- time_out_value_DSI：32 比特域，标明了以 ms 为单位的推荐超时时限，接收端将它用于中断超时的 DownloadServerInitiate 的获取。值 0xFFFFFFFF 用于向接收端指出没有推荐的超时时限；
- time_out_value_DII：32 比特域，标明了以 ms 为单位的推荐超时时限，接收端将它用于中断超时的 DownloadInfoIndication 的获取。值 0xFFFFFFFF 用于向接收端指出没有推荐的超时时限；
- reserved：2 比特域，置为“11”；
- leak_rate：22 比特域，标明了业务所用的解码器模型中的移出速率 Rx_n。移出速率编码成一个 22 比特正整数。leak_rate 的单位为 50 字节/秒。

4.4.4.2 流类型

包含数据轮播的码流的 PMT 中该业务的 steam_type 按 GB/T 17975.1—2010 的规定设置为 0x0B 或用户定义的值，表明了业务中存在数据轮播。

4.5 对象轮播

4.5.1 基本概念

对象轮播规范用来支持数字电视系统中需要对 DSM-CC U-U 对象进行周期性广播的数据广播业务。依照对象轮播规范的数据广播按照 DSM-CC 中定义的 DSM-CC 对象轮播和 DSM-CC 数据轮播规范进行传输。

对象轮播的具体实施方法见附录 A。

4.5.2 对象轮播的范围

为了支持通过数字电视系统进行 DSM-CC U-U 对象的周期性广播的数据广播业务，加入了对象轮播的定义。

符合对象轮播规范的数据广播要遵循 DSM-CC 对象轮播和 DSM-CC 数据轮播规范进行传输。

4.5.3 数据传输规范

4.5.3.1 描述

对象轮播规范是基于DSM-CC对象轮播规范制定的。对象轮播代表了由网络中的DSM-CC U-U对象集合组成的一个特定业务域,该业务域有一个业务网关,为接收机提供业务图表和对象名。

广播网络中的业务网关的唯一识别是通过在DSM-CC中定义的NSAP地址来实现的。该地址包含了网络相关部分,使得在当前网络环境中地址唯一。轮播NSAP地址用来从其他业务域查询对象轮播,其句法和语义在下面定义。

4.5.3.2 轮播 NSAP 地址

轮播NSAP地址格式定义如图3所示。

AFI 1字节	Type 1字节	carouselId 4字节	specifier 4字节	privateData 10字节

图 3 轮播 NSAP 地址格式

AFI、Type、carouselId和specifier的语义在DSM-CC中定义,补充如下:

- AFI:8比特域,置为0x00。标明NSAP格式用于用户自定义;
- Type:8比特域,置为0x00。标明对象轮播使用NSAP地址;
- carouselId:32比特域,设置为对象轮播的标识符,也就是carouselId域;
- specifier:32比特域,按照DSM-CC规范传输specifierType域(值置为0x01)和OUI码。OUI码的值应遵循IEEE802注册机构为数字电视系统分配的值;
- privateData:此域传送表24定义的service_location结构。

表 24 service_location 结构的句法

句 法	比特数	类型
service_location() {		
transport_stream_id	16	uimsbf
org_network_id	16	uimsbf
service_id	16	uimsbf
reserved	32	bslbf
}		

service_location结构的语义如下:

- transport_stream_id:16比特域,标明轮播所在的TS流;
- org_network_id:16比特域,标明了生成轮播的传输系统的network_id;
- service_id:16比特域,标明了包含该对象轮播的业务标识符。此域与PMT中相关的program_number相同;
- reserved:32比特域,保留。

4.5.4 PSI 和 SI 规范

4.5.4.1 PSI 和 SI 的使用方法

数据广播业务通过包含在SI中的一个或多个data_broadcast_descriptor来标明使用了对象轮播。

每个描述符指向一个对象轮播并且通过 component_tag 来和特定的流相关联。特别指出，component_tag 的值应该和可能出现在用作对象轮播的码流的 PMT 中 stream_identifier_descriptor 的 component_tag 的值相同。通过使用对象名表，每个 data_broadcast_descriptor 可以启动一个基于语言判据的更高层协议。

对象轮播可以通过多个数据广播业务来实现。数据广播业务通过使用 PMT 第一个描述符循环中由 DSM-CC 定义的 carousel_identifier_descriptor 来标识它们是特定对象轮播的一部分。

此外，对象轮播使用 Tap(见 DSM-CC)来标识广播对象的码流。Tap 和数据业务流之间的关联要么通过 DSM-CC 中定义的 association_tag 来实现，要么通过 SI 中定义的 stream_identifier_descriptor 来实现。在后面这种情况中，若 stream_identifier_descriptor 的 component_tag 值是作为基准的 association_tag 最低有效字节的值，该 association_tag 最高有效字节置为 0x00。

最后，U-U 对象轮播中的流对象可以与数据广播的 ES 流绑定，也可以与其他数字电视业务的 ES 流绑定，或者与完整的数字电视业务绑定。如果数据对象要与其他数字电视业务的 ES 流或完整的数字电视业务绑定，数据广播业务的 PMT 要在第一个描述符循环中包含 deferred_association_tags_descriptor。

defferred_tags_descriptor 将在 4.5.4.3 条中描述。

4.5.4.2 data_broadcast_descriptor

data_broadcast_descriptor 按以下方式使用：

- data_broadcast_id：此域置为 0x0007，标明对象轮播，见附录 B；
- component_tag：此域值等于用作对象轮播的流中可能出现的 PMT 中 stream_identifier_descriptor 的 component_tag 的值；
- selector_length：此域值为后面的 selector 域的字节长度；
- selector_byte：用于传送表 25 定义的 object_carousel_info 结构。

表 25 object_carousel_info 结构

句　法	比特数	类型
object_carousel_info () {		
carousel_type_id	2	bslbf
reserved	6	bslbf
transaction_id	32	uimsbf
time_out_value_DSI	32	uimsbf
time_out_value_DII	32	uimsbf
reserved	2	bslbf
leak_rate	22	uimsbf
for (I=0;i<N1;i++) {		
ISO_639_language_code	24	bslbf
object_name_length	8	uimsbf
for (j=0;j<N2;j++) {		
object_name_char	8	uimsbf
}		
}		
}		

object_carousel_info 结构的语义如下：

- carousel_type_id：2 比特域，置为“10”。标明两层的轮播；
- reserved：6 比特域，置为“111111”；
- transaction_id：32 比特域，与携带业务网关对象基准的 DownloadServerInitiate 消息的 transactionId 值相同。置为“0xFFFFFFFF”向接收端指出从相关码流上接收到的任何 DownloadServerInitiate 消息都是有效的；
- time_out_value_DSI：32 比特域，标明了以 ms 为单位的推荐超时时限，接收端将它用于中断超时的 DownloadServerInitiate 的获取。值 0xFFFFFFFF 用于向接收端指出没有推荐的超时时限；
- time_out_value_DII：32 比特域，标明了以 ms 为单位的推荐超时时限，接收端将它用于中断超时的 DownloadInfoIndication 的获取。值 0xFFFFFFFF 用于向接收端指出没有推荐的超时时限；
- reserved：2 比特域，置为“11”；
- leak_rate：22 比特域，标明了业务所用的解码器模型中的移出速率 Rx_n。移出速率编码成一个 22 比特正整数。leak_rate 的单位为 50 字节/秒；
- ISO_639_language_code：24 比特域，包含 ISO_639-2 的 3 字符语言编码，用来选择启动更高层协议所需的对象；
- object_name_length：8 比特域，标明了跟在 object_name_length 之后用来描述对象名称字符的字节长度；
- object_name_char：8 比特域。object_name_char 字串指定了用来启动更高层协议的对象名。文本信息使用本标准的附录 C 描述的字符集来编码。

4.5.4.3 Deferred_association_tags_descriptor

数字电视系统中 deferred_association_tags_descriptor()的句法和语义见表 26。

表 26 deferred_association_tags_descriptor

句　法	比特数	类型
deferred_association_tags_descriptor(){		
descriptor_tag	8	uimsbf
descriptor_length	8	uimsbf
association_tags_loop_length	8	uimsbf
for(i=0;i<N1;i++){		
association_tag	16	uimsbf
}		
transport_stream_id	16	uimsbf
program_number	16	uimsbf
for(i=0;i<N2;i++){		
private_data_byte	8	uimsbf
}		
}		

deferred_association_tags_descriptor 的语义如下：

- descriptor_tag：8 比特域，置为 0x15；
- descriptor_length：8 比特域，标明描述符的字节长度；
- association_tags_loop_length：8 比特域，标明了此域后面的 association_tag 循环的字节长度；
- association_tag：16 比特域，包含的 association_tag 与非数据广播业务流关联，或者与另外的数字电视业务相关联；
- transport_stream_id：16 比特域，标明了列出的 association_tag 所关联的业务所在的 TS 流；
- program_number：16 比特域，应置为列出的 association_tag 所关联的业务的 service_id；
- private_data_byte：此域包含了表 27 定义中的 defferred_service_location 结构。

表 27　deferred_service_location 结构句法

句　法	比特数	类型
deferred_service_location(){		
org_network_id	16	uimsbf
for(i=0;i<N;i++){		
private_data_byte	8	uimsbf
}		
}		

deferred_service_location 结构的语义如下：

- org_network_id：16 比特域，标明了生成业务的传输系统的 network_id；
- private_data_byte：8 比特域，在本标准中不做定义。

4.5.4.4　流类型

把包含轮播的码流中 PMT 的 stream_type 的值置为 0x0B 或用户定义的值。

4.6　解码器模型

解码器模型对于数据流、多协议封装、数据轮播和对象轮播规范是通用的。

数据业务解码器模型是解码数据流的理论模型。解码器模块用来按时序规范比特流传输。解码器模型不规定实际解码器的实现方式，不排除不遵循本模型结构和时序的实现方式。

图 4 显示了单个数据流 n 的数据业务解码器的结构，它和在 GB/T 17975.1—2010 中定义的传输系统目标解码器(T-STD)很相似。

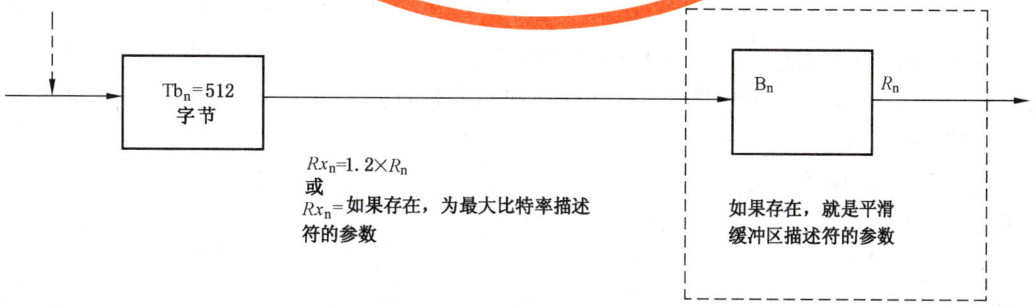

说明：

Tb_n——数据流 n 的传输缓冲区；　　Rx_n——数据从 Tb_n 中移出的速率；

B_n——数据流 n 的主缓冲区；　　R_n——数据从 B_n 中移出的速率。

图 4　数据业务解码器模型

将包含数据流 n 的数据的完整 TS 包送入流 n 的传输缓冲区 Tb_n 中。所有的进入 Tb_n 的字节以下面规定的速率 Rx_n 移出。将构成 PES 包、段或者其中内容的字节传送到主缓冲区 B_n 中。其他字节不送入 B_n，可能用于控制系统。复制的 TS 包不传送到 B_n 中。所有的进入 B_n 中的字节以下面规定的速率 R_n 移出。

传输缓冲区 Tb_n 为 512 字节。

对一个特定的业务，传输缓冲区的移出速率 Rx_n、缓冲区的大小 B_n 和移出速率 R_n 是确定的。该业务可以通过 maximum_bit_rate_descriptor 和 smoothing_buffer_descriptor 来标明 Rx_n、B_n 和 R_n 的值，见 GB/T 17975.1—2010。如果使用这些描述符，它们应包含在业务的 SDT 或 EIT 以及 PMT 之中。

maximum_bit_rate_descriptor 的 maxmum_bit_rate 域标明 Rx_n 的值。

smoothing_buffer_descriptor 的 sb_size 域包含 B_n 的值。sb_leak_rate 域包含 R_n 的值。

若 SI 和 PSI 中不包含 maximum_bit_rate_descriptor 而包含 smoothing_buffer_descriptor，那么 $Rx_n = 1.2R_n$。

若 SI 和 PSI 中不包含 smoothing_buffer_descriptor，而包含 maximum_bit_rate_descriptor，那么双缓冲区模型就变成了移出速率为 Rx_n、容量为 Tb_n 的单缓冲区模型。

若 SI 和 PSI 中不包含任何一个描述符，那么缓冲区模型不适用。在这种情况下，比特流的传送是业务特定的。

5 数据广播相关业务的规定

5.1 EPG 信息的发送方式

对于需要使用数据广播通道来传输 EPG 业务内容的情况，使用本标准规定的数据轮播或对象轮播规范。

如果存在与音视频业务具有时间相关性/同步性的 EPG 业务内容，使用 Data-Streaming 中的同步或从同步规范传输。

对于 EPG 系统的具体数据传输方式及数据交换协议，本标准不做规定。

5.2 中间件业务的发送方式

对于需要使用数据广播通道传输特定中间件应用、应用数据的情况，使用本标准规定的数据轮播或对象轮播规范，并遵循相应的数据交换协议。

对于中间件系统的具体数据传输方式、数据交换协议以及内容组织机制，本标准不做规定。

6 数据广播中 CA 系统的规定

关于 CA 系统的构成机制与工作方式，见 GY/Z 175—2001。

在数字电视系统中实施数据广播时，需要对所传输的数据进行加密管理时，采用通用加扰算法对 TS 流中的载荷进行加扰。

7 实施方法

本标准的具体实施方法详见附录 A。

8 数据广播前端技术要求和测量方法

数据广播前端的技术要求测量方法见附录 D 和附录 E。

附 录 A
（规范性附录）
实施方法

A.1 操作规则

这一条款为本标准应用实施方法。本实施方法主要参照了 TR 101 202《Digital Video Broadcasting (DVB); Implementation Guidelines for Data Broadcasting》。

在实际操作中，建议根据表 A.1 的对应关系来选择数据广播应用所采用的数据封装。

表 A.1 各种应用数据对应的数据封装

应用数据	数据管道	数据流			多协议封装	数据轮播	对象轮播
		异步	同步	从同步			
实时动态数据流	※				※		
时序相关数据			※				
双向业务数据	※				※		
EPG			※			※	※
中间件						※	※
（准）静态数据文件	※					※	※

表 A.1 中的每行代表一类应用数据，每列代表一种封装类型。在行列的交叉点如果标有“※”，说明本标准建议对该应用数据类型使用相应的数据封装格式；如果为空白，则表示本标准不建议对该应用数据类型使用相应的数据封装格式。

A.2 简介

图 A.1 显示了数据广播标准的概况。

TS 流是本标准的基础，依据应用域，数据信息在 TS 流中传送，这些应用域有：

- 数据管道；
- 数据流；
- 多协议封装；
- 数据轮播；
- 对象轮播。

图 A.1 的右边所示的是注册业务，数字电视广播允许自定义方法实现数据广播业务。

图 A.1 显示各部分标准的内容，TS 流的标准见 GB/T 17975.1—2010，DSM-CC 结构框架见 ISO/IEC 13818-6:1998，互联网络协议(IP)见 IETF RFC 791，本标准定义了数字电视广播中的数据管道、数据流、多协议封装、数据轮播和对象轮播，图 A.1 封装的 IP 协议只是一个例子，其他协议也可以被封装进来。本附录中的表中灰色部分为本附录进行了扩展定义的内容。

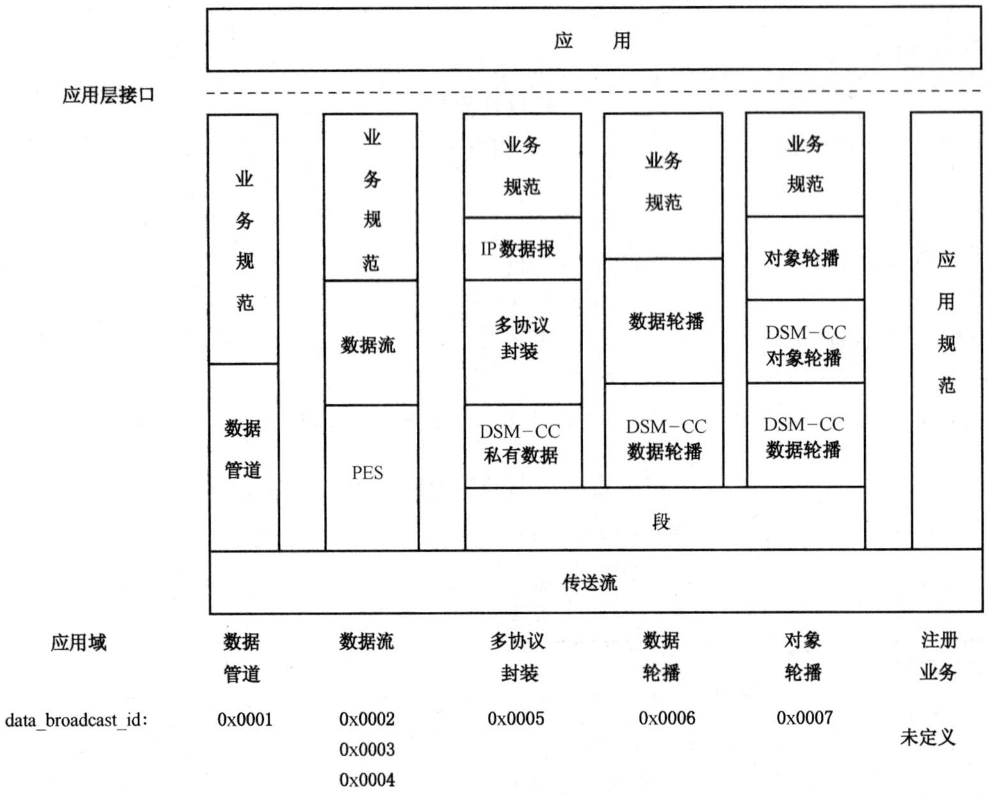

图 A.1　与其他标准关系的图例

如图 A.1 所示，本标准规定了所有应用域的不同业务层。数据管道规范对如何从 TS 流中提取数据没有给出太多信息，而只是规定怎样将数据打成 TS 流的包。与其他应用域相比，许多业务的运行需要专用的软件和硬件。

数据流规范具有更多功能性规范，尤其是在时序方面。数据广播可以是异步的、同步的或从同步的。本数据流规范是基于 GB/T 17975.1—2010 定义的 PES 包。

多协议封装、数据轮播和对象轮播的应用规范都是建立在 DSM-CC 框架结构之上的，基于 GB/T 17975.1—2010 中定义的私有段。本标准增加了使框架结构在数字电视广播环境中工作的特定信息，尤其是与 GY/T 230—2008 相关联的部分。

在本标准中，每个应用分两部分定义，见图 A.2。

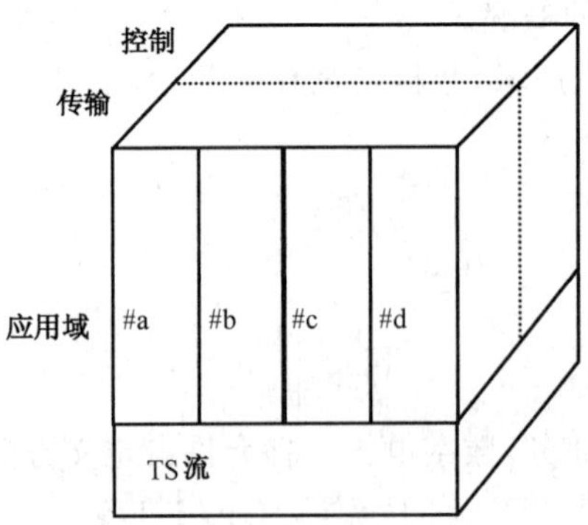

说明：

控制——SI 和 PSI；

传输——数据广播传输规范。

图 A.2　传输和控制规范部分

控制规范是GY/T 230—2008的一部分,传输规范是本标准的一部分。以下子条款给出在不同应用域的实施建议。

A.3 选择合适的类

如图A.1所示,可以有几种不同方式通过数字电视广播TS流来传输数据。其机制根据不同应用有不同的特征参数,如过滤器、开销、大小等。要根据目标应用的特定要求来选择合适的机制。

对于不同的类,规范的详细程度不同。例如,多协议封装和数据轮播规定得比较详细,几乎不需要应用相关说明,而其他类则自由得多。

另外,应用可以采用推荐以外的类。例如,类似数据轮播的应用也可以基于数据管道实现,IP广播也可以基于数据流实现。当然这种安排是应用选择的一部分。

任何协议的数据通常都是以包(数据报)的形式传输的,这些数据报的长度可能不同。如果数据没有被打包,或者打包的方法与数字电视广播传输链路无关或隐藏在其中,那么最好的传输方式是数据管道。在GB/T 17975.1—2010传输层,数据以固定长度188字节(184字节的载荷)的包长来传输的。因此,更上层的数据报在发送端被分割,在接收端重组。数据报的分割有三种可能方式,见图A.1:

- 基于数据管道的自定义机制;
- 打包的基本流(PES);
- 段。

PES流提供一种传输机制,可传输最大64K字节的可变长度数据报,另外还提供不同数据流之间的准确同步(例如用于视音频同步)。因此数字电视广播用其来传输同步、从同步和异步的数据流。

段可用于传输最大为4K字节的可变长度数据报,这种传输是异步的。段可以通过解复用器利用硬件滤出,从而降低对接收机软件处理能力的要求。这就是选择段来传输封装的协议和数据轮播的主要原因。

对于数字电视广播框架中的数据广播业务,data_broadcast_id_descriptor可能出现在PMT表中,即这一描述符的使用是可选的,见GY/T 230—2008。

A.4 数据管道

数据管道是一种异步传输机制,它将数据直接插入到TS包的载荷中。

数据报的分割与重组机制没有定义,如果需要由应用定义。例如,可以用payload_unit_start_indicator来表示数据报的开始,transport_priority表示数据报的结束。

continuity_counter的使用方法见GB/T 17975.1—2010的2.4.3条。

适应域的主要作用是填充,也可以有其他用途,如传输PCR。

A.5 异步/从同步/同步数据流

A.5.1 适应域的使用

根据GB/T 17975.1—2010的2.4.3条,每个PES包总是开始于TS包载荷中的第一个字节。这就意味着与TS包没有对齐的PES包需要填充。对于段GB/T 17975.1—2010允许将填充字节填充在包的尾部,而对于PES填充只能使用适应域来完成。由于大多数解复用器都能够自动将适应域分离出来,对解码器的性能也没有限制,也不需要额外的处理能力。

当把所有适应域标志(discontinuity_indicator、random_access_indicator、elementary_stream_priority_indicator、PCR_flag、OPCR_flag、splicing_point_flag、transport_private_data_flag、adaptation_ field_extension_flag)设置为 0,并且插入所需数量的填充字节时,适应域只用来填充。

elementary_stream_priority_indicator 和 adaptation_field_extension_flag 应该设为 0,因其相关特征对数据流都没意义。

A.5.2 异步数据流

在需要异步传输数据报的应用中,PES 机制具有优势的情况下,就利用异步数据流。既然这种传输不需要同步,就选择 stream_id“private_stream_2”,它表明不使用 PES 包头,见 GB/T 17975.1—2010。这样,数据报紧跟在 PES_packet_length 之后。

数据报的定义是自定义实现的部分,因此本附录不作规定。

A.5.3 同步和从同步数据流

为了满足同步和从同步数据流的需要,本附录的应用类中定义了一个附加头。

stream_id 应该设为“private_stream_1”,允许使用 PES 包头,特别是 PTS。使用时间标志需要访问单元的定义。这些都是与应用相关的,因此在数据广播标准中没有定义。

这个头中的第一个字节包含 data_identifier,指明数据流类型(同步/从同步)。

在同一个 PES 包中不允许既有同步的数据流,又有从同步的数据流。但是,两种流数据如有不同的 PID 它们就可以存在于同一节目中。

sub_stream_id 可自定义。

PTS_extension_flag 和 output_data_rate_flag 两个标志指示输出数据速率域和 PTS 扩展域的存在。下面列出了这些域的用法:

- PES_data_packet_header_length 指示头长度,并允许在头部加入私有字节;
- PES 头中的 DTS 域没有使用,而 PTS 的编码与 GB/T 17975.1—2010 定义的方法相同。

A.5.4 同步数据流

在接收端要求输出数据速率非常准确时,就需要使用同步数据流。接收端时钟由 PCR 同步,9 比特的 PTS_extension 要在较大数据速率范围内(从 kb/s～Mb/s)非常准确地定位数据访问单元。根据定义,访问单元可以是一个比特、一个或多个字节。这 9 比特使 PTS 时钟的精度从 11 μs 扩展到 37 ns (27 MHz 时钟的精度)。如果要求接收同样数据业务的多个数据解码器同时以对齐的方式输出数据,或者要求输出流在短暂信号丢失后保持同步,那么就需要准确的数据定位。

为了规定同步数据流的输出数据率,使用 output_data_rate。用 28 比特的精度(取代 PES 头中 22 比特 ES_rate 的 400 b/s 分辨率),可实现与高达 27 MHz(±30 ppm)的数据输出率成比例的 PLL(利用时钟下转换),覆盖很宽的数据率。output_data_rate 传送同步数据流再生信号的比特率。将数据流的比特率编码成 output_data_rate 与应用有关。需要比特率是 1 b/s 倍数的应用,以 b/s 为 output_data_rate 的单位,直接将数据流的比特率编码成 output_data_rate。在 GB/T 17975.1—2010 对 27 MHz system_clock_frequency 规定的 30 ppm 误差范围内,如果应用需要连续变化的比特率,要将数据流的比特率编码成 output_data_rate 的方式,见式(A.1):

$$\text{output\_data\_rate} = \text{比特率} \times M/\text{system\_clock\_frequency} \quad \cdots\cdots\cdots\cdots (A.1)$$

式(A.1)中,M 是一个足够大的数,应能够表示应用所需比特率精度要求的比特率范围。具有 27 MHz system_clock_frequency 的同步数据流的实际比特率范围是从 1 b/s 到 27 Mb/s。

注:如果使用 output_data_rate,不必使用本标准中描述的解码器模型。

对于 400 b/s ES_rate 精确度足够的应用,在 PES data_packet 中没有 output_data_rate 的情况下,可以使用 PES 头中的 ES_rate。如果在一个编码流中同时出现 ES_rate 和 output_data_rate,那么解码器可以使用其中的任何一个比特率。

从同步数据流的建议缓冲区容量为 4 800 字节。对于 4 ms 典型最大多路复用抖动和高达 9 Mb/s 的比特率，这提供了足够的容量。

A.5.5 从同步数据流

当数据流要与另一个 PES 流同步时，使用从同步数据流。

A.6 多协议封装

A.6.1 概述

多协议封装为在数字电视广播网络中的 TS 流之上传送数据网络协议提供了一个机制。多协议封装对传送 IP 协议已进行优化，但使用 LLC/SNAP 封装可以传送其他任意的网络协议，包括单播（目标是单个接收端的数据报）、多播（目标是多个接收端的数据报）和广播（目标是全部接收端的数据报）。48 比特的 MAC 地址用于对接收端寻址，但不规定如何分配给接收端 MAC 地址。

由于数字电视广播网络的广播特性，数据安全是非常重要的。通过支持包加密和动态改变 MAC 地址，封装保证了数据的安全传输。

A.6.2 数据传输

在 datagram_sections 中传送数据报，与私有数据的 DSMCC_section 格式兼容。段格式提供了数据报到 TS 流包映射的一种有效格式，支持使用已有硬件或软件解复用器进行基于 MAC 地址的数据报过滤。

段格式允许将数据报分成多个段。如果数据报小于或等于 4 080 字节（包括可能的 LLC/SNAP 报头），数据报放在一个段里。在 IP 和 LLC/SNAP 报头忽略的情况下，MTU 应置为 4 080 字节或更少，以便数据报不被分开。在 IP 和 LLC/SNAP 报头存在的情况下，MTU 应置为 4 074 字节或更少。

MAC 地址为 6 个字节分成两组。其原因是字节 5 和 6 在 DSMCC_section 的 table_id_extension 中，而字节 1、2、3、4 在 DSMCC_section 的载荷中，见图 A.3。

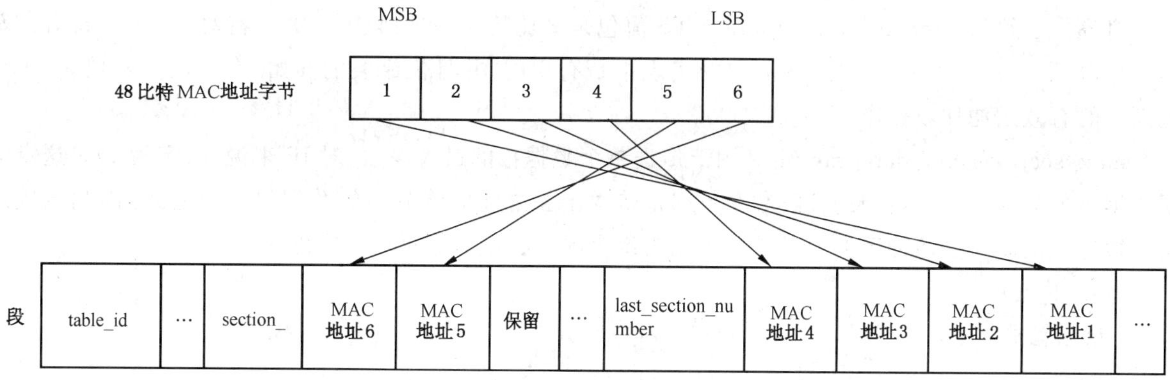

图 A.3 MAC 地址字节到段的映射

一些解复用器能用硬件过滤字节 5 和 6，而用软件过滤字节 1、2、3、4。建议将 MAC 地址的最有可能区分接收端的两个字节放在字节 5、6。这和通常情况的 IEEE MAC 地址一致，建议所有的 MAC 地址都应以这种方式构造。

载荷的加扰是由 2 比特 payload_scrambling_control 控制。如果它的值是“00”，载荷不加扰。如果载荷加扰，加扰算法和在数字电视广播中加扰方法如何传送给接收机的机制由国家 CA 标准定义。

通过动态变化 MAC 地址，MAC 地址加扰提供更高的安全性。通过周期性地改变用于加扰 MAC

地址的控制字,特定的数据报的目的地不能通过观察 MAC 地址而确定,能够防止流被监视。由于很难得到送到单一接收端的数据报,因此加强了安全性。数字电视广播不规定加扰 MAC 地址控制字的分发机制。

在段头中地址加扰是由 2 比特域 address_scrambling_control 控制。如果它的值是“00”,则不对 MAC 地址加扰。应注意由于作为数据报一部分的协议地址在透明传输中是可见的,因此没有载荷加扰的 MAC 地址加扰是没用的。

LLC/SNAP 封装提供了能够用于传送任何网络协议的多封装,包括 IP 协议。对传送 IP 进行了优化,允许传输没有 LLC/SNAP 报头的 IP 数据报,由段头中的 LLC_SNAP_flag 控制。如果它的值是“0”,则载荷包含原始 IP 数据报。如果它的值是“1”,则载荷包含一个 LLC/SNAP IP 封装,该封装由 LLC/SNAP 的结构 LLC_SNAP()组成,随后是数据报字节。传送 IP 的优化方法能用于 IPv4 和 IPv6。当传送 IP 协议时,section_number 和 last_section_number 都应是“0”。

段可以包含数据报之后的填充。例如,当使用分组加密编码时,填充字节可以使段的载荷是分组长度的倍数。对这些字节的值不做规定,在载荷加密的情况,不要分配给固定值,固定值将有助于破密。

根据 section_syntax_indicator 的值,datagram_section 的结尾处有和校验或 CRC_32。建议使用 CRC_32,因为它提供更好一点的比特误码保护,大多硬件解复用器能够对 CRC_32 进行硬件校验,而和校验通常应用软件进行校验。

A.6.3 在 SI 中的信息

对于使用多协议封装的业务,在 SDT 或 EIT 中有 data_broadcast_descriptor。在 selector_byte 中传送 multiprotocol_encapsulation_info 结构。

MAC_address_range 用于通知接收端 MAC_address 的哪个字节对过滤是有效的。

MAC 地址的有效字节在 MAC 地址低位端。

如果依照 IETF RFC 1112 将多播 IP 地址映射为 MAC 地址,则发出 MAC_IP_mapping_flag。

值得注意的是,数字电视广播并未规定使用 IEEE 定义的 MAC 地址,因此允许可能更优化的映射。

对齐指示符指示 datagram_section 与 TS 流包是 8 比特对齐排列还是 32 比特对齐。8 比特对齐基本意味着不对齐。对齐在输入 TS 流包的实现中是有用的,并且依靠段的开始,在该段上实现 32 比特范围内的有效过滤比较操作。

max_sections_per_datagram 定义用于传送单个数据报的最大段数(对 IP 来说,限定为 1)。这定义了数据报的最大长度。典型的接收端在数据报传送出去之前应将分割的数据报组合起来,因此该域定义了缓冲区的容量。缓冲区的容量是接收端为组合最大长度数据报所必需的。

A.7 数据轮播

A.7.1 概述

数据轮播是一种传输机制,它允许服务器(应用的广播组件)通过一次或多次循环重复轮播的内容,为解码器(接收端运行的程序)提供一套清楚的数据模块。如果应用解码器要从数据轮播接入一个特定的模块,它可以只是等待所要求模块数据的下一次广播时间。

一个被广泛理解的数据轮播概念的好例子是图文电视系统。在这个系统中,一整套的图文页以在场逆程的模拟视频信号的行中循环广播。当用户想看一页信息时,他常常需要等到该页的下一次广播时间。用户所需要等待的最大时间取决于进行一次完整轮播循环所占用的时间,该时间可由轮播的大小和数据广播的速率来推导。

在数据轮播中，数据由模块构成，如在图 A.4 中描述的 M2、M3 和 M8。这可能就是一些文件内容，比如这个例子中的"file1"、"file2"和"file3"。每个模块都被分割，用来构成用 DSM-CC DownloadDataBlock 句法定义的一个或多个下载数据消息的载荷。下载控制消息提供描述每个模块和逻辑分组的信息，在适合的情况下定义使用 DSM-CC 的 DownloadServerInitiate 或 DownloadInfoIndication。

在这个例子中每个下载消息都仅插入一次，并且同一模块的 DownloadDataBlock 依序相邻插入。然而，对一个特定消息插入到轮播的一个循环的频度以及消息插入的次序和位置没有作约束。这允许数据轮播可以使用任何最适合一个特定应用的方式来创建。此外，消息插入数据轮播的频度和次序不需固定并且根据需要可以动态改变。

A.7.2 数据轮播群和超群

一组数据轮播中的逻辑上一致的模块可以组合成群。DownloadInfoIndication 消息提供群中模块的描述。这里没有对模块如何关联形成群作限定，特别的，一个模块可以属于多个群。

群可以组合成超群。DownloadServerInitiate 消息提供超群中群的描述。

注：超群可以包含任意数目的群，甚至是只有一个群。

数据轮播的结构(在群或超群中)没有必要反映内容的结构。

为了清楚阐述，具体的 DSM-CC 消息在本标准的附录 F 中描述。本标准的附录 G 给出了关于在段中包含 DSM-CC 消息的信息。

A.7.3 使用一层数据轮播

如果数据轮播仅由单个群组成并且群的完整描述可以包含在单个的 DownloadInfoIndication 消息中(也就是控制信息的一层)，那么可以使用一层数据轮播。在其他所有情况中，应使用两层数据轮播。DownloadInfoIndication 消息是数据轮播中唯一的下载控制消息并且作为最高级别的控制消息来使用的。

注：尽管在数据轮播中只定义了一个下载控制消息，但是在该数据轮播的单一循环中，相同消息可能多次插入。

一个单层轮播适用的例子是一个小的(10～20 模块)基于 HTML 应用的传输，该应用仅支持 HTML V1.0 版本。

A.7.4 使用两层数据轮播

A.7.4.1 基本概念

两层数据轮播有一个或多个 DownloadInfoIndication 消息并且只有单个 DownloadServerInitiate 消息(也就是控制信息的两层)。DownloadServerInitiate 消息是被作为最高级别的控制消息来使用的。

两层数据轮播在下面描述的情况下使用。这是用于具体情况的指南，并且有必要时可以混合使用。

A.7.4.2 数据轮播由单个群组成，且该群的描述对单个的 DownloadInfoIndication 消息来说太大

在这种情况下，如果需要，就要有足够多的 DownloadInfoIndication 消息被用来描述在这个大的群中所有的模块。这样有效地将这个大的群分割成许多小群，这些小群每个都是由它自己的 DownloadInfoIndication 消息来定义的。既然只能拥有一个最高级别控制消息，这就强制地规定了两层数据轮播的使用。为了能够重建原始的大的群，这些新的较小的群应该连接在一起。这是通过在 DownloadServerInitiate 消息中的每个较小的群的描述中包含 group_link_descriptor()来完成的。

例如基于只支持 HTML V1.0 版本的大的 HTML 应用(500 个模块以上)的传输。

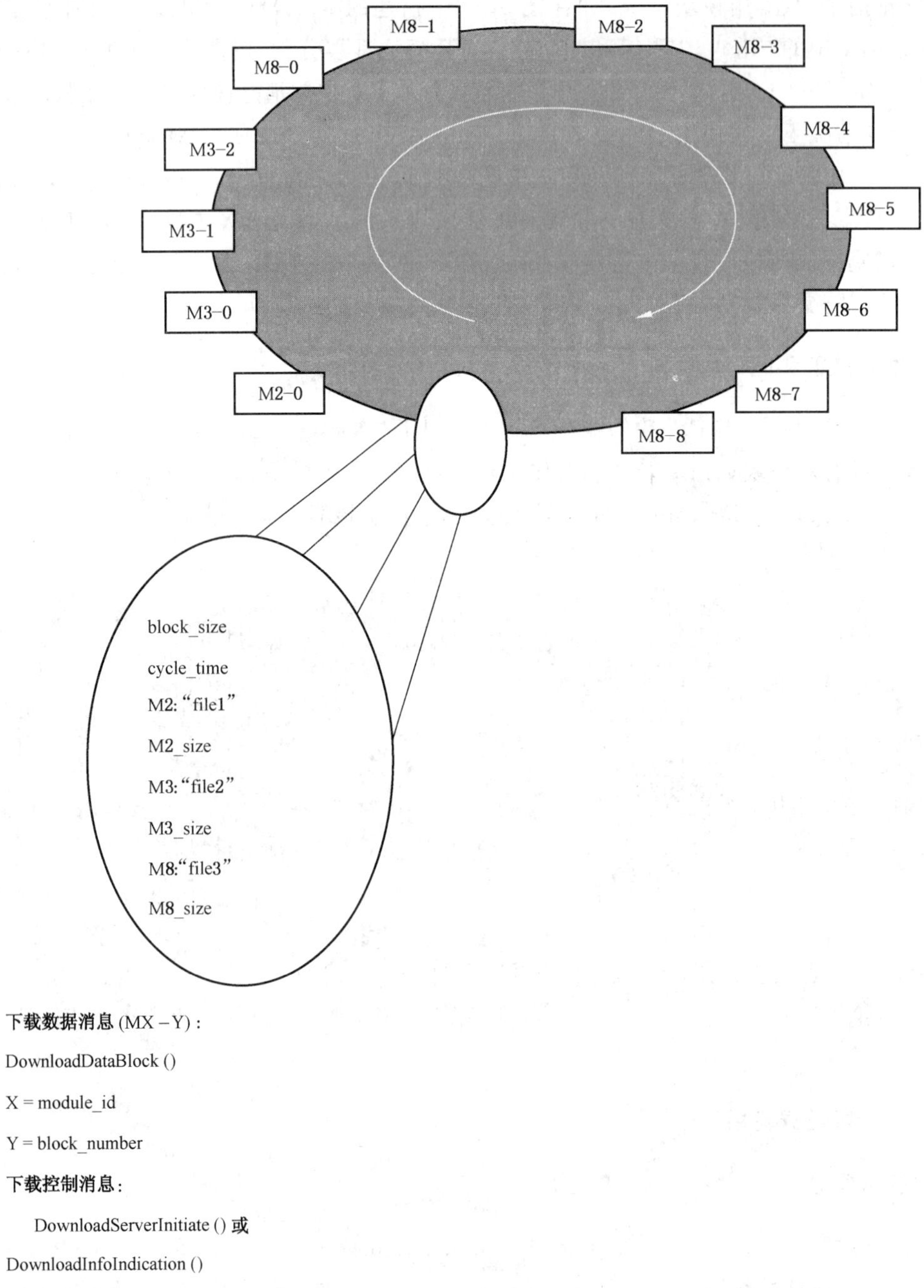

图 A.4　数据轮播中信息的循环发送

A.7.4.3　数据轮播只传输单个版本的应用，但支持许多不同的接收端类型

在这种情况下数据轮播由通过在多个群中共享通用模块的方式来支持不同的接收端类型的群构成。这样的例子就是一个基于支持 HTML V1.0、V2.0 和 V3.0 的小的 HTML 应用的传输。该数据轮播将由一个包含三个群的超群构成。多数的模块对所有的三个群都是通用的，例如 GIF 和 JPEG，不过一些模块对于某个群来说是特定的，例如一个页面的特定 HTML 版本。

每个群关联的 groupCompatability 结构用来决定一个给定的接收端类型使用哪个群。

A.7.4.4 单一的接收端类型数据轮播同时传输一个应用的多个版本

在这种情况下数据轮播应该由要被传输的应用的每一个版本的群构成。由于这里没有版本更新机制，DownloadServerInitiate 消息仅用来为描述最新版本的群提供关联关系。这意味着一个通过最高级别控制消息接入数据轮播的接收端将自动使用这个版本。

当仍然在传输一个应用已存在的版本时，如果要加入一个新版本，则将产生一个新的群，那么 DownloadServerInitiate 消息将被更新用来消除上一个"最新"群的所有关联关系，并且与新的"最新"群关联起来。这就强制限定了如果接收端想要继续接入仍然在被广播的旧版本，接收端应本地存储相关的最高级别的控制消息(DownloadServerInitiate)。

注：在 data_broadcast_descriptor 中的 transactionId 能被用来直接指向 DownloadInfoInitiate 消息，该消息描述了仍然在数据轮播中的一个较旧版本的群。

例如使用接收端作为一个大容量存储器件的软件下载接口，即使相同文件的一个较新的版本正在被广播，它还希望继续完成广播一个大文件。

A.7.5 transactionId 值的分配和使用

在数据轮播中 transactionId 的使用方式继承于它在 ISO/IEC 13818-6:1998 中定义的使用方式，这样可能显得有些复杂。transactionId 有双重作用，它提供下载控制消息(DownloadInfoIndication 和 DownloadServerInitiate 消息)的确认和版本更新机制。在数据轮播中 transactionId 唯一标明一个下载控制消息，然而当该消息的任何一个域被修改时，它应当"被增量"。

注：术语"被增量"在 ISO/IEC 13818-6:1998 中使用，指的是控制消息发生改变时，transactionId 的 16-29 位的值加 1。在数据轮播的应用范围内它解释为"被改变"。

transactionId 已被切分成许多定义在表 A.2 中的子域。这反映了 transactionId 的作用(上文给出了大致的框架)并且数字电视制定了一些约束来减少接收端要求的过滤的最小级别。然而，为了增加互操作性，transactionId 的分配被设计成与在目标接收端预期的过滤无关。

表 A.2 transactionId 子段

位	值	子段	描　述
0	用户定义	更新标志	控制信息每次更新都将触发该位。
1-15	用户定义	识别	对于顶层控制信息，所有位为 0； 非顶层控制信息，至少一位不等 0。
16-29	用户定义	版本	每次控制信息更新，版本号加 1。
30-31	位 30-0 位 31-非 0	出处	在 ISO/IEC 13818-6:1998 中定义，如果网络分配了 transactionId，其值为 0x02。

由于 transactionId 的功能，作为版本切换机制，数据轮播中任意消息的任何改变都将导致最高级别的控制消息的 transactionId 被增量。这些变化通过下面的数据轮播结构传输。对模块的任何变化将强制改变它的 moudleVersion。该变化将通过 DownloadInfoIndication 消息中的模块描述相应的域反映出来，该消息描述任何包含它的群。在 DownloadInfoIndication 消息中的域被改变后，它的 transactionId 也应该改变，以标明一个消息的新版本。这些变化将再次通过描述这个超群的 DownloadServerInitiate 消息中对群进行描述的域反映出来。由于 DownloadServerInitiate 消息中的域已经被改变，它的 transactionId 也应该被改变。这非常有用，因为只要通过观察最高级别控制消息中的 transactionId，就能检测到数据轮播中任何消息的改变。

如果任意控制消息中的 transactionId 都参考 SI 中 data_broadcast_descriptor 中相应的域，那么它要被更新以反映各种变化。这样的结果就是如果数据轮播内容发生变化，就应再去取那些被改变的 SI 表。由于 SI 的重复间隔可能到 2 s，这里可能会有我们不希望的、会降低动态数据反应速度的副作用。为了避免这样的结果，可以把 data_broadcast_descriptor 中的 transactionId 置为 0XFFFFFFFF，以便指出任何最高级别控制消息都是有效的。

在 TS 流中下载控制消息的封装在 ISO/IEC 13818-6:1998 中定义。它规定了将 transactionId 中 2 个最低有效字节拷贝到 DSMCC_section 头的 table_id_extension 中。这意味着如果知道正在被广播的数据轮播的 PID，通过将段过滤器设为 table_id＝0X3B（下载控制消息）和 table_id_extension＝0X0000 或 0X0001，不用知道轮播数据的 transctionId，就可以找到最高级别控制消息。

表 A.3 反映了不同消息类型的段头的编码。

表 A.3 DSM-CC 段头中的各域编码

消息	table_id	table_id_extension	version_number	section_number	last_section_number
DSI	0x3B	DSI 中 transaction_id 的两个最低有效字节	0x00	0x00	0x00
DII	0x3B	DII 中 transaction_id 的两个最低有效字节	0x00	0x00	0x00
DDB	0x3C	moduleId	module Version%32	blockNumber%256	section_number 的最大值

A.7.6 具体的数据轮播描述符的使用

A.7.6.1 说明

这一条描述的所有描述符都是可选的。

A.7.6.2 type_descriptor

数据轮播的群或模块的类型使用 type_descriptor 来传输。它的使用是业务供应商专有的。按照媒体类型规范 IETF RFC 2045，由一个字符串来指定该模块的类型。

A.7.6.3 name_descriptor

数据轮播的群或模块的名称使用 name_descriptor 传输。它的使用是业务供应商专有的。

A.7.6.4 info_descriptor

数据轮播的群或模块的相关信息使用 info_descriptor 来传输。它的使用是业务供应商专有的。

A.7.6.5 module_link_descriptor

module_link_descriptor 提供了关于一个群中的哪些模块应该被连接在一起的信息，这样可以从该数据轮播中取出完整的数据。在这个描述符的两个域 position 和 moudle_id 一起用来标明多个模块连接时，模块连接列表中的第一个模块（position＝0x00，module_id＝下一个模块号），下一个模块（position＝0x01，module_id＝下一个模块号）以及最后一个模块（position＝0x02）。

A.7.6.6 CRC32_descriptor

使用 CRC32_descriptor，给出一个完整模块上的 CRC-32 的计算值。这些 CRC-32 数据是描述符的一部分。

A.7.6.7 location_descriptor

在 DownloadServerInitiate 消息中的 location_descriptor 标明能找到该数据轮播群的 PID。DownloadInfoIndication 消息应在该 PID 上找到。相同的机制还可用在 DownloadInfoIndication 消息上，用来找到不同 PID 上的所有模块。

这对于不同的用户来说是一种处理群和模块的非常有用的方法。

A.7.6.8 est_download_time_descriptor

est_download_time_descriptor 为接收端提供下载模块或群的时间。

需要注意它的使用方式。很显然，下载时间对于传输数据轮播的可用比特率是敏感的。数据轮播生成位置和播放位置不同可能会出现问题，例如，同一数据轮播如果在第一天以一个比特率（例如 1 Mb/s）而在第二天以另一个比特率（例如 2 Mb/s）播出，那么可能两天中有一天的下载时间是不准确的（甚至两天都不准）。

注：基于最小播放比特率可以计算出预计下载时间的值，很明显，这种方法基于接收到的消息，向接收端指出收到多少数据更为实用。

A.7.6.9 group_link_descriptor

群中模块的描述由 DownloadInfoIndication 消息提供。被描述模块的数目由该消息的最大尺寸和每个模块描述的尺寸来决定。GB/T 17975.1—2010 段的封装限制了下载控制消息的最大尺寸低于 4K 字节。一个简单模块描述的大小（例如 30 个字节的基本信息和名字描述符）大概是 40 个字节。这就意味着 DownloadInfoIndication 消息可以描述大约 100 个模块，这在绝大多数情况下已经足够了，但并不能满足所有的情况。

在后一种情况中，要描述一个大群中的所有模块，就应有足够多的 DownloadInfoIndication 消息。这就有效地把一个大群分割成许多较小的群，每个较小的群都由各自的 DownloadInfoIndication 消息来定义。为了能够重建原始的大群，这些较小的群应连接在一起。这应通过包含 DownloadServerInitiate 消息中的，每一个新的较小群的描述中的 group_link_descriptor()来实现。

A.7.6.10 private_descriptor

如果一个业务供应商有 private_descriptor 的需要，将使用 private_descriptor 的句法。

A.7.6.11 compressed_module_descriptor

compressed_module_descriptor 的出现标明模块中的数据具有定义在 IETF RFC 1951 中的“zlib”结构。ZLIB 结构的定义见表 A.4。

表 A.4 zlib 结构

句　法	字　节　数
zlib structure	
{	
compression_method	1
flags_check	1
compressed_data	n
check value	4
}	

A.7.7 SI 和 PSI 中的信息

A.7.7.1 说明

数据轮播的访问可以通过 SI 或 PSI 中的描述符来完成。这就为定义业务提供了灵活性。

A.7.7.2 SI 中的描述符

对于使用数据轮播的业务，data_broadcast_descriptor 应出现在 SDT 或 EIT 中。也就是说，这种描述符的使用是强制性的。

data_broadcast_id 域应置为 0x0006 来标明数字电视数据轮播的使用。

component_tag 通过与 PMT 中具体流的 stream_identifier_descriptor 中的 component_tag 相关联的方式来识别传输数据轮播所使用的 PID。

data_carousel_info 结构在 selector_byte 中传输。

carousel_type_id 标明了使用了哪种数据轮播，见本标准的表 23。

transacion_id 的使用在 A.7.4 条中描述。

time_out_value_DSI 和 time_out_value_DII 向接收端给出标识，告知接收端在判定一个错误情况之前，应等待多少时间。

为了优化接收设备，使用了 leak_rate。通过给出 leak_rate，解码器计算是否能够解码一个业务。移出速率也可以由 smoothing_buffer_descriptor 或 maximum_bitrate_descriptor 给出，在这两个描述符都出现的情况下，两个描述符给出的值应一致。但是，不推荐使用 maximum_bitrate_descriptor。

使用基于 SI 代替 PSI 访问轮播的优点在于：

- 使用 transacionId 可以明确地标明数据轮播中的最高级别控制消息；
- 通过在 data_broadcast_descriptor 包含 transactionId 域，数据轮播的更新(这将导致 transactionId 的变化)可以只通过过滤 SI 就能被检测到；

注：这种方法可以通过使用特殊的 transactionId 值(0XFFFFFFFF，在 A.7.4 条中描述)来避免。

- 描述符不占用 PSI 表(可以说是一种稀缺资源)的空间。

使用基于 SI 代替 PSI 接入轮播的缺点在于，SI 的重复周期可能长达 2 s，这可能会对业务首次访问带来延迟。

A.7.7.3 PSI 中的描述符

对于使用数据轮播的业务，data_broadcast_id_descriptor 可能会出现在 PMT 中，也就是说该描述符的使用是可选的。

data_broadcast_id 域应置为 0x0006 来标明数字电视数据轮播的使用。

使用这种机制的优点在于，PSI 的最大重复周期仅为 0.1 s，这就能实现对业务的首次快速访问。

这种机制的缺点在于：

- 没有 transactionId 清楚地识别最高级别控制消息。这样只有来自单个数据轮播的下载控制消息可以在被标明的 ES 流中传输；
- 该描述符没有提供任何关于下载控制消息超时周期的信息。这些信息仍然要从 SI 的描述符中获得；
- 该描述符消耗 PSI 表的部分空间(即使很小)；
- 该描述符在 SI 中仍然需要。

A.8 对象轮播

A.8.1 概述

DSM-CC 对象轮播使得利用目录对象、文件对象和流对象的，从广播服务器到广播接收端（客户端）的对象的结构化的群的传输变得容易。实际的目录和内容（对象实现）都位于该服务器上。该服务器不断地将相关的对象插入到使用对象轮播协议的，数字电视相兼容的 TS 流当中去。如图 A.5 所示，对象轮播是数字电视业务的一部分。传输的目录和文件对象包含对象的内容，而传输的流对象在广播中是其他流的参考基准。该流对象可能包含在一个特定流中广播的关于 DSM-CC 事件的信息。DSM-CC 事件可以通过一般流数据来广播，并且可以用来触发 DSM-CC 应用。

通过读取反复传输的轮播数据，多个客户端可以恢复对象实施，因此在本地对象实施中可以模仿服务器的对象。轮播中的对象为客户提供了访问应用和应用内容的方式，或多或少地，好象与服务器之间存在交互连接一样。

下面内容提供了在数字电视广播网络和遵循 ETSI EN 300 802 的交互系统中实施和使用 DSM-CC U-U 对象轮播的应用指南。其主要集中在以下几方面：

- 平台无关性；
- 应用在 U-U 对象轮播中的 BIOP 控制结构的编码；
- 应用在 U-U 对象轮播中的 BIOP 数据消息的编码；
- 下载数据轮播消息的编码；
- DSM-CC 段的编码；
- 对象轮播 PSI 描述符的应用；
- 对象轮播 SI 描述符的应用。

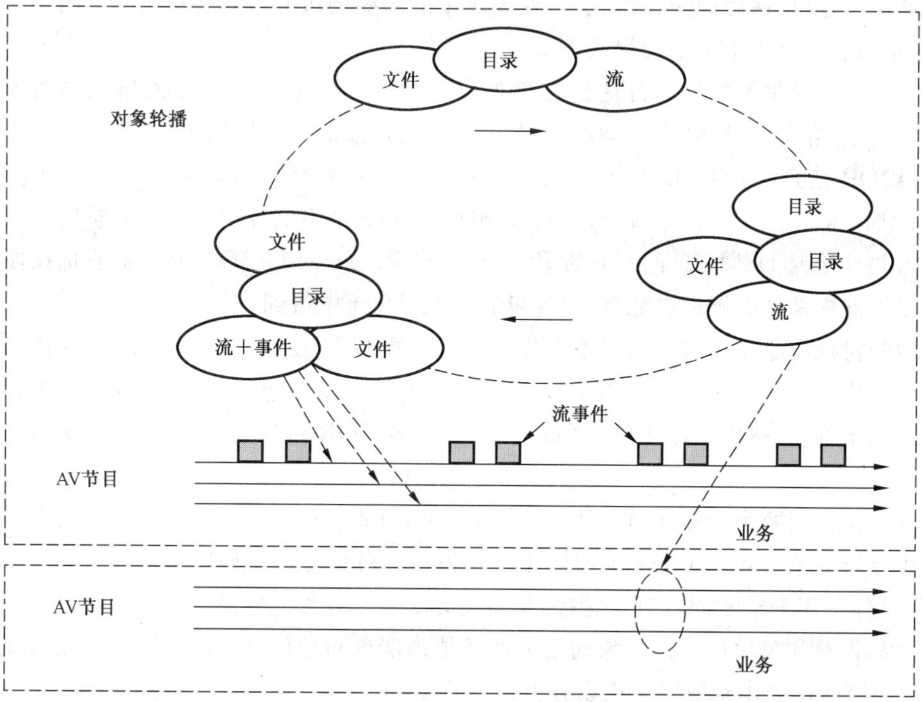

图 A.5 含有对象轮播的业务示例

图 A.6 表明了为广播和交互网络定义的协议栈，图中粗线所包围的部分说明了其涉及的范围。

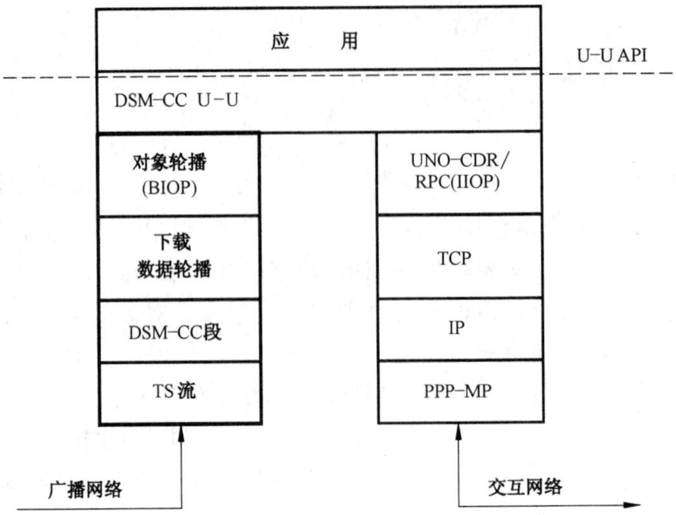

图 A.6 对象轮播协议在交互业务结构框架中的位置

A.8.2 平台无关性

A.8.2.1 概述

对象轮播规范是平台无关的，与 ISO/IEC 13818-6:1998 规范中 U-U 的规定以及 CORBA 定义的 ORB 结构兼容。在 DSM-CC U-U 系统环境中，对象的结构化组被称作业务域。业务域有一个业务网关，该网关可以看作是对象结构化组最高一级的目录，而且这样一个业务网关可以为公布给客户端的业务名称(也就是对象名称)的图表提供相互关系。业务域可以在交互网络的服务器上定位，也可以在广播网络的服务器上定位，在后面一种情况下，业务域中的对象通过对象轮播的方式广播。

注意：对象命名应遵照本标准的附录 H。

对象轮播中一个对象的数据和特性是在单独一个消息中传输的。消息的格式由对象轮播规范指定，称做 BIOP 消息格式。BIOP 消息通过 DSM-CC 数据轮播的一个模块来广播，但是一个模块可包含一个或多个 BIOP 信息。依照 DSM-CC 数据轮播规范，一个模块可以被分成一个或多个块，块在 DownloadDataBlock 消息中传输。每个 DownloadDataBlock 消息大小相同(除了模块的最后一个数据块可能小些)，并且按照 DSM-CC 的规定在段中依次传输。DownloadDataBlock 消息在段中封装的规则是通过解复用器中常见的硬件过滤器，块能够直接从 TS 流中得到。

业务域中的对象通过使用对象基准来标识。DSM-CC U-U 使用 CORBA 定义的 IOR 结构。对象基准包含了在网络中一个或多个服务器上检索对象所需的全部信息。IOR 中包含有被存储对象的实例的位置信息的结构体，称作类型体(Profile Body)。一个 IOR 可以包含多个类型体以指示对象的多个(网络)位置。

对象轮播规范使用两个类型体，即 BIOP 类型体和 LiteOptions 类型体。BIOP 类型体用于在同一个对象轮播里检索对象，LiteOptions 类型体用于在另一个对象轮播里检索对象。

BIOP 类型体只用来检索同一对象轮播(即业务域)中的对象。它通过使用对象轮播的标识符、广播对象的模块标识符和模块中标识对象的唯一的键值来实现对象的唯一标识。对象轮播的标识符通过节目中 PMT 的描述符链接到数字电视业务上。

Lite Options 类型体用于检索另一业务域(要么是交互的，要么是广播的)中的对象。它通过使用全局唯一的 NSAP 地址格式来帮助应用链接到其他业务域。对于数字电视网络中的业务域，NSAP 地址连接到一个特定的数字电视业务。

A.8.2.2 所支持的 U-U 对象

对象轮播规范是用来支持 DSM-CC U-U 的 API 所定义的大量接口的。本条提供了对象轮播中所支持的对象和接口的指南，接口定义见 ISO/IEC 13818-6：1998。READER 接口所支持的对象见表 A.5。

表 A.5 具有 READER 支持接口的对象

对　　象	READER 接口所支持的对象
DSM::Directory	Access，Directory
DSM::File	Base，Access，File
DSM::Stream	Base，Access，Stream
DSM::ServiceGateway	Access，ServiceGateway
BIOP::StreamEvent	Base，Access，Stream，Event

应该注意的是广播网络的 API 句法与交互网络的 API 句法稍有差别，原因在于网络自身的广播特性。一个典型的例子是对于通过广播网络传输的流，其流接口的暂停 API 指令会让屏幕上的画面静止，但并不中止(广播)流的传输。

本附录不提供任何关于在广播网络中精确操作 DSM-CC U-U 接口的指导。

DSM-CC 接口访问会返回缺省属性（即目标特性，如只读属性和访问时间），因为这些特性的广播在 BIOP（ISO/IEC 13818-6：1998，GB/T 17975.1—2010）中没有定义。

本附录不提供任何关于对象轮播中访问特性的广播规范。

图 A.7 用 OMT 注释法标明了 U-U 对象之间的关系。

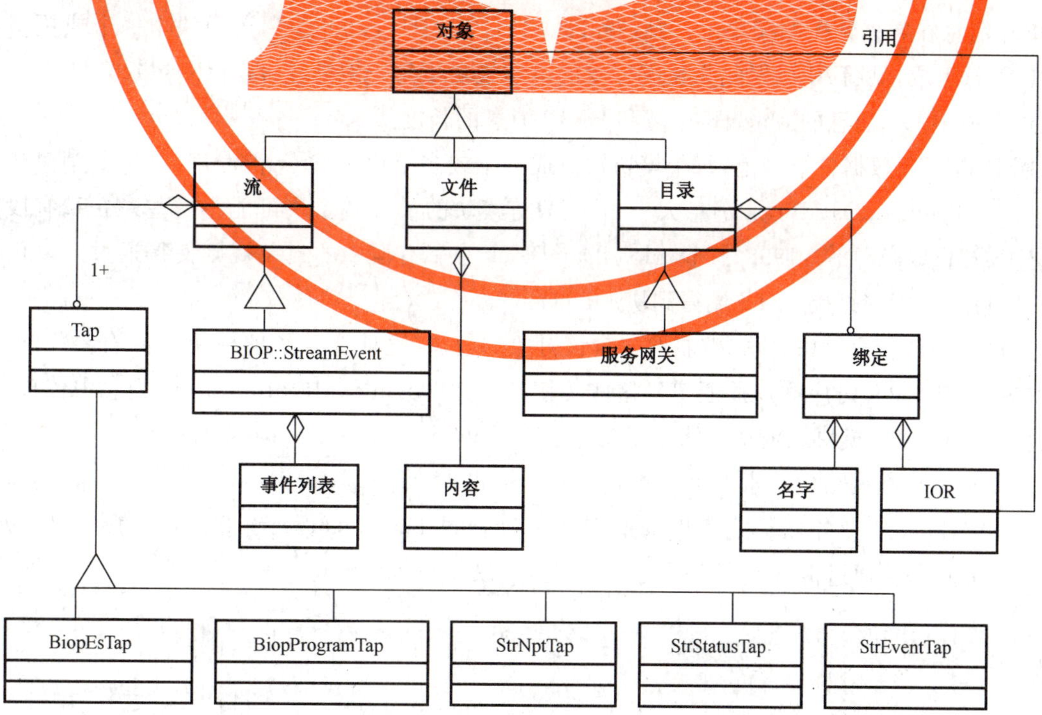

图 A.7 对象轮播所支持的对象

在对象轮播中，可为每个对象传送以下信息：

- 目录对象数据（Directory object data）：绑定列表，其中每个绑定都把一个名字与一个对象基准（IOR）连接起来。另外，每一个绑定还可能包含绑定对象的一些附加特性，以支持通过目录快速浏览。在当前的对象轮播规范中，这仅用于文件对象的 contentSize 属性；
- 文件对象数据（File object data）：文件内容数据和 contentSize 属性；
- 流对象数据（Stream object data）：标识符（称为 Tap）列表，指向广播网络中一个或多个流。每个 Tap 要么指向基本流（BiopEsTap），要么指向完整的节目（BiopProgramTap）。另外，其他的标识符可能会出现，以指向包含流控制信息的广播通道（例如：指向 NPT、状态/模式、事件的 StreamDescriptor 的 Tap）。流对象数据还包括 StreamInfo 属性；
- 业务网关对象数据（ServiceGateway object data）：与目录对象相同，因为业务网关是从目录继承的。对于业务网关的特别之处是，它包含有业务域的根目录；
- 流事件对象数据（StreamEvent object data）：类似于流对象数据，但是扩展了 EventList 属性和 eventID 列表。这些属性包括了 DSM-CC 事件名列表以及这些事件名称与 eventID 的映射关系。

A.8.2.3 对象传输

在对象轮播中一个 U-U 对象的数据和特性在一个消息中传输。消息格式由 BIOP 规定，称做 BIOP Generic Object Message format（BIOP 通用对象消息格式，或简称 BIOP 消息格式）。一个 BIOP 消息由一个 MessageHeader、一个 MessageSubHeader 和一个 MessageBody 构成。MessageHeader 提供了 BIOP 协议版本和 BIOP 消息长度。MessageSubHeader 包含了关于传输对象的信息，如 objectType（文件、流和目录）和 objectKey（模块中的唯一标识符）。MessageBody 依赖于 objectType，包含实际的 U-U 对象数据。一个 BIOP 消息的大小是可变的。

BIOP 消息在数据轮播的模块中广播，见 ISO/IEC 13818-6：1998。一个模块由一个或更多个链接的 BIOP 消息组成，见图 A.8，因此为长度可变的。在模块中每个对象由 objectKey 标识，对象可以很容易地通过解析 BIOP 消息的 objectKey 域和 BIOP 消息的长度找到。

依照 DSM-CC 数据轮播规范，每个模块被分成一个或多个通过 DownloadDataBlock 消息传输的数据块。每个 DownloadDataBlock 消息大小相同（只有模块的最后一个块可能小一些），在私有段中依次传输，见 ISO/IEC 13818-6：1998。DownloadDataBlock 在私有段中的封装规则使得通过解复用器中常见的硬件过滤器，能够直接从 TS 流得到块。

从广播网络中获取对象，应完整获取包含该对象的模块，这就要求了解模块的传输参数，如模块版本、模块大小、块大小、时序和广播通道。这些传输参数在 DownloadInfoIndication 消息中传输，该消息应在获取 DSM-CC 的模块之前从网络中得到。一个 DownloadInfoIndication 消息能描述多个模块的传输参数。因而从广播网络中检索一个对象需要两个步骤。

在 BIOP 中，一个业务域的业务网关的对象基准通过 DownloadServerInitiate 消息传输，见 ISO/IEC 13818-6：1998。通过 PSI 或者 PSI 与 SI 一起，可以找到这个消息。

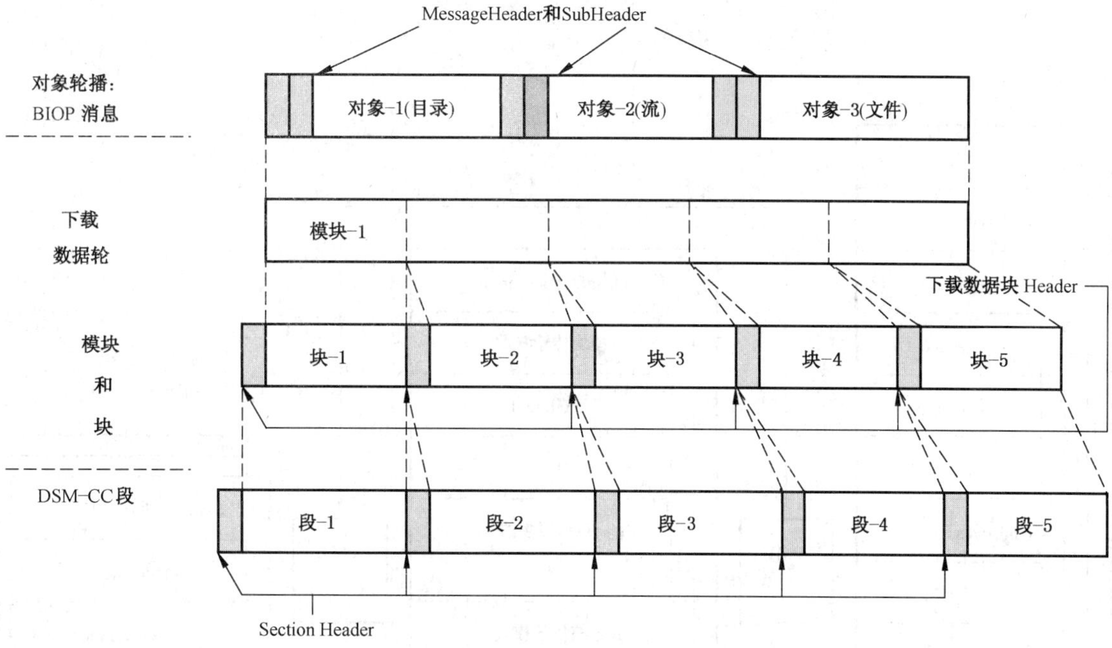

图 A.8　BIOP 消息在模块、数据块、GB/T 17975.1—2010 段中的封装和切分

A.8.2.4　对象基准

BIOP 使用了 CORBA 的 IOR-Interoperable Object Reference(可互操作的对象基准),见 ISO/IEC 13818-6:1998。对象基准为每个网络位置都保留了一个类型体。类型体的类型依赖于从服务器获取对象所必须的协议。

因为 IOR 指向同一个广播业务域中(在同一个对象轮播中)的对象,BIOP 的类型体就标明了传递对象数据和属性的 BIOP 信息的位置,因此 BIOP 由 ObjectLocation 和 ConnBinder 组成,见图 A.9。

图 A.9 说明了带有 BIOP 类型体的 IOR 如何被解析成它所指向的对象。ObjectLocation 通过 carouselId、moduleId、objectKey 标识了 U-U 对象轮播中的对象。

ConnBinder 由 Tap 的序列组成。Tap 通过 PMT 来标识广播 DownloadInfoIndication 消息、含有对象模块传输参数的码流。

ConnBinder 至少要包含一个通过 PMT 指向 DownloadInfoIndication 消息的 Tap。IOR 中的 moduleId 用于判定 DownloadInfoIndication 消息中合适的传输参数。传输参数要依次包含至少一个指向(也通过 PMT)传送模块的 DownloadDataBlock 消息的 Tap。最后,来自 IOR 的 objectKey 用来标识模块中的对象消息。

注:ConnBinder 和模块传输参数都可能包含多于一个的 Tap,额外的 Tap 可能标识了传输同一模块(可能使用其他传输参数)的其他可选码流。

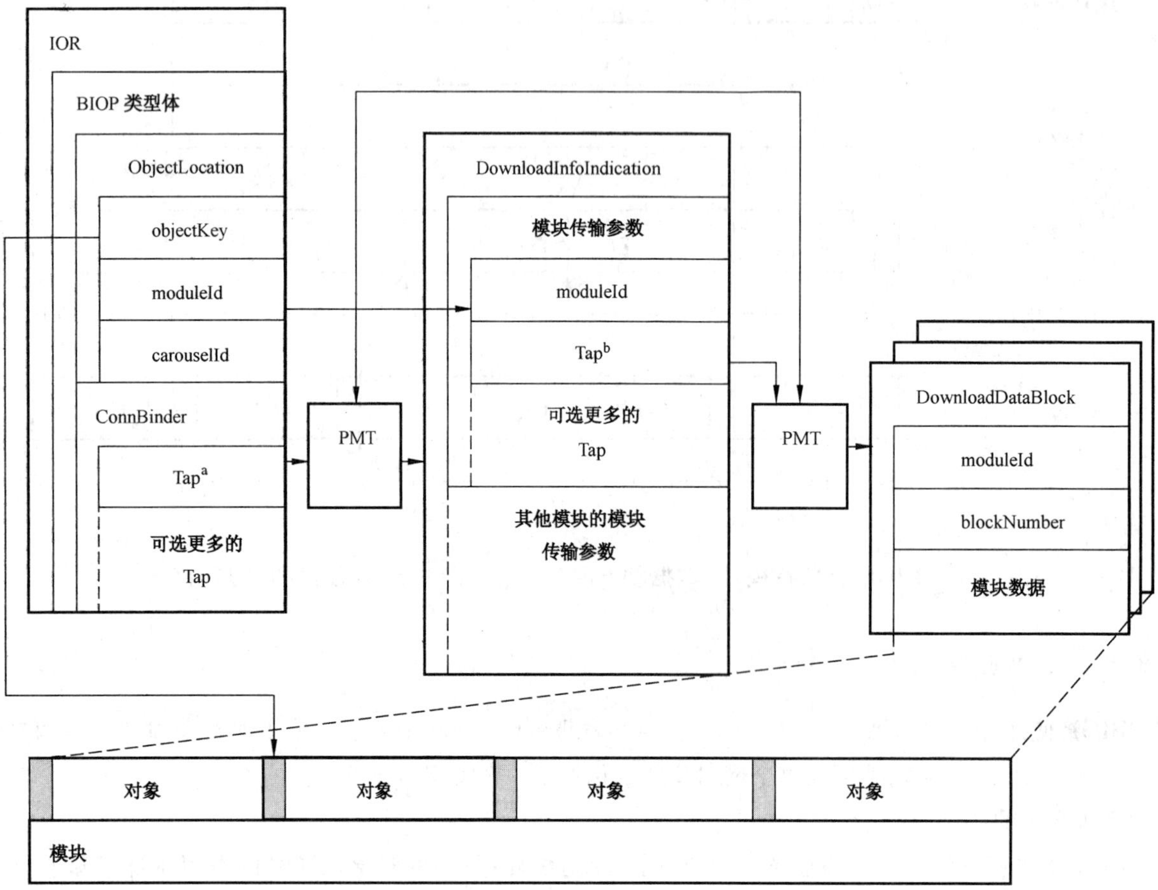

a TapUse=BIOP_DELIVERY_PARA_USE

b TapUse=BIOP_OBJECT_USE

图 A.9 带有 BIOP 类型体的 IOR 如何被解析成对象

对于指向另外一个业务域的 IOR,就要使用 LiteOptions 类型体。LiteOptions 类型体使用全局唯一的 NSAP 地址来标识交互的或者广播性质的业务域。对于数字电视兼容广播网络中的业务域,NSAP 地址标识了一个本标准规定的具体数字电视业务,见图 A.10。

图 A.10 说明了含有 LiteOptions 类型体对象基准(IOR)如何被解析为广播业务域中的业务网关。该类型体包含了 Service Location 成员,其中依次包含有 NSAP 地址。通过广播对象轮播的数字电视业务的 transport_stream_id,service_id,和 orginal_network_id,NSAP 地址标识了广播业务域。通过使用业务的 PAT 和 PMT,在 DownloadServerInitiate 消息中可以找到业务网关的 IOR。该 IOR 依次包含有指向广播业务域的业务网关对象的 BIOP 类型体。BIOP 类型体的解析操作与图 A.9 相同。

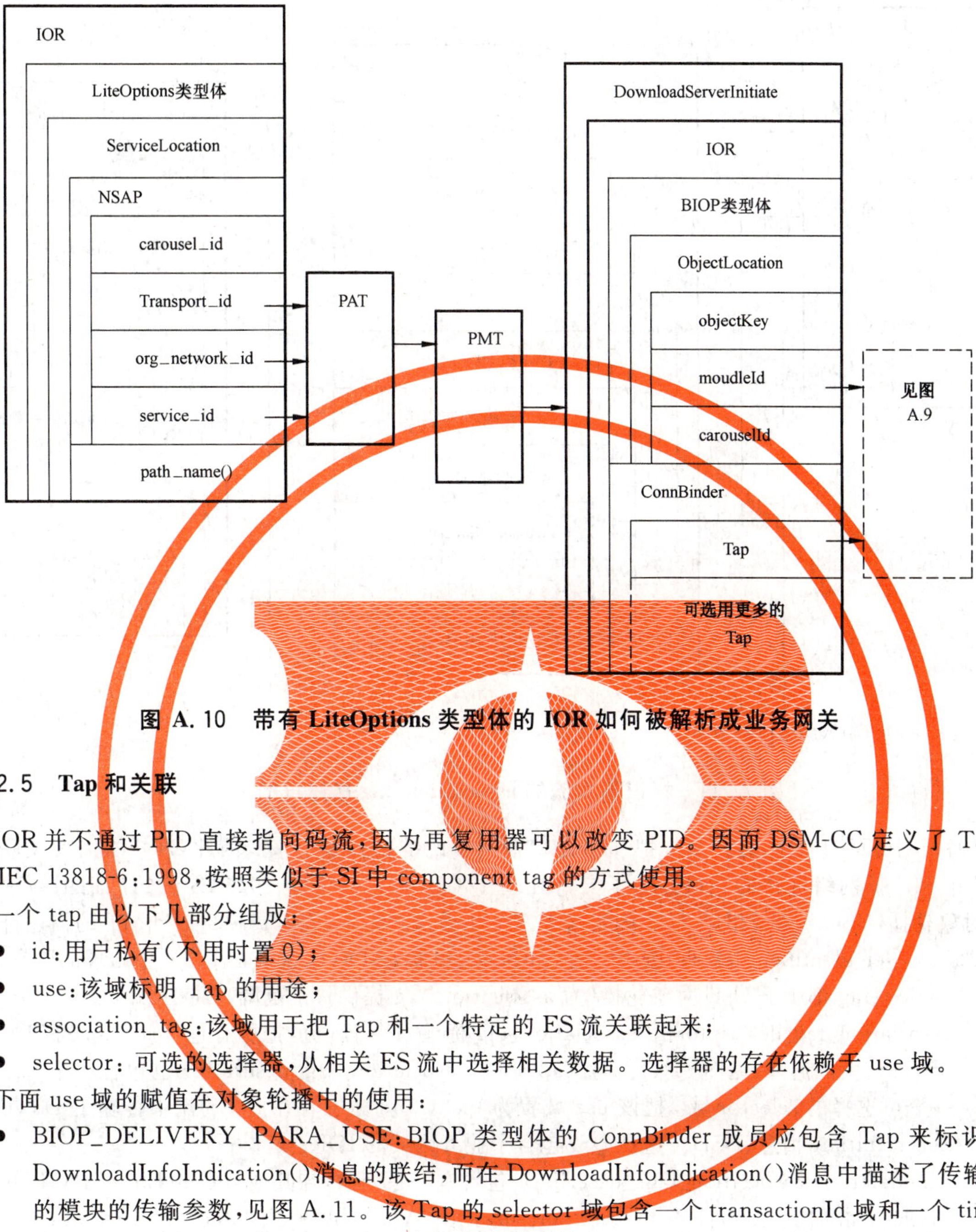

图 A.10 带有 LiteOptions 类型体的 IOR 如何被解析成业务网关

A.8.2.5 Tap 和关联

IOR 并不通过 PID 直接指向码流，因为再复用器可以改变 PID。因而 DSM-CC 定义了 Tap，见 ISO/IEC 13818-6:1998，按照类似于 SI 中 component tag 的方式使用。

一个 tap 由以下几部分组成：

- id：用户私有(不用时置 0)；
- use：该域标明 Tap 的用途；
- association_tag：该域用于把 Tap 和一个特定的 ES 流关联起来；
- selector：可选的选择器，从相关 ES 流中选择相关数据。选择器的存在依赖于 use 域。

下面 use 域的赋值在对象轮播中的使用：

- BIOP_DELIVERY_PARA_USE：BIOP 类型体的 ConnBinder 成员应包含 Tap 来标识广播 DownloadInfoIndication()消息的联结，而在 DownloadInfoIndication()消息中描述了传输对象的模块的传输参数，见图 A.11。该 Tap 的 selector 域包含一个 transactionId 域和一个 timeout 域。transactionId 的值要设置成包含模块传输参数的 DownloadInfoIndication()消息的 transactionId 的值。timeout 要设定为用以判定获取 DownloadInfoIndication 消息是否超时、以 μs 为单位的超时时限；
- BIOP_OBJECT_USE：在传送模块的模块传输参数的 DownloadInfoIndication()消息中使用，表明模块在哪个 ES 流中传输。selector 域为空；
- BIOP_ES_USE、BIOP_PROGRAM_USE：码流对象包含这些 Tap 以标明码流与对象相关。不过 BIOP_ES_USE 指向一个基本流、BIOP_PROGRAM_USE 指向一个完整的 GB/T 17975.1—2010 节目(数字电视业务)。两类 Tap 的 selector 域都为空；
- STR_STATUS_AND_EVENT_USE、STR_EVENT_USE、STR_STATUS_USE、STR_NPT_USE：流对象和流事件对象可能包含这些 Tap 以标明与对象相关的子流。所有这些 Tap 的 selector 域均为空。

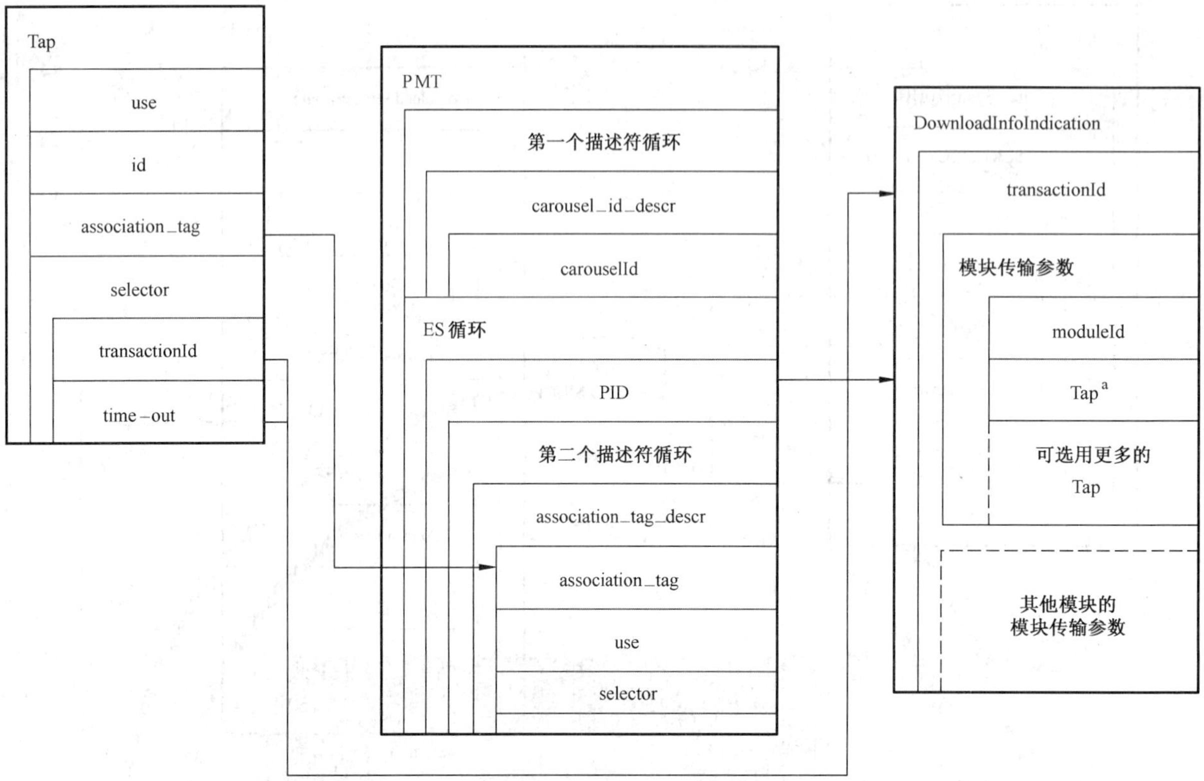

a TapUse = BIOP_DELIVERY_PARA_USE

图 A.11 标识基本流的 association_tag 描述符的用法

在解析对象的过程中，客户端应把 Tap 与广播网络的链路关联起来。因此，客户端需要关联表来完成 Tap 和广播网络链路的关联。为了支持在基于 GB/T 17975.1—2010TS 流的广播网络中实现 U-U 对象轮播，ISO/IEC 13818-6:1998 定义了三个能插入 GB/T 17975.1—2010 PMT 的描述符：

- carousel_identifier_descriptor 用一个 carousel_id 标注 PMT，说明在 PMT 中出现的所有 association_tag 都属于 U-U 对象轮播(为 association_tag 提供一个范围)，见图 A.11；
- association_tag_descriptor 用 association_tag 标注一个 ES 流，把所有包含此 Tap 的 Tap 与这个 ES 流关联起来，见图 A.11。与 Tap 类似，association_tag_descriptor 也包含一个 use 域和一个可选择的 selector 域。把该 use 域置为 0x0000 就标志着在此 ES 流中传输了 DownloadServerInitiate 消息(DSI)。这个 DSI 包含了业务网关的 IOR；
- The deferred_association_tags_descriptor 包含有一系列的，与其他节目的 ES 流(PMT)相关联的，或者指向其他节目的 association_tag。图 A.12 说明了 deferred_association_tags_descriptor 如何指向其他节目。

A.8.3 BIOP 控制结构

A.8.3.1 基本概念

BIOP 控制和数据结构在 ISO/IEC 13818-6:1998 中定义，使用了定义在 CORBA 中的平台无关规范语言 OMG IDL。"bits-on-the-wire"编码由转化 IDL 句法到 bits on the wire 的 CDR 编码规则来定义。BIOP 使用的是 CDR Lite 编码规则，见 ISO/IEC 13818-6:1998，该规则使用了序列的最大长度和字节对齐。因此，相比 CDR 来说，CDR Lite 在数据的打包上更加紧凑。

注：这就意味着所有的串都是由一个空字符结束的，而且这个字符属于字符串长度的一部分，例如表 A.12 中的 objectKind_length 和 objectKind_data 域。

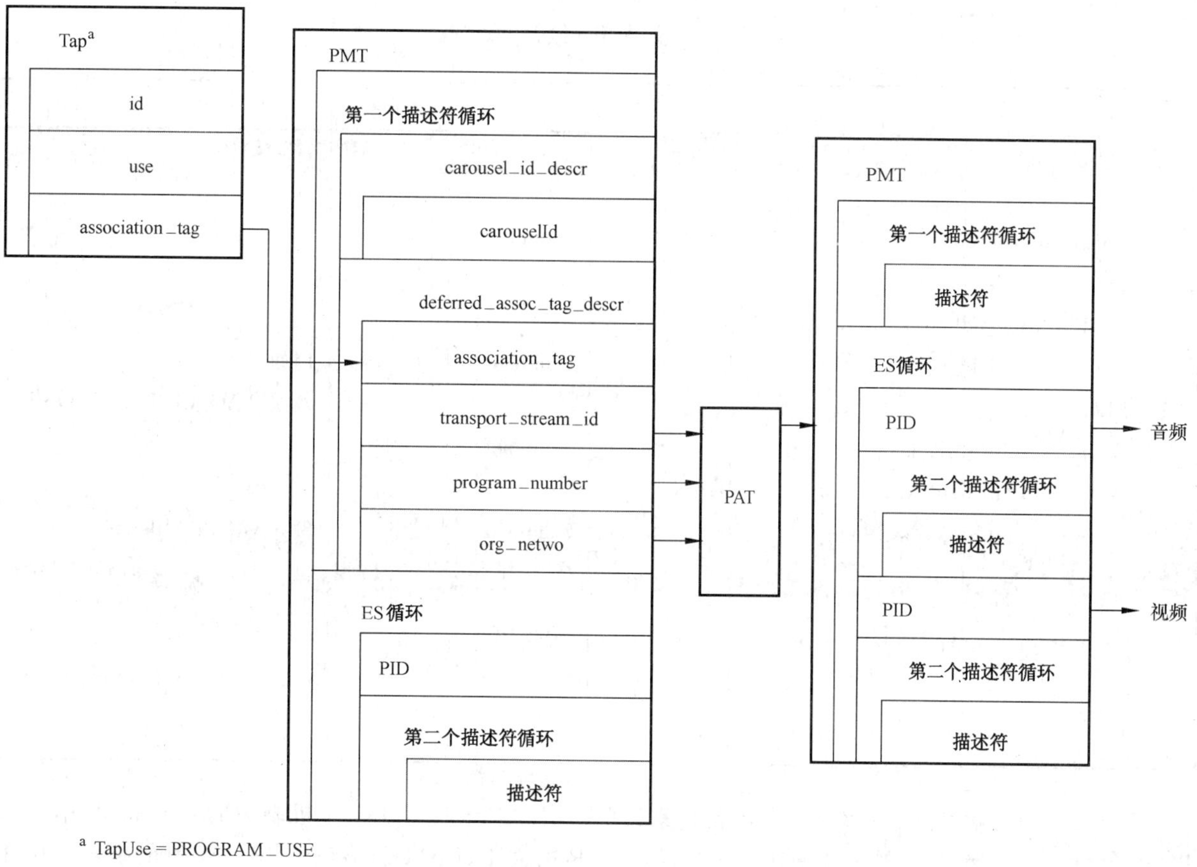

图 A.12 使用 deferred_association_tags_descriptor 标识节目

在该段当中 BIOP 控制结构使用了 GB/T 17975.1—2010 的句法并且提供了和该域编码相关的指导准则。那些受本附录影响的域在表中用阴影表示。在段 0 中 BIOP 消息使用了 GB/T 17975.1—2010 句法。在 ISO/IEC 13818-6:1998 中定义的 IDL 结构和在下面段定义的结构之间有差异的情况下，将以 ISO/IEC 13818-6:1998 中的定义为准。

A.8.3.2 IOR

DSM-CC 使用由 OMG 定义的，用在客户机-服务器可交互性接口的 IOR 格式。表 A.6 是 IOP::IOR 的句法，见 ISO/IEC 13818-6:1998。

表 A.6 IOP::IOR 句法

句　　法	比特数	类型	值	注　　释
IOP::IOR {				
type_id_length	32	uimsbf	N1	
for(i=0;i<N1;i++){				
type_id_byte	8	uimsbf		见表 A.7
}				
if(N1 % 4≠0){				CDR alignment rule
for(i=0;i<(4-(N1%4));i++){				
alignment_gap	8	uimsbf	0xFF	

表 A.6（续）

句　　法	比特数	类型	值	注　　释
}				
}				
taggedProfiles_count	32	uimsbf	N2	Profile bodies
for(n=0;n<N2;n++){				
IOP::taggedProfile(){				
profileId_tag	32	uimsbf		例如 TAG_BIOP 例如 TAG_LITE_OPTIONS
profile_data_length	32	uimsbf	N3	
for(i=0;i<N3;i++){				
profile_data_byte	8	uimsbf		例如 BIOPProfileBody 例如 LiteOptionsProfileBody
}				
}				
}				
}				

IOR 的 type_id_byte 域形成一个代表对象类型的串。对于在 CORBA 机制中的对象标识，串标识以"＜模块＞::＜接口＞"的形式使用。为了减小 IOR 的大小，DSM-CC 定义了 3 个字符的别名。用在对象轮播中的对象 type_id 列在表 A.7 中。

表 A.7　U-U 对象的 type_id

全称 type_id	别名 type_id
"DSM::Directory"	"dir"
"DSM::File"	"fil"
"DSM::Stream"	"str"
"DSM::ServiceGateway"	"srg"
"BIOP::StreamEvent"	"ste"

只有 type_id 这个别名可用在数字电视系统中。这意味着当使用 type_id 时，服务器没有必要插入对齐填充字节。

指向相同 U-U 对象轮播中传输对象的 IOR 包含了 taggedProfileList 中的 BIOP 的类型体。ISO/IEC 13818-6:1998 允许一个 IOR 包含多个类型体。

数字电视接收端应该至少能够处理这些类型体中的第一个，其他的类型体可被忽略。

IOR 中至少应该包含一个用 tag 标注的类型。对于对象轮播广播中的对象来说，第一个用 tag 标注的类型要么是一个 TAG_BIOP 类型体，要么是一个 TAG_LITE_OPTIONS。

A.8.3.3　BIOP 类型体

BIOP 类型体有一个跟随在 MultipleComponentProfile 结构后的 LiteComponetProfile 结构。表 A.8 说明了一个包含强制性的 ObjectLocation 组件和 ConnBinder 组件的 BIOP 类型体。

表 A.8　BIOP 类型体句法

句　　法	比特数	类型	值	注　　释
BIOPProfileBody {				
profileId_tag	32	uimsbf	0x49534F06	TAG_BIOP(BIOP Profile Body)
profile_data_length	32	uimsbf		
profile_data_byte_order	8	uimsbf	0x00	big endian 字节顺序
liteComponents_count	8	uimsbf	N1	
BIOP::ObjectLocation {				
componentId_tag	32	uimsbf	0x49534F50	TAG_ObjectLocation
component_data_length	8	uimsbf		
carouselId	32	uimsbf		
moduleId	16	uimsbf		
version.major	8	uimsbf	0x01	BIOP 协议主版本 1
version.minor	8	uimsbf	0x00	BIOP 协议副版本 0
objectKey_length	8	uimsbf	N2	
for(k=0;k<N2;k++){				
objectKey_data_byte	8	uimsbf		
}				
}				
DSM::ConnBinder {				
componentId_tag	32	uimsbf	0x49534F40	TAG_ConnBinder
component_data_length	8	uimsbf		
taps_count	8	uimsbf	N3	
BIOP::Tap {				
id	16	uimsbf	0x0000	用户私有
use	16	uimsbf	0x0016	BIOP_DELIVERY_PARA_USE
association_tag	16	uimsbf		
selector_length	8	uimsbf	0x0A	
selector_type	16	uimsbf	0x01	
transactionId	32	uimsbf		
timeout	32	uimsbf		
}				
for(m=0;m<N3-1;m++){				
BIOP::Tap {				
id	16	uimsbf	0x0000	用户私有
use	16	uimsbf	0x0016	BIOP_DELIVERY_PARA_USE
association_tag	16	uimsbf		
selector_length	8	uimsbf	N4	
for(i=0;i<N4;i++){				
selector_data_byte	8	uimsbf		
}				

表 A.8（续）

句　　法	比特数	类型	值	注　　释
}				
}				
}				
for(n=0;n<N5;n++){				N5=N1−2
BIOP::LiteComponent {				
componentId_tag	32	uimsbf		
component_data_length	8	uimsbf	N6	
for(i=0;i<N6;i++){				
component_data_byte	8	uimsbf		
}				
}				
}				
}				

当 byte_order 域值为 0x00 时表明下面的数据采用 big-endian 字节排序编码。

carouselId 域为 moduleId 域指明了前后关系。carouselId 在广播网络中唯一标明该轮播并且允许该轮播的分散实现。

BIOP 类型体只用来指向同一轮播中的对象。也就是 carouselId 的值等于传输了 IOR 的对象轮播的 carouselId 值。为了指向其他轮播中的对象，要使用 LiteOptions 类型体。

LiteOptionComponents 列表应该按照次序包含一个 BiopObjectLocation 和一个 DsmConnectionBinder 作为头两个组件。

该 mouduleId 标明了该轮播中传输该对象的模块。

ObjectKey 标明了广播 ObjectKey 的模块的对象。该域是由服务器提供的一系列字节并且只对该服务器有意义。

ObjectKey 长度的值应该小于等于 0x04。

多个 Tap 可能会共享相同的 association_tag，使一个 ES 流可用作多个目的。表 A.9 说明了定义了的 Tap 的用途。

表 A.9　BIOP 类型体中 Tap 允许使用的 TapUse 定义

TapUse 域	值	PID 中的广播内容
BIOP_DELIVERY_PARA_USE	0x16	模块传输参数
BIOP_OBJECT_USE	0x17	模块中的 BIOP 对象

如果 BIOP_DELIVERY_PARA_USE 出现在 ConnBinder 组件中，那么它将是 ConnBinder 中的第一个 Tap。

数字电视兼容接收端将跳过 IOR 中的 BIOP 类型体中的 BIOP_OBJECT_USE。

如果不使用，id 域的值应被置为 0。

TapUse 的值为 BIOP_DELIVERY_PARA_USE 的 Tap 域的语义如下：

- use 域标明使用了该 Tap，该域的值应该为 BIOP_DELIVERY_PARA_USE；

- association_tag 标明广播 DownloadInfoIndication 的信道(即 ES 流);
- 该 selector 域应包含值为 MESSAGE(=0x0001)的 selectorType、transacionId 和 timeout 域。transactionId 域的值应置为包含该模块传输参数的 DownloadInfoIndication()消息的 transactionId。timeout 域应该以 μs 为单位标明超时时限,用来表示 DownloadInfoIndication()消息的接收超时。

TapUse 值为 BIOP_OBJECT_USE 的 Tap 域的语义:

- use 域标明使用了该 Tap,该域的值应该为 BIOP_OBJECT_USE;
- association_tag 标明了广播该模块的信道(即 ES 流);
- 该 selector 域的值应为 0 长度。

注:TapUse 值为 BIOP_OBJECT_USE 的 Tap,在数字电视系统中仅用于 DownloadInfoIndication()而不用在 IOR 中。

A.8.3.4 Lite Options 类型体

为了指向其他业务域中的对象,IOR 的 Lite Options 类型体中要包含 ServiceLocation。当 DSM-CC U-U API 使用者试图解析一个名字时(Directory::resolve,见 ISO/IEC 13818-6:1998),那将导致遇到这样一个 IOR,将产生一个 SERVICE_XFR 异常(exception)。SERVICE_XFR 异常中携带有在 IOR 的 Lite Options 类型体中的 ServiceLocation 结构。API 使用者可通过 ServiceLocation 结构中的 service Domain 来依次连接新的业务网关。PathName 是可选的,它包含了可以让业务网关找到对象的路径。

Lite Options 类型体有一个跟在 MultipleComponentProfile 结构之后的 LitecomponentProfile 结构。表 A.10 给出了一个含有 ServiceLocation 组件的 Options 类型体的句法。

表 A.10 包含有 ServiceLocation 组件的 Options 类型体句法

句　法	比特数	类型	值	注　释
LiteOptionsProfileBody {				
profileId_tag	32	uimsbf	0x49534F05	TAG_LITE_OPTIONS(Lite Options 类型体)
profile_data_length	32	uimsbf		
profile_data_byte_order	8	uimsbf	0x00	big endian 字节顺序
component_count	8	uimsbf	N1	
DSM::ServiceLocation {				
componentId_tag	32	uimsbf	0x49534F46	TAG_ServiceLocation
component_data_length	32	uimsbf		
serviceDomain_length	8	uimsbf	0x14	轮播 NSAP 地址的长度
serviceDomain_data()	160	uimsbf		轮播 NSAP 地址,见表 A.11
CosNaming::Name(){				路径名称
nameComponents_count	32	uimsbf	N2	
for(i=0;I<N2;i++){				
id_length	32	uimsbf	N3	NameComponent id
for(j=0;j<N3;j++){				
Id_data_byte	8	uimsbf		
}				

表 A.10（续）

句　法	比特数	类型	值	注　释
kind_length	32	uimsbf	N4	NameComponent kind
for(j=0;j<N4;j++){				
kind_data_byte	8	uimsbf		同 type_id,见表 A.7
}				
}				
initialContext_length	32	uimsbf	N5	
for(n=0;n<N5;n++){				
InitialContext_data_byte	8	uimsbf		
}				
}				
}				
for(n=0;n<N6;n++){				N6=N1 - 1
BIOP::LiteOptionComponent{				
componentId_tag	32	uimsbf		
component_data_length	8	uimsbf	N7	
for(i=0;I<N7;i++){				
component_data_byte	8	uimsbf		
}				
}				
}				
}				

ServiceLocation 组件应为该类型体的第一个组件。

A.8.3.5 轮播 NSAP 地址

每个 U-U 对象轮播的实例都代表一个业务域。每个业务域都有一个全局唯一的,用来标明具体轮播的实例,叫做轮播 NSAP 地址(Network Service Access Point,网络业务接入点)。其句法见表 A.11。

表 A.11 Carousel NSAP address 句法

句　法	比特数	类型	值	注　释
carouseINSAPaddress(){				
AFI	8	uimsbf	0x00	为私有使用定义的 NSAP
Type	8	uimsbf	0x00	对象轮播 NSAP 地址
carouselld	32	uimsbf		
specifierType	8	uimsbf	0x01	IEEE OUI
specifierData{IEEE OUI}	24	uimsbf	0x<>	数字电视的 OUI 常量
service_location(){				
transport_stream_id	16	uimsbf		
original_network_id	16	uimsbf		
service_id	16	uimsbf		(=program_number)
reserved	32	bslbf	0xFFFFFFFF	
}				
}				

AFI、type、carouselId、specifierData、transport_stream_id、original_network_id、service_id 和各域定义在本标准正文中。

A.8.4 BIOP 消息

A.8.4.1 目录

BIOP::DirectoryMessageBody 结构由一个绑定关系的循环组成。绑定把对象名(也就是 bindingName)关联到 IOR 上去并且提供关于该对象的附加信息。当关联的对象属于该轮播时,该 IOR 应包含 BIOP 类型体。

串应以"0x0"为结束。

BIOP 目录消息是通用对象消息格式的实例。BIOP::DirectoryMessageBody 结构的句法见表 A.12。

表 A.12 BIOP::DirectoryMessage 句法

句法	比特数	类型	值	注释
BIOP::DirectoryMessage(){				
magic	4x8	uimsbf	0x42494F50	"BIOP"
biop_version.major	8	uimsbf	0x01	BIOP 主版本 1
biop_version.minor	8	uimsbf	0x00	BIOP 副版本 0
byte_order	8	uimsbf	0x00	big_endian 字节排序
message_type	8	uimsbf	0x00	
message_size	32	uimsbf		
objectKey_length	8	uimsbf	N1	
for(i=0;I<N1;i++){				
objectKey_data_byte	8	uimsbf		
}				
objectKind_length	32	uimsbf	0x00000004	
objectKind_data	4x8	uimsbf	0x64697200	"dir"type_id 别名
objectInfo_length	16	uimsbf	N2	objectInfo
for(i=0;i<N2;i++){				
objectInfo_data_byte	8	uimsbf		
}				
serviceContextList_count	8	uimsbf	N3	serviceContextList
for(i=0;i<N3;i++){				
serviceContextList_byte	8	uimsbf		
}				
message_Body_length	32	uimsbf		
bindings_count	16	uimsbf	N4	
for(i=0;i<N4;i++){				绑定
BIOP::Name(){				
nameComponents_count	8	uimsbf	N5	

表 A.12(续)

句 法	比特数	类型	值	注 释
for(i=0;i<N5;i++){				
id_length	8	uimsbf	N6	NameComponent id
for(j=0;j<N6;j++){				
id_data_byte	8	uimsbf		
}				
kind_lenght	8	uimsbf	N7	NameComponent kind
for(j=0;j<N7;j++){				
kind_data_byte	8	uimsbf		同 type_id,见表 A.7
}				
}				
}				
bindingType	8	uimsbf		0x01 用于 nobject 0x02 用于 ncontext
IOP::IOR()				ObjectRef,见表 A.6
objectInfo_length	16	uimsbf	N8	
for(j=0;j<N8;j++){		uimsbf		
objectInfo_data_byte	8	uimsbf		
}				
}				
}				

BIOP::DirectoryMessageBody 的语义如下:

- byte_order 域标明了消息要素(包括消息长度)使用的字节排序。值 FALSE(0)表示 big-endian 字节排序,值 True(1)表示 little-endian 字节排序;
- byte_order 的值为 0x00 时表示后面的数据使用 big-endian 字节排序来编码;
- objectKey 域标识了消息中传输的对象,objectkey 与该对象 IOR 的 BIOP::objectLocation 组件中出现的 objectKey 相同。objectKey 的值仅对广播服务器有意义,客户端不解释它。然而,客户端将把它与 IOR 中的 objectKey 进行逐字节地比较;
- objectKey 长度的值应小于等于 0x04;
- objectKind 域标明了该消息中对象的种类。它和对象的 IOR 中的 type_id 串是一致的,见表 A.7。objectKind 的值定义了 objectInfo 和 messageBody 域的的句法和语义。目录消息的 objectKind 应该是“dir”;
- objectInfo 域含有对象一部分或全部的特性。这个域的句法和语义是依赖于 objectKind 域的;
- serviceContextList 用来传递用户私有相关数据到对象接口上去,提供与对象接口相联系的私有数据(它的使用未在本附录中定义)。数字电视兼容接收端可跳过 ServiceContextList 域;
- BindingName 域(也就是 id 和 kind)包含了对象路径详细信息(由 CosNaming 定义);
- BIOP::Name,该 Name 仅含有一个 NameComponent,因此 nameComponents_count 被置为 1;
- BindingType 域标明了对象绑定类型。当这个名字被绑定到一个目录或业务网关对象时,绑定的类型为“ncontext”，当这个名字被绑定到非目录或业务网关对象时，绑定的类型为“nobject”。U-U 对象轮播不支持 BindingType 为“composite”；

- ObjectRef 域包含有对象的 IOR；
- ObjectInfo 域含有绑定对象的一些特性和关于该对象的用户私有信息。如果绑定对象的特性在这个域中，它们应是被封装在该域的第一个结构中。
- 数字电视接收端可跳过 objectInfo 域中的信息。

A.8.4.2 文件

FileMessageBody 含有 8 进制流的文件数据，其句法见表 A.13。

表 A.13 BIOP::FileMessage 句法

句　　法	比特数	类型	值	注　　释
BIOP::FileMessage(){				
Magic	4x8	uimsbf	0x42494F50	“BIOP”
biop_version.major	8	uimsbf	0x01	BIOP 主版本 1
biop_version.minor	8	uimsbf	0x00	BIOP 副版本 0
byte_order	8	uimsbf	0x00	big_endian 字节排序
message_type	8	uimsbf	0x00	
message_size	32	uimsbf		
objectKey_length	8	uimsbf	N1	
for(i=0;i<N1;i++){				
objectKey_data_byte	8	uimsbf		
}				
objectKind_length	32	uimsbf	0x00000004	
objectKind_data	4x8	uimsbf	0x66696C00	“fil”type_id 别名
objectInfo_length	16	uimsbf	N2	
DSM::File::ContentSize	64	uimsbf		objectInfo
for(i=0;i<N2-8;i++){				
objectInfo_data_byte	8	uimsbf		
}				
serviceContextList_count	8	uimsbf	N3	serviceContextList
for(i=0;i<N3;i++){				
serviceContextList_data_byte	8	uimsbf		
}				
MessageBody_length	32	uimsbf		
Content_length	32	uimsbf	N4	
for(i=0;i<N4;i++){				
Content_data_byte	8	uimsbf		实际文件内容
}				
}				

BIOP::File 消息的语义和 BIOP::Directory 消息的语义是相同的，除了以下原则：

- objectKind 域标明了在该消息中的对象种类。它和该对象的 IOR 中的 type_id 串是相同的，见表 A.7。objectKind 的值定义了 objectInfo 域和 messageBody 域的句法和语义。
- 一个文件消息的 objectKind 的值为“fil”。

A.8.4.3 流

流消息的 objectKind 值为"str"。

BIOP::StreamMessageBody 由一系列与流对象相关的 Tap 构成,其句法见表 A.14。

表 A.14 BIOP::StreamMessage 句法

句　　法	比特数	类型	值	注　　释
BIOP::StreamMessage(){				
Magic	4x8	uimsbf	0x42494F50	"BIOP"
biop_version. major	8	uimsbf	0x01	BIOP 主版本 1
biop_version. minor	8	uimsbf	0x00	BIOP 副版本 0
byte_order	8	uimsbf	0x00	big_endian 字节排序
message_type	8	uimsbf	0x00	
message_size	32	uimsbf		
objectKey_length	8	uimsbf	N1	
for(i=0;i<N1;i++){				
objectKey_data_byte	8	uimsbf		
}				
objectKind_length	32	uimsbf	0x00000004	
objectKind_data	32	uimsbf	0x73747200	"str"type_id 别名
objectInfo_length	16	uimsbf	N6	
DSM::Stream::Info_T{				objectInfo
aDescription_length	8	uimsbf	N2	aDescription
for(i=0;i<N2;i++){				
aDescription_bytes	8	uimsbf		
}				
duration. aSeconds	32	simsbf		AppNPT 秒
duration. aMicroSeconds	32	uimsbf		AppNPT 微秒
audio	8	uimsbf		
video	8	uimsbf		
data	8	uimsbf		
}				
for(i=0;I<N6-(N2+10);i++){				
objectInfo_byte	8	uimsbf		
}				
serviceContextList_count	8	uimsbf	N3	serviceContextList
for(i=0;I<N3;i++){				
serviceContextList_data_byte	8	uimsbf		
}				
messageBody_length	32	uimsbf		
taps_count	8	uimsbf	N4	
for(i=0;I<N4;i++){				
id	16		0x0000	未定义
use	16			见表 A.15
association_tag	16			
selector_length	8		0x00	无 selector
}				
}				

该流包含一个或多个与流对象相关联的 Tap。当一个或多个 Tap 使用 BIOP_ES_USE 的 TapUse 的值时，该流由许多 ES 流构成，每个 ES 流由一个 BIOP_ES_USE Tap 标明；当仅有一个 Tap 使用 BIOP_PROGRAM_USE 的 TapUse 的值时，该流由一个节目构成，该节目由 BIOP_PROGRAM_USE Tap 标明。

指向 ES 流的 Tap 域的语义如下：

- use 域标明了该 Tap 的使用，此域的值为 BIOP_ES_USE；
- association_tag 标明了 ES 流；
- selector 域为空。

指向节目的 tap 域的语义如下：

- use 域标明了 Tap 的使用，该域的值为 BIOP_PROGRAM_USE；
- association_tag 标明了描述该广播节目的 PMT。association_tag 的值应和指向该 PMT 的，deferred_association_tags_descriptor 中的 association_tag 的值相同，见 A.8.7.4 条的 deferred_association_tags_descriptor；
- selector 域为空。

注：流中的 Tap 可能也指向 NPT、状态、事件 ES 流。

在 BIOP::StreamMessage 中允许使用的 TapUse 定义见表 A.15。

表 A.15 在 BIOP::StreamMessage 中允许使用的 TapUse 定义

TapUse 域	值	所在 PID 的广播内容
STR_NPT_USE	0x000B	码流 NPT 描述符
STR_STATUS_AND_EVENT_USE	0x000C	同时有流模式和流事件描述符
STR_EVENT_USE	0x000D	流事件描述符
STR_STATUS_USE	0x000E	流模式描述符
BIOP_ES_USE	0x0018	ES 流（音/视频）
BIOP_PROGRAM_USE	0x0019	节目基准

A.8.4.4 业务网关

业务网关消息的句法和语义与 BIOP::DirectoryMassage 的句法和语义相同，除了业务网关消息的 objectKind 值为“srg”的情况。

A.8.4.5 StreamEvent

BIOP::StreamEventMassage 的句法见表 A.16。

表 A.16 BIOP::StreamEventMessage 句法

句　法	比特数	类型	值	注　释
BIOP::StreamEventMessage(){				
magic	4x8	uimsbf	0x42494F50	“BIOP”
version.major	8	uimsbf	0x01	BIOP 主版本 1
version.minor	8	uimsbf	0x00	
byte_order	8	uimsbf	0x00	Big_endian 字节顺序

表 A.16（续）

句　　法	比特数	类型	值	注　　释
message_type	8	uimsbf		
message_size	32	uimsbf		
objectKey_length	8	uimsbf	N1	
for(i=0; i < N1; i++){				
objectKey_data_byte	8	uimsbf		
}				
objectKind_length	32	uimsbf	0x00000004	
objectKind_data	4x8	uimsbf	0x73746500	"ste" type_id 别名
objectInfo_length	16	uimsbf	N6	
DSM::Stream::Info_T {				
aDescription_length	8	uimsbf	N2	aDescription
for(i=0; i < N2; i++){				
aDescription_bytes	8	uimsbf		见 BIOP::StreamMessage()
}				
duration. aSeconds	32	simsbf		见 BIOP::StreamMessage()
duration. aMicroSeconds	16	uimsbf		见 BIOP::StreamMessage()
audio	8	uimsbf		见 BIOP::StreamMessage()
video	8	uimsbf		见 BIOP::StreamMessage()
data	8	uimsbf		见 BIOP::StreamMessage()
}				
DSM::Event::EventList_T {				
eventNames_count	16	uimsbf	N3	
for(i=0; i < N3; i++){				
eventName_length	8	uimsbf	N4	
for(j=0; j < N4; j++){				
eventName_data_byte	8	uimsbf		包括零终止符
}				
}				
}				
for(i=0; i=N6 -(N2 + 10)-(2 + N3 + sum(N4)); i++){				
objectInfo_byte	8	uimsbf		
}				
serviceContextList_count	8	uimsbf	0x00	空的 serviceContextList
for(i=0; i < N3; i++){				
serviceContextList_data_byte	8	uimsbf		
}				
messageBody_length	32	uimsbf		
taps_count	8	uimsbf	N5	
for(i=0; i < N5; i++){				
id	16	uimsbf	0x0000	未定义
use	16	uimsbf		见表 A.15
association_tag	16	uimsbf		

表 A.16（续）

句　　法	比特数	类型	值	注　　释
selector_length	8	uimsbf	0x00	没有 selector
}				
eventIds_count	8	uimsbf	N3	＝eventNames_count
for(i=0; i < N3; i++){				
eventId	16	uimsbf		
}				
}				

StreamEvent 消息的 objectKind 值为“ste”。

EnventIdList 包含了与 EventList_t 属性中公布的 EventName 相关联的 eventId。EventId 的序列计数应该与 EventName 的序列计数一致。

注：DSM-CC 事件不与 SI 事件对应。应该是原来的意思。

A.8.5 下载数据轮播消息

A.8.5.1 DownloadInfoIndication

广播网络中模块的传输参数由 DownloadInfoIndication()消息来传送，见 ISO/IEC 13818-6:1998。一条 DownloadInfoIndication()消息可传送同一个 U-U 对象轮播的多个模块的传输参数。下面的语义规则适用于 DownloadInfoIndication()消息的各个域：

- transactionId 域应该与封装在对象的 IOR 的 BIOP_DELIVERY_PARA_USE Tap 的 selector 中的 transactionId 取相同的值，这些对象在本消息所描述的模块中传送；
- 如果 DownloadInfoIndication 消息的任何域发生了变化，transaction_id 域将加上一个正整数成为一个新的唯一的值；
- downloadId 域与 DownloadDataBlock()消息的 downloadId 域取相同的值，这些 DownloadDataBlock()消息传送 DownloadInfoIndication()消息所描述的模块的块。因此，该域的值也应等于 U-U 对象轮播中的 carouselId；
- BlockSize 域包含所有 DownloadDataBlock()消息的块的大小，这些 DownloadDataBlock()消息传送 DownloadInfoIndication()消息所描述模块的块；
- windowSize、ackPeriod、tCDownloadWindow、和 tCDownloadScenario 不使用，置为零；
- compatibilityDescriptor()域不使用，长度为零；
- moduleId、moduleSize 和 moduleVersion 的语义同 ISO/IEC 13818-6:1998 的 7.3.2 条；
- moduleInfoLength 域为所描述的模块定义了 moduleInfo 域的字节长度。

ModuleInfoBytes 域包含 BIOP::ModuleInfo 结构。BIOP::ModuleInfo 结构提供了附加的传送参数和用于在网络中广播这些模块的 Tap。其句法见表 A.17。

表 A.17 BIOP:: ModuleinfoMessage 句法

句　　法	比特数	类型	值	注　　释
BIOP::ModuleInfo(){				
ModuleTimeOut	32	uimsbf		
BlockTimeOut	32	uimsbf		

表 A.17（续）

句　法	比特数	类型	值	注　释
MinBlockTime	32	uimsbf		
taps_count	8	uimsbf	N1	
for(j=0; j < N1; j++){				
Id	16	uimsbf	0x0000	用户私有
Use	16	uimsbf	0x0017	BIOP_OBJECT_USE
association_tag	16	uimsbf		
selector_length	8	uimsbf	0x00	
}				
UserInfoLength	8	uimsbf	N2	
for(j=0; j < N2; j++){				
userInfo_data_byte	8	uimsbf		（包括零终止符）
}				
}				

BIOP::ModuleInfo 的语义如下：

- ModuleTimeOut 域给出了以 μs 为单位的超时时限，可用来判断获取一个模块的全部块是否超时；
- BlockTimeOut 域给出了以 μs 为单位的超时时限，可用来判断在已经获得一个块的情况下，获取下一个块是否超时；
- MinBlockTime 域标明传送所描述的模块两个相邻块的最小时间间隔，客户端可利用该值来调整接收程序，以达到优化的目的。

BIOP::ModuleInfo 的 Tap 域至少包含一个 TapUse 的值为 BIOP_OBJECT_USE 的 Tap。该 Tap 指向广播这些模块的网络连接。其各域的语义在 A.8.2.5 条中描述。

将 BIOP::ModuleInfo 的 userInfo 域组织成一个描述符的循环，以便能够使用数字电视数据轮播中定义的模块描述符。

接收端尤其要支持 compressed_module_descriptor（标签为 0x09），该描述符表明模块以压缩的形式传输。

privateDataLength 和 privateDataByte 域的使用在本附录中不定义。

数字电视接收端应该能够跳过私有数据域。

A.8.5.2 DownloadServerInitiate

业务网关的 IOR 通过 DownloadServerInitiate() 消息进行广播。

下面的语义规则适用于消息 DownloadServerInitiate() 的各个域：

- serverId 域是用 0xFF 填充的 20 个字节。Carousel Specifier 在下面定义；
- compatibilityDescriptor() 域不使用，长度为零；
- privateDataLength 域定义后面的 privateDataByte 域的字节长度；
- DownloadServerInitiate() 消息的 privateDataByte 域中的数据要包含 BIOP::ServiceGatewayInfo 结构。该结构的句法见表 A.18。

表 A.18 ServiceGatewayInfo()句法

句　　法	比特数	类型	值	注　　释
ServiceGatewayInfo(){				
IOP::IOR()				见表 A.6
downloadTaps_coun t	8	uimsbf	N1	软件下载 Tap
for(i=0; i < N1; i++){				
Tap()	8	uimsbf		
}				
serviceContextList_count	8	uimsbf	N2	ServiceContextList
for(i=0; i < N2; i++){				
serviceContextList_data_byte	8	uimsbf		
}				
userInfoLength	16	uimsbf	N3	用户信息
for(i=0; i < N3; i++){				
userInfo_data_byte	8	uimsbf		
}				
}				

BIOP::ServiceGatewayInfo 的语义如下：

- objectRef 域包含 ServiceGateway 的 IOR；
- Tap 域与 serviceContextList 的语义在本附录中不定义；
- 将 user info 域组织成一个描述符的循环。循环中的描述符要么是数字电视数据广播规范定义的描述符，要么是私有描述符。

A.8.5.3 DownloadDataBlock

DownloadData 消息在 ISO/IEC 13818-6:1998 中定义。各域的使用在 ISO/IEC 13818-6:1998 中定义。

A.8.6 段

DSM-CC 用 private_section 将 TS 包重组成 DSM-CC 信息，DSM-CC 为 private_section 定义了附加的语义以支持 DSM-CC 的额外需要。由此得到的 section 称为 DSMCC_section，其结构与 private_section 的句法兼容，以便 GB/T 17975.1—2010 系统解码器可用。DSM-CC_section 的句法在 ISO/IEC 13818-6:1998 中定义。

table_id_extension、version_number、section_number 和 last_section_number 的编码在表 A.19 中定义。

表 A.19 DSMCC_section 域编码

消息	table_id	table_id_extension	version_number	section_number	last_section_number
Download-ServerInitiate (DSI)	0x3B	DSI 中 transaction_id 的两个 LSB 字节	0x00	0x00	0x00
Download-InfoIndication (DII)	0x3B	DII 中 transaction_id 的两个 LSB 字节	0x00	0x00	0x00

表 A.19（续）

消息	table_id	table_id_extension	version_number	section_number	last_section_number
Download-DataBlock (DDB)	0x3C	moduleId	Module Version %32	blockNumber% 256	Max(section_number)

DownloadServerInitiate 消息中 transaction_id 的最低两个有效字节取值范围为 0x0000～0x0001。

DownloadInfoIndication 消息中 transaction_id 的最低两个有效字节取值范围为 0x0002～0xFFFF。

数字电视对关于 transaction_id 域的 DSM-CC 规范给出了一些限制，以方便客户接收端的过滤操作。特别的，DSI 消息的最低两个有效字节为 0x0000 或 0x0001。这使得接收端通过设置 table_id＝0x3B(DownloadControlMessages)与 table_id_extension＝0x0000 或 0x0001 的 section 过滤器，来自动引导轮播。一旦 DSI 消息被获取，接收端可以设置 section 过滤器来监测 transaction_id 的最低两个有效字节的其他值。这样轮播内容一旦改变，接收端能立即被触发。

A.8.7 PSI 描述符的使用

A.8.7.1 PSI 的使用机制

ISO/IEC 13818-6:1998 的对象轮播规范与网络无关，因此可以应用到各种广播网络中。网络独立性通过 Tap 概念的使用来获得。通过使用关联标签，一个 Tap 可以方便地与某个特定的网络连接关联起来。在对象解析的过程中，客户应将 Tap 与网络连接关联起来。因此，客户需要一个关联表，该表确定了各 Tap 与网络连接的对应关系。

基于 TS 流的广播网络中实现 U-U 对象轮播，PSI 机制有利于：

- 将节目(即利用 PMT 表)和对象轮播关联起来；
- 将 Tap 与某个 PID 或节目关联起来；
- 用于广播业务网关的 IOR 的 PID 的定位；
- 一个对象轮播在多个节目上的分布式实现。

这一条对以下 GB/T 17975.1—2010 中的描述符的使用做了说明，它们提供了以上功能，见 ISO/IEC 13818-6:1998。

A.8.7.2 Carousel_Identifier_Descriptor

轮播标识符描述符建立了节目与对象轮播的关联关系。Carousel_identifier_descriptor 的句法见表 A.20，也可见 ISO/IEC 13818-6:1998。

通过这种可选的机制，无须事先加载 DownloadServerInitiate 和 DownloadIndicationInformation 消息就可以获取 ServiceDomain 的 ServiceGateway。

表 A.20 carousel_identifier_descriptor 句法

句　法	比特数	类型	值	注　释
carousel_identifier_descriptor(){				
descriptor_tag	8	uimsbf	0x13	
descriptor_length	8	uimsbf		
carousel_id	32	uimsbf		

表 A.20（续）

句　　法	比特数	类型	值	注　　释
FormatId	8	uimsbf		FormatSpecifier 的注册的标识符
FormatSpecifier(){				
FormatSpecifier_byte	8	uimsbf		见表 A.21 N2 字节
}				
for(i=0;i < N1;i++){				
private_data_byte	8	uimsbf		
}				
}				

carousel_identifier_descriptor()描述符应该插入到 PMT 表第二个描述符循环(ES_info)中，对应传送对象轮播的 DSI 的 ES 流。这样每个节目可包含多个对象轮播，每个轮播启动的 PID 也相应确定。

为了支持 carouselNSAPaddress 的使用，描述符 carousel_identifier_descriptor()同样是必须的，例如在 LiteOptions 类型体关联的确定过程中。

FormatId 用于标识描述符私有数据域的 FormatSpecifier 的格式。其句法见表 A.21。

表 A.21　描述器 carousel_identifier_descriptor 中的 FormatSpecifier 句法

FormatId 值	Format Specifier 定义	长度(比特)	注　　释
0x00	没有 FormatSpecifier		值 0x00 标明 FormatSpecifier 缺少。因此，ServiceGateway 的位置只可能通过“标准”的方式解释 DSI 和 DII 消息。
0x01	FormatSpecifier{		此 FormatSpecifier 是定位 ServiceGateway 所必须的域的集合，在 DSI 和 DII 消息中也可以找到。
	ModuleVersion	8	
	ModuleId	16	
	BlockSize	16	
	ModuleSize	32	所有域的类型都是“uimsbf”。
	CompressionMethod	8	
	OriginalSize	32	
	TimeOut	8	以秒为单位的超时时限
	ObjectKeyLength	8	
	for(i=0;i < N1;i++{		
	ObjectKeyData	8	业务网关对象的 Object key
	}		
	}		
0x02...0x7F	为将来使用保留		formatId 的值从 0x02 到 0x7F 为数字电视系统将来使用保留
0x80...0xFF	为私有使用保留		formatId 的值从 0x80 到 0xFF 为用户私有使用保留

FormatId 为 0x01 表明 FormatSpecifier 中包含了可以用来定位对象轮播的 ServiceGateway 的信息(在消息 DSI 和 DII 中同样可找到)。支持 FormatID 可能会影响到广播服务器,因为这些信息应与 ServiceGateway 对象和传递它的模块的变化保持一致。

FormatId 等于 0x01 的 FormatSpecifier 表明 DSI 消息与包含 ServiceGatway 的模块是用同一个 PID 传送的。

A.8.7.3 association_tag_descriptor

association_tag_descriptor 建立了 association_tag 与 PID 间的关联关系,见 ISO/IEC 13818-6:1998,因此与 SI 的 stream_identifier_descriptor 相似。但 assocation_tag_descriptor 使用 16 位的 assocation_tag(而在描述符 stream_identifer_descriptor 中使用的是 8 比特的 component_tag),这有利于广播 ServiceGateway 的 PID 的识别。接收端因此能够从 PMT 表大量的 PID 中有效地过滤出对象轮播。为了给 PID 标注一个特定的 association_tag 值,服务器应该向该 PID 的描述符循环中插入 association_tag。

association_tag_descriptor 的句法见表 A.22。

表 A.22 association_tag_descriptor

句　法	比特数	类型	值	注　释
association_tag_descriptor(){				
descriptor_tag	8	uimsbf	0x14	
descriptor_length	8	uimsbf		
association_tag	16	uimsbf		
use	16	uimsbf	0x0000	具有 SGW 中 IOR 的 DSI
			0x0100-0x1FFF	数字电视系统保留
			0x2000-0xFFFF	用户私有
if(use == 0x0000){				
selector_length	8	uimsbf	0x08	
transaction_id	32	uimsbf		DSI 的 transaction_id
timeout	32	uimsbf		为 DSI 定义的超时时限
}				
else if(use == 0x0001)				
selector_length	8	uimsbf	0x00	
}				
else{				
selector_length	8	uimsbf	N1	
for(i=0; i < N1; i++){				
selector_byte	8	uimsbf		
}				
}				
for(i=0; i < N2; i++){				
private_data_byte	8	uimsbf		私有数据
}				
}				

use 域能指出 PID 的用途，同时规范了 selector 域的句法和语义。如果 use 域的值等于 0x0000，则传送业务网关的 IOR 的 DownloadServerInitiate 消息是用这个 PID 广播的。在这种情况下，selector_byte 域的数据将包含 transaction_id 和 timeout 的值。

transaction_id 和 timeout 的语义如下：

- transaction_id 的值应该对应于 DownloadServerInitiate()消息中的 transaction_id，该消息传送 U-U 对象轮播的业务网关的 IOR。例外的是当 association_tag_descriptor 中的 transaction_id 取值为 0xFFFFFFFF 时，这表明 DownloadServerInitiate()消息的 transaction_id 目前未知，但是所有已标识的 PID 广播的 DownloadServerInitiate()消息都是有效的。当 DownloadServerInitiate()消息的内容允许改变(因此消息中的 transaction_id 改变)，而没有必要更新包含 association_tag_descriptor 的 PMT 表时，transaction_id 可取值 0xFFFFFFFF；
- Timeout 域给出以 μs 为单位的超时时限，用来判断 DownloadServerInitiate()消息的获取是否超时。一个特殊的超时值(0xFFFFFFFF)意味着目前尚无已知的超时的值。同上面一样，允许"静态的"PMT 表；
- use 域的缺省值应为 0x0100。这表明相关联的 PID 能或不能用来广播一条 DSI 消息；
- 数字电视保留 use 域中从 0x0101 到 0x01FF 的取值，以备将来使用。

A.8.7.4 stream_identifier_descriptor

stream_identifier_descriptor 有效建立了 component_tag 与 PID 的关联，可替代(或结合)association_tag_descriptor 来使用。但是由于 stream_identifier_descriptor 的 component_tag 域只有 8 位，因此在 component_tags 和 assocation_tags 之间进行映射是必要的。

某个 PID 描述符循环中的 stream_identifier_descriptor 应该与该 PID 的 association_tag_descriptor 相同，其 association_tag 最低有效字节 LSB=<component_tag>，use 域的值为 0x0100。

注：这种匹配机制为一个对象轮播在多个 ES 上的分布实现提供了灵活性，并且在不同 PMT 表中仍然用同一个 component_tag 值来指向这个特定的数据广播业务。

A.8.7.5 deferred_association_tags_descriptor

一个对象轮播可使用多个 PID、多个业务、甚至多个 TS 流来广播其对象和相应的控制信息。为便于客户端确定该对象轮播在不同节目里使用的所有 association_tag，定义了一个描述符，它可插入到实现这个对象轮播的所有节目的 PMT 表的第一个描述符循环中。deferred_assocation_tags_descriptor 包含了对象轮播中使用的所有与描述符本身所在 PMT 的 PID 不相关联的 association_tag。因此，deferred_assocation_tags_descriptor 包含了对节目的前向引用，该节目包含有 association_tag 所链接的 PID。如果需要，多个 deferred_assocation_tags_descriptor 可插入到一个 PMT 表中。

而且由于 BIOP_PROGRAM_USE Tap 的存在，deferred_association_tag_descriptor 还可用来指向另一个数字电视业务(节目)。

只要一个对象轮播使用多个业务，就应使用 deferred_association_tag_descriptor。对每个只传送一部分对象轮播内容的业务，association_tag 的列表应是完全的，以避免 association_tag 映射失败或出错。

deferred_association_tags_descriptor()的句法和语义见表 A.23：

表 A.23 deferred_association_tags_descriptor

句 法	比特数	类型	值	注 释
deferred_association_tags_descriptor(){				
descriptor_tag	8	uimsbf	0x15	
association_tags_loop_length	8	uimsbf	2×N1	以字节为单位的长度
descriptor_length	8	uimsbf		
for(n=0; n < N1 ; n++){				
association_tag	16	uimsbf		
}				
transport_stream_id	16	uimsbf		
program_number	16	uimsbf		
org_network_id	16	uimsbf		
for(n=0; n < N ; n++){				
Private_data_byte	8	uimsbf		
}				
}				

A.8.8 SI 和 PSI 中的信息

A.8.8.1 数据广播标识

为表明使用数字电视对象轮播，data_broadcast_id 应该置为 0x0007。

注：如果对象轮播(use 域)是已经注册了 data_broadcast_id 的规范的组成部分，这个 id 值(selector 域句法正确)可替代 0x0007 使用。

A.8.8.2 SI 描述符

具有上述值的 SI 的 data_broadcast_descriptor 可用来表明一个业务中使用数字电视对象轮播。

这种情况下，data_broadcast_descriptor 的 selector 域包含了对象名称的循环，使对象轮播中的应用能够自动引导。循环还包含了 ISO_639_language_code 域，可用来基于首选的语言启动应用。

data_broadcast_descriptor 使用的对象名称应存在于对象轮播中。

A.8.8.3 PSI 的描述符

data_broadcast_descriptor 的使用方式与数据轮播类似，见 A.7.7.1 条。

A.8.9 transactionId 值的分配与使用

对象轮播中 transactionId 的使用方法是从 DSM-CC 规范的定义继承下来的，因此显得有点复杂。TransactionId 具有双重功能，它提供了控制消息(即 DownloadInfoIndication 和 DownloadServerInitiate)的识别和版本机制。TransactionId 应该唯一标识数据轮播中的下载控制消息，但是消息的任何字节一旦改变，它都将被“增量”。

对象轮播在数据轮播之上传送，而且可由多个数据轮播分发。对象轮播之下的数据轮播，在本附录中是指一系列用一个 PID 传送的 DownloadInfoIndication 消息以及传送该消息描述的模块的 DownloadDataBlock 消息。与 DownloadInfoIndication 不同的是，DownloadDataBlock 消息可分布到其他 ES

中。在对象轮播中，消息 DownloadServerInitiate 被看作是对象轮播的最上层的一部分，与任何数据轮播不发生关联。

当一个模块改变，其版本号需要更新。这意味着引用该模块的 DownloadInfoIndication 消息也需要更新。由于 DownloadInfoIndication 消息更新了，transactionId 也需要改变。然而，DownloadInfoIndication 消息的 transactionId 还同时在别的消息中使用，但特别需要避免改变其他消息，由模块更新带来的影响应该限制在该模块以及引用它的 DownloadInfoIndication 消息中。因此，下面说明了使用 transactionId 的附加规则。

TransactionId 被分解成许多表 A.24 中定义的子域。这反映了 transactionId 的双重功能(上文已列出)以及为减小模块更新的影响所强加的限制。但是，为增强互操作性，transactionId 的分配设计成与目标接收端的预期过滤无关。

表 A.24 transactionId 的子域

位数	值	子域	描　述
0	用户定义	更新标志	每次控制消息更新都会触发这一比特
1～15	用户定义	标识	对于 DownloadServerInitiate 消息，这几比特只能都为零。所有其他的控制消息应该有一位或更多的位的非零比特
16～29	用户定义	版本	这几个比特每当控制消息更新的时候都会增量/改变
30～31	第 30 比特为零 第 31 比特非零	生成者	当 transactionId 为网络分配时，这两比特在 ISO/IEC 13818-6:1998 中被定义为 0x02-在广播的操作中是隐含的

由于 transactionId 具有版本机制的功能，控制消息的任何变化都将导致其 transactionId 增量。模块发生任何变化都应增量其 moduleVersion 域的值。这一变化将反映在描述该模块的 DownloadInfoIndication 消息的对应域上。既然 DownloadInfoIndication 消息的域改变了，其 transactionId 应该增量，以表示一个新版本的消息。

同样，DownloadServerInitiate 消息的任何改变也意味着 transactionId 的增量。然而，当 transactionId 被分解成上述子域以后，消息的更新只需改变 transactionId 的版本部分，而其识别部分保持不变。

由于 transactionId 也用于在其他结构中引用消息时识别消息，自然很希望这些引用的消息不要在控制消息每次更新时都随之更新。所以按照关联关系定位消息时应该使用这样的规则，即当根据引用消息的 transactionId 定位一条消息时，只有识别部分(比特 1...15)需要匹配。

运用这一规则，更新一个模块的影响可限制在模块本身以及描述该模块的 DownloadInfoIndication 消息中。同时，这意味着如果接收端只需要过滤出描述该模块的 DownloadInfoIndication 消息并检查其是否改变，就可判定它接收过的模块当前是否发生了变化。

附 录 B
（规范性附录）
私有数据广播系统注册

SI扩充包含 data_broadcast_id 的值的分配。在一个复用流中，每一个数据流的 data_broadcast_id 标明了该数据广播的类型或使用的私有系统。

data_broadcast_id 为本标准定义的 7 种类型保留了 7 个值，见表 B.1。还留下很宽的范围(0x0100-0xFFFF)用作私有系统的注册。

由于允许最小互操作性，因此建议数据广播解决方案进行注册，以帮助解码器识别所能支持的数据流并且防止它们试图获得不兼容的数据流。

表 B.1 data_broadcast_id 值的分配

数据广播规范	data_broadcast_id
为将来使用保留	0x0000
数据管道	0x0001
异步数据流	0x0002
同步数据流	0x0003
从同步数据流	0x0004
多协议封装	0x0005
数据轮播	0x0006
对象轮播	0x0007
数字电视系统 ATM 流	0x0008
本标准为将来使用保留	0x0009-0x00FF
为注册保留	0x0100-0xFFFE
为将来使用保留	0xFFFF
注：表中阴影部分为本标准定义的 7 种类型。	

附 录 C
（资料性附录）
文本字符编码

文本条款可能包含某些选择信息，用来选择较大范围的字符编码表（如下文）。如果文本条款中没有字符编码选择信息，则认为使用缺省的字符编码集。GB 13000—2010 的基本多文种页结构见图 C.1。

C.1 控制码

范围在 0x80 到 0x9F 之间单字节控制码的分配见表 C.1。

表 C.1 单字节控制码

控 制 码	描 述
0x80～0x85	预留使用
0x86	字符强调开
0x87	字符强调关
0x88～0x89	预留使用
0x8A	CR/LF
0x8B～0x9F	用户定义

对于双字节的字符表，本附录在 GB 13000—2010 专用区 0xE080～0xE09F 范围内定义的控制码的分配见表 C.2。

表 C.2 双字节控制码

控 制 码	描 述
0xE080～0xE085	预留使用
0xE086	字符强调开
0xE087	字符强调关
0xE088～0xE089	预留使用
0xE08A	CR/LF
0xE08B～0xE09F	预留使用

C.2 字符表的选择

文本域可用非空格、不可显示的数据开始，该数据指定文本条目的剩余部分使用另外一个字符表。字符表的选择如下所述：

- 如果文本域第一个字节的数值在0x20～0xFF之间，那么文本条目的这个字节和后续的所有字节都使用默认的字符编码表（表00—拉丁文），见图C.1；
- 如果文本域第一个字节的数值在0x01～0x05之间，那么文本条目的剩余部分的编码见GB/T 15273.1—1994；
- 如果文本域第一个字节的数值是0x10，那么接下来的两个字节所携带的16位数值N(uimsbf)表示了文本条目剩余部分数据使用GB/T 15273.1—1994定义的字符编码表进行编码；
- 如果文本域第一个字节的数值是0x11，那么文本条目剩余部分的编码根据GB 13000—2010定义的基本多语言平面进行双编码；
- 如果文本域第一个字节的数值是0x12，表示文本条目中的剩余字节按照韩国字符集KSC 5601编码；
- 如果文本域第一个字节的数值是0x13，表示文本条目中的剩余字节按照GB 2312—1980及其扩展集进行编码；
- 对于文本条目的第一个字节，值0x00、0x06～0x0F、0x14～0x1F预留使用。

Row-octet

Row-octet					
00	■	Basic Latin 基本拉丁文	■	Latin-1 Supplement 拉丁文-1 补充	
01	Latin Extended-A 拉丁文扩充-A	Latin Extended-B 拉丁文扩充-B			
02	Latin Extended-B 拉丁文扩充-B	IPA Extensions 国际音标扩充	Spacing Modificr Letters 进格的修饰字符		
03	Combining Diacritical Marks 组合用发音符	Basic Greek 基本希腊文	Greek Symbols and Coptic 希腊符号及哥普特文		
04	Cyrillic 西里尔文				
05	■	Armenian 亚美尼亚文	Hebrew(Basic and Extended) 希伯来文(基本和扩充)		
06	Basic Arabic 基本阿拉伯文	Arabic Exlended 阿拉伯文扩充			
	■				
09	Devanagari 天成文书(梵文)	Bengali 孟加拉文			
0A	Gurmukhi 锡克教文	Gujarati 古吉拉特文			
0B	Oriya 奥利雅文	Tamil 泰米尔文			
0C	Telugu 泰卢固文	Kannada 卡纳达文			
0D	Malayalam 德拉维族文	■			
0E	Thai 泰文	Lao 老挝文			
10	■	Georgian 格鲁吉亚文			
11	Hangul Jamo 朝鲜文字母				
	■				
1E	Latin Extended Additional 拉丁文扩充增补				
1F	Greek Extended 希腊文扩充				
20	General Puncluation 广义标点	Super-/Subscripts 上/下标	Currency Symbols 货币符号	Comb. Diacrit Marks forSymbols1)	
21	Letterlike Symbols 类似字母的符号	Number Forms 数字形式	Arrows 箭头		
22	Mathematical Operatcrs 数学运算符				
23	Miscellaneous Technical 零杂技术用符号				
24	Control pictures 控制图符	O.C.R 光学字符识别	Enclosed Alphanumerics 带括号的字母数字		
25	Box Drawing 制表符	Block Elements 方块元素	Geometric Shapes 几何图形符		
26	Miscellaneous Symbols 零杂符号				
27	Dingbats 丁贝符(示意符等)	■			
	■				
30	CJK Symbols and Punctuation CJK 符号和标点	Hiragana 平假名	katakana 片假名		
31	Bopomofo 注音	Hangul Compatibility Jamo 朝鲜文兼容字母	CJK Miscellaneous CJK 零杂字符	■	
32	Enclosed CJK Letters and Months 带括号的 CJK 字母及月份				
33	CJK Compatibility CJK 兼容字符				
34 3D	Hangul 朝鲜文				
3E	Hangul Supplementary-A 朝鲜文补充-A				
44 45 4D	Hangul Supplementary-B 朝鲜文补充-B				
4E 9F	CJK Unified Ideographs CJK 统一汉字				
A0 DF	■				
E0 F8	Private Use Arca 专用区				
F9 FA	CJK Compatibility Ideographs CJK 兼容汉字				
FB	Alphabetic Presentation Forms 拼音文字变形显现形式				
FC FD	Arabic Presentation Forms-A 阿拉伯文变形显现形式-A				
FE	■	Comb. Half Marks 半形组合用标志	CJK Compat Foms CJK 兼容形式	Small Form Variants 小写变体	Arabic Presentation Forms-BP
FF	Halfwidth and Fullwidth Forms 半形及全形字符	Specials 特殊字符			

1) 用于符号的组合用区分标志。

2) 阿拉伯文变形显现形式-B。

■—留作将来标准化用

□—非图形字符

图 C.1 GB 13000—2010 的基本多文种平面总貌

附 录 D
（规范性附录）
数据广播前端的技术要求

D.1 前端功能要求

数据广播前端功能面至少满足下述要求：

- 系统输出码流数据封装方式应使用本规范定义的5种封装格式中的一种或多种封装格式，并符合第4章中的规定；
- 能够按照GB/T 17975.1—2010和本规范的规定设置封装码流所使用的PID值，并按照设置正确封装；
- 能够对PSI和SI相关可编辑内容进行设置，并能够根据设置和第4章中的要求在输出码流中正确插入PSI和SI，主要可设置内容见表D.1。

表 D.1 PSI和SI中可设置内容

PSI或SI表	可设置字段	备　注
PMT	PMT_PID	设置PMT_PID的同时应在PAT中正确体现
	program_number	取值应与对应业务的service_id一致
SDT	service_id	
	service_name	位于service_descriptor中
	service_type	
	service_provider	
	bouquet_name	位于bouquet_name_descriptor中

- 能够对播出总带宽进行设置，并根据设置控制输出带宽；
- 能够对输出码流中单个PID标识的数据码流带宽进行设置，并控制该PID所标识的数据码流的输出带宽。

D.2 前端数据接口要求

数据广播前端数据输出接口为ASI接口，应符合本规范的相关规定。

接口性能具体指标要求见表D.2。

表 D.2 ASI接口指标要求

序号	项　目	单位	指标要求
1	输出幅度	mV	[720,880]
2	上升时间(20%～80%)	ps	≤1200
3	下降时间(20%～80%)	ps	≤1200
4	确定性抖动	%	≤10

附　录　E
（规范性附录）
前端测量方法

E.1　前端测量条件

温度：15 ℃～35 ℃；
相对湿度：45%～75%RH；
大气压：86 kPa～106 kPa；
电源电压：198 V～242 V交流，50 Hz±1 Hz。

E.2　前端测量框图

图 E.1　数字电视系统中数据广播功能和性能测量框图

图 E.2　数字电视系统中数据广播接口测量框图

E.3　前端测量设备

推荐使用表 E.1 给出的测量设备。

表 E.1　测量设备及要求

设备名称	要　求	数量
码流分析仪	能够对符合 GB/T 17975.1-2010、GB/T 28161—2011 及 GY/T 221—2006 第 4 章的 TS 流进行实时分析； 能够对符合 GB/T 17975.1—2010、GB/T 28161—2011 及 GY/T 221—2006 第 4 章的 TS 流文件进行离线分析	1
数字示波器	—	1

E.4　前端测量步骤

E.4.1　前端功能测量步骤

E.4.1.1　封装功能

a）按照图 E.1 连接测量系统；

b) 用码流分析仪的实时码流分析功能分析被测前端系统的输出码流，检测输出码流是否符合第4章中数据封装技术要求。

E.4.1.2 PID设置功能

a) 按照图E.1连接测量系统；
b) 检查被测前端系统是否具有PID设置功能；
c) 用码流分析仪的实时码流分析功能分析被测前端系统的输出码流，检测输出PID是否与被测前端系统设置PID一致；
d) 更改PID，用码流分析仪的实时码流分析功能分析被测前端系统的输出码流，检测更改后输出PID是否与被测前端系统设置PID一致。

E.4.1.3 PSI和SI相关编辑设置功能

a) 按照图E.1连接测量系统；
b) 检查被测前端系统是否具有附录D中表D.1中所列项目设置功能；
c) 用码流分析仪的实时码流分析功能分析被测前端系统的输出码流，检测输出码流与附录D中表D.1中内容是否与被测前端系统设置内容一致；
d) 更改被测前端系统附录D中表D.1中各项内容，用码流分析仪的实时码流分析功能分析被测前端系统的输出码流，检测更改后各项内容一致是否与被测前端系统设置内容一致。

E.4.1.4 输出总带宽设置功能

a) 按照图E.1连接测量系统；
b) 检查被测前端系统是否具输出码流总码率设置功能；
c) 用码流分析仪的实时码流分析功能分析被测前端系统的输出码流，检测输出码流总码率是否与被测前端系统设置码率一致；
d) 更改被测前端系统输出总码率，用码流分析仪的实时码流分析功能分析被测前端系统的输出码流，检测更改后输出总码率是否与被测前端系统设置总码率一致。

E.4.1.5 单个PID对应数据码流带宽设置功能

a) 按照图E.1连接测量系统；
b) 检查被测前端系统是否具输出单个PID对应数据码流带宽设置功能；
c) 用码流分析仪的实时码流分析功能分析被测前端系统的输出码流，检测输出码流单个PID对应数据码流带宽是否与被测前端系统设置带宽一致；
d) 更改被测前端系统单个PID对应数据码流带宽，用码流分析仪的实时码流分析功能分析被测系统的输出码流，检测更改后单个PID对应数据码流带宽是否与被测前端系统设置单个PID对应数据码流带宽一致。

E.4.2 前端系统接口测量步骤

a) 按照图E.2连接测量系统；
b) 用数字示波器分析被测前端系统的输出信号，检测输出信号是否符合附录D中D.2的要求。

附 录 F
（规范性附录）
数据轮播的 DSM-CC 消息

本附录包含了 DSM-CC 下载消息的句法。每个域的语义描述标明了按照本附录实现一个数据轮播时可能使用这些域的地方。

F.1 dsmccMessageHeader

dsmccMessageHeader 的句法见表 F.1。

表 F.1 dsmccMessageHeader 句法

句 法	字 节 数
dsmccMessageHeader(){	
protocolDiscriminator	1
dsmccType	1
messageId	2
transactionId	4
reserved	1
adaptationLength	1
messageLength	2
if(AdaptationLength>0){	
dsmccAdaptationHeader()	
}	
}	

dsmccMessageHeader 的语义如下：

- protocolDiscriminator 域标明本消息是 DSM-CC 消息，其值为 0x11；
- dsmccType 域标明 DSM-CC 消息的类型，取值 0x03 标明该消息是 U-N 下载消息；
- messageId 域标明正在传送的消息的类型，其值在 dsmccType 范围内定义；
- transactionId 用于对话完整性和出错处理，在一段时间内应该保持唯一性，以确保命令序列不发生冲突。transactionId 只在本地有效，也就是说其值应该由广播服务器选定；
- reserved 域由 ISO/IEC 13818-6:1998 保留，置为 0xFF；
- adaptationLength 标明 adaptation header 的字节总长度；
- messageLength 标明接下来的消息的字节总长度。这个长度包括 adaptationLength 给出的任何 adaptation header 和 MessageId 给出的消息载荷。

F.2 dsmccDownloadDataHeader

dsmccDownloadDataHeader 的句法见表 F.2。

表 F.2　dsmccDownloadDataHeader 句法

句　法	字节数
dsmccDownloadDataHeader(){	
protocalDiscriminator	1
dsmccType	1
messageId	2
downloadId	4
reserved	1
adaptationLength	1
messageLength	2
if(AdaptationLength>0){	
dsmccAdaptationHeader()	
}	
}	

dsmccDownloadDataHeader 的语义如下：

- protocolDiscriminator 域标明本消息是 DSM-CC 消息，其值为 0x11；
- dsmccType 域标明 DSM-CC 消息的类型，取值 0x03 表明该消息是一条 U-N 下载消息；
- messageId 域给出正在传送的消息的类型，其值在 dsmccType 范围内定义；
- downloadId 域把下载数据消息与下载场景的一个实例的下载控制消息关联起来；
- reserved 域由 ISO/IEC 13818-6:1998 保留，置为 0xFF；
- adaptationLength 标明 adaptation header 的字节总长度；
- messageLength 标明接下来的消息的字节总长度。这个长度包括 adaptationLength 给出的任何 adaptation header 和 MessageId 给出的消息载荷。

F.3　DownloadServerInitiate

DownloadServerInitiate 消息的句法见表 F.3。

表 F.3　DownloadServerInitiate 消息的句法

句　法	字节数
DownloadServerInitiate(){	
dsmccMessageHeader()	
serverId	20
compatibilityDescriptor()	
privateDataLength	2
for(i=0;i<privateDataLength;i++){	
privateDataByte	1
}	
}	

DownloadServerInitiate 消息的语义如下：

- serverId 域置为 20 个字节的 0xFF(也就是不使用该域)；
- compatibilityDescriptor()结构只包含 DSM-CC 定义的 compatibilityDescriptor 的 compatibilityDescriptorLength 域，置为 0x0000(也就是不使用该域)；
- privateDataLength 定义了后面的私有字节的长度；
- privateDataByte 域传送本标准定义的 GroupInfoIndication 结构。

F.4 DownloadInfoIndication

DownloadInfoIndication 消息的句法见表 F.4。

表 F.4 DownloadInfoIndication 消息的句法

句法	字节数
DownloadInfoIndication(){	
dsmccMessageHeader()	
downloadId	4
blockSize	2
windowSize	1
ackPeriod	1
tCDownloadWindow	4
tCDownloadScenario	4
compatibilityDescriptor()	
numberOfModules	2
for(i=0;i<numberOfModules;i++){	
moduleId	2
moduleSize	4
moduleVersion	1
moduleInfoLength	1
for(i=0;i<moduleInfoLength;i++){	
moduleInfoByte	1
}	
}	
privateDataLength	2
for(i=0;i<privateDataLength;i++){	
privateDataByte	1
}	
}	

DownloadInfoIndication 消息的语义如下：

- downloadId 是进程中下载操作的标识符。对于数据轮播的操作，downloadId 应该在网络中唯一定义；对于流控制或无流控制的操作，downloadId 应该在连接中唯一定义。这一标识符将在进程中的下载操作所使用的 DownloadDataBlock、DownloadDataRequest 和 DownloadCancel 消息中使用；

- blockSize 是 DownloadDataBlock 消息中传输的每个块的字节长度,而每个模块的最后一个块的长度可小于 blockSize;
- windowSize 在数据轮播中不使用,置为 0;
- ackPeriod 在数据轮播中不使用,置为 0;
- tCDownloadWindow 在数据轮播中不使用,置为 0;
- tCDownloadScenario 标明进程中整个下载操作以 μs 为单位的超时时限;
- compatibilityDescriptor()结构只包含 DSM-CC 定义的 compatibilityDescriptor 的 compatibilityDescriptorLength 域。置为 0x0000(也就是不使用该域);
- NumberOfModules 是此域后面的循环中描述的模块的个数。对于流控制和无流控制的下载操作,该循环描述了客户端要下载的所有模块。对于数据轮播的操作,虽然循环可以描述与数据轮播相关的所有的模块,但它描述的只是所有模块的一个子集;
- moduleId 是模块的标识,模块由域 moduleSize、moduleVersion 和 moduleInfoByte 描述。moduleId 在每个 downloadId 范围内是唯一的;
- moduleSize 是所描述模块的字节长度;
- moduleVersion 是所描述模块的版本;
- moduleInfoLength 定义了所描述模块 moduleInfo 域的字节长度;
- moduleInfoByte 域传送描述符的列表。每个描述符定义相应模块的一个或多个属性;

注: 在本标准中,moduleId 不使用从 0xFFF0 到 0xFFFF 范围的值。

- privateDataLength 定义后面的私有数据的字节长度;
- privateDataByte 域由用户自定义。

F.5 DownloadDataBlock

DownloadDataBlock 的句法见表 F.5。

表 F.5 DownloadDataBlock 句法

句　　法	字　节　数
DownloadDataBlock(){	
dsmccDownloadDataHeader()	
moduleId	2
moduleVersion	1
reserved	1
blockNumber	2
for(i=0;i<N;i++){	
BlockDataByte	1
}	
}	

DownloadDataBlock 的语义如下:

- moduleId 给出该块所属的模块;
- moduleVersion 给出块所属模块的版本号;
- reserved 域由 ISO/IEC 13818-6:1998 保留,置为 0xFF;
- blockNumber 给出块在模块中的位置。块 0 为模块的第一个块;

- blockDataByte 传送该块的数据。

F.6 DownloadCancel

DownloadCancel 消息的句法见表 F.6。

表 F.6 DownloadCancel 消息的句法

句法	字节数
DownloadCancel(){	
dsmccMessageHeader()	
downloadId	4
moduleId	2
blockNumber	2
downloadCancelReason	1
reserved	1
privateDataLength	2
for(i=0;i<privateDataLength;i++){	
privateDataByte	1
}	
}	

DownloadCancel 消息的语义如下：

- downloadId 是某个正在进行的特定下载实例的标识。它将这个 DownloadCancel 消息与一个正在进行的特定下载或数据轮播关联起来；
- moduleId 和 blockNumber 标明取消下载时已经处理过的最后一条 DownloadDataBlock 消息。如果没有块被处理，这些域应该被置为 0；
- downloadCancelReason 包含了取消下载的原因代码；
- reserved 域由 ISO/IEC 13818-6:1998 保留，设置为 0xFF；
- privateDataLength 定义后面的私有数据的字节长度；
- privateDataByte 域的使用在数据轮播中不作规定，可用来传送私有信息。

附　录　G
（规范性附录）
将 DSM-CC 消息封装到 GB/T 17975.1—2010 段中

本附录说明了 DSM-CC 消息是怎样被封装到 GB/T 17975.1—2010 段中的。请参考 DSM-CC 规范中的准确语义。

当 DSM-CC 下载消息封装到 TS 流时，使用 DSMCC_section 句法结构。该结构继承了 GB/T 17975.1—2010 中定义的 private_section 的所有句法。特定语义用于 DSMCC_section 头中的特定域的编码。DSMCC_section 到 TS 流包的映射及 DSMCC_section 的最大长度都符合 GB/T 17975.1—2010 中定义的 private_section 的语义。

在某些实现中，希望使用 private_sections 中的 CRC_32。由于某些系统计算 CRC_32 可能有困难，DSMCC_section 句法定义了一种 CRC_32 的替代方式。为了与 GB/T 17975.1-2010 保持一致，如果 section_syntax_indicator 置为"1"，CRC_32 应该存在并且正确。section_syntax_indicator 置"0"时，该段的句法与 section_syntax_indicator 置"1"时是一样的，只是 CRC_32 域被校验和域取代。这样句法仍然与 GB/T 17975.1-2010 兼容，因为跟在 section_length 域之后的载荷会被当成私有数据看待。

由于 section_syntax_indicator 本身可能出错，private_indicator 的值应该为 section_syntax_indicator 的补数。如果 section_syntax_indicator 为"0"，private_indicator 被置为"1"，如果不是这样，表明这个段出错了。类似的，如果 section_syntax_indicator 为"1"，则 private_indicator 应为"0"。

当 section_syntax_indicator 为"0"（不使用 CRC）且和校验域也设置为 0 时，将在不同层上提供另一种形式的出错检测。这种是强制性要求，以确保本文档对 DSMCC_section 传输协议的最小需求。

在 TS 流中传送 private_section（也即 DSMCC_section）的有关句法和语义，请参考 GB/T 17975.1—2010 中 2.4.4 条的 PSI。其中包括对 payload_unit_start_indicator 的设置，TS 包载荷中 pointer_field 的存在，以及包填充字节的使用。

除非特别限制，如果 table_id 解析完成的话，DSM-CC 表（也就是一个或多个带有相同 table_id 的 DSMCC_section）可以与其他 private_section 格式的表使用相同的 PID 封装到 TS 包中。

当在 TS 流中传送 DownloadDataBlock 消息时，只有 downloadId 相同的 DownloadDataBlock 消息才能封装到 PID 相同的 TS 包。这意味着，每个 PID 只能传送一个数据轮播的下载数据消息。但对下载控制消息不存在这种限制，允许多个数据轮播的下载控制消息在同一个 ES 流中传送。在这些情况下，要获得预期的效果，应使用 SI 的 data_broadcast_descriptor 来明确标明一个特定的最高等级控制消息的 transactionId。

DSM-CC 段格式的句法见表 G.1。

表 G.1　DSM-CC 段格式的句法

句　法	比特数	类型
DSMCC_section(){		
table_id	8	uimsbf
section_syntax_indicator	1	bslbf
private_indicator	1	bslbf
reserved	2	bslbf
dsmcc_section_length	12	uimsbf
table_id_extension	16	uimsbf

表 G.1（续）

句　　法	比特数	类型
reserved	2	bslbf
version_number	5	uimsbf
current_next_indicator	1	bslbf
section_number	8	uimsbf
last_section_number	8	uimsbf
if(table_id==0x3A){		
LLCSNAP()		
}		
else if(table_id==0x3B){		
userNetworkMessage()		
}		
else if(table_id==0x3C){		
downloadDataMessage()		
}		
else if(table_id==0x3D){		
DSMCC_descriptor_list()		
}		
else if(table_id==0x3E){		
for(i=0;i<DSMCC_section_length-9;i++){		
private_data_byte		
}		
}		
if(section_syntax_indicator=="0"){		
checksum	32	uimsbf
}		
else{		
CRC_32	32	rpchof
}		
}		

注 1：DownloadServerInitiate、DownloadInfoIndication、DownloadCancel 在 userNetworkMessage 类中。

注 2：DownloadDataBlock 在 downloadMessage 类中。

附 录 H
（规范性附录）
目录中的对象命名

在DSM-CC中，目录对象提供了树状等级目录结构。每个目录对象都可包含对其他目录（例如子目录）和对象的关联关系。当对象被绑定到目录时，将有一个名称字符串分配给它，用于在该目录内唯一标识该对象。业务网关对象是目录等级图的根目录。由根目录业务网关名称、经过的所有子目录名称和最后到达的对象的名称组成的一条路径，唯一标识了一个对象轮播中的某个对象。一个对象可能被绑定到多个目录，因此可有多个路径指向同一个对象。

下面给出了分隔目录名称与对象名称的约定：

- 用反斜杠“/”来分隔目录名称和对象名称；
- 反斜杠“/”不能作为名称的一部分。

注：不需要使用相对路径，因此也不必要有其他约定。

由于各种原因，DSM-CC与对象轮播使用了大量略有差别的数据结构在不同的环境中存储路径。因此，在不同的环境中，尽管存储目录可能指向同一个路径，也就是在不同数据结构中的名称字符串相同，但是它们的数据结构可能不同。

H.1 DSM-CC的U-U API中名称使用的数据结构

U-U API为不同环境中的目录提供了两种不同的数据结构。原因是DSM-CC的目录对象是从CORBA的CosNaming∷NamingContext对象继承的。然而由于DSM-CC为它增添了一些功能，为了这些额外的功能，应定义独立的数据结构来传递路径信息。

CosNaming∷NameComponent是所有名称数据结构的基础。它代表了对象完整路径名称的一部分，比如在子目录中的名称。NameComponent结构包含两个域：id和kind。id域包含确切的名称字符串；kind域包含对象的类型。

CosNaming∷Name是NameComponet的序列，代表整个路径。但是，这个结构通常只表示从其所在目录开始的相对路径。当它在根目录业务网关中使用时，自然表示完整的绝对路径。

在某些用途中，Name包含在叫做CosNaming∷Binding的结构中。除了Name，该结构还包含一个BindingType域。BindingType的作用是为Name所指对象分类。

DSM-CC为路径定义了另外一个数据结构DSM∷PathSpec。PathSpec由DSM∷Step结构序列构成。Step包含了CosNaming∷Name中使用的相同的NameComponent，还有一个额外的处理标记，用于在某些功能中标明该操作是否应用到这部分路径。在DSM-CC中使用PathSpec时，通常还有另外一个PathType参数。PathType给出解释PathSpec的方式。它区分了使用PathSpec的两种不同方式。当PathType为DEPTH，PathSpec的意义与Name等同，例如它表示从当前目录沿树状图往下的相对路径。然而，当PathType为BREADTH，PathSpec中的NameComponents用来标识同一目录下的多个不同的对象。

H.2 对象轮播中名称使用的数据结构

为优化传输，对象轮播使用与U-U API略有不同的数据结构。但是，这些数据结构被设计成与API中使用的结构等同。

BIOP∷NameComponent与CosNaming∷NameComponent等同，但增添了字符串的最大长度以

优化编码。

BIOP∷Name 与 CosNaming∷Name 等同，但定义了其中 NameComponent 个数的上限以优化编码。

对象轮播的 DirectoryMessage 提供了实现目录对象的必要信息。目录信息包含 BIOP∷Binding，BIOP∷Binding 中包括了从本目录到对象的路径的名称；目录信息还包含了 IOR(Interoperable Object Reference 互操作对象基准)，其中给出了定位一个确定对象的必要信息。BIOP∷Binding 不同于 CosNaming∷Binding，前者包含了对象的引用，而后者没有。这是因为，在对象轮播中可用它来传送对象的位置，而在 API 中对象的定位属于目录对象的内部事务，在应用程序中是不可见的。

H.3 对象轮播中的 CORBA 串

在许多地方对象轮播消息中包括文本串。这些串都遵循 CORBA V2.0 的 12.3.2 条给出的格式。例如每个串前面都加上了一个声明串长度的 32 比特整数，结尾加上了一个空字符。通常，这可以从下面的句法表中明显看出来。但是，为清楚起见，表 H.1 使用的是 CORBA 格式字符串。

表 H.1 CORBA 格式字符串的定位

字 符 串	位 置
objectKind_data	BIOP∷FileMessage 句法
objectKind_data，id_data，kind_data	BIOP∷DirectoryMessage 句法
objectKind_data	BIOP∷StreamMessage 句法
objectKind_data，eventName_data	BIOP∷StreamEventMessage 句法
type_id_byte	BIOP∷IOR 句法
id_data，kind_data	带有 ServiceLocation 的 Options 类型体的句法

ICS 33.160
M 64

中华人民共和国国家标准

GB/T 28431—2012

地面数字电视传送流复用和接口技术规范

Specification for transport stream multiplexing and interfaces in digital terrestrial television

2012-06-29 发布　　　　2012-10-01 实施

中华人民共和国国家质量监督检验检疫总局
中国国家标准化管理委员会　发布

前　言

本标准按照 GB/T 1.1—2009 给出的规则起草。

本标准由国家广播电影电视总局提出。

本标准由全国广播电影电视标准化技术委员会(SAC/TC 239)归口。

本标准起草单位:国家广播电影电视总局广播科学研究院、国家广播电影电视总局广播电视规划院。

本标准主要起草人:崔竞飞、朱佩江、胡毓铭、牛妍华、李培琳、朱里越、万倩、崔俊生。

引　言

本标准从我国地面数字电视系统的技术和业务特点出发，在传输流复用部分参照了 GB/T 17975.1—2010《信息技术　运动图像及其伴音信息的通用编码　第 1 部分：系统》，传输流接口部分 SPI、SSI 和 SPI 接口规范参照了 GY/T 170—2001《有线数字电视广播信道编码与调制规范》中的内容，基于 IP 的 TS 流传输接口的内容在附录 A 进行了描述。

地面数字电视传送流复用和接口技术规范

1 范围

本标准规定了传送流在地面数字电视系统中的复用和接口。

本标准适用于地面数字电视系统的复用、解复用以及基带传输等。

2 规范性引用文件

下列文件对于本文件的应用是必不可少的。凡是注日期的引用文件,仅注日期的版本适用于本文件。凡是不注日期的引用文件,其最新版本(包括所有的修改单)适用于本文件。

GB/T 17975.1—2010 信息技术 运动图像及其伴音信息的通用编码 第1部分:系统

GY/T 170—2001 有线数字电视广播信道编码与调制规范

IETF RFC 768 用户数据报协议(User Datagram Protocol)

IETF RFC 791 互联网协议;DARPA 互联网协议;协议规范(Internet Protocol;DARPA internet protocol;Protocol specification)

IETF RFC 1890 使用最小控制的音视频会议的 RTP 框架(RTP Profile for Audio and Video Conferences with Minimal Control)

IETF RFC 2250 MPEG1/MPEG2 视频的 RTP 载荷格式(RTP Payload Format for MPEG1/MPEG2 Video)

IETF RFC 2508 低速串行连接的 IP/UDP/RTP 头压缩(Compressing IP/UDP/RTP Headers for Low-Speed Serial Links)

IETF RFC 3550 RTP 实时应用的传输协议(RTP:A Transport Protocol for Real-Time Applications)

IEEE 802.2 IEEE 信息技术标准—系统间通信和信息交换—本地和城域网络 特定需求 第2部分:逻辑链路控制(IEEE Standard for Information Technology—Telecommunications and Information Exchange Between Systems—Local and Metropolitan Area Networks—Specific Requirements—Part 2:Logical Link Control)

IEEE 802.3 IEEE 信息技术标准—系统间通信和信息交换—本地和城域网络 特定需求 第3部分:带冲突检测的载波监听多路访问(CSMA/CD)访问方法和物理层规范—勘误表2:IEEE Std 802.3an—2006 10GBASE-T 修正(IEEE Standard for Information Technology—Telecommunications and Information Exchange Between Systems—Local and Metropolitan Area Networks—Specific Requirements Part 3:Carrier Sense Multiple Access with Collision Detection (CSMA/CD) Access Method and Physical Layer Specifications—Corrigendum 2:IEEE Std 802.3an—2006 10GBASE-T Correction)

3 缩略语

下列缩略语适用于本文件。

ASI 异步串行接口(Asynchronous Serial Interface)
ICMP 互联网控制报文协议(Internet Control Message Protocol)
IP 互联网协议(Internet Protocol)
LCC 逻辑链路控制(Logical Link Control)
PCR 节目时钟参考(Program Clock Referance)
PSI 节目特定信息(Program Specific Information)
RTP 实时传输协议(Real-time Transport Protocol)
RTCP 实时传输控制协议(Real-time Transport Control Protocol)
SPI 同步并行接口(Synchronous Parallel Interface)
SSI 同步串行接口(Synchronous Serial Interface)
TS 传送流(Transport Stream)
UDP 用户数据报协议(User Datagram Protocol)

4 传送流复用

4.1 复用操作

复用操作应符合 GB/T 17975.1—2010 中 0.7 的规定。

4.2 传送流比特流要求

4.2.1 传送流编码结构和参数

传送流编码结构和参数应符合 GB/T 17975.1—2010 中 2.4.1 的规定。

4.2.2 传送流目标解码器

传送流目标解码器的定义应符合 GB/T 17975.1—2010 中 2.4.2 的规定。

4.2.3 传送流句法和语义规定

传送流的句法和语义规定应符合 GB/T 17975.1—2010 中 2.4.3 的规定。

4.3 节目特定信息(PSI)规定

节目特定信息(PSI)的规定应符合 GB/T 17975.1—2010 中 2.4.4 的规定。

5 传送流接口

5.1 同步并行接口(SPI)

同步并行接口(SPI)用于数据速率可变的并行传输系统。其中数据传输是通过 MPEG 传送流中的字节时钟来同步的。传输链路采用 LVDS(低压差分信号)25 针连接。

SPI 接口特性见表 1。

表 1　SPI 接口特性

特　　性		描　　述
信号电平		LVDS 低压差分信号
物理连接接口		25 针 D 型超小型连接器
连接器针脚分配	1	时钟 A
	2	系统地
	3	数据 7A
	4	数据 6A
	5	数据 5A
	6	数据 4A
	7	数据 3A
	8	数据 2A
	9	数据 1A
	10	数据 0A
	11	DVALID A
	12	PSYNC A
	13	电缆屏蔽
	14	时钟 B
	15	系统地
	16	数据 7B
	17	数据 6B
	18	数据 5B
	19	数据 4B
	20	数据 3B
	21	数据 2B
	22	数据 1B
	23	数据 0B
	24	DVALID B
	25	PSYNC B
线驱动器		11 个并具备平衡输出
线驱动器特性	输出阻抗	最大 100 Ω
	共模电压	1.125 V～1.375 V
	信号幅度	247 mV～454 mV
	上升下降时间	100 Ω 负载，20%～80%幅度，小于 T/7(T 为时钟周期)
线接收器		11 个并具备平衡输入，输入阻抗：90 Ω～132 Ω
信号格式	数据信号	传送包数据字(8 比特：0～7)，数据 7 为最高位
	DVALID	逻辑“1”表示数据有效。188 包长下恒为高，204 包长下，逻辑低表示不校验 RS 冗余字节
	DSYNC	逻辑“1”有效，在传送包同步字节时置位有效，表示包开始发送

表 1（续）

特　　性		描　　述
传输格式	188 字节格式	188 字节包传输格式的特征是同步字节 47 H，周期为 188 字节
	188 字节加 16 空字节格式	带有 16 个空字节的 204 字节包的特征是同步字节 47 H，周期为 204 字节
	RS 编码 204 字节模式	RS 编码的 204 字节包的特征是同步字节反转为 B8 H
时钟信号	方波频率 f_p	$f_p = f_u/8$ 188 包长 $f_p = (204 * 188) f_u/8$ 204 包长 其中：f_u 为有效传输码率 Ru，且 f_p 不大于 13.5 MHz

同步并行接口（SPI）的其他详细技术指标应符合 GY/T 170—2001 附录 A 中的规定。

5.2　同步串行接口（SSI）

同步串行接口为传输速率与数据速率相等的串行编码传输接口。该接口协议为分层结构，MPEG-2 传送包为顶层（第 2 层），一对底层分别为物理和编码（第 0 层和第 1 层）。SSI 所使用的线速率直接锁定于传送流速率上，因此 SSI 在功能上等效于并行接口。由于链路与 TS 流同步，因此无需进行比特对齐操作。

SSI 接口特性见表 2。

表 2　SSI 接口特性

特　　性		描　　述
第 0 层物理连接接口		
媒介	电缆阻抗	75 Ω
	连接器	BNC
发射器输出特性	峰-峰电压	1 V±0.1 V
	上升/下降时间（10%～90%）	≤4 ns
	跳变定时容限（以负跳变 50% 幅值点的平均值为基准）	负跳变：±0.2 ns； 在单位时间间隔边界上的正跳变：±1 ns； 在时间间隔中点上的正跳变：±0.7 ns
	反射损耗（75 Ω）	在 3.5 MHz～105 MHz 频率范围内：≥15 dB
	输出端口上的最大峰-峰抖动	2 ns
接收器输入特性	假定衰减遵 $\sqrt{f}$ 率，在 70 MHz 处的最大损耗	12 dB
	输入端口上的最大峰-峰抖动	4 ns
	反射损耗（75 Ω）	在 3.5 MHz～105 MHz 频率范围内≥15 dB
第 1 层数据编码		
传输格式	188 字节格式	188 字节包传输格式的特征是同步字节 47 H，周期为 188 字节
	188 字节加 16 空字节格式	带有 16 个空字节的 204 字节包的特征是同步字节 47 H，周期为 204 字节
	RS 编码 204 字节模式	RS 编码的 204 字节包的特征是同步字节反转为 B8 H

表 2（续）

特　　性		描　　述
线路编码	双相标记编码	不管值为“1”还是“0”，跳变始终发生在比特的起点上；对于逻辑“1”，在比特的中点上还有一次跳变发生；对于逻辑“0”，在比特的中点上无跳变发生
字节同步	188 字节包和 204 字节包两种包格式	包同步字节(47 H 或 B8 H)用来保证字节对齐，通过识别同步字节及其值(47 H 或 B8 H)来恢复 DVALID 和 PSYNC 信号
时钟恢复		在接收器中，时钟恢复电路直接从编码的数据流中将传送时钟提取出来。该时钟直接与用户数据率相对应
误码率 BER 要求		BER 应在数据从双相标记解码器输出后进行测量，BER 应小于 10^{-13}
第 2 层传送协议		
传输协议		采用 GB/T 17975.1—2010 规定的 MPEG2 传送流作为基本信息单元

同步串行接口(SSI)的其他详细技术指标应符合 GY/T 170—2001 附录 A 中的规定。

5.3　异步串行接口(ASI)

ASI 为具有不同数据速率的串行编码传输系统，其传输速率是恒定的。该系统为分层结构，层 0 是物理层，层 1 为数据编码，层 2 为传输协议。自不同设备的传送流可能具有不同的数据速率。由于采用恒定的传输速率，因此接收时钟是恒定的。同时采用 PLL 电路来恢复原始时钟速率。

ASI 接口特性见表 3。

表 3　ASI 接口特性

特　　性		描　　述
第 0 层物理层		
基本速率		270 Mbps
电缆阻抗		75 Ω
连接器		BNC
发射器输出特性	输出电压	800±10% mV
	确定性抖动 DJ(p-p)	10%
	随机抖动 RJ(p-p)	8%
	最大上升下降时间(20%～80%)	1.2 ns
接收器输入特性	最小灵敏度(D21.5 空闲模式)	200 mV
	最大输入电压(p-p)	880 mV
	S_{11}(范围:0.1～1.0 x 比特率)	−17 dB
	最小分立连接器的反射损耗(0.3 MHz～1 GHz)	−15 dB

表 3（续）

<table>
<tr><th colspan="2">特　　性</th><th>描　　述</th></tr>
<tr><td colspan="3">第 1 层数据编码</td></tr>
<tr><td rowspan="3">传输格式</td><td>188 字节格式</td><td>188 字节包传输格式的同步字节为 47 H，周期为 188 字节</td></tr>
<tr><td>188 字节加 16 空字节格式</td><td>带有 16 个空字节的 204 字节包的同步字节为 47 H，周期为 204 字节</td></tr>
<tr><td>RS 编码 204 字节模式</td><td>RS 编码的 204 字节包的同步字节反转为 B8 H</td></tr>
<tr><td rowspan="3">数据编码</td><td>8 B/10 B 传输编码</td><td>符合 GY/T 170—2001 的要求</td></tr>
<tr><td>包模式</td><td>连续 1 880 比特或 2 040 比特有效数据，之间插有 K28.5 填充数据</td></tr>
<tr><td>突发模式</td><td>有效数据可以连续如同包模式，也可以在 8 B/10 B 编码数据字节间插有 K28.5 填充数据</td></tr>
<tr><td colspan="2">误码率 BER 要求</td><td>BER 应在 8 B/10 B 解码器输出处测量，BER 应小于 10^{-13}</td></tr>
<tr><td colspan="2">包同步</td><td>每个第 2 层传送包之前至少应有两个同步码字(K28.5)</td></tr>
<tr><td colspan="3">第 2 层传输协议</td></tr>
<tr><td colspan="2">传输协议</td><td>采用 GB/T 17975.1—2010 规定的 MPEG2 传送流作为基本信息单元</td></tr>
<tr><td colspan="2">传送要求</td><td>每个传送包前至少应有两个同步码字 K28.5 字符。尽管没有插入的同步字，8 B/10 B 接收器也能维持同步(在同步建立之后)，但这种包前的同步字节的条件可保证，一旦线路干扰使同步丢失时，在 1 个传送包之内即可再同步</td></tr>
<tr><td colspan="2">传送流包格式</td><td>TS 包结构符合 GB/T 17975.1—2010 对传送流包的规定。包长为 188 或 204 字节</td></tr>
<tr><td rowspan="2">传送流包定时</td><td>包模式</td><td>连续 1 880 比特或 2 040 比特有效数据，之间插有 K28.5 填充数据</td></tr>
<tr><td>突发模式</td><td>有效数据可以连续如同包模式，也可以在 8 B/10 B 编码数据字节间插有 K28.5 填充数据</td></tr>
</table>

异步串行接口(ASI)的其他详细技术指标应符合 GY/T 170—2001 附录 A 中的规定。

5.4 基于 IP 的 TS 流传输接口

基于 IP 的 TS 流传输接口的规定见附录 A。

附 录 A
（资料性附录）
基于 IP 的 TS 流传输接口

A.1 接口适用范围

基于 IP 的 TS 流传输接口适用于编码器、复用器以及其他基带设备的连接，对单频网组网适配和同步有需求的 TS 传输场景需要对同步和时序处理进行扩展定义，本附录没有对此内容进行规定。

A.2 TS 流封装

A.2.1 TS 流封装要求

本标准中基于 IP 传输的 TS 流可以为单节目流，也可以为多节目流。如果 TS 流包含多个 PCR 时，则应为固定码率的码流。而如果 TS 流中只包含一个 PCR 时，则可以为固定码率或变码率的流。

IP 包的定义见 IETF RFC 791，TS 流到 IP 包的封装有两种模式，一种是 TS 包先封装到 IETF RFC 3550 和 IETF RFC 2250 中定义的 RTP 包中再封装到 IP 包中，另外一种是将 TS 包直接封装到 UDP 包中。基于 IP 传输 TS 流的传输可参考 ETSI TS 102 034。

A.2.2 RTP 封装

RTP 采用的 UDP 端口号始终为偶数，在 IETF RFC 3550 中定义。如果接收端设备提供奇数端口作为 RTP 端口，它应替换为这个数下一个的更大的偶数。

每一个 IP 数据包是由标准的 IP 包头、UDP 包头、RTP 包头和整数个 188 字节长度的 TS 包组成，见图 A.1。不同的 RTP 包中可以含有不同数量的 TS 包。接收器根据 UDP 包头中长度字段确定每个 RTP 包中传送流数据包的数量。

IP 20 字节	UDP 8 字节	RTP 12 字节	n * 188 字节

←——————— 40+n * 188 字节 ———————→

图 A.1 RTP 封装的包格式(IPv4)

IP 数据包封装的传送流数据包个数受到 IP 数据包最大包长的限制，IPv4 中 IP 包长最大为 65 535 字节。同时该值取值应不超过底层网络的最大传输单元。超过网络最大传输单元将导致 IP 包分段，这样将大大增加网络效率的损失。同时，过大的 IP 包也将增加路由器分段和终端系统重组的额外负荷。

对于基于以太网的网络，以太网帧带 LLC 时最大传输单元为 1 492 字节，见 IEEE 802.3；或以太网不带 LCC 时最大传输单元为 1 500 字节，见 IEEE 802.3 和 IEEE 802.2。每个 IP 数据包中的 TS 包的数量应限制在 7 个，也就是最大包长度为 1 356 字节。当使用 IP 或 RTP 包头选项，每个 IP 数据包的 TS 包数可以少于 7 个以保证最大传输单元要求。

如果封装了 RTP 包的 IP 包长度超过网络的最大传输单元导致数据包分段，任何不支持分段重组的终端设备将无法接收流。建议设置 IP 包头中 DF 域为不要分段。当该比特位被置位，同时数据包的长度超过网络的最大传输单元，路由器将返回一个 ICMP“需要分段和设置 DF”的消息。如果收到该消息则需要调整负载大小。

UDP 的校验和可以不进行计算并设置该值为 0，见 IETF RFC 768。RTP 包头如图 A.2 所示。

←——32 位——→

版本号	补齐位	扩展位	CSRC 源数	标记	负载类型	序列号
时间戳						
同步源(SSRC)						
第 1 个贡献源(CSRC)						
第 n 个贡献源(CSRC)						

图 A.2　RTP 包头格式

负载类型应设置为 MP2T，见 IETF RFC 1890。

RTP 包头 16 位的序列号计数用于接收器对传输包进行排序，删除重复，检测丢包。

RTP 包头 32 位时间戳是来自于 90 kHz 的时钟源，该时钟可以但不是必须与传送流中的节目之一的参考时钟锁定。这个时钟应该符合 MPEG-2 系统时钟精确性和摆动约束的要求，见 GB/T 17975.1—2010。

其他域的完整定义参见 IETF RFC 3550 和 IETF RFC 2250。可选域 CSRC 可以被终端设备忽略。

对于大多数流，每个 RTP 数据包有 40 字节的 RTP/UDP/IP 的开销，该开销较低，例如，对于 1 316 字节负载只占 3%。虽然 IETF RFC 2508 中定义的包头压缩可以在低比特率应用中得到收益，但是这将增加接收端的额外复杂度，这是不合理的。因此，不得使用包头压缩。

A.2.3　直接 UDP 封装

当 IP 网络可以提供丢包、包抖动和包路由的保证时，传送流可以直接封装到 UDP 包中。

每个 IP 数据包是由标准 IP 包头、UDP 包头和整数个 188 字节长度的 TS 包组成，参见图 A.3。不同的 UDP 包中可以含有不同数量的 TS 包。接收器应该根据 UDP 包头长度字段确定每个 UDP 数据包中传送流数据包的个数。

IP 20 字节	UDP 8 字节	$n\times188$ 字节

←——$28+n\times188$ 字节——→

图 A.3　UDP 封装的包格式(IPv4)

每个 IP 数据包中封装的传送流数据包的个数受到 IP 数据包的最大包长限制，在 IPv4 中为 IP 包最大包长尾 65 535 字节。同时该值取值应不超过底层网络的最大传输单元。超过网络最大传输单元将导致 IP 数据包分段，这样将大大增加网络效率的损失。同时，过大的 IP 包也将增加路由器分段和终端系统重组的额外负荷。

对于基于以太网的网络，以太网帧带 LLC 时，最大传输单元为 1 492 字节，具体定义见 IEEE 802.3；以太网不带 LCC 时，最大传输单元为 1 500 字节，具体定义见 IEEE 802.3 和 IEEE 802.2。每个 IP 数据包中的 TS 包的数量应限制在 7 个,也就是最大包长度为 1 356 字节。当使用 IP 或 RTP 包头选项,每个 IP 数据包的 TS 包数可以少于 7 个以保证最大传输单元要求。

如果 UDP 包长超过网络的最大传输单元导致数据包分段,任何不支持分段重组的终端设备将无法接收流。建议设置 IP 包头中 DF 域为不要分段。当该比特位被置位,同时数据包的长度超过网络的最大传输单元,路由器将返回一个 ICMP“需要分段和设置 DF”的消息,如果收到该消息则需要调整负载大小。

源端口的设置是可选的,如果不使用,应设置为 0。UDP 校验和可以不计算,并将此值设置为 0,见 IETF RFC 768。UDP 包头格式见图 A.4。

32 位

0　　　　　　15	16　　　　　　31
源端口	目的端口
长度	校验数

图 A.4　UDP 包头格式

A.2.4　RTP 封装和直接 UDP 封装的检测

接收端可以通过检测在 UDP 头部后面的第一个字节是否是 0x47 来区分判断两种封装方式。当使用直接 UDP 封装时,UDP 头后面紧跟的是 TS 流的第一个字节为同步字节,它的值为 0x47。当使用 RTP 封装时,UDP 头后面紧跟的是 RTP 包的第一个字节,它的值一般不为 0x47。

ICS 33.160
M 63

中华人民共和国国家标准

GB/T 28432—2012

地面数字电视广播单频网规划准则

Planning criteria for single frequency networks of digital terrestrial television broadcasting

2012-06-29 发布

2012-10-01 实施

中华人民共和国国家质量监督检验检疫总局
中国国家标准化管理委员会 发布

前　言

本标准按照 GB/T 1.1—2009 给出的规则起草。

本标准由国家广播电影电视总局提出。

本标准由全国广播电影电视标准化技术委员会(SAC/TC 239)归口。

本标准起草单位:国家广播电影电视总局广播电视规划院、国家广播电影电视总局广播科学研究院。

本标准主要起草人:何剑辉、冯景锋、李国松、李雷雷、刘骏、周兴伟、代明、任仪。

地面数字电视广播单频网规划准则

1 范围

本标准规定了符合GB 20600—2006的地面数字电视广播系统单频网的规划准则。

本标准适用于地面数字电视广播单频网规划。

2 规范性引用文件

下列文件对于本文件的应用是必不可少的。凡是注日期的引用文件，仅注日期的版本适用于本文件。凡是不注日期的引用文件，其最新版本(包括所有的修改单)适用于本文件。

GB 20600—2006 数字电视地面广播传输系统帧结构、信道编码和调制

GB/T 26252—2010 VHF/UHF频段地面数字电视广播频率规划准则

3 术语和定义

下列术语和定义适用于本文件。

3.1

最小等效场强 minimum equivalent field strength

在无其他信号干扰情况下，保证地面数字电视接收机正常接收所需的最低场强。

3.2

最小中值等效场强 minimum median equivalent field strength

考虑欲收信号场强随时间、地点变化等统计因素，保证地面数字电视接收机正常接收所需的最低中值场强。

3.3

射频保护率 RF protection ratio

保证正常接收条件下，欲收信号与非欲收信号的最小功率比，通常在接收机输入端测量，以分贝(dB)值表示。

3.4

多普勒类别 Doppler category

具备特定幅度分布和相应多普勒频谱特性的衰落类别。

4 最小等效场强和最小中值等效场强

4.1 计算方法

地面数字电视广播单频网规划所用最小等效场强和最小中值等效场强根据各系统模式在不同接收方式和不同信道环境下的载噪比门限进行计算，计算公式见附录A。

4.2 载噪比门限

4.2.1 固定接收载噪比门限

对于地面数字电视广播单频网的固定接收，在某一台站发射信号相对较强的接收区域，即存在一路

主径信号的接收区域，信道环境属于莱斯信道；在各台站发射信号强度相当的接收区域，信道环境属于瑞利信道。各系统模式在不同信道环境下的载噪比门限见表1，其中莱斯信道和瑞利信道的模型参数参见附录B。

表1　地面数字电视广播系统载噪比门限

映射方式	前向纠错编码效率	莱斯信道载噪比门限 $(C/N)_L$ dB	瑞利信道载噪比门限 $(C/N)_R$ dB	系统净荷数据率 Mbps		
				PN420	PN595	PN945
4QAM	0.4	3.5	4.5	5.414	5.198	4.813
16QAM	0.4	9.0	10.0	10.829	10.396	9.626
64QAM	0.4	15.0	16.0	16.243	15.593	14.438
4QAM	0.6	5.0	7.0	8.122	7.797	7.219
16QAM	0.6	12.0	14.0	16.243	15.593	14.438
64QAM	0.6	18.0	20.0	24.365	23.390	21.658
4QAM-NR	0.8	3.5	4.5	5.414	5.198	4.813
4QAM	0.8	8.0	12.0	10.829	10.396	9.626
16QAM	0.8	15.0	18.0	21.658	20.791	19.251
32QAM	0.8	17.0	21.0	27.072	25.989	24.064
64QAM	0.8	23.0	28.0	32.486	31.187	28.877

定义系数 K 为接收信号中主径信号功率对其他路径信号功率之和的比值，单位为分贝(dB)，若 $K<0$，则设 $K=0$。在单频网中不同的区域，计算最小中值等效场强所用的载噪比门限取值在莱斯信道载噪比门限和瑞利信道载噪比门限之间，用式(1)描述：

$$(C/N)_T=(C/N)_L+[(C/N)_R-(C/N)_L]\left(\frac{0.5}{(C/N)_R-(C/N)_L}\right)^{\frac{K}{10}} \quad \cdots\cdots\cdots\cdots\cdots(1)$$

式中：

$(C/N)_T$ ——单频网载噪比门限，单位为分贝(dB)；

$(C/N)_L$ ——莱斯信道载噪比门限，单位为分贝(dB)；

$(C/N)_R$ ——瑞利信道载噪比门限，单位为分贝(dB)；

K ——接收信号中主径信号功率对其他路径信号功率之和的比值，单位为分贝(dB)。

4.2.2　移动接收载噪比门限

对于地面数字电视单频网的移动接收，采用GB/T 26252—2010中7.2.1的移动接收所需平均 C/N 的最小值作为载噪比门限，各系统模式所需载噪比门限见表2。各载噪比门限数值基于表3中给出的“典型市区”的信道模型测试得到。测试中失败判据为5 min内的误码秒所占百分比超过5%。移动接收最小中值等效场强计算中的地点概率取值应为99%。

表 2 非分集接收场合移动接收的载噪比门限

映射方式	前向纠错编码效率	$(C/N)_T$ dB	系统净荷数据率 Mbps		
			PN420	PN595	PN945
4QAM	0.4	6	5.414	5.198	4.813
16QAM	0.4	12	10.829	10.396	9.626
4QAM	0.6	10	8.122	7.797	7.219
16QAM	0.6	17	16.243	15.593	14.438
4QAM-NR	0.8	6	5.414	5.198	4.813
4QAM	0.8	14	10.829	10.396	9.626

表 3 地面数字电视接收的“典型市区”内对移动接收测量所需平均 *C/N* 时的信道模型

路径	延时 μs	相对幅度 dB	多普勒类别
路径 1	0	−3	莱斯
路径 2	0.2	0	莱斯
路径 3	0.5	−2	莱斯
路径 4	1.6	−6	莱斯
路径 5	2.3	−8	莱斯
路径 6	5	−10	莱斯

5 射频保护率与多径信号处理

在单频网中实现覆盖的欲收信号功率应满足式(2)所示条件。

$$\sum_i C_i \geqslant (C/N)_T \times N + \sum_j (P_j \times I_j) \qquad \cdots\cdots(2)$$

式中：

C_i ——第 i 路欲收信号功率，单位为瓦(W)；

N ——噪声功率，单位为瓦(W)；

I_j ——第 j 路非欲收信号功率，单位为瓦(W)；

P_j ——对应第 j 路非欲收信号的射频保护率。

式(2)中的数值均为算术值，其中射频保护率见 GB/T 26252—2010 第 5 章。地面数字电视系统不同帧头模式具备不同多径信号时延处理能力，多径信号中的某一路径信号会因为超出多径信号时延处理能力而由欲收信号变成非欲收信号，从而产生同频干扰。

对不同帧头模式，对于某一路径信号，欲收信号所占的功率百分比(R)与该路径信号相对主径信号时延的关系分别见图 1、图 2、图 3，图中纵轴表示该路径信号功率中欲收信号功率所占的百分比；横轴表示该路径信号的时延，时延为负值表示该路径信号在主径信号之前到达接收终端。

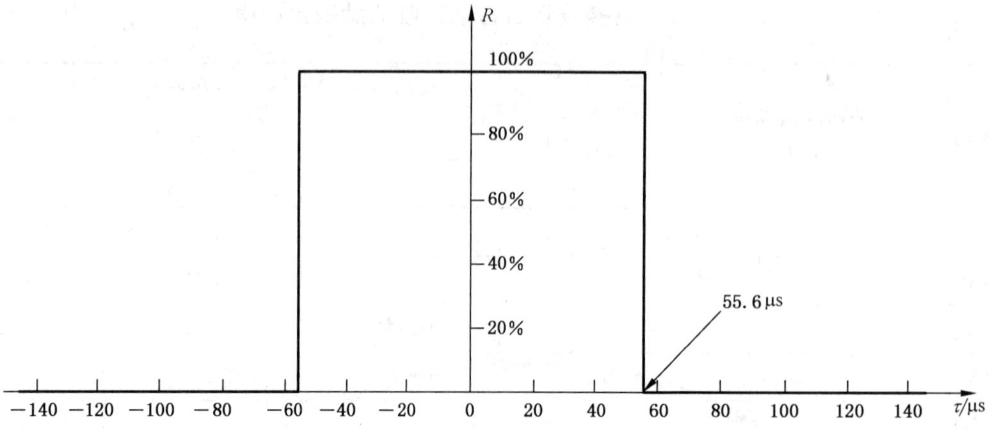

图 1 **PN420**

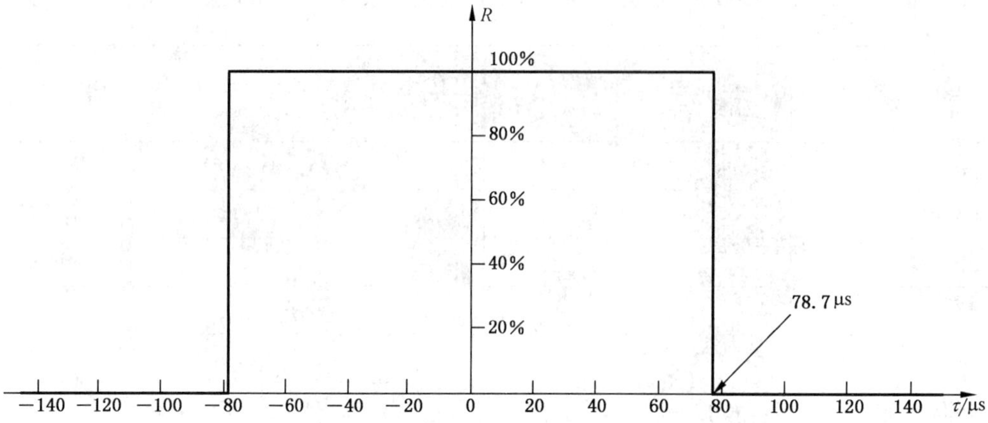

图 2 **PN595**

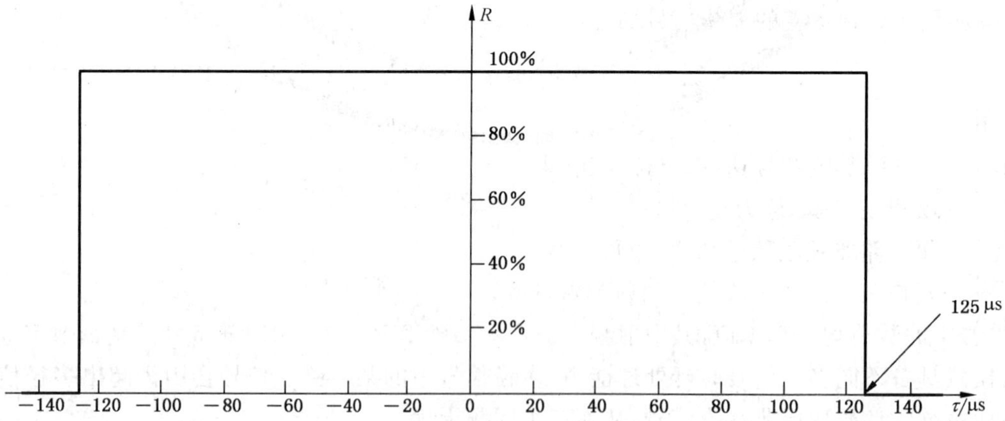

图 3 **PN945**

附 录 A
（规范性附录）
最小等效场强和最小中值等效场强的计算

最小等效场强和最小中值等效场强值采用式（A.1）～式（A.10）计算。

$$P_n = F + 10\lg(kT_0B) \quad \cdots\cdots (A.1)$$

$$P_{s\,min} = C/N + P_n \quad \cdots\cdots (A.2)$$

$$A_a = G + 10\lg(1.64\lambda^2/4\pi) \quad \cdots\cdots (A.3)$$

$$\varphi_{min} = P_{s\,min} - A_a + L_f \quad \cdots\cdots (A.4)$$

$$E_{min} = \varphi_{min} + 10\lg(120\pi) + 120 = \varphi_{min} + 145.8 \quad \cdots\cdots (A.5)$$

$$E_{med} = E_{min} + P_{mmn} + C_1 \text{（室外固定接收）} \quad \cdots\cdots (A.6)$$

$$E_{med} = E_{min} + P_{mmn} + C_1 + L_h \text{（移动接收）} \quad \cdots\cdots (A.7)$$

$$E_{med} = E_{min} + P_{mmn} + C_1 + L_h + L_b \text{（室内固定接收）} \quad \cdots\cdots (A.8)$$

$$C_1 = \mu \cdot \sigma_t \quad \cdots\cdots (A.9)$$

$$\sigma_t = \sqrt{\sigma_b^2 + \sigma_m^2} \quad \cdots\cdots (A.10)$$

式中：

P_n ——接收机噪声输入功率，单位为分贝瓦（dBW）；

F ——接收机噪声系数，单位为分贝（dB）；

k ——玻耳兹曼常数，$k = 1.38 \times 10^{-23}$ J/K；

T_0 ——绝对温度，$T_0 = 290$ K；

B ——接收机噪声带宽，7.56×10^6 Hz；

$P_{s\,min}$ ——接收机最小输入功率，单位为分贝瓦（dBW）；

C/N ——系统所需的接收机输入端射频载噪比，单位为分贝（dB）；

A_a ——接收天线有效孔径，单位为分贝平方米（dBm^2）；

G ——接收天线相对于半波偶极子的天线增益，单位为分贝（dBd）；

λ ——信号波长，单位为米（m）；

φ_{min} ——接收地点的最小功率通量密度，单位为分贝瓦每平方米（dBW/m^2）；

L_f ——馈线损耗，单位为分贝（dB）；

E_{min} ——接收地点的最小等效场强，单位为分贝微伏每米（dBμV/m）；

E_{med} ——最小中值等效场强，规划值，单位为分贝微伏每米（dBμV/m）；

P_{mmn} ——人为噪声容限，单位为分贝（dB）；

L_h ——高度损耗（接收点在地面以上 1.5 m），单位为分贝（dB）；

L_b ——建筑物穿透损耗，单位为分贝（dB）；

C_1 ——地点校正因子，单位为分贝（dB）；

σ_t ——总均方差，单位为分贝（dB）；

σ_m ——大尺度均方差，$\sigma_m = 5.5$ dB；

σ_b ——建筑物穿透损耗均方差，单位为分贝（dB）；

μ ——分布因子，地点概率 70％时为 0.52，90％时为 1.28，95％时为 1.64 以及 99％时为 2.33。

附 录 B
（资料性附录）
信道模型参数

本标准所用莱斯信道和瑞利信道参数分别见表 B.1 和表 B.2。

表 B.1 莱斯信道

路径	相对幅度 dB	延时 μs	相位 (°)
主径	0	0	0
回波 1	−19.2	0.518 650	336.0
回波 2	−36.2	1.003 019	278.2
回波 3	−26.4	5.422 091	195.9
回波 4	−21.8	2.751 772	127.0
回波 5	−23.1	0.602 895	215.3
回波 6	−35.6	1.016 585	311.1
回波 7	−27.9	0.143 556	226.4
回波 8	−26.1	3.324 886	330.9
回波 9	−19.3	1.935 570	8.8
回波 10	−22.0	0.429 948	339.7
回波 11	−20.5	3.228 872	174.9
回波 12	−23.0	0.848 831	36.0
回波 13	−24.3	0.073 883	122.0
回波 14	−26.7	0.203 952	63.0
回波 15	−27.9	0.194 207	198.4
回波 16	−23.8	0.924 450	210.0
回波 17	−30.1	1.381 320	162.4
回波 18	−24.5	0.640 512	191.0
回波 19	−23.1	1.368 671	22.6

表 B.2 瑞利信道模型

路径	相对幅度 dB	延时 μs	相位 (°)
回波 1	−7.8	0.518 650	336.0
回波 2	−24.8	1.003 019	278.2
回波 3	−15.0	5.422 091	195.9

表 B.2（续）

路径	相对幅度 dB	延时 μs	相位 (°)
回波 4	−10.4	2.751 772	127.0
回波 5	−11.7	0.602 895	215.3
回波 6	−24.2	1.016 585	311.1
回波 7	−16.5	0.143 556	226.4
回波 8	−25.8	0.153 832	62.7
回波 9	−14.7	3.324 886	330.9
回波 10	−7.9	1.935 570	8.8
回波 11	−10.6	0.429 948	339.7
回波 12	−9.1	3.228 872	174.9
回波 13	−11.6	0.848 831	36.0
回波 14	−12.9	0.073 883	122.0
回波 15	−15.3	0.203 952	63.0
回波 16	−16.5	0.194 207	198.4
回波 17	−12.4	0.924 450	210.0
回波 18	−18.7	1.381 320	162.4
回波 19	−13.1	0.640 512	191.0
回波 20	−11.7	1.368 671	22.6

参 考 文 献

[1] ERC/EBU Report on Planning and Introduction of Terrestrial Digital Television (DVB-T) in Europe

ICS 33.160
M 63

中华人民共和国国家标准

GB/T 28433—2012

地面数字电视广播单频网技术要求

Technical requirements for single frequency network of digital terrestrial television broadcasting

2012-06-29 发布　　2012-10-01 实施

中华人民共和国国家质量监督检验检疫总局
中国国家标准化管理委员会　发布

前　言

本标准按照 GB/T 1.1—2009 给出的规则起草。

本标准由国家广播电影电视总局提出。

本标准由全国广播电影电视标准化技术委员会(SAC/TC 239)归口。

本标准起草单位:国家广播电影电视总局广播科学研究院、国家广播电影电视总局广播电视规划院、上海交通大学、清华大学。

本标准主要起草人:张国庭、崔竞飞、冯景锋、付明栋、任仪、程瑞庭、何剑辉、白鹤、刘骏、管云峰、潘长勇。

地面数字电视广播单频网技术要求

1 范围

本标准规定了符合 GB 20600—2006 的地面数字电视广播单频网的技术要求。

本标准适用于组建地面数字电视广播系统单频网工程，并作为地面数字电视广播单频网工程的方案设计、项目验收等技术依据。

2 规范性引用文件

下列文件对于本文件的应用是必不可少的。凡是注日期的引用文件，仅注日期的版本适用于本文件。凡是不注日期的引用文件，其最新版本(包括所有的修改单)适用于本文件。

GB 17975.1—2010 信息技术运动图像及其伴音信息的通用编码 第1部分：系统

GB 20600—2006 数字电视地面广播传输系统帧结构、信道编码和调制

3 术语、定义和缩略语

3.1 术语和定义

下列术语和定义适用于本文件。

3.1.1

单频网 single frequency network(SFN)

由多个位于不同地点、处于同步状态的发射机组成的地面数字电视覆盖网络，网络中的各个发射机以相同的频率、在相同的时刻发射相同的(码流)已调射频信号(比特)，以实现对特定服务区的可靠覆盖。

3.1.2

单频网 TS 流信号分配网络 SFN TS distribution network

实现网络接口或网络适配器接口 TS 流信号到各网络适配器节目源入口透明传送的网络。

3.1.3

信号分配网络的最大传输时延 maximum transmission delay in the distribution network

在单频网中，信号从前端单频网适配器输出通过信号分配网络到达所有发射台站中用时最长的传输时间。

3.1.4

相邻发射台站 adjacent transmission station

在单频网中，同一覆盖区域中有来自于一个以上的发射台站信号，这些发射台站即为相邻发射台站。

3.2 缩略语

下列缩略语适用于本文件。

ATM 异步传输模式(Asynchronous Transfer Mode)

IP 互联网协议(Internet Protocol)

MPEG 运动图像专家组(Moving Pictures Expert Group)
PDH 准同步数字序列(Plesiochronous Digital Hierarchy)
PN 伪随机噪声(Pseudo-random Noise)
RX 收端(Receiver)
SIP 秒帧初始化包(Second Frame Initialization Packet)
SDH 同步数字序列(Synchronous Digital Hierarchy)
TS 传送流(Transport Stream)
TX 发端(Transmitter)

4 系统描述

根据单频网的技术原理,地面数字电视广播单频网系统结构示意图如图 1 所示。

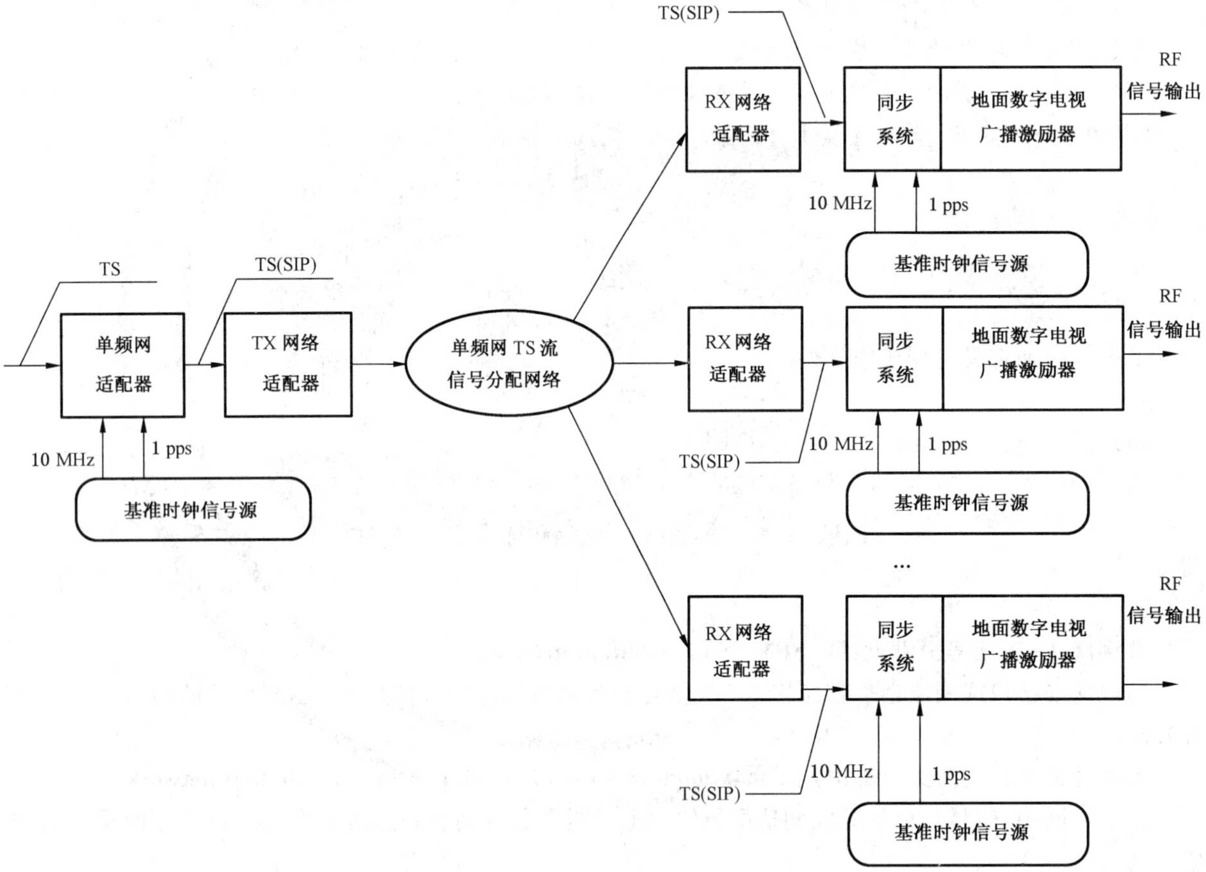

图 1 地面数字电视广播单频网系统结构示意图

由图 1 可见,单频网系统主要由以下几部分组成:

——单频网适配器:单频网系统同步机制的核心设备,在节目播出中心输出的每一路符合 GB/T 17975.1—2010 的 TS 流中,周期性地精确插入包含标准频率和时间信息的秒帧初始化包(SIP),输出一路或者多路具有同步信息的传输流信号;

——信号分配网络:信号分配网络负责把具有同步信息的传输流透明地从 TX 网络适配器传送到各个发射台站的 RX 网络适配器,便于同步调制发射;

——各站点的地面数字电视发射机：各个发射台站的发射机以相同的频率将信号分配网络送来的信号进行信道编码、同步调制、上变频、功率放大后，通过发射天线将已调射频信号变成电磁波发射出去；

——基准时钟信号源：基准时钟信号源为单频网系统各个节点设备提供统一的 10 MHz 基准频率和 1 pps 的基准时间。

5 技术要求

5.1 同步要求

5.1.1 频率同步

单频网中所有发射机工作在相同载波频率，其载波频率偏差不超过±1 Hz。

5.1.2 时间同步

针对信号分配网络和发射机引入的传输和处理时延，单频网中的所有发射机应在时域进行补偿，以实现同步调制发射。

5.1.3 比特同步

所有发射机在同一时刻发射同一字符，要求各激励器在同一时刻调制同一比特，应采用相同的信道编码方式、相同的帧结构、相同的映射方式、相同的帧体数据处理方式，即各发射台站的激励器工作模式应完全一致。这一规则应严格遵守，不存在允差。

5.2 信号分配网络要求

5.2.1 信号传输系统

信号分配网络可采用光纤、微波、卫星等系统进行传输。

5.2.2 信号分配网络的最大传输时延

符合 GB 20600—2006 的地面数字电视广播单频网网络中，信号从前端单频网适配器输出通过信号分配网络到达所有发射台站中用时最长的传输时间，不能超过 1 s。

5.2.3 透明传输

要求经过信号分配网络进入激励器进行调制的数据流内容和时序与进入信号分配网络之前单频网适配器输出的数据流内容和时序完全一致。

5.3 时钟基准要求

单频网同步，要求全网应有一个统一的时钟基准，为全网各个节点设备提供统一的基准频率、基准时间。

基准频率采用 10 MHz，基准时间采用 1 pps。基准频率精度不低于 10^{-9}。

5.4 电波极化方式要求

单频网内各发射天线的电波极化方式应保持一致。

5.5 台站间距要求

单频网中,如果接收的信号延迟大于接收设备的多径延迟处理范围,且该信号满足接收设备电平和载噪比接收门限,同时与接收到的主径信号强度差不满足同频干扰保护率要求,会出现同频干扰现象。选择较长的帧头长度可以有效降低 SFN 的自干扰。但是应该注意,帧头长度外的延迟信号对有用信号的干扰影响涉及到接收机的设计。为了减少或消除同频干扰现象,单频网组网需要相邻发射台站满足一定的台站间距要求。

ICS 33.160
M 74

中华人民共和国国家标准

GB/T 28434—2012

地面数字电视广播单频网适配器技术要求和测量方法

Technical requirements and measurement methods of digital terrestrial television broadcasting single frequency network adapter

2012-06-29 发布　　2012-10-01 实施

中华人民共和国国家质量监督检验检疫总局
中国国家标准化管理委员会　发布

前　言

本标准按照 GB/T 1.1—2009 给出的规则起草。

本标准由国家广播电影电视总局提出。

本标准由全国广播电影电视标准化技术委员会(SAC/TC 239)归口。

本标准起草单位:国家广播电影电视总局广播电视规划院、国家广播电影电视总局广播科学研究院。

本标准主要起草人:刘骏、何剑辉、冯景锋、李国松、周兴伟、代明、吴醒峰、蔡晓梅、常江、刘丙周、任仪。

引　　言

2008年颁布的广播电视行业技术标准GY/T 229.1—2008《地面数字电视广播单频网适配器技术要求和测量方法》在地面数字电视的推广普及过程中得到了初步应用和验证。根据该行业标准在应用过程中的具体情况，针对所出现的问题，对该行业标准的相关内容进行了修改，同时增加了地面数字电视广播单频网适配器电磁兼容有关的技术要求和测量方法，形成了本标准。

地面数字电视广播单频网适配器
技术要求和测量方法

1 范围

本标准规定了符合 GB 20600—2006 的地面数字电视广播单频网适配器的技术要求和测量方法。对于能够确保同样测量不确定度的任何等效测量方法也可以采用。有争议时应以本标准为准。

本标准适用于 VHF、UHF 地面数字电视广播单频网适配器的设计、生产、验收、使用、运行和维护。

2 规范性引用文件

下列文件对于本文件的应用是必不可少的。凡是注日期的引用文件，仅注日期的版本适用于本文件。凡是不注日期的引用文件，其最新版本(包括所有的修改单)适用于本文件。

GB/T 6113.101—2008 无线电骚扰和抗扰度测量设备和测量方法规范 第 1-1 部分：无线电骚扰和抗扰度测量设备 测量设备

GB 9254—2008 信息技术设备的无线电骚扰限值和测量方法

GB 17625.1—2003 电磁兼容 限值 谐波电流发射限值(设备每相输入电流≤16 A)

GB 17625.2—2007 电磁兼容 限值 对每相额定电流≤16 A 且无条件接入的设备在公用低压供电系统中产生的电压变化、电压波动和闪烁的限制

GB/T 17626.2—2006 电磁兼容 试验和测量技术 静电放电抗扰度试验

GB/T 17626.3—2006 电磁兼容 试验和测量技术 射频电磁场辐射抗扰度试验

GB/T 17626.4—2008 电磁兼容 试验和测量技术 电快速瞬变脉冲群抗扰度试验

GB/T 17626.5—2008 电磁兼容 试验和测量技术 浪涌(冲击)抗扰度试验

GB/T 17626.6—2008 电磁兼容 试验和测量技术 射频场感应的传导骚扰抗扰度

GB/T 17626.11—2008 电磁兼容 试验和测量技术 电压暂降、短时中断和电压变化的抗扰度试验

GB/T 17975.1—2010 信息技术 运动图像及其伴音信息的通用编码 第 1 部分：系统

GB 20600—2006 数字电视地面广播传输系统帧结构、信道编码和调制

3 术语、定义和缩略语

3.1 术语和定义

下列术语和定义适用于本文件。

3.1.1

单频网 single frequency network

由多个位于不同地点、处于同步状态的发射机组成的地面数字电视覆盖网络，网络中的各个发射机以相同的频率、在相同的时刻发射相同的已调射频信号，以实现对特定服务区的可靠覆盖。

3.1.2

秒帧 second frame

与整秒严格同步的数据帧体，1 个秒帧持续 1 s 时间，包含调制 8 个 GB 20600—2006 中 4.5 条规定

的超帧所用的全部信息比特。

3.1.3

单频网 TS 流信号分配网络　SFN TS distribution network

实现网络接口或网络适配器接口 TS 流信号到各网络适配器节目源入口透明传送的网络。

3.1.4

网络适配器　network adapter

完成 TS 码流与分配网络传输数据流格式之间相互转换的设备。

3.1.5

TS 流传输抖动　TS transport jitter

单频网 TS 流信号分配网络引入的抖动，用相邻 SIP 包间隔与绝对时间 1 s 之间的差值最大值表示。

3.1.6

电磁骚扰　electromagnetic disturbance

任何可能引起装置、设备或系统性能降低或者对有生命或无生命物质产生损害作用的电磁现象。

注：电磁骚扰可能是电磁噪声、无用噪声或传播媒介自身的变化。

[GB/T 4365—2003，定义 161-01-05]

3.1.7

[电磁]发射　(electromagnetic) emission

从源向外发出电磁能的现象。

[GB/T 4365—2003，定义 161-01-08]

3.1.8

(无线电通信中的)发射　emission(in radio communication)

由无线电发射台产生并向外发出无线电波或信号的现象。

[GB/T 4365—2003，定义 161-01-09]

3.1.9

(对骚扰的)抗扰度　immunity (to a disturbance)

装置、设备或系统面临电磁骚扰不降低运行性能的能力。

[GB/T 4365—2003，定义 161-01-20]

3.2　缩略语

下列缩略语适用于本文件。

EMC　电磁兼容(Electromagnetic Compatibility)

EUT　受试设备(Equipment Under Test)

MFN　多频网(Multi Frequency Network)

PID　包标识(Packet Identifier)

pps　秒脉冲(pulse per second)

RF　射频(Radio Frequency)

RX　收端(Receiver)

SF　秒帧(Second Frame)

SFN　单频网(Single Frequency Network)

SI 系统信息(System Information)

SIP 秒帧初始化包(Second Frame Initialization Packet)

TS 传送流(Transport Stream)

TX 发端(Transmitter)

4 系统概述

地面数字电视广播单频网(SFN)是由多个位于不同地点、处于同步状态的发射机组成的数字电视覆盖网络，以相同频率，在相同时刻发射相同节目，以实现对特定服务区的可靠覆盖。在符合GB 20600—2006规定的地面数字电视广播单频网中，来自复用器的符合GB/T 17975.1—2010的TS码流首先送入到单频网适配器进行适配，形成包含秒帧初始化包(SIP)的TS流，通过节目分配网络传送到各个发射台，经过同步处理后变换成射频(RF)信号进行发射。地面数字电视广播单频网网络结构示意图见图1。

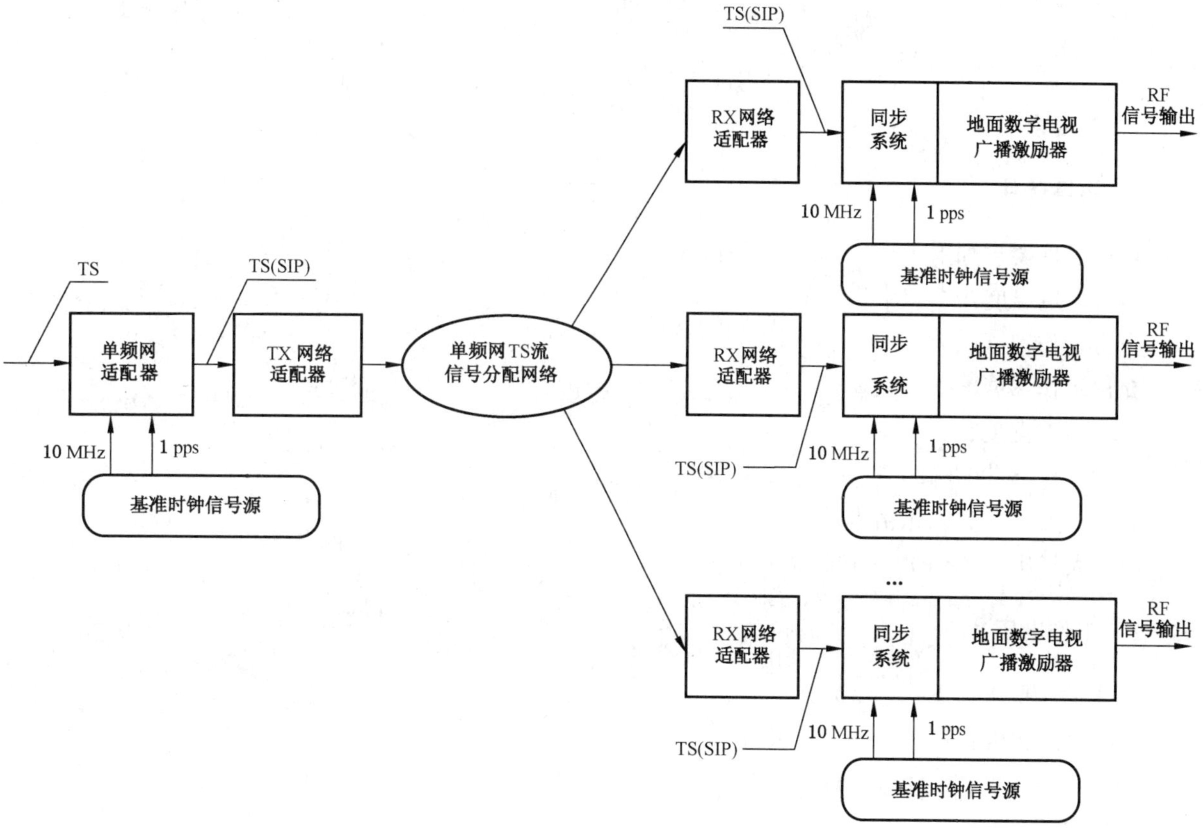

图1 地面数字电视广播单频网网络结构示意图

地面数字电视广播单频网适配器是构建地面数字电视广播单频网的重要设备，包括秒帧初始化包(SIP)插入和码率适配功能模块，完成从输入TS码流到单频网适配TS码流的转换。地面数字电视广播单频网适配器框图见图2。

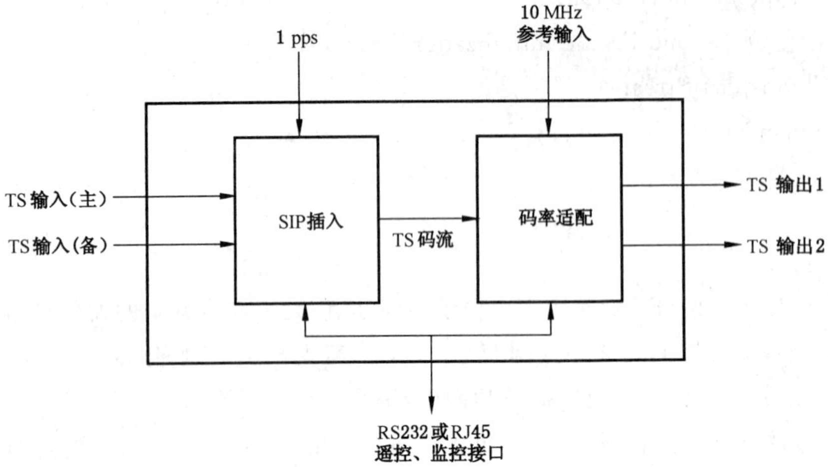

图 2　地面数字电视广播单频网适配器框图

5　技术要求

5.1　一般要求

5.1.1　环境条件

环境条件要求如下：

a)　环境温度：

正常工作：5 ℃～45 ℃；

允许工作：0 ℃～50 ℃。

b)　相对湿度：

正常工作：≤90%(20 ℃)；

允许工作：≤95%(无结露)。

c)　大气压力：86 kPa～106 kPa。

5.1.2　工作电压

工作电压要求如下：

a)　电压幅度：176 V～264 V AC；

b)　电压频率：50 Hz±1 Hz。

5.2　接口要求

接口要求如下：

a)　TS 数据输入采用 ASI 接口，至少两路，BNC 接头，阴型，输入阻抗为 75 Ω；

b)　10 MHz 时钟输入采用 BNC 接头，阴型，AC 耦合，600 mV$<V_{P-P}<$900 mV，输入阻抗为 50 Ω；

c)　1 pps 输入采用 BNC 接头，阴型，TTL 电平，上升沿触发，输入阻抗为 50 Ω；

d)　TS 数据输出采用 ASI 接口，至少两路，BNC 接头，阴型，输入阻抗为 75 Ω；

e)　遥控、监控端口采用 RS232 或 RJ45，DB9 接头，阳型，RJ45 端口支持 SNMP 协议。

5.3 功能要求

5.3.1 秒帧初始化包(SIP)插入功能

5.3.1.1 秒帧(SF)定义

地面数字电视广播单频网适配器的基本数据帧为 SF,1 个 SF 时间长度为 1 秒,包含调制 8 个 GB 20600—2006 中 4.5 规定的超帧所用的全部信息比特。在不同的调制方式、帧头模式、编码效率情况下,1 个 SF 中包含 TS 包数量见表 1。

表 1 各种工作模式秒帧包含 TS 包数量

调制方式	帧头	编码效率	净码率 bps	TS 包率 包/秒
4QAM-NR	420	0.8	5 414 400	3 600
	595	0.8	5 197 824	3 456
	945	0.8	4 812 800	3 200
4QAM	420	0.4	5 414 400	3 600
		0.6	8 121 600	5 400
		0.8	10 828 800	7 200
	595	0.4	5 197 824	3 456
		0.6	7 796 736	5 184
		0.8	10 395 648	6 912
	945	0.4	4 812 800	3 200
		0.6	7 219 200	4 800
		0.8	9 625 600	6 400
16QAM	420	0.4	10 828 800	7 200
		0.6	16 243 200	10 800
		0.8	21 657 600	14 400
	595	0.4	10 395 648	6 912
		0.6	15 593 472	10 368
		0.8	20 791 296	13 824
	945	0.4	9 625 600	6 400
		0.6	14 438 400	9 600
		0.8	19 251 200	12 800
32QAM	420	0.8	27 072 000	18 000
	595	0.8	25 989 120	17 280
	945	0.8	24 064 000	16 000

表 1（续）

调制方式	帧 头	编码效率	净码率 bps	TS 包率 包/秒
64QAM	420	0.4	16 243 200	10 800
		0.6	24 364 800	16 200
		0.8	32 486 400	21 600
	595	0.4	15 593 472	10 368
		0.6	23 390 208	15 552
		0.8	31 186 944	20 736
	945	0.4	14 438 400	9 600
		0.6	21 657 600	14 400
		0.8	28 876 800	19 200

5.3.1.2 秒帧初始化包(SIP)插入及处理

地面数字电视广播单频网适配器每 1 s 向输入的 TS 码流中插入 1 个 SIP，插入时刻与基准时钟信号源的 1 pps 秒脉冲上升沿对齐，SIP 插入示意图见图 3。

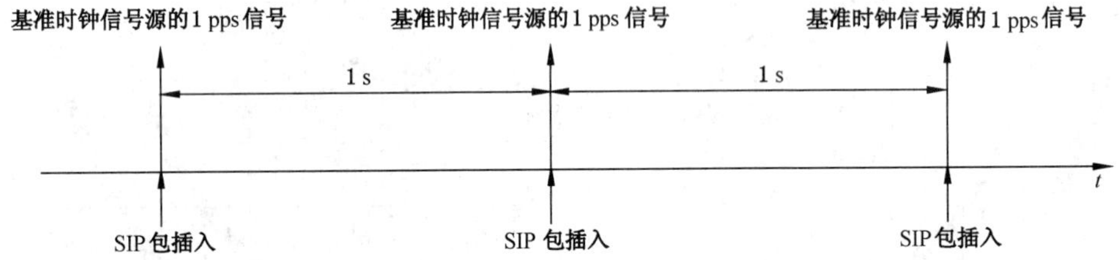

图 3　SIP 插入示意图

地面数字电视广播单频网中的各发射机通过检测接收到 TS 流中的 SIP 获得最大延迟时间 T_{delay_max} 和分配网传输延迟时间 $T_{delay\_transmitted}$，激励器附加延迟时间 T_{delay_add} 与 T_{delay_max}、$T_{delay\_transmitted}$ 的关系见式(1)。

$$T_{delay\_add} = T_{delay\_max} - T_{delay\_transmitted} \quad \cdots\cdots(1)$$

式中：

T_{delay_max} ——最大延迟时间，是指各发射机 TS 节目流相对于基准时钟信号源的 1 pps 统一发射的时间；

$T_{delay\_transmitted}$ ——分配网传输延迟时间，是指 TS 节目流由单频网适配器发出后经过分配网络传输的时间；

T_{delay_add} ——激励器附加延迟时间，是指为了满足各发射机在同一时刻发出，各激励器所需要单独处理的延迟时间。

SIP 处理示意图见图 4。

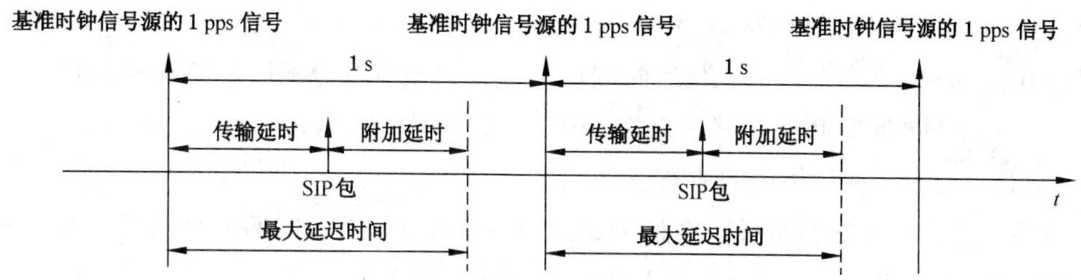

图 4　SIP 处理示意图

地面数字电视广播单频网 TS 码流中插入的 SIP 包与符合 GB/T 17975.1—2010 的 TS 包格式相同，由 4 字节的包头和 184 字节的数据字段组成，SIP 定义见图 5。

1	2	3	4	5～6	7～9	10～11	12～14	15～17	18～19	20～188
0x47	0x40	0x15	0x10	SI_SIP	最大延迟时间	广播寻址	独立调整延时	频偏设置	功率控制	填充字节

图 5　SIP 结构示意图

SIP 中各字段定义如下：

a)　SIP 头：由 32 比特组成，符合 GB/T 17975.1—2010 的有关规定，其中 PID 号为 0x0015；

b)　SI_SIP：由 16 比特 P0-P15 组成，各比特定义见表 2；

表 2　SI_SIP 定义

比　　特	用　　途	定　　义
[P0：P1]	帧头模式	00：PN420； 01：PN595； 10：PN945； 11：保留
[P2]	载波数	0：C=1； 1：C=3780
[P3：P5]	映射方式	000：4QAM-NR； 001：4QAM； 010：16QAM； 011：32QAM； 100：64QAM； 101～111：保留
[P6：P7]	编码效率	00：0.4； 01：0.6； 10：0.8； 11：保留
[P8]	交织模式	0：240； 1：720
[P9]	双导频	0：不加； 1：加
[P10]	PN 相位	0：不旋转； 1：旋转
[P11：P15]	无	保留

c) 最大延迟时间:由 24 比特组成,设置范围 0x000000～0x98967F,单位为 100 ns,最大延迟时间范围为 0 至 0.999 999 9 s,最大延迟时间设置值应大于节目分配网传输延迟时间;

d) 广播寻址:用于寻址单频网中某一个发射机,由 16 比特组成,可寻址范围 0x0000～0xFFFF,其中 0x0000 表示寻址网络内的所有发射机;

e) 独立调整时延:由 24 比特组成。在最大延迟时间基础上,通过广播寻址为特定发射机添加独立调整时延,保证单频网中各发射机发射信号满足一定延时关系;

f) 频偏设置:由 24 比特组成,通过广播寻址为特定发射机添加频偏值。准确的频偏值是相对于使用的 RF 信道的中心频率的,单位是 1 Hz,范围是[－8388608,8388607]×1 Hz;

g) 功率控制:由 16 比特组成,通过广播寻址控制特定发射机发射功率。最高位比特为功率开关,比特'1'表示开,比特'0'表示关;低 15 比特数据为功率衰减量控制字,单位是 0.1 dB,范围是"[0,32767]×0.1 dB";

h) 填充字节:共 169 字节,每个字节均为 0xFF。

5.3.2 码率适配功能

根据系统输出码率时钟,在基准时钟信号源的每个 1 pps 的位置,地面数字电视广播单频网适配器向 TS 流中插入 1 个 SIP;在其他位置,地面数字电视单频网适配器从前端缓冲区内读取数据码流,如果数据不足一个秒帧,则自动插入单频网适配空包完成 TS 流的码率适配,单频网适配空包格式见图 6。地面数字电视广播单频网适配器输出的 TS 流码率和由单频网适配器规定的发射机工作模式要求的净载荷速率完全相同,并且锁定在来自基准时钟信号源的 10 MHz 参考时钟上。

1	2	3	4	5～188
0x47	0x1F	0xFF	0x10	0xFF～0xFF

图 6 单频网适配空包格式

5.3.3 监控和报警

提供实时监控和报警功能。单频网适配器检测各部件的工作状态发生异常情况时,给出报警指示,报警状态可以通过远程控制端口进行查询。

5.4 性能要求

为了保证在节目正常播出时,地面数字电视广播激励器不会因为 TS 流的抖动而误认为节目源端在进行节目调整,从而导致激励器执行复位操作,因此规定单频网适配器输出 TS 流传输抖动在 100 ns 范围内。

5.5 电磁兼容性要求

5.5.1 电磁环境

如无特别声明,地面数字电视广播单频网适配器使用的电磁环境应属 E5,本标准所列发射限值及抗扰度测量级别均对照 E5 等级执行。

电磁环境详细说明参见附录 A。

5.5.2 端口

对应图 2，将地面数字电视广播单频网适配器的各功能接口归类为电磁兼容试验端口，见表 3。电磁兼容试验端口详细说明参见附录 A。

表 3 地面数字电视广播单频网适配器接口归类

电磁兼容试验端口的归类	对应单频网适配器接口
信号/控制端口[a]	TS 输入
	10 MHz 参考输入
	1 pps
	TS 输出
交流电源端口[a]	电源
机壳端口[a]	机壳
通信端口[b]	—
接地端口[b]	—
直流电源端口[b]	—
天线端口[b]	—

[a] 此类端口的电磁兼容性试验为地面数字电视广播单频网适配器必选项目。

[b] 当受试设备具备该端口时，可依照 GB/T 19954.1—2005 或 GB/T 19954.2—2005 要求进行电磁兼容性试验，否则不作要求。

5.5.3 电磁发射限值要求

5.5.3.1 机壳端口

地面数字电视广播单频网适配器机壳端口的辐射发射限值见表 4。

表 4 地面数字电视广播单频网适配器机壳端口的辐射发射限值

测量项目	频率范围	限值 E1～E3	限值 E4～E5	适用标准
射频电磁场(3 m)	30 MHz～230 MHz	40 dBμV/m 准峰值	50 dBμV/m 准峰值	GB 9254—2008
	230 MHz～1 GHz	47 dBμV/m 准峰值	57 dBμV/m 准峰值	

5.5.3.2 交流电源端口

地面数字电视广播单频网适配器的交流电源端口传导发射限值见表 5。

表 5　地面数字电视广播单频网适配器交流电源端口传导发射限值

测量项目	频率范围	限值 E1～E3	限值 E4～E5	适用标准
谐波电流	按照适用标准	按照适用标准	按照适用标准	GB 17625.1—2003
电压波动	按照适用标准	按照适用标准	按照适用标准	GB 17625.2—2007
射频传导发射[a]	0.15 MHz～0.5 MHz	66 dB～56 dBμV 准峰值； 56 dB～46 dBμV 平均值	79 dBμV 准峰值； 66 dBμV 平均值	GB 9254—2008
	0.5 MHz～5 MHz	56 dBμV 准峰值； 46 dBμV 平均值	73 dBμV 准峰值； 60 dBμV 平均值	
	5 MHz～30 MHz	60 dBμV 准峰值； 50 dμV 平均值		

[a] 限值随频率的对数线性减少。

5.5.4　电磁抗扰度试验要求

5.5.4.1　性能判据

每项抗扰度试验的结果评价基于下面的标准：

a）性能判据 A：单频网适配器在技术要求限值内性能正常；

b）性能判据 B：单频网适配器功能或性能暂时降低或丧失但能自行恢复；

c）性能判据 C：单频网适配器功能或性能暂时降低或丧失但在操作者干预或系统复位后恢复；

d）性能判据 D：单频网适配器因设备元件或软件损坏或数据丢失而造成不能自行恢复至正常状态。

5.5.4.2　机壳端口

地面数字电视广播单频网适配器的机壳端口抗扰度要求见表 6。

表 6　地面数字电视广播单频网适配器机壳端口的抗扰度要求

试验项目	频率范围	测量等级 E1～E3	测量等级 E4	测量等级 E5	适用标准	性能判据
射频电磁场[a] （3 m）	80 MHz～1 GHz	3 V/m	1 V/m	10 V/m	GB/T 17626.3—2006	A
	1.4 GHz～2 GHz	3 V/m	无对应测量	3 V/m		
	2.0 GHz～2.7 GHz	1 V/m	无对应测量	1 V/m		
静电放电	按照适用标准	4 kV：接触放电； 8 kV：空气放电	2 kV：接触放电； 4 kV：空气放电	4 kV：接触放电； 8 kV：空气放电	GB/T 17626.2—2006	B

[a] 载波信号采用频率为 1 kHz，80％幅度调制的正弦波信号；测量等级指非调制载波信号的值。

5.5.4.3　信号或控制端口

地面数字电视广播单频网适配器的信号或控制端口的抗扰度要求见表 7。

表 7 地面数字电视广播单频网适配器信号或控制端口的抗扰度要求

<table>
<tr><th>试验项目</th><th>频率范围</th><th colspan="2">测量等级
E1～E3</th><th>测量等级
E4</th><th>测量等级
E5</th><th>适用标准</th><th>性能判据</th></tr>
<tr><td>电快速瞬变脉冲群共模[a,b]</td><td>按照适用标准</td><td colspan="2">0.5 kV(峰值)</td><td colspan="2">1 kV(峰值)</td><td>GB/T 17626.4—2008</td><td>B</td></tr>
<tr><td>射频共模[c,d,e,f]</td><td>0.15 MHz～80 MHz</td><td>3 V</td><td>1 V</td><td colspan="2">10 V</td><td>GB/T 17626.6—2008</td><td>A</td></tr>
<tr><td colspan="8">a 仅应用于连接电缆的端口,其总长度根据厂商的要求超过 3 m 的情况。
b 单个脉冲的上升时间为 5 ns,脉冲持续时间(50%值)为 50 ns,重复频率为 5 kHz。
c 载波信号采用频率为 1 kHz,80%幅度调制的正弦波信号;测量等级指非调制载波信号的值。
d 只适用于接电缆的端口,其总长度根据厂商的要求可能超过 1 m 的情况。
e 对于天线端口,按照 GB/T 9383—2008。
f 源阻抗=150 Ω。</td></tr>
</table>

5.5.4.4 交流电源端口

地面数字电视广播单频网适配器的交流电源端口的抗扰度要求见表 8。

表 8 地面数字电视广播单频网适配器交流电源端口的抗扰度要求

<table>
<tr><th>试验项目</th><th>频率范围</th><th>测量等级
E1～E3</th><th>测量等级
E4</th><th>测量等级
E5</th><th>适用标准</th><th>性能判据</th></tr>
<tr><td>电快速瞬变脉冲群[a,b]</td><td>按照适用标准</td><td>1 kV(峰值)</td><td>0.5 kV(峰值)</td><td>2 kV(峰值)</td><td>GB/T 17626.4 2008</td><td>B</td></tr>
<tr><td>射频共模[c,d]</td><td>0.15 MHz～80 MHz</td><td>3 V</td><td>1 V</td><td>10 V</td><td>GB/T 17626.6—2008</td><td>A</td></tr>
<tr><td>浪涌</td><td rowspan="4">按照适用标准</td><td>共模:1 kV(峰值);差模:0.5 kV(峰值)或 4.5 倍额定电压,以较少者为准</td><td>共模:0.5 kV(峰值)</td><td>共模:2 kV(峰值)</td><td>GB/T 17626.5—2008</td><td>B</td></tr>
<tr><td rowspan="2">电压跌落[e]</td><td colspan="3">0.5 个周期,减少 30%</td><td rowspan="3">GB/T 17626.11—2008</td><td rowspan="2">B</td></tr>
<tr><td colspan="3">5 个周期,减少 60%</td></tr>
<tr><td>电压中断[e]</td><td colspan="3">5 秒,减小超过 95%</td><td>C</td></tr>
<tr><td colspan="7">a 单个脉冲的上升时间为 5 ns,脉冲持续时间(50%值)为 50 ns,重复频率为 5 kHz。
b 对于输入端口使用 CDN,见 GB/T 17626.4—2008,而容性耦合钳用于输出端口。
c 载波信号采用频率为 1 kHz,80%幅度调制的正弦波信号;测量等级指非调制载波信号的值。
d 源阻抗=150 Ω。
e 电压在零交叉点变化。</td></tr>
</table>

6 测量方法

6.1 单频网适配器功能测量

6.1.1 测量框图

单频网适配器功能测量需要的设备包括误码分析仪、地面数字电视广播激励器和地面数字电视广播测量接收机，地面数字电视广播单频网适配器功能测量框图见图7。

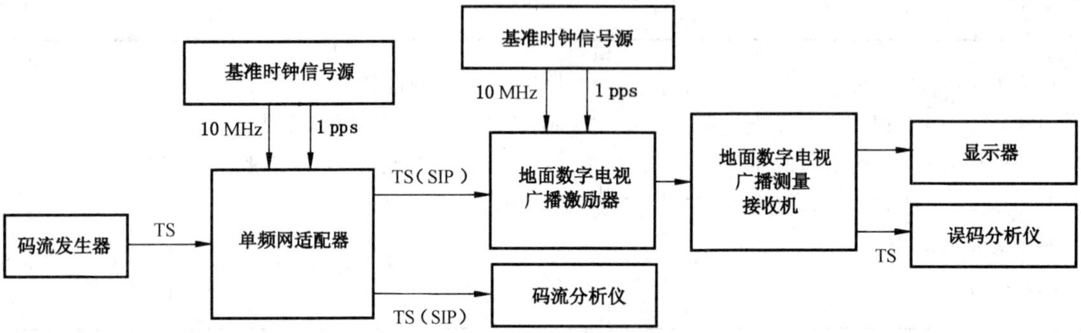

图7 地面数字电视广播单频网适配器功能测量框图

6.1.2 测量步骤

测量步骤如下：

a) 如图7所示连接测量系统。
b) 设置地面数字电视广播激励器为单频网工作模式。
c) 设置单频网适配器工作于GB 20600—2006规定的任意一种工作模式。
d) 设置码流发生器发送伪随机序列，码率低于单频网适配器此时工作模式下的最大净码率。
e) 观察误码分析仪误码率(BER)，判断接收机工作是否正常。接收机工作正常判断标准：
   ——采用伪随机序列时，误码分析仪的BER显示为0；
   ——采用测量图像序列，显示器输出图像无损伤。
f) 用码流分析仪采集单频网适配器输出码流，分析码流中SIP。
g) 改变单频网适配器工作模式，重复步骤c)～f)，直至遍历GB 20600—2006规定的所有工作模式。

6.2 TS流抖动测量

6.2.1 测量框图

TS流抖动测量需要的设备是抖动测量系统，测量框图见图8。

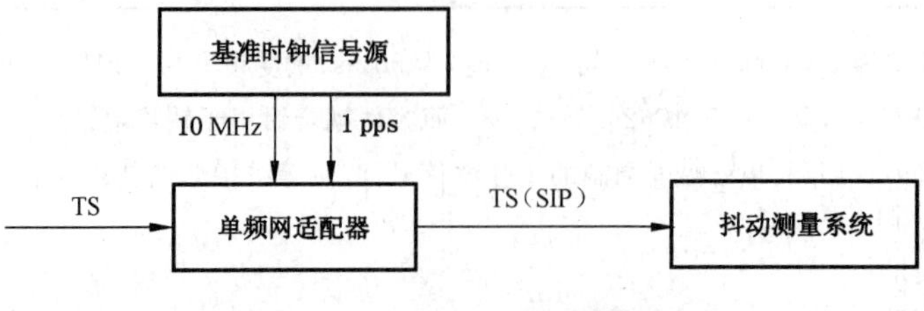

图8 TS流抖动测量框图

抖动测量系统通过本地高稳定度高速时钟对相邻 SIP 包到达时刻进行计时，从而得到 TS 流抖动值。抖动测量系统原理见图 9，抖动测量系统时钟周期精度至少小于 100 ns。

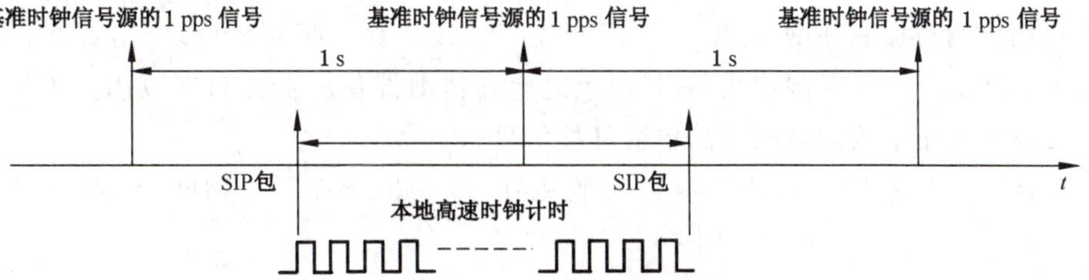

图 9 抖动测量原理图

6.2.2 测量步骤

测量步骤如下：

a) 如图 8 所示连接测量系统；

b) 设置单频网适配器工作于 GB 20600—2006 规定的任意一种模式；

c) 设置单频网适配器分析仪为 TS 流抖动测量模式，测量 TS 流传输抖动；

d) 改变单频网适配器工作模式，重复步骤 b)～c)，直至遍历 GB 20600—2006 规定的所有工作模式。

6.3 电磁兼容性试验测量方法

各项电磁兼容性试验的试验条件、试验布置、场地要求、测量方法及测量仪器，如果在本标准中未提及或说明，应符合表 4～表 8 中各适用标准的要求及 GB/T 6113.101—2008 中相关要求。

6.3.1 机壳端口辐射发射试验

6.3.1.1 测量框图

机壳端口的辐射发射试验示意图见图 10。

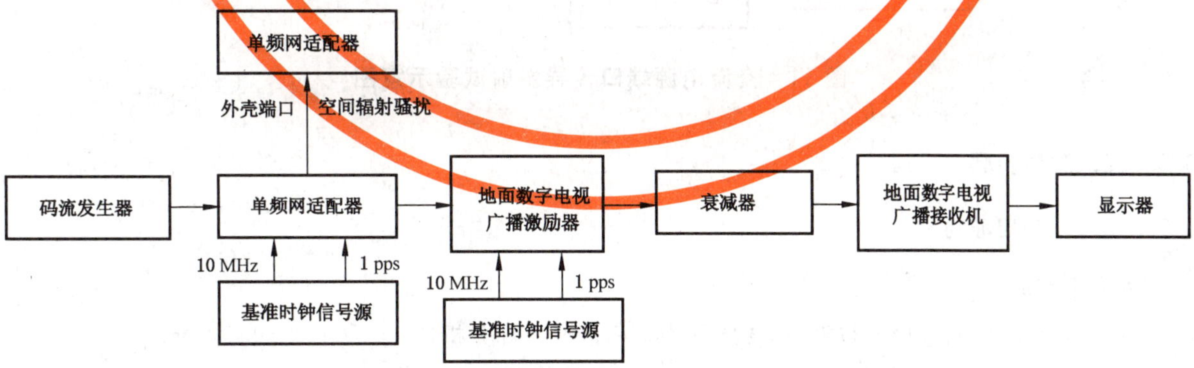

图 10 机壳端口的辐射发射试验示意图

6.3.1.2 测量步骤

测量步骤如下：

a) 如图 10 所示连接测量系统，传感器为天线及电磁兼容测量接收机；

b) 设置单频网适配器工作于 GB 20600—2006 规定的任意一种工作模式；

c） 设置码流发生器发送测量图像序列，码率略低于单频网适配器此时工作模式下的最大净码率，在整个试验过程中，观察显示器，确认系统处于正常工作状态；

d） 根据 GB 9254—2008 第 10 章中的测量方法和场地布置进行试验，除单频网适配器以外的辅助设备均应通过加磁环的、屏蔽性良好的线缆连接并置于暗室环境之外，或在保证辅助设备所引入的环境噪声低于限值线 6 dB 以上时允许辅助设备放置在暗室以内。天线及电磁兼容测量接收机采集单频网适配器的辐射骚扰信号；

e） 用带有峰值检波器的电磁兼容测量接收机在 30 MHz～1 000 MHz 频率范围内进行初步测量；

f） 在每一个测量频率，在接地平板上方 1 m～4 m 的范围内调整天线的高度，以获得最大的指示值；

g） 在测量过程中，对单频网适配器进行 360°旋转，以寻找辐射场强最大的方向；

h） 依次将天线改变为水平或垂直极化方式，以寻找最大的场强读数；

i） 对照各频点的限值，对初测时峰值检波器读值超出相应频点准峰值限值的位置，使用电磁兼容测量接收机的准峰值检波器进行读数。

6.3.2 交流电源端口传导发射试验

6.3.2.1 测量框图

交流电源端口传导发射试验示意图见图 11。

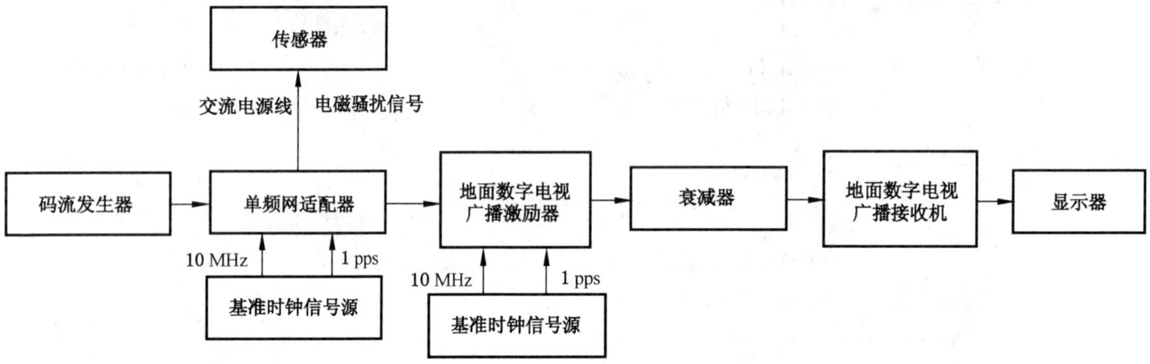

图 11 交流电源端口传导发射试验示意图

6.3.2.2 测量步骤

6.3.2.2.1 电压波动

测量步骤如下：

a） 如图 11 所示连接测量系统，传感器为单相谐波闪烁分析仪；

b） 设置单频网适配器工作于 GB 20600—2006 规定的任意一种工作模式；

c） 设置码流发生器发送测量图像序列，码率略低于单频网适配器此时工作模式下的最大净码率，在整个试验过程中，观察显示器，确认系统处于正常工作状态；

d） 单相谐波闪烁分析仪连接专用的单相交流电源为单频网适配器提供高质量的供电电源，并采集单频网适配器的电压波动、电压变化和闪烁骚扰信号；

e） 根据 GB 17625.1—2003 的测量方法和场地布置进行试验，由谐波闪烁分析仪得到测量结果。

6.3.2.2.2 谐波电流

测量步骤如下：

a) 如图 11 所示连接测量系统，传感器为单相谐波闪烁分析仪；

b) 设置单频网适配器工作于 GB 20600—2006 规定的任意一种工作模式；

c) 设置码流发生器发送测量图像序列，码率略低于单频网适配器此时工作模式下的最大净码率，在整个试验过程中，观察显示器，确认系统处于正常工作状态；

d) 单相谐波闪烁分析仪连接专用的单相交流电源为单频网适配器提供高质量的供电电源，并采集单频网适配器的谐波电流骚扰信号；

e) 根据 GB 17625.2—2007 测量方法和场地布置进行试验，由谐波闪烁分析仪得到测量结果。

6.3.2.2.3 传导发射

测量步骤如下：

a) 如图 11 所示连接测量系统，传感器为人工电源网络及电磁兼容测量接收机；

b) 设置单频网适配器工作于 GB 20600—2006 规定的任意一种工作模式；

c) 设置码流发生器发送测量图像序列，码率略低于单频网适配器此时工作模式下的最大净码率，在整个试验过程中，观察显示器，确认系统处于正常工作状态；

d) 将地面数字电视广播单频网适配器的电源电缆连接到人工电源网络，电磁兼容测量接收机使用一个脉冲限幅器连接到人工电源网络，采集电源端子的传导骚扰信号；

e) 根据 GB 9254—2008 第 9 章中的测量方法和场地布置进行试验，地面数字电视广播单频网适配器应布置于水平参考接地平板上方 0.8 m 的非导电桌子上，背面应距离垂直参考接地平板 0.4 m，垂直参考接地平板应搭接到水平垂直参考接地平板上，所使用的人工电源网络须搭接到水平参考接地平板上；

f) 用带有平均值和准峰值检波器的电磁兼容测量接收机进行扫描测量，频率范围为 150 kHz～30 MHz，记录测量结果。

6.3.3 机壳端口抗扰度试验

6.3.3.1 测量框图

机壳端口辐射抗扰度试验示意图见图 12。

机壳端口静电放电扰度试验示意图见图 13。

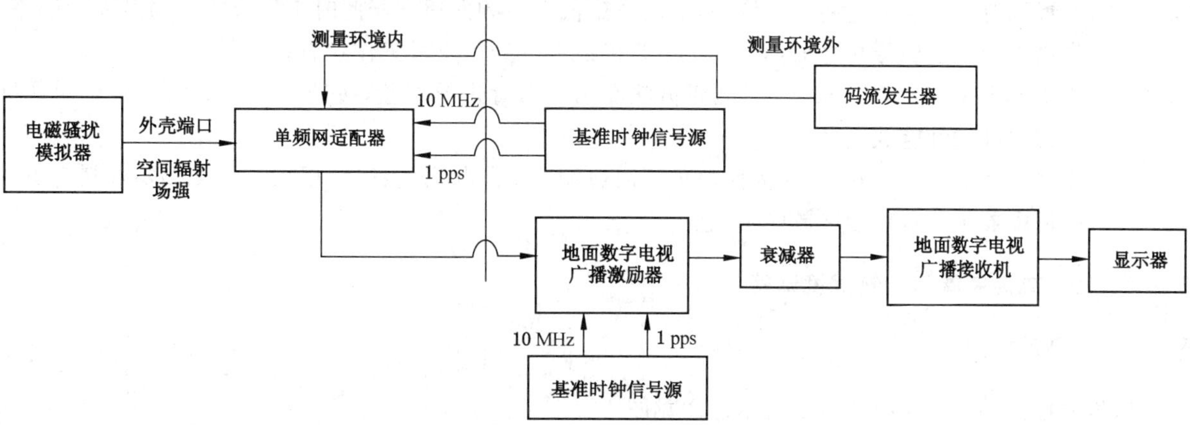

图 12 机壳端口辐射抗扰度试验示意图

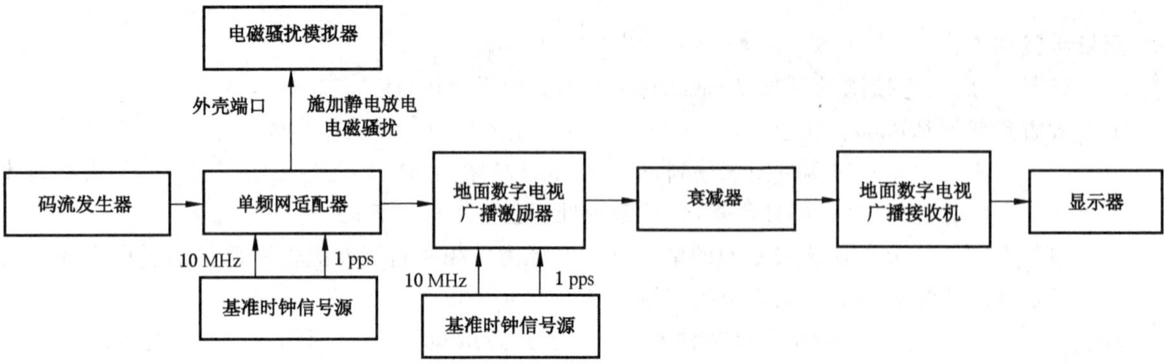

图 13 机壳端口静电放电扰度试验示意图

6.3.3.2 测量步骤

6.3.3.2.1 射频电磁场

测量步骤如下：

a) 如图 12 所示连接测量系统，电磁骚扰模拟器为信号源、放大器及发射天线，应将辅助设备置于测量环境之外，以确保其不受到所施加的辐射骚扰信号的影响；

b) 设置单频网适配器工作于 GB 20600—2006 规定的任意一种工作模式；

c) 设置码流发生器发送测量图像序列，码率略低于单频网适配器此时工作模式下的最大净码率，在模拟施加电磁骚扰之前，观察显示器，确认系统处于正常工作状态；

d) 根据 GB/T 17626.3—2006 的测量方法和场地布置进行试验，按照表 6 规定的等级给单频网适配器施加射频电场骚扰；

e) 观察显示器的图像状态，作为反映单频网适配器工作状态的参数，根据 5.5.4.1 要求判定单频网适配器机壳端口射频电磁场抗扰度。

6.3.3.2.2 静电放电

测量步骤如下：

a) 如图 13 所示连接测量系统，电磁骚扰模拟器为静电放电枪；

b) 设置单频网适配器工作于 GB 20600—2006 规定的任意一种工作模式；

c) 设置码流发生器发送测量图像序列，码率略低于单频网适配器此时工作模式下的最大净码率，在模拟施加电磁骚扰之前，观察显示器，确认系统处于正常工作状态；

d) 根据 GB/T 17626.2—2006 的测量方法和场地布置进行试验，按照表 6 规定的等级给单频网适配器施加静电放电骚扰；

e) 观察显示器的图像状态，作为反映单频网适配器工作状态的参数，根据 5.5.4.1 要求判定单频网适配器机壳端口静电放电抗扰度。

6.3.4 信号或控制端口的抗扰度试验

6.3.4.1 测量框图

信号或控制端口传导抗扰度试验示意图见图 14。

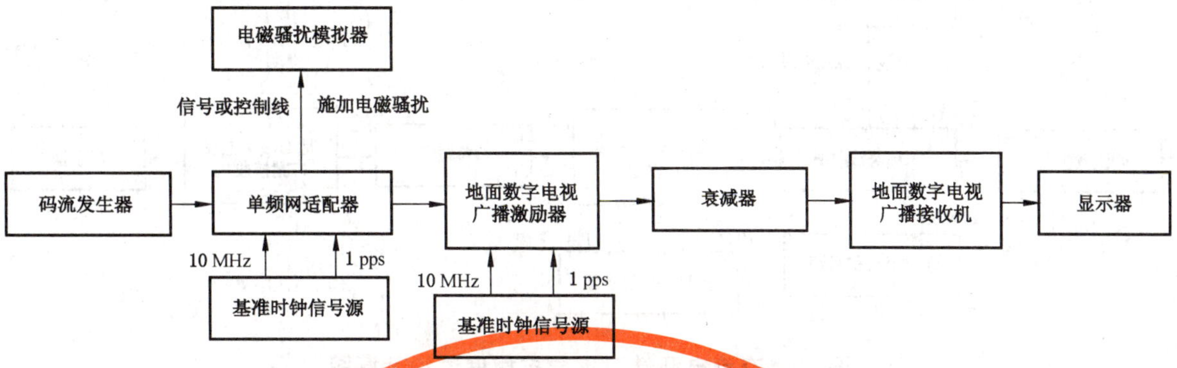

图 14　信号或控制端口传导抗扰度试验示意图

6.3.4.2　测量步骤

6.3.4.2.1　电快速瞬变脉冲群

测量步骤如下：

a) 如图 14 所示连接测量系统，电磁骚扰模拟器为电快速瞬变脉冲群模拟器；

b) 设置单频网适配器工作于 GB 20600—2006 规定的任意一种工作模式；

c) 设置码流发生器发送测量图像序列，码率略低于单频网适配器此时工作模式下的最大净码率，在模拟施加电磁骚扰之前，观察显示器，确认系统处于正常工作状态；

d) 根据 GB/T 17626.4—2008 的测量方法和场地布置进行试验，按照表 7 规定的等级给单频网适配器施加电快速瞬变脉冲群骚扰：脉冲群抗干扰模拟器连接电容耦合夹，通过耦合夹将骚扰信号耦合到地面数字电视广播单频网适配器的信号或控制电缆上；

e) 观察显示器的图像状态，作为反映单频网适配器工作状态的参数，根据 5.5.4.1 要求判定单频网适配器信号或控制端口电快速瞬变脉冲群抗扰度。

6.3.4.2.2　射频共模

测量步骤如下：

a) 如图 14 所示连接测量系统，电磁骚扰模拟器为连续波模拟器；

b) 设置单频网适配器工作于 GB 20600—2006 规定的任意一种工作模式；

c) 设置码流发生器发送测量图像序列，码率略低于单频网适配器此时工作模式下的最大净码率，在模拟施加电磁骚扰之前，观察显示器，确认系统处于正常工作状态；

d) 根据 GB/T 17626.6—2008 的测量方法和场地布置进行试验，按照表 7 规定的等级给单频网适配器施加射频共模骚扰：连续波模拟器连接 6 dB 衰减器，再通过耦合网络将骚扰信号耦合到地面数字电视广播单频网适配器的信号或控制电缆上；

e) 观察显示器的图像状态，作为反映单频网适配器工作状态的参数，根据 5.5.4.1 要求判定单频网适配器信号或控制端口射频共模抗扰度。

6.3.5　交流电源端口的抗扰度试验

6.3.5.1　测量框图

交流电源端口传导抗扰度试验示意图见图 15。

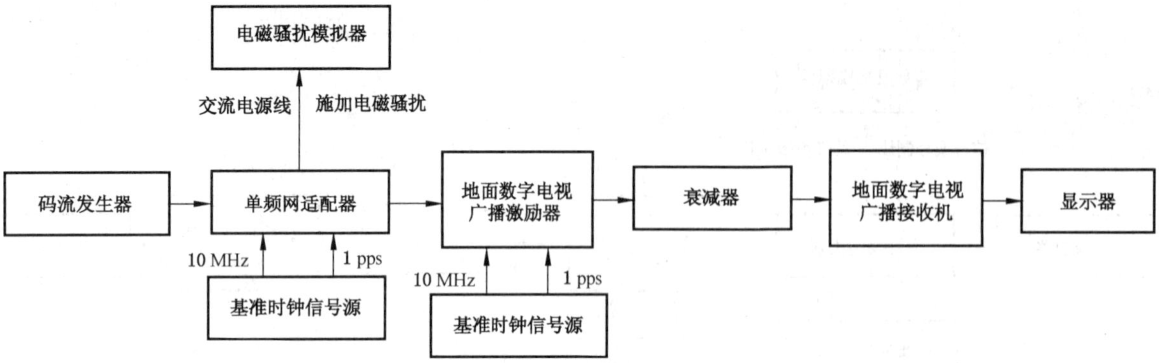

图 15 交流电源端口传导抗扰度试验示意图

6.3.5.2 测量步骤

6.3.5.2.1 电快速瞬变脉冲群

测量步骤如下：

a) 如图 15 所示连接测量系统，电磁骚扰模拟器为电快速瞬变脉冲群模拟器；

b) 设置单频网适配器工作于 GB 20600—2006 规定的任意一种工作模式；

c) 设置码流发生器发送测量图像序列，码率略低于单频网适配器此时工作模式下的最大净码率，在模拟施加电磁骚扰之前，观察显示器，确认系统处于正常工作状态；

d) 根据 GB/T 17626.4—2008 的测量方法和场地布置进行试验，按照表 8 规定的等级给单频网适配器施加电快速瞬变脉冲群骚扰：脉冲群抗干扰模拟器连接电容耦合夹，通过耦合夹将骚扰信号耦合到地面数字电视广播单频网适配器的交流电源电缆上；

e) 观察显示器的图像状态，作为反映单频网适配器工作状态的参数，根据 5.5.4.1 要求判定单频网适配器交流电源端口电快速瞬变脉冲群抗扰度。

6.3.5.2.2 射频共模

测量步骤如下：

a) 如图 15 所示连接测量系统，电磁骚扰模拟器为连续波模拟器；

b) 设置单频网适配器工作于 GB 20600—2006 规定的任意一种工作模式；

c) 设置码流发生器发送测量图像序列，码率略低于单频网适配器此时工作模式下的最大净码率，在模拟施加电磁骚扰之前，观察显示器，确认系统处于正常工作状态；

d) 根据 GB/T 17626.6—2008 的测量方法和场地布置进行试验，按照表 8 规定的等级给单频网适配器施加射频共模骚扰：连续波模拟器连接 6 dB 衰减器，再通过耦合网络将骚扰信号耦合到地面数字电视广播单频网适配器的交流电源线缆上；

e) 观察显示器的图像状态，作为反映单频网适配器工作状态的参数，根据 5.5.4.1 要求判定单频网适配器交流电源端口射频共模抗扰度。

6.3.5.2.3 浪涌

测量步骤如下：

a) 如图 15 所示连接测量系统，电磁骚扰模拟器为浪涌模拟器；

b) 设置码流发生器发送测量图像序列，码率略低于单频网适配器此时工作模式下的最大净码率，在模拟施加电磁骚扰之前，观察显示器，确认系统处于正常工作状态；

c）根据 GB/T 17626.5—2008 的测量方法和场地布置进行试验，按照表 8 规定的等级给单频网适配器施加浪涌骚扰；

d）观察显示器的图像状态，作为反映单频网适配器工作状态的参数，根据 5.5.4.1 要求判定单频网适配器交流电源端口浪涌抗扰度。

6.3.5.2.4 电压跌落、中断

测量步骤如下：

a）如图 15 所示连接测量系统，电磁骚扰模拟器为电压跌落模拟器；

b）设置单频网适配器工作于 GB 20600—2006 规定的任意一种工作模式；

c）设置码流发生器发送测量图像序列，码率略低于单频网适配器此时工作模式下的最大净码率，在模拟施加电磁骚扰之前，观察显示器，确认系统处于正常工作状态；

d）根据 GB/T 17626.11—2008 的测量方法和场地布置进行试验，按照表 8 规定的等级给单频网适配器施加电压跌落、中断骚扰；

e）观察显示器的图像状态，作为反映单频网适配器工作状态的参数，根据 5.5.4.1 要求判定单频网适配器交流电源端口电压跌落、中断抗扰度。

附 录 A
（资料性附录）
地面数字电视广播单频网适配器电磁兼容试验说明

A.1 电磁环境

各类产品应用的电磁环境分为五种类别，分别对应不同的限值集，这五种类别的电磁环境描述如下：

a) E1：居住环境（包括 GB/Z 18039.1—2000 所述的 1 类和 2 类场所）；

b) E2：商业和轻工业环境（如剧院）；

c) E3：城市户外环境（依据 GB/Z 18039.1—2000 的第 6 类场所的定义）；

d) E4：电磁兼容受控环境（如演播室或摄影棚）和乡村户外环境（远离铁路、发射机、高架电力线等）；

e) E5：重工业环境（见 GB/T 17799.2—2003）和靠近广播发射机的环境。

A.2 端口

电磁兼容性试验中，端口是受试设备在电磁环境中的特殊界面，各端口归类见图 A.1。

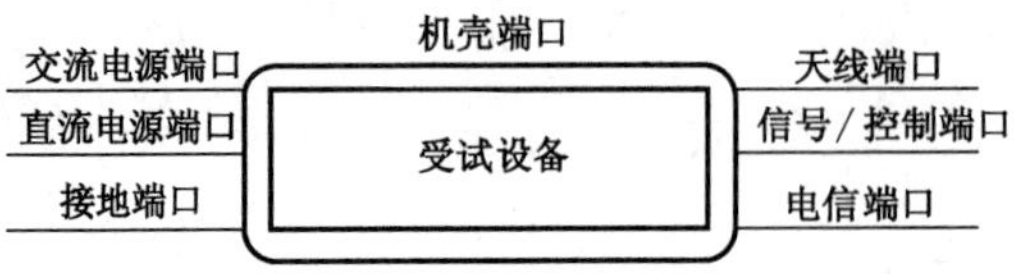

图 A.1 设备的电磁兼容性试验端口

参 考 文 献

[1] GB/T 4365—2003 电工术语 电磁兼容

[2] GB/T 9383—2008 声音和电视广播接收机及有关设备抗扰度限值和测量方法

[3] GB/T 14433—1993 彩色电视广播覆盖网技术规定

[4] GB/T 17799.2—2003 电磁兼容 通用标准 工业环境中的抗扰度试验

[5] GB/Z 18039.1—2000 电磁兼容 环境 电磁环境的分类

[6] GB/T 19954.1—2005 电磁兼容 专业用途的音频、视频、音视频和娱乐场所灯光控制设备的产品类标准 第1部分:发射

[7] GB/T 19954.2—2005 电磁兼容 专业用途的音频、视频、音视频和娱乐场所灯光控制设备的产品类标准 第2部分:抗扰度

[8] GY/T 229.2—2008 地面数字电视广播激励器技术要求和测量方法

[9] EN 55103-1:2009 Electromagnetic compatibility—Product family standard for audio, video, audio-visual and entertainment lighting control apparatus for professional use—Part 1:Emissions

[10] EN 55103-2:2009 Electromagnetic compatibility—Product family standard foraudio, video, audio-visual and entertainment lighting control apparatus for professional use—Part 2:Immunity

ICS 33.160
M 74

中华人民共和国国家标准

GB/T 28435—2012

地面数字电视广播发射机技术要求和测量方法

Technical specifications and methods of measurement for digital terrestrial television broadcasting transmitters

2012-06-29 发布　　2012-10-01 实施

中华人民共和国国家质量监督检验检疫总局
中国国家标准化管理委员会　发布

前　言

本标准按照GB/T 1.1—2009给出的规则起草。

本标准由国家广播电影电视总局提出。

本标准由全国广播电影电视标准化技术委员会(SAC/TC 239)归口。

本标准起草单位:国家广播电影电视总局无线电台管理局、国家广播电影电视总局广播电视规划院。

本标准主要起草人:董建丽、肖社生、张小良、曹毅、李明亮、蔡晓梅、吴醒峰、倪士兰。

引　　言

2008 年颁布的广播电视行业技术标准 GY/T 229.4—2008《地面数字电视广播发射机技术要求和测量方法》在地面数字电视的推广普及过程中得到了初步应用和验证。根据该行业标准在应用过程中的具体情况，针对所出现的问题，对该行业标准的相关内容进行了修改，同时增加了地面数字电视广播发射机电磁兼容有关的技术要求和测量方法，形成了本标准。

地面数字电视广播发射机技术要求和测量方法

1 范围

本标准规定了符合 GB 20600—2006 的地面数字电视广播发射机的技术要求和测量方法。对于能够确保同样测量不确定度的任何等效测量方法也可以采用,有争议时,应以本标准为准。

本标准适用于 100 W(含)以上功率等级的地面数字电视广播发射机的设计、生产、验收、运行和维护。

2 规范性引用文件

下列文件对于本文件的应用是必不可少的。凡是注日期的引用文件,仅注日期的版本适用于本文件。凡是不注日期的引用文件,其最新版本(包括所有的修改单)适用于本文件。

GB 4824—2004 工业、科学和医疗(ISM)射频设备 电磁骚扰特性 限值和测量方法

GB/T 6113.101—2008 无线电骚扰和抗扰度测量设备和测量方法规范 第 1-1 部分:无线电骚扰和抗扰度测量设备 测量设备

GB/T 6113.102—2008 无线电骚扰和抗扰度测量设备和测量方法规范 第 1-2 部分:无线电骚扰和抗扰度测量设备 辅助设备 传导骚扰

GB/T 6113.103—2008 无线电骚扰和抗扰度测量设备和测量方法规范 第 1-3 部分:无线电骚扰和抗扰度测量设备 辅助设备 骚扰功率

GB/T 6113.104—2008 无线电骚扰和抗扰度测量设备和测量方法规范 第 1-4 部分:无线电骚扰和抗扰度测量设备 辅助设备 辐射骚扰

GB 9254—2008 信息技术设备的无线电骚扰限值和测量方法

GB/T 12566—1990 声音和电视广播发射设备信号链接口

GB/T 14433—1993 彩色电视广播覆盖网技术规定

GB/T 17626.3—2006 电磁兼容 试验和测量技术 射频电磁场辐射抗扰度试验

GB 20600—2006 数字电视地面广播传输系统帧结构、信道编码和调制

GB/T 28436—2012 地面数字电视广播激励器技术要求和测量方法

ITU-R BS.1698 估测由工作在任何频带内的地面广播发射系统所产生的场以评估非电离性辐射的照射(Evaluating fields from terrestrial broadcasting transmitting systems operating in any frequency band for assessing exposure to non-ionizing radiation)

ANSI C63.4—2003 9 kHz 到 40 GHz 范围的低电压电气和电子设备发出的无线电噪声测量方法(Methods of measurement of radio-noise emissions from low-voltage electrical and electronic equipment in the range of 9 kHz to 40 GHz)

EN 50492—2009 关于人体暴露于基站附近的电磁场强度现场测量用基本标准(Basic standard for the in-situ measurement of electromagnetic field strength related to human exposure in the vicinity of base stations)

3 术语、定义、符号和缩略语

3.1 术语和定义

下列术语和定义适用于本文件。

3.1.1

激励器 exciter

将 TS 流输入信号按照 GB 20600—2006 的规定进行编码调制输出射频信号的设备。

3.1.2

功率放大器 high power amplifier

用于将激励器输出的射频小功率信号放大到发射机标称功率的设备。

3.1.3

测试码流 test stream

符合 TS 流格式的伪随机序列码流。

3.1.4

频谱模板 spectrum mask

表征信号频谱容差范围的标准频谱曲线。

3.1.5

调制误差率 modulation error ratio

调制信号理想符号矢量幅度平方和与符号误差矢量幅度平方和的比值，单位为分贝(dB)。

3.1.6

带肩 shoulder attenuation

偏离中心频率某一规定值的带外频率点平均功率相对于中心频率点的变化量，单位为分贝(dB)。

3.1.7

带内频谱不平坦度 in band spectrum ripple

带内信号各频点平均功率相对于中心频率的幅度变化量，单位为分贝(dB)。

3.1.8

带外杂散 out of band emissions

带外泄漏信号功率与带内数字信号功率的比值，单位为分贝(dB)。

3.1.9

工作模式 operationmode

符合 GB 20600—2006 规定的不同参数的组合，包括：载波数量、编码效率、信号帧长度以及调制方式等。不同工作模式适用于不同的场合应用。

3.1.10

电磁兼容性 electromagnetic compatibility

设备或系统在其电磁环境中能正常工作且不对该环境中任何事物构成不能承受的电磁骚扰的能力。

[GB/T 4356—2003，定义 161-01-07]

3.1.11

电磁辐射 electromagnetic radiation

有以下两种定义：

a） 能量以电磁波的形式发射到空间的现象；

b） 能量以电磁波的形式在空间传输。

注：“电磁辐射”一词的含义有时也可以引申，将电磁感应包括在内。

［GB/T 4365—2003，定义 161-01-10］

3.1.12

电磁骚扰 electromagnetic disturbance

任何可能引起装置、设备或系统性能降低或者对有生命或无生命物质产生损害作用的电磁现象。

注：电磁骚扰可能是电磁噪声、无用噪声或传播媒介自身的变化。

［GB/T 4365—2003，定义 161-01-05］

3.1.13

电磁干扰 electromagnetic interference

电磁骚扰引起的设备、传输通道或系统性能的下降。

注1：术语“电磁骚扰”和“电磁干扰”分别表示“起因”和“后果”。

注2：过去“电磁骚扰”和“电磁干扰”常混用。

［GB/T 4365—2003，定义 161-01-06］

3.1.14

电磁照射 electromagnetic field exposure

电磁场暴露 electromagnetic field exposure

指在环境中的电磁能量，可以用电场强度、磁场强度或功率密度进行度量。

3.1.15

机壳辐射

由设备外壳产生的辐射，不包括所接天线或电缆产生的辐射。

3.2 符号

下列符号适用于本文件。

A_C 中心频率处幅度

A_{max} 带内最大幅度

A_{min} 带内最小幅度

C 载波数量

f_C 信号中心频率

N_p 相位噪声

P_a 交流电源功率计功率

P_i 邻频道内的发射功率

P_b 上、下邻频道内功率的较大值

P_n 带内发射功率

η 整机效率

3.3 缩略语

下列缩略语适用于本文件。

AC 交流(Alternating Current)

BER 误比特率(Bit Error Rate)

EMC 电磁兼容(Electromagnetic Compatibility)

EMF 电磁场(照射)(Electromagnetic Field (exposure))

EUT 受试设备(Equipment Under Test)

FEC 前向纠错编码(Forward Error Correction)

MER　调制误差率(Modulation Error Ratio)
MFN　多频网(Multi Frequency Network)
QAM　正交幅度调制(Quadrature Amplitude Modulation)
SFN　单频网(Single Frequency Network)
TS　传送流(Transport Stream)
VSWR　电压驻波比(Voltage Standing Wave Ratio)

4　技术要求

4.1　一般要求

4.1.1　环境条件

环境条件要求如下：

a) 环境温度：
正常工作：5 ℃～45 ℃；
允许工作：0 ℃～50 ℃。
b) 相对湿度：
正常工作：≤90%(20 ℃)；
允许工作：≤95%(无结露)。
c) 大气压力：86 kPa～106 kPa。

4.1.2　工作电压

工作电压要求如下：

a) 电压幅度：176 V～264 V AC 或三相 342 V～418 V AC；
b) 电源频率：50 Hz±1 Hz。

4.1.3　接口要求

接口要求如下：

a) TS 流输入采用 ASI 接口，BNC 接头，阴型，输入阻抗为 75 Ω。
b) 10 MHz 时钟输入采用 BNC 接头，阴型，输入阻抗为 50 Ω(10 MHz 时钟为正弦波，峰-峰值范围为－5 dBm～12 dBm)。
c) 1 pps 输入采用 BNC 接头，阴型，TTL 电平，输入阻抗为 50 Ω。
d) 监测输出采用 SMA 或 BNC 接头，阴型，输出阻抗为 50 Ω。
e) 遥控、监控接口采用 RS232 或 RS485 或 RJ45，其中 RS232 采用 DB9 接头，阳型；RS485 采用 DB9 接头，阳型或阴型。
f) 射频输出接口选用 GB/T 12566—1990 中推荐的连接器型号。

4.1.4　射频输出负载阻抗

射频输出负载阻抗标称值为 50 Ω。

4.2　功能要求

4.2.1　工作模式

支持 GB 20600—2006 规定的全部工作模式。各种工作模式下，系统最大净码率参见附录 A。

4.2.2 遥控遥测功能

发射机应具备遥控遥测功能，功能主要包括发射机基本工作环境监测、发射机工作状态监测、信号流程监测、发射机保护及故障报警等。

4.2.3 组网方式

支持多频网(MFN)或单频网(SFN)组网方式，其中SFN模式要求应符合GB/T 28436—2012的有关规定。

4.3 性能要求

地面数字电视广播发射机性能要求见表1。

表1 地面数字电视广播发射机性能要求

序号	项目	指标
1	工作频率	符合GB/T 14433—1993有关规定
2	单频网模式频率调节步长	1 Hz
3	频率稳定度(3个月)	采用内部参考源时，频率稳定度≤1×10^{-7}； 采用外接参考源时，频率稳定度≤1×10^{-10}
4	频率准确度	对于MFN模式，频率准确度±100 Hz； 对于SFN模式，频率准确度±1 Hz
5	本振相位噪声	<−60 dBc/Hz(在10 Hz处)； <−75 dBc/Hz(在100 Hz处)； <−85 dBc/Hz(在1 kHz处)； <−95 dBc/Hz(在10 kHz处)； <−110 dBc/Hz(在100 kHz处)； <−115 dBc/Hz(在1 MHz处)
6	射频输出功率稳定度	±0.5 dB
7	输出负载的反射损耗(8 MHz带内)	正常工作：≥26 dB； 允许工作：≥20 dB
8	带肩(在偏离中心频率±4.2 MHz处；在滤波器之前测量)	≤−36 dB
9	带内频谱不平坦度(f_c±3.591 MHz)	在±0.5 dB以内(非双导频模式下)
10	带外频谱特性	符合GB 20600—2006中带外频谱模板的有关规定
11	调制误差率(MER)	≥32 dB
12	邻频道内无用发射功率	邻频道内的发射功率与带内发射功率的比≤−45 dB，并满足邻频道内的发射功率≤13 mW
13	邻频道外无用发射功率	邻频道外的发射功率与带内发射功率的比≤−60 dB，并满足邻频道外的发射功率≤13 mW
注：除特殊声明外，所有指标都应在滤波器之后测量。		

4.4 电磁兼容要求

4.4.1 电磁兼容测量端口

受试设备与外部电磁环境的接口为电磁兼容性测量的端口，电磁兼容测量端口参见附录 C。

4.4.2 机壳端口辐射骚扰要求(可选)

发射机机壳端口辐射骚扰值应不超过表 2 或图 1 中所列值。

表 2 机壳端口辐射骚扰限值

3 m 法准峰值限值 dB(uV/m)	频率范围[a] MHz
$40 \leqslant 70+10\lg(P_0{}^{b}/2\,000) \leqslant 80$	30～230(含 230)
$47 \leqslant 77+10\lg(P_0/2\,000) \leqslant 87$	230～4 500

[a] 发射机被指定的工作频率频道不做限值要求。
[b] P_0 为射频输出功率，单位为 W。

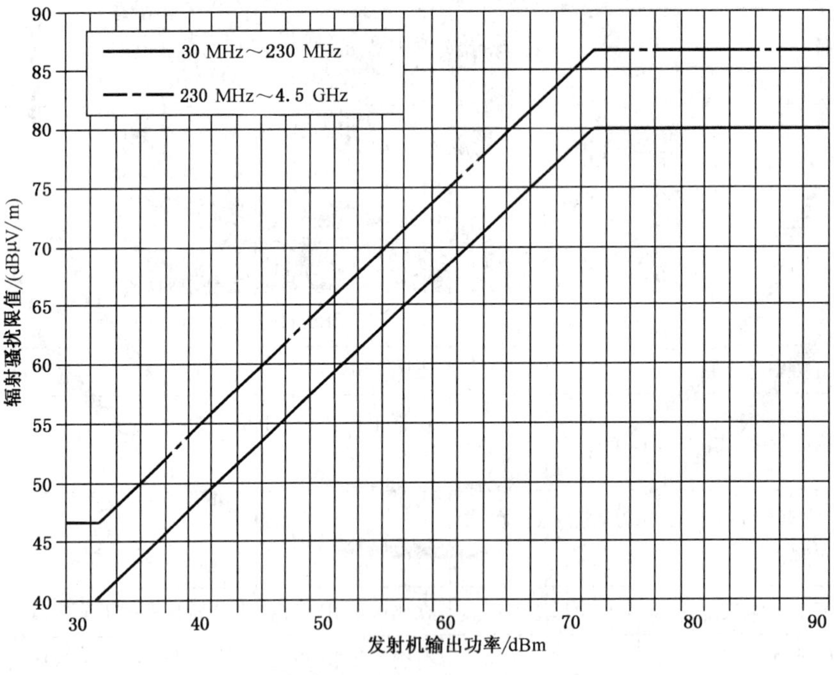

图 1 发射机机壳端口辐射限值示意图

4.4.3 交流电源端口传导骚扰值要求(可选)

发射机交流电源端口传导骚扰值应不超过表 3 所列值。

表 3 交流电源端口传导骚扰限值

交流电源 kVA	限值 dBμV		频率范围 MHz
	准峰值	平均值	
小于 0.2(含 0.2)	79 73	66 60	0.15～0.5 0.5～30
0.2～2 (含 2)	79 73	66 60	0.15～0.5 0.5～30
2～10(含 10)	89 83	76 70	0.15～0.5 0.5～30
10～75(含 75)	100 86 90～70[a]	90 76 80～60[a]	0.15～0.5 0.5～5 5～30
75 以上	130[b] 125[b] 115[b]	120[b] 115[b] 105[b]	0.15～0.5 0.5～5 5～30

[a] 限值随着频率的对数下降而线性下降。

[b] 用电压探头测量，见 GB 4824—2004 中图 4。

4.5 电磁照射要求

在发射机周围测得的对其被指定的 8 MHz 工作频带内的电场强度最大值，应低于表 4 中的限值要求。

表 4 发射机 8 MHz 工作频带内泄露的电场强度限值要求

发射机状态	典型测试状态描述	限值 V/m	探头中心位置
状态 1	机箱后(侧)盖打开	10	距离发射机表面 20 cm
状态 2	机箱盖均关闭	3	距离发射机表面 20 cm

5 测量条件与测量方法

5.1 测量条件

5.1.1 电源条件

电源电压应在标称电压±10%范围内，电源频率应在标称频率 50 Hz±1 Hz 范围内。

5.1.2 测量负载

测量负载阻抗 50 Ω，在发射机工作频带范围内，电压驻波比应小于 1.1。

5.1.3 输出信号的取样

输出信号应在被测发射机至负载间的定向耦合器上取样。定向耦合器的方向性应优于 26 dB。

5.1.4 测量发射机性能与射频测试端口

测量端口可包含输出滤波器前后两个端口。

5.1.5 被测发射机的状况

被测发射机调整到正常运行状态后，在整个测量过程中，除有特别规定外，不应再调整。

5.1.6 测量仪器

用于性能与射频测试的测量仪器的分辨率、精确度(包括输入、输出阻抗的精确度)及其在整个测量过程中自身的随机变化或漂移，应比被测量设备高一个等级。

供电功率和电压能够保证被测发射机和测量工作的正常工作；测量接收机、频谱仪、测量接收天线、人工电源网络(AMN)、天线升降架、转台及部分适配器、吸收钳等测量仪器应符合 GB/T 6113.101—2008、GB/T 6113.102—2008 和 GB/T 6113.103—2008 的相关规定。

进行电磁照射测试的测量仪器及其设置如下：

——宽带 EMF 测量仪应符合 EN 50492—2009 中 8.1、8.2.1 及 ITU-R BS.1698 中 4.2.2.1 的规定；

——窄带 EMF 测量仪应符合 EN 50492—2009 中 8.1、8.2.2 及 ITU-R BS.1698 中 4.2.3 的规定。

5.1.7 EMC 与 EMF 测量场地

进行 EMC 测试的测量场地应符合 ANSI C63.4—2003、GB/T 17626.3—2006 和 GB/T 6113.104—2008 规定要求的电波暗室，放置被测发射机的转台能够载有被测件的情况下正常运转。

进行 EMF 测试的测量场地可选取空旷的厂房或机房，在可能的情况下，被测发射机应尽量远离其他无关设备或金属，无关设备和其他发射机应处于关闭状态。

5.1.8 EMC 与 EMF 测量时被测发射机设置

进行 EMC 和 EMF 测量时，被测发射机的设置要求如下：

a) 测量期间应保证被测发射机在正常工作条件下，射频功率、供电功率、匹配负载与正常工作情况一致。

b) 被测发射机工作于 GB 20600—2006 规定的工作模式，可选择但不限于表 B.1 中的工作模式 6 或 7。

c) 码流源发送码率不大于工作模式载荷速率的测试码流。

d) 射频功率应设置为额定发射功率，调整到正常运行状态后，在整个测量过程中，除有特别规定外，不应再调整被测发射机功率，测量期间需要监测发射功率。等待发射机稳定工作 10 分钟后记录功率计读数，根据耦合度计算出 8 MHz 的带内发射功率。

e) 如果被测发射机已有预定的工作频率，则应设定发射机工作在该预定工作频率并进行测量；否则，可在被测发射机的最低工作频率、最高工作频率及以上两频率中间的频率进行测量。

5.2 测量方法

5.2.1 工作模式测量

5.2.1.1 测量框图

测量框图见图 2。

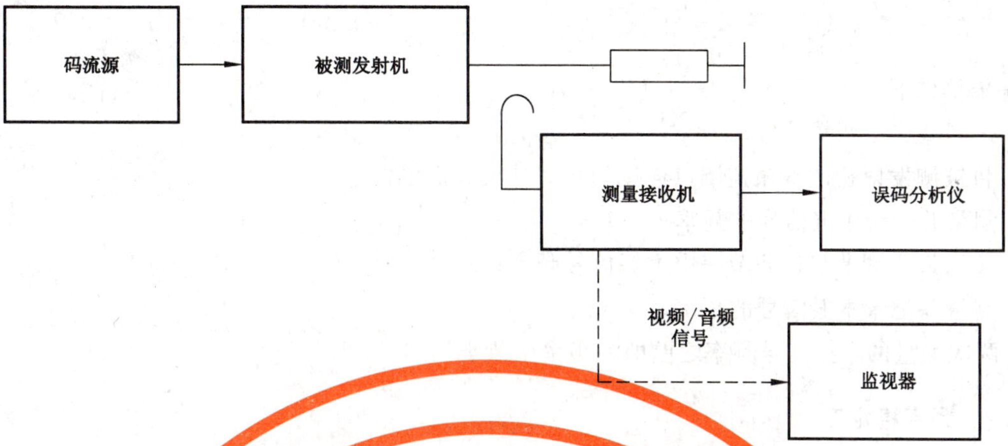

图 2 功能验证测量框图

5.2.1.2 测量步骤

测量步骤如下：

a) 按图 2 连接测量设备；
b) 将被测发射机系统设置为需要的工作模式；
c) 码流源发送码率不大于工作模式载荷速率的测量码流或图像序列；
d) 设置测量用接收机的工作频率和模式与被测发射机一致；
e) 观察误码分析仪误码率(BER)或监视器图像，判断接收机工作是否正常；
f) 改变被测发射机工作模式，重复步骤 b)～e)；
g) 要求在所有的工作模式下，误码分析仪的误码率在 1 min 内读数为 0；
h) 采用测试图像序列，监视器输出图像无马赛克。

5.2.2 射频性能测量

5.2.2.1 本振性能

5.2.2.1.1 频率调节步长

5.2.2.1.1.1 测量框图

测量框图见图 3。

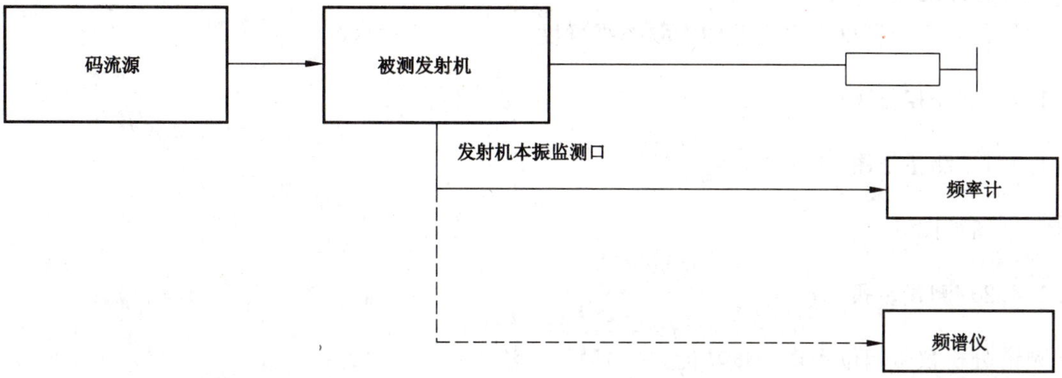

图 3 本振性能测量框图

5.2.2.1.1.2 测量步骤

测量步骤如下：

a) 按图3连接测量设备；

b) 将被测发射机的本振监测口连接到频率计或频谱仪；

c) 测量并记录本振信号的频率；

d) 按照最小调节步长调节一次本振信号频率；

e) 测量并记录本振信号的频率；

f) 两次测量的本振信号频率之差即为频率调节步长。

5.2.2.1.2 频率稳定度

5.2.2.1.2.1 测量框图

测量框图见图3。

5.2.2.1.2.2 测量步骤

测量步骤如下：

a) 按图3连接测量设备；

b) 将被测发射机的本振监测口连接到频率计或频谱仪；

c) 连续运行三个月周期内每隔一周测量1次本振频率并记录；

d) 在测量结果中选择最大和最小频率之差即为频率稳定度。

5.2.2.1.3 频率准确度

5.2.2.1.3.1 测量框图

测量框图见图3。

5.2.2.1.3.2 测量步骤

测量步骤如下：

a) 按图3连接测量设备；

b) 将被测发射机的本振监测口连接到频率计或者频谱仪；

c) 测量并记录本振信号的频率；

d) 标称频率与测量频率之差即为频率准确度。

5.2.2.1.4 本振相位噪声

5.2.2.1.4.1 测量框图

测量框图见图3。

5.2.2.1.4.2 测量步骤

如频谱分析仪带相位噪声测量功能，采用测量方法一：

a) 按图3连接测量设备；

b) 设置被测发射机工作于GB 20600—2006规定的任一工作模式；

c) 设置码流源发送伪随机序列或测试图像序列，码率略低于激励器此时工作模式下的最大净码率；

d) 选择相位噪声测量功能，设置频谱分析仪中心频率为标称工作频率，测量带宽设置为 2 MHz，打印和保存本振相位噪声测量结果。

如频谱分析仪无相位噪声测量功能，采用测量方法二：

a) 按图 3 连接测量设备；

b) 设置被测发射机工作于 GB 20600—2006 规定的任一工作模式；

c) 设置码流发生器发送伪随机序列或测试图像序列，码率略低于激励器此时工作模式下的最大净码率；

d) 设置被测发射机只输出载波射频信号；

e) 设置频谱分析仪中心频率为标称工作频率，根据测量频率点位置不同，适当设置 RBW，分别测量 10 Hz、100 Hz、1 kHz、10 kHz、100 kHz 和 1 MHz 频率处幅度相对标称工作频率处幅度的差值，记为 A_p，并根据式(1)换算得到各频率点相位噪声 N_p：

$$N_p = A_p - 10\lg(1.2\ \mathrm{RBW}/1\ \mathrm{Hz}) + 2.5 \quad\cdots\cdots(1)$$

5.2.2.2 频谱特性

5.2.2.2.1 频谱模板

5.2.2.2.1.1 测量框图

测量框图见图 4。

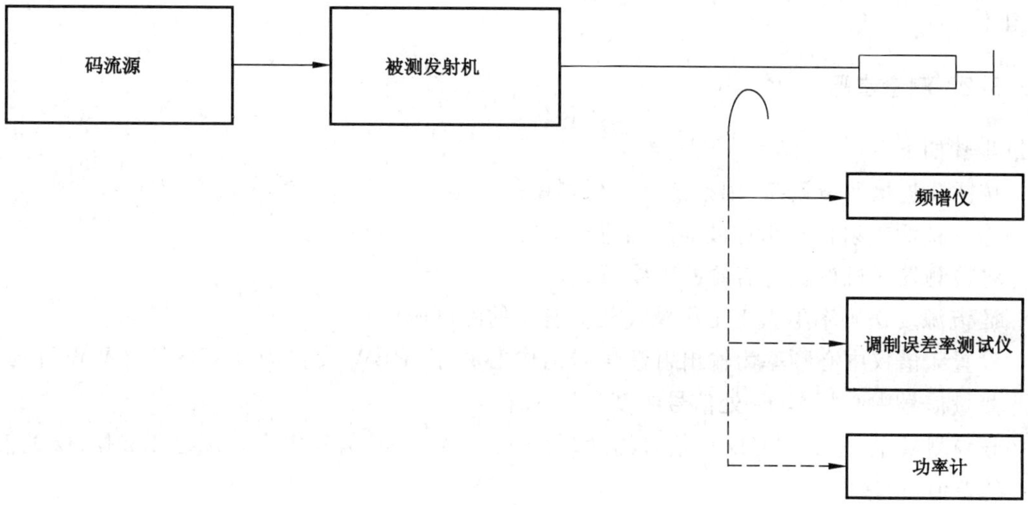

图 4 频谱特性测量框图

5.2.2.2.1.2 测量步骤

测量步骤如下：

a) 按图 4 连接测量设备，用频谱仪进行测量；

b) 将被测发射机设置为需要的工作模式；

c) 码流源发送码率不大于工作模式载荷速率的测试码流；

d) 将被测发射机的输出耦合信号连接到频谱仪；

e) 设置频谱仪的中心频率为输出射频信号的中心频率，设置频谱仪带宽 24 MHz，RBW 为

4 kHz,VBW 为 100 Hz,打开平均 100 次;

f) 测量并记录信号的频谱,判断输出信号是否满足表 1 中射频频谱特性的要求。

5.2.2.2.2 带内频谱不平坦度

5.2.2.2.2.1 测量框图

见图 4。

5.2.2.2.2.2 测量

测量步骤如下:

a) 按图 4 连接测量设备,用频谱仪进行测量;
b) 将被测发射机设置为需要的工作模式;
c) 码流源发送码率不大于工作模式载荷速率的测量码流;
d) 设置频谱仪的中心频率为输出射频信号的中心频率,设置测量平均次数 100 次(含)以上,设置频谱仪带宽 20 MHz,RBW 设置为 3 kHz,VBW 设置为 3 kHz,测量中心频率处幅度记为 A_C;
e) 测量带内最大和最小幅度值分别记为 A_{max} 和 A_{min},带内频谱不平坦度为 A_{min} 与 A_C 的差到 A_{max} 与 A_C 的差。

5.2.2.2.3 带肩

5.2.2.2.3.1 测量框图

见图 4。

5.2.2.2.3.2 测量步骤

测量步骤如下:

a) 按图 4 连接测量设备,用频谱仪进行测量;
b) 应在被测发射机输出滤波器之前进行取样;
c) 将被测发射机设置为需要的工作模式;
d) 码流源发送码率不大于工作模式载荷速率的测试码流;
e) 设置频谱仪中心频率为输出射频信号的中心频率,RBW 设置为 3 kHz,VBW 设置为 3 kHz,测量信号中心频率 f_C 处信号幅度;
f) 分别测量 $f_C \pm 4.2$ MHz 处信号幅度,信号带肩为 f_C 处信号幅度与 $f_C \pm 4.2$ MHz 处信号幅度的差值。

5.2.3 调制误差率

5.2.3.1 测量框图

见图 4。

5.2.3.2 测量步骤

测量步骤如下:

a) 按图 4 连接测量设备,用调制误差率测试仪进行测量;
b) 将被测发射机设置为需要的工作模式;
c) 码流源发送码率不大于工作模式载荷速率的测试码流;

d） 将被测发射机的输出耦合信号连接到调制误差率测试仪。测量并记录信号的星座图、*MER*。

5.2.4 输出功率

5.2.4.1 标称功率

5.2.4.1.1 测量框图

见图 4。

5.2.4.1.2 测量步骤

测量步骤如下：

a） 按图 4 连接测量设备，用功率计进行测量；

b） 应在被测发射机输出端口之后进行取样；

c） 将被测发射机的输出耦合信号连接到功率计，耦合器的耦合量要预先测知；

d） 将被测发射机设置为需要的工作模式正常工作；

e） 码流源发送码率不大于工作模式载荷速率的测试码流；

f） 等待被测发射机稳定工作 10 min 后记录功率计的读数，根据耦合量计算信号的带内输出功率。

5.2.5 邻频道内无用发射功率

5.2.5.1 测量框图

见图 4。

5.2.5.2 测量步骤

测量步骤如下：

a） 按图 4 连接测量设备，用频谱仪进行测量；

b） 将被测发射机的输出耦合信号连接到频谱仪，设置频谱仪的中心频率为发射机标称工作频率＋8 MHz，测量带宽 8 MHz；耦合器的耦合量要预先测知；

c） 将被测系统设置为需要的工作模式正常工作；

d） 码流源发送码率不大于工作模式载荷速率的测试码流；

e） 等待被测发射机稳定工作 10 min 后记录频谱仪读数，根据耦合度计算上邻频的带内功率；

f） 设置频谱仪的中心频率为发射机标称工作频率－8 MHz，测量带宽 8 MHz；

g） 等待被测发射机稳定工作 10 min 后记录频谱仪读数，根据耦合度计算下邻频的带内功率；

h） 按照 5.2.4 测出发射机带内功率。

根据式(2)计算出邻频道内的杂散发射，上、下邻频道内的功率均应小于 13 mW。

$$P_i = 10\ \lg \frac{P_b}{P_n} \qquad \cdots\cdots(2)$$

式中：

P_i ——邻频道内的杂散，单位为分贝(dB)；

P_n ——带内发射功率，单位为瓦(W)；

P_b ——上、下邻频道内功率的较大值，单位为瓦(W)。

5.2.6 邻频道外无用发射功率

5.2.6.1 测量框图

见图4。

5.2.6.2 测量步骤

测量步骤如下：

a) 按图4连接测量设备，用频谱仪进行测量；

b) 将被测发射机的输出耦合信号连接到频谱仪，设置频谱仪的中心频率为发射机标称工作频率＋16 MHz，测量带宽8 MHz；耦合器的耦合量要预先测知；

c) 将被测发射机设置为需要的工作模式正常工作；

d) 码流源发送码率不大于工作模式载荷速率的测试码流；

e) 等待被测发射机稳定工作10 min后记录频谱仪读数，根据耦合度计算出隔频道的带内功率；

f) 分别设置频谱仪的中心频率为被测发射机标称工作频率－16 MHz、±24 MHz、±32 MHz，测量带宽8 MHz；

g) 分别记录上述频道内的功率；

h) 计算带外发射总功率。带外发射总功率为上述各频率所测得功率的均方根值。

5.2.7 整机效率

5.2.7.1 测量框图

测量框图见图5。

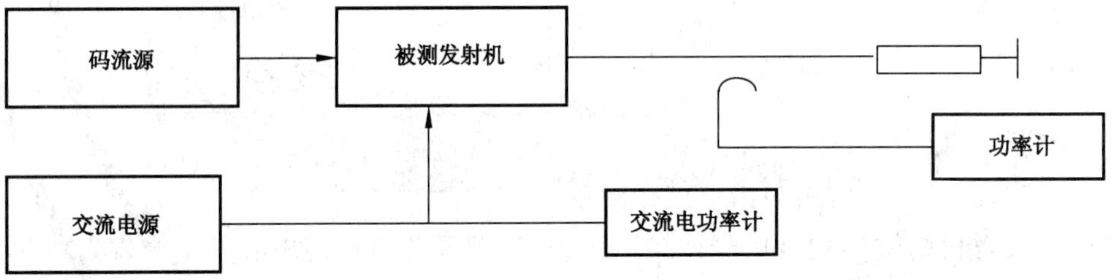

图5 整机效率测量框图

5.2.7.2 测量步骤

测量步骤如下：

a) 按图5连接测量设备；

b) 按照5.2.4测量被测发射机的带内发射功率，也可采用温升法测量；

c) 记录交流电源功率计的功率；

d) 被测发射机整机效率为带内发射功率与交流电源功率计功率之比。按照式(3)计算出被测发射机整机效率。

$$\eta=\frac{P_n}{P_a}\times 100\% \qquad (3)$$

式中：

η ——整机效率；

P_n——带内发射功率，单位为瓦(W)；

P_a——交流电源功率计功率，单位为瓦(W)。

5.2.8 电磁兼容

5.2.8.1 机壳端口辐射电磁骚扰

5.2.8.1.1 测量框图及连接图

测量框图见图 6,连接示意图见图 7。

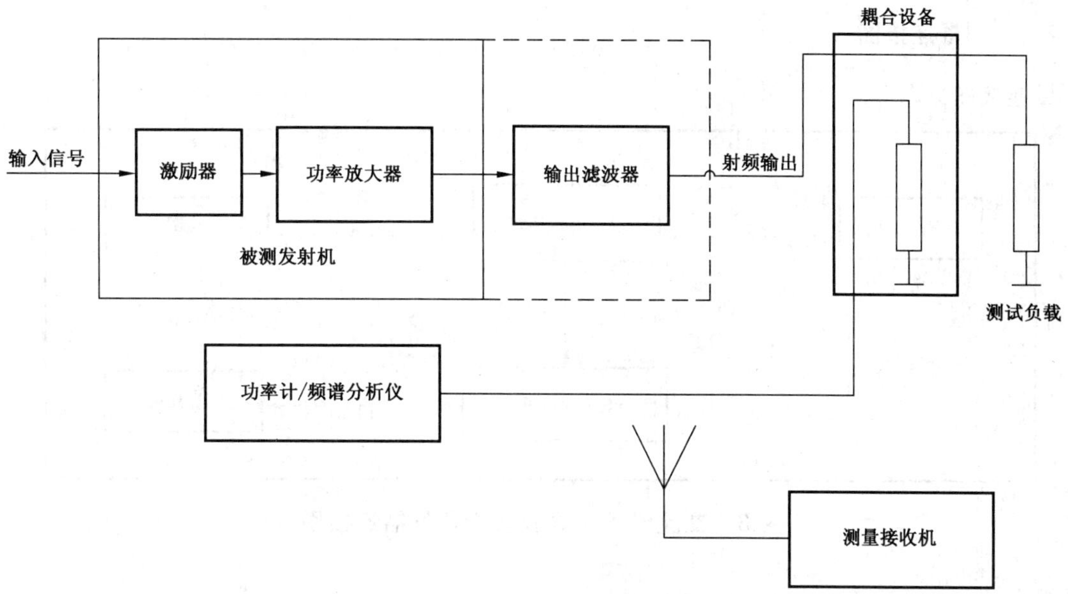

图 6 机壳端口辐射骚扰测量框图

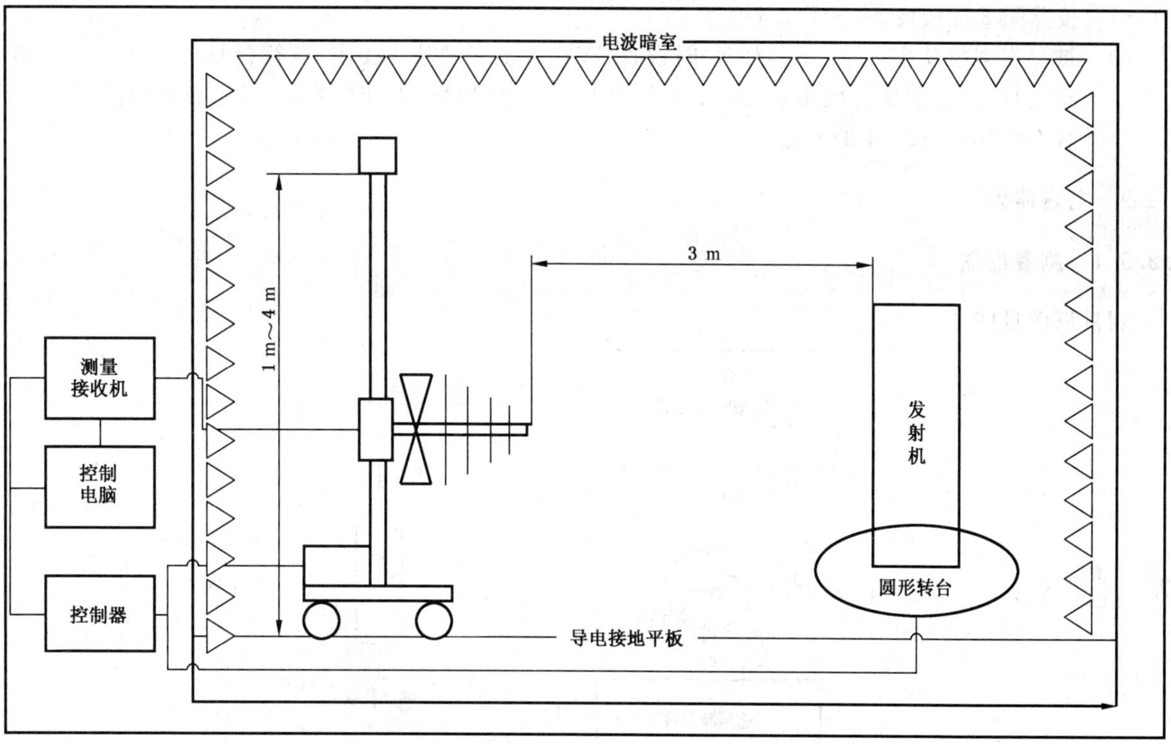

图 7 机壳端口辐射骚扰测量仪器连接示意图

5.2.8.1.2 测量步骤

测量步骤如下：

a) 按照图7连接设备；

b) 测量设置、布置和步骤应符合GB 9254—2008第10章的要求。

5.2.8.2 交流电源端口传导骚扰测量

5.2.8.2.1 测量连接图

测量连接图见图8。

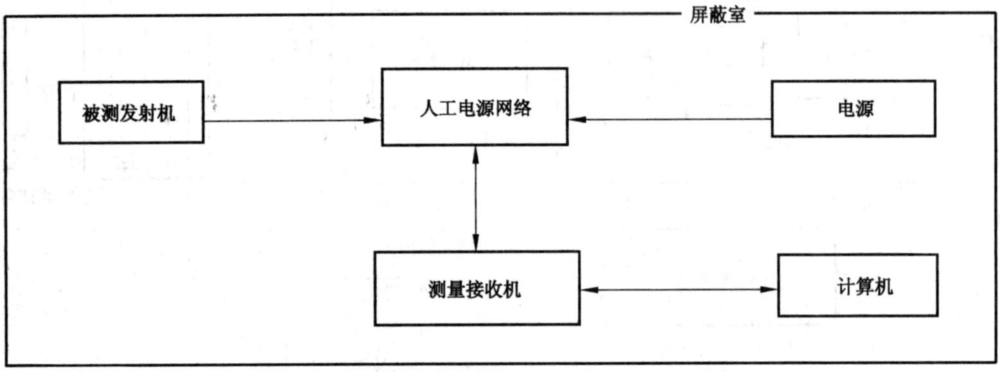

图8 交流电源传导骚扰测量仪器连接图

5.2.8.2.2 测量步骤

测量步骤如下：

a) 按照图8连接设备；

b) 被测发射机功率大于100 W(含)时设置、布置和步骤的基本要求，应符合GB 9254—2008第9章的规定，被测发射机功率大于200 W(DC)或200 VA(AC)时，测量设置、布置和步骤还应符合GB 4824—2004的规定。

5.2.9 电磁照射

5.2.9.1 测量框图

测量框图见图9。

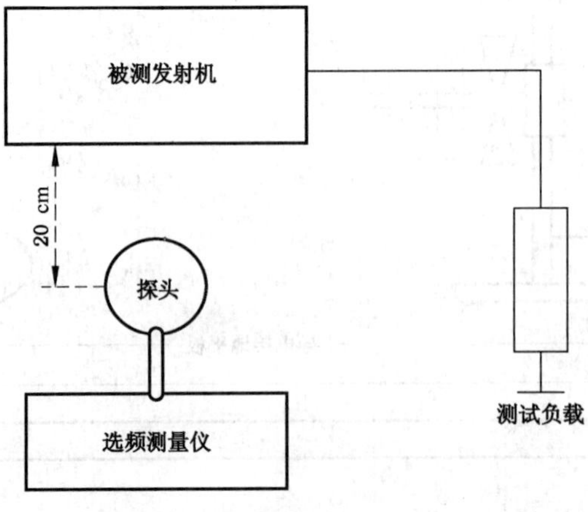

图9 电磁照射测量框图

5.2.9.2 测量步骤

测量步骤如下：

a) 将被测发射机设置为预定的工作模式，并使之正常工作；

b) 按图 9 连接测量设备，确认被测发射机与负载匹配良好；

c) 使用宽频测量仪对被测发射机箱体表面进行快速初测，记录初测值最大处为候选最终测量点；

d) 对候选最终测量点使用选频测量仪进行观察，确定是被测发射机 8 MHz 工作频段内的电场强度较高而导致该点的初测值最大，则记录该测量点的高度等位置信息，作为最终选频测量点；

e) 在最终选频测量点使用木质三角架固定选频测量探头，测试人员远离探头，选频测量探头中心与箱体表面的距离为 20 cm；

f) 选频测量仪的设置应符合 EN 50492—2009 中附录 D 及附录 E，计算被测发射机工作带宽 8 MHz 内的信道功率并根据探头天线系数转换为电场强度值；

g) 使用选频测量仪进行 1 min 时间平均测试，记录测试数据。

附 录 A
（资料性附录）
地面数字电视广播系统工作参数

地面数字电视广播系统最大净码率(8 MHz带宽)见表A.1。

表 A.1 地面数字电视广播系统最大净码率　　单位为兆比特每秒

信号帧长度		信号帧长度4 200个符号			信号帧长度4 375个符号			信号帧长度4 725个符号		
FEC码率		0.4	0.6	0.8	0.4	0.6	0.8	0.4	0.6	0.8
映射	4QAM-NR	—	—	5.414	—	—	5.198	—	—	4.813
	4QAM	5.414	8.122	10.829	5.198	7.797	10.396	4.813	7.219	9.626
	16QAM	10.829	16.243	21.658	10.396	15.593	20.791	9.626	14.438	19.251
	32QAM	—	—	27.072	—	—	25.989	—	—	24.064
	64QAM	16.243	24.365	32.486	15.593	23.390	31.187	14.438	21.658	28.877
注：表中"—"表示该模式组合不在本标准规范之内。										

附 录 B
（资料性附录）
常用的地面数字电视广播系统工作模式

常用的地面数字电视广播系统工作模式见表 B.1。

表 B.1 常用的地面数字电视广播系统工作模式

工作模式	工 作 参 数	8 MHz 带宽系统净码率 Mbit/s
1	多载波，16QAM，编码效率 0.4，帧头长度 945 个符号，交织长度 720	9.626
2	单载波，4QAM，编码效率 0.8，帧头长度 595 个符号，交织长度 720	10.396
3	多载波，16QAM，编码效率 0.6，帧头长度 945 个符号，交织长度 720	14.438
4	单载波，16QAM，编码效率 0.8，帧头长度 595 个符号，交织长度 720	20.791
5	多载波，16QAM，编码效率 0.8，帧头长度 420 个符号，交织长度 720	21.658
6	多载波，64QAM，编码效率 0.6，帧头长度 420 个符号，交织长度 720	24.365
7	单载波，32QAM，编码效率 0.8，帧头长度 595 个符号，交织长度 720	25.989

附 录 C
（资料性附录）
电磁兼容测量端口及现象

C.1 测试端口

受试设备与外部电磁环境的接口为电磁兼容测量的端口，指可能发射电磁骚扰的部位。包括机壳端口、电源端口、电信端口和信号/控制端口等，见图 C.1。

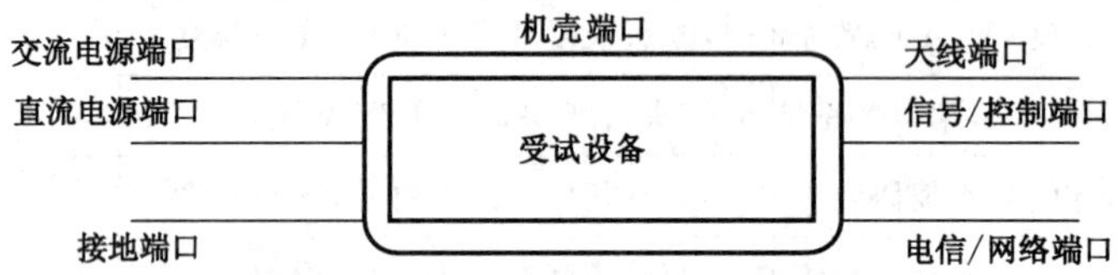

图 C.1 电磁兼容测试端口

C.2 EMC 测量端口对应的现象

EMC 测量端口所对应的现象如下：

a） 机壳端口对应发射机机箱的辐射骚扰；

b） 交流电源端口对应交流电源端口的传导骚扰。

参 考 文 献

[1] GB/T 2423.1—2008 电工电子产品环境试验 第2部分:试验方法 试验A:低温

[2] GB/T 2423.2—2008 电工电子产品环境试验 第2部分:试验方法 试验B:高温

[3] GB/T 2423.3—2006 电工电子产品环境试验 第2部分:试验方法 试验Cab:恒定湿热试验

[4] GB 3174—1995 PAL-D制电视广播技术规范

[5] GB/T 4365—2003 电工术语 电磁兼容

[6] GB/T 6277—1986 电视发射机测量方法

[7] GB/T 7400.2—1987 广播电视名词术语 无线电广播

[8] GB/T 7400.11—1999 数字电视术语

[9] GB/T 7402—1987 利用电视信号传送标准时间频率

[10] GB 9159—2008 无线电发射设备安全性要求

[11] GY/T 177—2001 电视发射机技术要求和测量方法

[12] SJ 3212—1989 一般电子产品运输包装基本试验方法 汽车运输试验

[13] SJ/T 10351—1993 电视发射机通用技术条件

[14] 数字电视地面广播系统业务需求.2006.1.13

[15] IEC 61000-4-3 Testing and measurement techniques—Radiated, radio-frequency, electromagnetic field immunity test

[16] IEC 62232 Ed.1 Determination of RF field strength and SAR in the vicinity of radiocommunication base stations for the purpose of evaluating human exposure

[17] ETSI EN 300 744 V1.4.1(2001.01) "Digital Video Broadcasting (DVB) Framing Structure, Channel Coding and modulation for digital Terrestrial television(DVB-T)"

[18] ETSI EN 301 489-1(V1.8.1): "Electromagnetic compatibility and Radio spectrum Matters (ERM); ElectroMagnetic Compatibility (EMC) standard for radio equipment and services"; Part 1: Common technical requirements

[19] ETSI EN 301 489-14(V1.2.1): "Electromagnetic compatibility and Radio spectrum Matters (ERM); ElectroMagnetic Compatibility (EMC) standard for radio equipment and services"; Part 14: Specific conditions for analogue and digital terrestrial TV broadcasting service transmitters

[20] ETSI EN 302 296 V1.1.1 (2005-01): Electromagnetic compatibility and Radio spectrum Matters (ERM); Transmitting equipment for the digital television broadcast service, Terrestrial (DVB-T); Harmonized EN under article 3.2 of the R&TTE Directive

[21] ICNIRP Guideline 1998: Guidelines for limiting exposure to time-varying electric, Magnetic, and Electromagnetic fields (UP TO 300 GHz)

ICS 33.160
M 74

中华人民共和国国家标准

GB/T 28436—2012

地面数字电视广播激励器技术要求和测量方法

Technical requirements and measurement methods of digital terrestrial television broadcasting exciter

2012-06-29 发布　　2012-10-01 实施

中华人民共和国国家质量监督检验检疫总局
中国国家标准化管理委员会　发布

前　言

本标准按照GB/T 1.1—2009给出的规则起草。

本标准由国家广播电影电视总局提出。

本标准由全国广播电影电视标准化技术委员会(SAC/TC 239)归口。

本标准起草单位:国家广播电影电视总局广播电视规划院、国家广播电影电视总局广播科学研究院。

本标准主要起草人:冯景锋、刘骏、何剑辉、李国松、周兴伟、代明、吴醒峰、蔡晓梅、常江、施玉海、胡毓明。

引　言

2008年颁布的广播电视行业技术标准GY/T 229.4—2008《地面数字电视广播发射机技术要求和测量方法》在地面数字电视的推广普及过程中得到了初步应用和验证。根据该行业标准在应用过程中的具体情况，针对所出现的问题，对该行业标准的相关内容进行了修改，同时增加了与地面数字电视广播激励器电磁兼容有关的技术要求和测量方法，形成了本标准。

地面数字电视广播激励器 技术要求和测量方法

1 范围

本标准规定了符合 GB 20600—2006 的 VHF、UHF 频段地面数字电视广播激励器的技术要求与测量方法。对于能够确保同样测量不确定度的任何等效测量方法也可以采用，有争议时应以本标准为准。

本标准适用于 VHF、UHF 频段地面数字电视广播激励器的设计、生产、使用、运行和维护。

2 规范性引用文件

下列文件对于本文件的应用是必不可少的。凡是注日期的引用文件，仅注日期的版本适用于本文件。凡是不注日期的引用文件，其最新版本（包括所有的修改单）适用于本文件。

GB/T 6113.101—2008 无线电骚扰和抗扰度测量设备和测量方法规范 第 1-1 部分：无线电骚扰和抗扰度测量设备 测量设备

GB 9254—2008 信息技术设备的无线电骚扰限值和测量方法

GB/T 14433—1993 彩色电视广播覆盖网技术规定

GB 17625.1—2003 电磁兼容 限值 谐波电流发射限值（设备每相输入电流≤16 A）

GB 17625.2—2007 电磁兼容 限值 对额定电流不大于 16 A 的设备在公用低压供电系统中产生的电压变化、电压波动和闪烁的限制

GB/T 17626.2—2006 电磁兼容 试验和测量技术 静电放电抗扰度试验

GB/T 17626.3—2006 电磁兼容 试验和测量技术 射频电磁场辐射抗扰度试验

GB/T 17626.4—2008 电磁兼容 试验和测量技术 电快速瞬变脉冲群抗扰度试验

GB/T 17626.5—2008 电磁兼容 试验和测量技术 浪涌（冲击）抗扰度试验

GB/T 17626.6—2008 电磁兼容 试验和测量技术 射频场感应的传导骚扰抗扰度

GB/T 17626.11—2008 电磁兼容 试验和测量技术 电压暂降、短时中断和电压变化的抗扰度试验

GB 20600—2006 数字电视地面广播传输系统帧结构、信道编码和调制

GB/T 28436—2012 地面数字电视广播单频网适配器技术要求和测量方法

3 术语、定义、符号和缩略语

3.1 术语和定义

下列术语和定义适用于本文件。

3.1.1

频率合成 frequency synthesis

通过和基准频率进行加、减、乘、除等运算获得与该基准频率同等精确度和稳定度的频率信号。

3.1.2

有效带宽 effective bandwith

相对信号中心频率幅度衰减 3 dB 所对应高端与低端频率的差值。

3.1.3

带肩 shoulder attenuation

偏离中心频率某一规定值的带外频率点相对于中心频率点的平均功率变化量,单位为分贝(dB)。

3.1.4

带内频谱不平坦度 in band spectrum ripple

带内信号各频点平均功率相对于中心频率的幅度变化量,单位为分贝(dB)。

3.1.5

带外杂散 out of band emissions

带外泄漏信号功率与带内数字信号功率的比值,单位为分贝(dB)。

3.1.6

峰值平均功率比 peak average power ratio

调制信号峰值功率与平均功率的比值,单位为分贝(dB)。

3.1.7

互补累积分布函数 complementary cumulative distribution function

用于分析调制信号峰值功率数值统计特性的一种函数。

3.1.8

调制误差率 modulation error ratio

调制信号理想符号矢量幅度平方和与符号误差矢量幅度平方和的比值,单位为分贝(dB)。

3.1.9

伪随机序列 pseudo random sequence

具有良好随机性和接近于白噪声的相关函数,并且有预知的可确定性和可重复性的二进制数据流。

3.1.10

电磁骚扰 electromagnetic disturbance

任何可能引起装置、设备或系统性能降低或者对有生命或无生命物质产生损害作用的电磁现象。

注:电磁骚扰可能是电磁噪声、无用噪声或传播媒介自身的变化。

[GB/T 4365—2003,定义 161-01-05]

3.1.11

[电磁]发射 (electromagnetic) emission

从源向外发出电磁能的现象。

[GB/T 4365—2003,定义 161-01-08]

3.1.12

(无线电通信中的)发射 emission(in radio communication)

由无线电发射台产生并向外发出无线电波或信号的现象。

[GB/T 4365—2003,定义 161-01-09]

3.1.13

(对骚扰的)抗扰度 immunity (to a disturbance)

装置、设备或系统面临电磁骚扰不降低运行性能的能力。

[GB/T 4365—2003,定义 161-01-20]

3.1.14

免测频段 RF exclusion band

在电磁兼容测量项目中,对于工作频率低于 2.7 GHz 的无线设备,或工作频率在 2.7 GHz 以上但射频带宽延伸到 2.7 GHz 以下的设备,在免测频段中不需进行电磁发射试验和抗扰度试验,或不作限值要求。

3.2 符号

下列符号适用于本文件。

A_C 中心频率处信号幅度

A_{max} 带内信号最大幅度

A_{min} 带内信号最小幅度

A_P 幅度差

C 载波数量

f_C 信号中心频率

f_{Cmax} 最大输出工作频率

f_{Cmin} 最小输出工作频率

f_{RC} 工作频率参考

N_P 本振相位噪声

P 信号功率

P_{DA} 下邻频道带内信号功率

P_{IMAGE} 镜像频道带内信号功率

P_{max} 带内信号最大功率

P_{min} 带内信号最小功率

P_{SH} 二次谐波频道带内信号功率

P_{TH} 三次谐波频道带内信号功率

P_{UA} 上邻频道带内信号功率

$V_{P\text{-}P}$ 峰-峰幅度

T_{delay_max} 最大延迟时间

$T_{delay\_transmitted}$ 分配网传输延迟时间

3.3 缩略语

下列缩略语适用于本文件。

AC 交流(Alternating Current)

ALC 自动电平控制(Auto Level Control)

ASI 异步串行接口(Asynchronous Serial Interface)

BER 误比特率(Bit Error Rate)

CCDF 互补累积分布函数(Complementary Cumulative Distribution Function)

D/A 数模转换(Digital to Analog converting)

FEC 前向纠错编码(Forward Error Correction)

IF 中频(Intermediate Frequency)

MER 调制误差率(Modulation Error Ratio)

MFN 多频网(Multi Frequency Network)

MLC 手动电平控制(Manual Level Control)

NR 准正交编码(Nordstrom Robinson)

PAPR 峰值平均功率比(Peak Average Power Ratio)

pps 秒脉冲(pulse per second)

QAM 正交幅度调制(Quadrature Amplitude Modulation)

RBW 分辨率带宽(Resolution Bandwith)

RF　射频(Radio Frequency)
SFN　单频网(Single Frequency Network)
SIP　秒帧初始化包(Second frame Initialization Packet)
TS　传送流(Transport Stream)
UHF　特高频(Ultra High Frequency)
VHF　甚高频(Very High Frequency)

4　技术要求

4.1　综述

地面数字电视广播激励器是地面数字电视广播发射机的核心，是地面数字电视广播系统的重要组成部分。地面数字电视广播激励器的技术指标直接影响地面数字电视广播发射机性能和地面数字电视网络覆盖效果。

地面数字电视广播激励器包括符合 GB 20600—2006 规定的基带处理及 D/A、频率合成及上变频、射频输出放大和监控系统等功能模块，完成从基带 TS 输入数据码流到符合 GB 20600—2006 规定的 UHF 或 VHF 频段地面数字电视广播 RF 信号的转换。地面数字电视广播激励器框图见图 1。

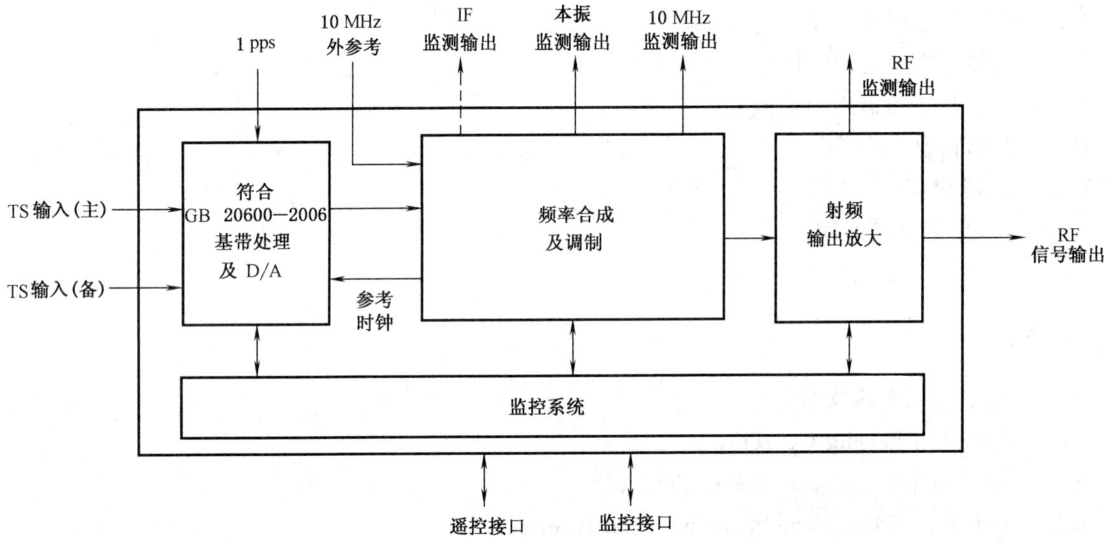

注：IF 监测输出为可选部分。

图 1　地面数字电视广播激励器框图

4.2　一般要求

4.2.1　环境条件

环境条件要求如下：

a)　环境温度：

正常工作：5 ℃～45 ℃；

允许工作：0 ℃～50 ℃。

b)　相对湿度：

正常工作：≤90%(20 ℃)；

允许工作：≤95%（无结露）。

c） 大气压力：86 kPa～106 kPa。

4.2.2 工作电压

工作电压要求如下：

a） 电压幅度：176 V～264 V AC；

b） 电压频率：50 Hz±1 Hz。

4.2.3 接口要求

接口要求如下：

a） 数据输入采用 ASI 接口，BNC 接头，阴型，输入阻抗为 75 Ω；

b） 10 MHz 时钟输入采用 BNC 接头，阴型，输入阻抗为 50 Ω，AC 耦合，V_{P-P}≥600 mV；

c） 1 pps 输入采用 BNC 接头，阴型，TTL 电平，输入阻抗为 50 Ω；

d） 射频输出采用 SMA 或 BNC 或 N 型接头，阴型，输出阻抗为 50 Ω；

e） 监测输出采用 SMA 或 BNC 接头，阴型，输出阻抗为 50 Ω；

f） 遥控、监控接口采用 RS232 或 RS485 或 RJ45，其中 RS232 采用 DB9 接头，阳型；RS485 采用 DB9 接头，阳型或阴型。

4.3 功能要求

4.3.1 工作模式

支持 GB 20600—2006 规定的全部工作模式。在各种工作模式下激励器开始调制的第一个超帧为 0 号，即偶数超帧。

各种工作模式下，系统（8 MHz 带宽）最大净码率参见附录 A。

4.3.2 码流备份和切换

至少提供两路 ASI 数据输入互为备份，并具有手动和自动切换功能。

4.3.3 预校正

具有线性和非线性预校正功能。通过预校正，可改善发射机输出信号的频谱特性。

4.3.4 工作频率范围

符合 GB/T 14433—1993 规定。

4.3.5 频率参考源

有外参考源时，激励器优先使用外部参考源；无外参考源时，激励器将启用内部参考源。内外参考源可手动或自动切换。

4.3.6 功率控制

提供手动电平控制（MLC）和自动电平控制（ALC）功率控制方式。

4.3.7 监控和报警

提供实时监控和报警功能。监控系统检测激励器各部件的工作状态，发生异常情况时，给出报警指示，报警情况可以通过远程控制端口进行查询。监控内容和报警条件见表1。

表1　监控内容及报警条件

监控内容	报警条件
码流输入	输入中断、非TS流格式、输入码率大于最大净码率
参考时钟	失效
射频本振	失锁
温度告警	过热
单频网状态	无法解析SIP

4.3.8　自动保护

提供自动保护功能。当激励器的某些部件发生严重故障时（如输出过载、功放过热等），或由于外部原因造成激励器损伤时，或由于TS流出现中断时，监控系统会自动切断激励器的射频输出或关机，避免进一步的损害。

4.3.9　监测输出

提供10 MHz监测输出、本振监测输出、IF监测输出（可选）和RF监测输出。监测输出信号用于系统设备性能测量、实时监控和广播网络运营维护。

4.3.10　组网方式

支持多频网（MFN）或单频网（SFN）组网方式，其中SFN组网方式要求应符合GB/T 28436—2012的有关规定。

在单频网模式下，为保证所有入网的激励器传输的数据一致，应将检测到的SIP包重新更换为MPEG-2的空包格式，该空包包头的四个字节以16进制表达为0x47、0x1F、0xFF、0x10，该空包剩余的184字节均为0xFF，见图2。同时SIP包更换后的空包作为开始调制的第一个数据包。

1	2	3	4	5～188
0x47	0x1F	0xFF	0x10	0xFF～0xFF

图2　单频网模式下SIP包替换成的空包格式

在单频网模式下，T_{delay_max}[1)]包含了激励器基带处理所需要的延时，T_{delay_max}的设置范围为（$T_{delay\_transmitted}$[2)]＋30.000 ms）到999.999 ms，此处的30.000 ms是约定的激励器基带处理最大延时。为保证各种不同激励器调制数据输出时刻保持一致，应保证当前SIP包更换后的空包所在信号帧的第一个符号经过成形滤波处理后在T_{delay_max}时刻输出，该符号的输出时刻与T_{delay_max}时刻的误差在±1 μs之内。

4.4　性能要求

地面数字电视广播激励器性能要求见表2。

1）　最大延迟时间是指各发射机TS节目流相对于基准时钟信号源的1 pps统一发射的时间。

2）　分配网传输延迟时间是指TS节目流由单频网适配器发出后经过分配网络传输的时间。

表 2　地面数字电视广播激励器性能要求

序号	项目		指标
1	工作频率		符合 GB/T 14433—1993 有关规定
2	单频网模式频率调节步长		1 Hz
3	频率准确度		对于 MFN 模式，频率准确度：±100 Hz； 对于 SFN 模式，频率准确度：±1 Hz
4	频率稳定度(3 个月)		采用内部参考源时，频率稳定度：1×10^{-7}； 采用外接参考源时，频率稳定度：1×10^{-10}
5	输出功率		≥0 dBm
6	输出功率稳定度(24 小时)		在±0.3 dB 以内
7	射频有效带宽		7.56 MHz
8	滚降系数		0.05
9	信号带肩(f_c±4.2 MHz)		≤−48 dBc
10	带内频谱不平坦度(f_c±3.591 MHz)		在±0.5 dB 以内
11	带外杂散	邻频道带内无用发射功率	低于带内信号功率 50 dB
		邻频道带外无用发射功率	低于带内信号功率 55 dB
12	本振相位噪声		≤−60 dBc/Hz(在 10 Hz 处)； ≤−75 dBc/Hz(在 100 Hz 处)； ≤−85 dBc/Hz(在 1 kHz 处)； ≤−95 dBc/Hz(在 10 kHz 处)； ≤−110 dBc/Hz(在 100 kHz 处)； ≤−120 dBc/Hz(在 1 MHz 处)
13	峰值平均功率比(PAPR)		满足 CCDF 曲线模板要求，见图 3
14	调制误差率(MER)		≥36 dB
15	单频网时延调整范围		0 ms～969.999 9 ms
16	单频网模式下第一符号输出时刻与 T_{delay_max} 的误差		±1 μs
17	单频网时延调整步进		100 ns

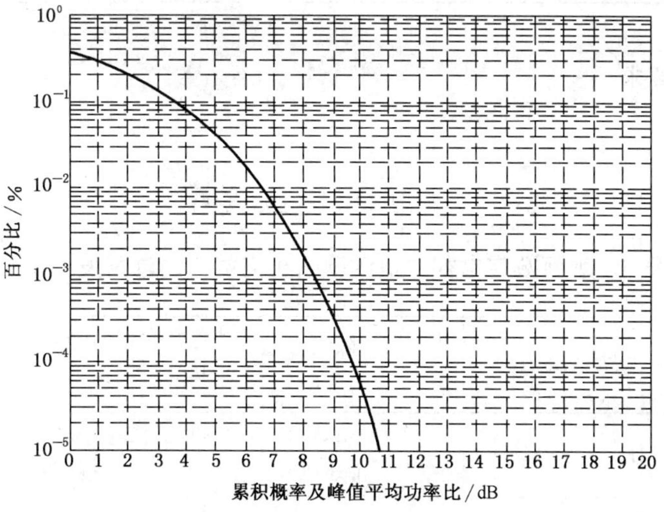

图 3　CCDF 曲线模板

4.5 电磁兼容性要求

4.5.1 免测频段

地面数字电视广播激励器免测频段为激励器被指定的工作频段。

4.5.2 电磁环境

如无特别声明，地面数字电视广播激励器使用的电磁环境应属 E5，故下文所列发射限值及抗扰度测量级别均对照 E5 等级执行。

电磁环境详细说明参见附录 B。

4.5.3 端口

对应图 1，将地面数字电视广播激励器的各功能接口归类为电磁兼容试验端口，见表 3。

电磁兼容试验端口详细说明参见附录 B。

表 3 地面数字电视广播激励器接口归类

电磁兼容试验端口的归类	对应激励器接口
信号/控制端口[a]	ASI 输入
	10 MHz 参考输入
	1 pps
交流电源端口[a]	电源
机壳端口[a]	机壳
通信端口[b]	—
接地端口[b]	—
直流电源端口[b]	—
天线端口[b]	—

[a] 此类端口的电磁兼容性试验为地面数字电视广播激励器必选项目。

[b] 当受试设备具备该端口时，可依照 GB/T 19954.1—2005 或 GB/T 19954.2—2005 要求进行电磁兼容性试验，否则不作要求。

4.5.4 电磁发射限值要求

4.5.4.1 机壳端口

地面数字电视广播激励器机壳端口的辐射发射限值见表 4。

表 4 地面数字电视广播激励器机壳端口的辐射发射限值

测量项目	频率范围	限值 E1～E3	限值 E4～E5	适用标准
射频电磁场(3 m)	30 MHz～230 MHz	40 dBμV/m 准峰值	50 dBμV/m 准峰值	GB 9254—2008
	230 MHz～1 GHz	47 dBμV/m 准峰值	57 dBμV/m 准峰值	

4.5.4.2 交流电源端口

地面数字电视广播激励器的交流电源端口传导发射限值见表5。

表5 地面数字电视广播激励器交流电源端口传导发射限值

测量项目	频率范围	限值 E1～E3	限值 E4～E5	适用标准
谐波电流	按照适用标准	按照适用标准	按照适用标准	GB 17625.1—2003
电压波动	按照适用标准	按照适用标准	按照适用标准	GB 17625.2—2007
传导发射[a]	0.15 MHz～0.5 MHz	66 dB～56 dBμV 准峰值 56 dB～46 dBμV 平均值	79 dBμV 准峰值 66 dBμV 平均值	GB 9254—2008
	0.5 MHz～5 MHz	56 dBμV 准峰值 46 dBμV 平均值	73 dBμV 准峰值 60 dBμV 平均值	
	5 MHz～30 MHz	60 dBμV 准峰值 50 dBμV 平均值		

[a] 限值随频率的对数线性减少。

4.5.5 电磁抗扰度试验要求

4.5.5.1 性能判据

每项抗扰度试验的结果评价基于下面的标准：

a) 性能判据A：激励器在技术要求限值内性能正常；

b) 性能判据B：激励器功能或性能暂时降低或丧失但能自行恢复；

c) 性能判据C：激励器功能或性能暂时降低或丧失但在操作者干预或系统复位后恢复；

d) 性能判据D：激励器因设备元件或软件损坏或数据丢失而造成不能自行恢复至正常状态。

4.5.5.2 机壳端口

地面数字电视广播激励器的机壳端口抗扰度要求见表6。

表6 地面数字电视广播激励器机壳端口的抗扰度要求

试验项目	频率范围	测量等级 E1～E3	测量等级 E4	测量等级 E5	适用标准	性能判据
射频电磁场[a] (3 m)	80 MHz～1 GHz	3 V/m	1 V/m	10 V/m	GB/T 17626.3—2006	A
	1.4 GHz～2 GHz	3 V/m	无对应测量	3 V/m		
	2.0 GHz～2.7 GHz	1 V/m	无对应测量	1 V/m		
静电放电	按照适用标准	4 kV：接触放电； 8 kV：空气放电	2 kV：接触放电； 4 kV：空气放电	4 kV：接触放电； 8 kV：空气放电	GB/T 17626.2—2006	B

[a] 载波信号采用频率为1 kHz，80%幅度调制的正弦波信号；测量等级指非调制载波信号的值。

4.5.5.3 信号或控制端口

地面数字电视广播激励器的信号或控制端口的抗扰度要求见表 7。

表 7 地面数字电视广播激励器信号或控制端口的抗扰度要求

试验项目	频率范围	测量等级 E1～E3	测量等级 E4	测量等级 E5	适用标准	性能判据
电快速瞬变脉冲群共模[a,b]	按照适用标准	0.5 kV(峰值)		1 kV(峰值)	GB/T 17626.4—2008	B
射频共模[c,d,e,f]	0.15 MHz～80 MHz	3 V	1 V	10 V	GB/T 17626.6—2008	A

[a] 仅应用于连接电缆的端口,其总长度根据厂商的要求超过 3 m 的情况。

[b] 单个脉冲的上升时间为 5 ns,脉冲持续时间(50%值)为 50 ns,重复频率为 5 kHz。

[c] 载波信号采用频率为 1 kHz,80%幅度调制的正弦波信号;测量等级指非调制载波信号的值。

[d] 只适用于接电缆的端口,其总长度根据厂商的要求可能超过 1 m 的情况。

[e] 对于天线端口,按照 GB/T 9383—2008。

[f] 源阻抗=150 Ω。

4.5.5.4 交流电源端口

地面数字电视广播激励器的交流电源端口抗扰度要求见表 8。

表 8 地面数字电视广播激励器交流电源端口的抗扰度要求

试验项目	频率范围	测量等级 E1～E3	测量等级 E4	测量等级 E5	适用标准	性能判据
电快速瞬变脉冲群[a,b]	按照适用标准	1 kV(峰值)	0.5 kV(峰值)	2 kV(峰值)	GB/T 17626.4—2008	B
射频共模[c,d]	0.15 MHz～80 MHz	3 V	1 V	10 V	GB/T 17626.6—2008	A
浪涌	按照适用标准	共模:1 kV(峰值) 差模:0.5 kV(峰值) 或 4.5 倍额定电压, 以较少者为准	共模:0.5 kV (峰值)	共模:2 kV (峰值)	GB/T 17626.5—2008	B
电压跌落[e]		0.5 个周期,减少 30%			GB/T 17626.11—2008	B
		5 个周期,减少 60%				
电压中断[e]		5 秒内,减小超过 95%				C

[a] 单个脉冲的上升时间为 5 ns,脉冲持续时间(50%值)为 50 ns,重复频率为 5 kHz。

[b] 对于输入端口使用 CDN,见 GB/T 17626.4—2008,而容性耦合钳用于输出端口。

[c] 载波信号采用频率为 1 kHz,80%幅度调制的正弦波信号;测量等级指非调制载波信号的值。

[d] 源阻抗=150 Ω。

[e] 电压在零交叉点变化。

5 测量方法

5.1 工作模式

5.1.1 测量框图

工作模式测量需要的设备包括码流发生器、地面数字电视接收机、显示器或误码分析仪，测量框图见图 4。

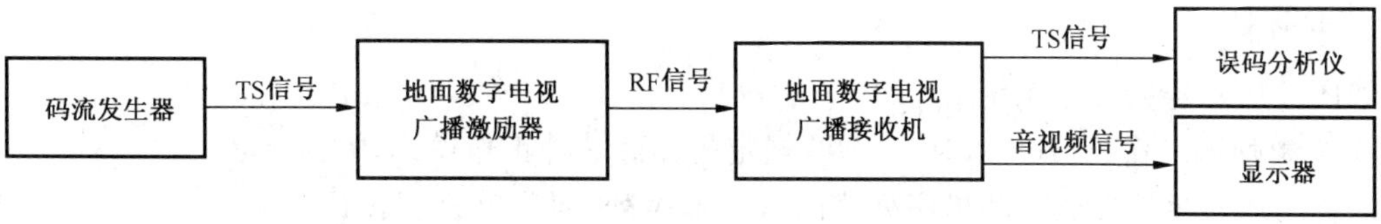

图 4 地面数字电视广播激励器工作模式测量框图

5.1.2 测量步骤

测量步骤如下：

a) 如图 4 所示连接测量系统。

b) 设置激励器工作于 GB 20600—2006 规定的工作模式之一。

c) 设置码流发生器发送伪随机序列或测量图像序列，码率略低于激励器此时工作模式下的最大净码率。

d) 观察误码分析仪误码率(BER)或显示器图像，判断接收机工作是否正常。接收机工作正常判断标准：
- 采用伪随机序列时，误码分析仪的 1 min BER 显示为 0；
- 采用测量图像序列，显示器输出图像无损伤。

e) 改变激励器工作模式，重复步骤 c)～d)，直至遍历 GB 20600—2006 规定的所有工作模式。

5.2 工作频率

5.2.1 测量框图

工作频率测量需要的设备包括码流发生器和频率计，测量框图见图 5。

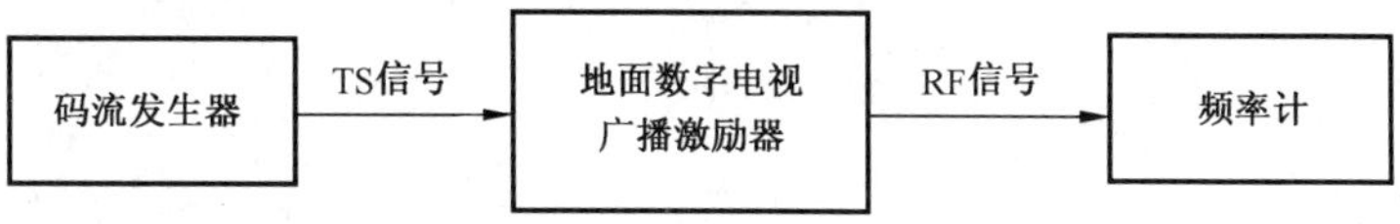

图 5 地面数字电视广播激励器工作频率、频率准确度和频率稳定度测量框图

5.2.2 测量步骤

测量步骤如下：

a) 如图 5 所示连接测量系统；

b) 设置激励器工作于 GB 20600—2006 规定的工作模式之一；

c) 设置码流发生器发送伪随机序列或测量图像序列，码率略低于激励器此时工作模式下的最大净码率；

d) 设置激励器只输出载波射频信号；

e) 用频率计测量载波射频信号频率，记为激励器工作频率。

5.3 频率准确度

5.3.1 测量框图

频率准确度测量需要的设备包括码流发生器和频率计，测量框图见图5。

5.3.2 测量步骤

测量步骤如下：

a) 如图5所示连接测量系统；

b) 设置激励器工作于GB 20600—2006规定的任意一种工作模式；

c) 设置码流发生器发送伪随机序列或测量图像序列，码率略低于激励器此时工作模式下的最大净码率；

d) 设置激励器只输出载波射频信号；

e) 用频率计测量载波射频信号频率，频率准确度为载波射频信号频率与标称工作频率之差。

5.4 频率稳定度

5.4.1 测量框图

频率稳定度测量需要的设备包括码流发生器和频率计，测量框图见图5。

5.4.2 测量步骤

测量步骤如下：

a) 如图5所示连接测量系统；

b) 设置激励器工作于GB 20600—2006规定的任意一种工作模式；

c) 设置码流发生器发送伪随机序列或测量图像序列，码率略低于激励器此时工作模式下的最大净码率；

d) 设置激励器只输出载波射频信号；

e) 用频率计读取载波射频信号记为 f_{RC}；

f) 在3个月周期内，每隔1周测量1次载波射频信号，其中最大和最小输出工作频率记为 f_{Cmax} 和 f_{Cmin}，频率稳定度为 f_{Cmin} 与 f_{RC} 之差到 f_{Cmax} 与 f_{RC} 之差。

5.5 输出功率

5.5.1 测量框图

输出功率测量需要的设备包括码流发生器和频谱分析仪，测量框图见图6。

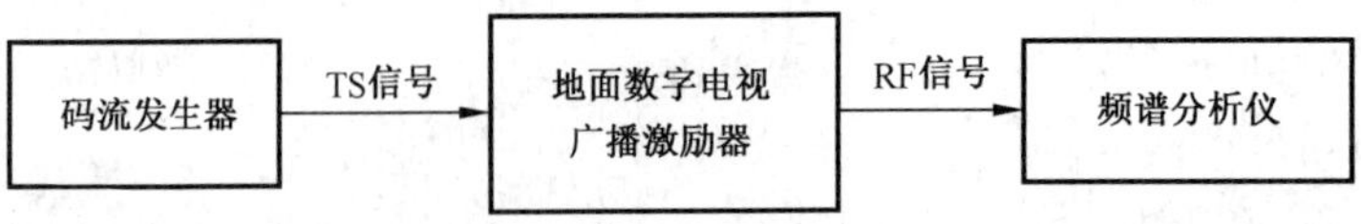

图6 输出功率、输出功率稳定度、射频有效带宽、滚降系数、信号带肩、带内频谱不平坦度、邻频道带内无用发射功率、邻频道带外无用发射功率和本振相位噪声测量框图

5.5.2 测量步骤

测量步骤如下：

a) 如图 6 所示连接测量系统；

b) 设置激励器工作于 GB 20600—2006 规定的任意一种工作模式；

c) 设置码流发生器发送伪随机序列或测量图像序列，码率略低于激励器此时工作模式下的最大净码率；

d) 设置频谱分析仪中心频率为激励器工作频率，测量带宽为 8 MHz，测量信号功率，即为输出功率。

5.6 输出功率稳定度

5.6.1 测量框图

输出功率稳定度测量需要的设备包括码流发生器和频谱分析仪，测量框图见图 6。

5.6.2 测量步骤

测量步骤如下：

a) 如图 6 所示连接测量系统；

b) 设置激励器工作于 GB 20600—2006 规定的任意一种工作模式；

c) 设置码流发生器发送伪随机序列或测量图像序列，码率略低于激励器此时工作模式下的最大净码率；

d) 设置频谱分析仪中心频率为激励器工作频率，测量带宽为 8 MHz，测量信号功率 P；

e) 在 24 小时内，每小时测量 1 次信号功率，其中最大和最小信号功率分别记为 P_{max} 和 P_{min}，输出功率稳定度为 P_{min} 与 P 之差至 P_{max} 与 P 之差。

5.7 射频有效带宽

5.7.1 测量框图

射频有效带宽测量需要的设备包括码流发生器和频谱分析仪，测量框图见图 6。

5.7.2 测量步骤

测量步骤如下：

a) 如图 6 所示连接测量系统；

b) 设置激励器工作于 GB 20600—2006 规定的双导频工作模式；

c) 设置码流发生器发送伪随机序列或测量图像序列，码率略低于激励器此时工作模式下的最大净码率；

d) 设置频谱分析仪中心频率为激励器工作频率，RBW 设置为 1 kHz，VBW 设置为 1 kHz；

e) 分别读取高端、低端导频频率 f_{HP}、f_{LP}，射频有效带宽为 f_{HP} 与 f_{LP} 之差。

5.8 滚降系数

5.8.1 测量框图

滚降系数测量需要的设备包括码流发生器和频谱分析仪，测量框图见图 6。

5.8.2 测量步骤

测量步骤如下：

a) 如图 6 所示连接测量系统；

b) 设置激励器工作于 GB 20600—2006 规定的任意一种工作模式；

c) 设置码流发生器发送伪随机序列或测量图像序列，码率略低于激励器此时工作模式下的最大净码率；

d) 设置频谱分析仪中心频率为激励器工作频率，RBW 设置为 3 kHz，VBW 设置为 3 kHz，测量中心频率处信号幅度记为 A_C；

e) 分别测量高端、低端幅度为 A_C-40 dB 点频率，两者的差值为射频占用带宽，滚降系数为占用带宽与有效带宽之差和有效带宽的比值。

5.9 信号带肩

5.9.1 测量框图

信号带肩测量需要的设备包括码流发生器和频谱分析仪，测量框图见图 6。

5.9.2 测量步骤

测量步骤如下：

a) 如图 6 所示连接测量系统；

b) 设置激励器工作于 GB 20600—2006 规定的任意一种工作模式；

c) 设置码流发生器发送伪随机序列或测量图像序列，码率略低于激励器此时工作模式下的最大净码率；

d) 设置频谱分析仪中心频率为激励器工作频率，RBW 设置为 3 kHz，VBW 设置为 3 kHz，测量信号中心频率 f_C 处信号幅度记为 A_C；

e) 分别测量 $f_C \pm 4.2$ MHz 处信号幅度，信号带肩为 $f_C \pm 4.2$ MHz 处信号幅度与 A_C 的差值。

5.10 带内频谱不平坦度

5.10.1 测量框图

带内频谱不平坦度测量需要的设备包括码流发生器和频谱分析仪，测量框图见图 6。

5.10.2 测量步骤

测量步骤如下：

a) 如图 6 所示连接测量系统；

b) 设置激励器工作于 GB 20600—2006 规定的任意一种工作模式；

c) 设置码流发生器发送伪随机序列或测量图像序列，码率略低于激励器此时工作模式下的最大净码率；

d) 设置频谱分析仪中心频率为激励器工作频率，RBW 设置为 3 kHz，VBW 设置为 3 kHz，测量平均次数不少于 100 次，测量中心频率处平均幅度记为 A_C；

e) 测量带内最大和最小平均幅度值分别记为 A_{max} 和 A_{min}，带内频谱不平坦度为 A_{min} 与 A_C 的差到 A_{max} 与 A_C 的差。

5.11 邻频道带内无用发射功率

5.11.1 测量框图

邻频道带内无用发射功率测量需要的设备包括码流发生器和频谱分析仪，测量框图见图 6。

5.11.2 测量步骤

测量步骤如下：

a) 如图 6 所示连接测量系统；

b) 设置激励器工作于 GB 20600—2006 规定的任意一种工作模式；

c) 设置码流发生器发送伪随机序列或测量图像序列，码率略低于激励器此时工作模式下的最大净码率；

d) 将频谱分析仪中心频率设置为激励器工作频率，测量带宽为 8 MHz，测量信号功率记为 P；

e) 设置频谱分析仪中心频率为激励器工作频率的上、下邻频道中心，测量带宽为 8 MHz，分别测量上、下邻频功率 P_{UA} 和 P_{DA}，邻频道带内无用发射功率为 P_{UA} 和 P_{DA} 两者较大值与 P 的差。

5.12 邻频道带外无用发射功率

5.12.1 测量框图

邻频道带外无用发射功率测量需要的设备包括码流发生器和频谱分析仪，测量框图见图 6。

5.12.2 测量步骤

测量步骤如下：

a) 如图 6 所示连接测量系统；

b) 设置激励器工作于 GB 20600—2006 规定的任意一种工作模式；

c) 设置码流发生器发送伪随机序列或测量图像序列，码率略低于激励器此时工作模式下的最大净码率；

d) 设置频谱分析仪中心频率为激励器工作频率，测量带宽为 8 MHz，测量信号功率记为 P；

e) 频谱分析仪中心频率分别设置为二、三次谐波频道和镜像频道中心频率(由上变频方式确定)，测量带宽为 8 MHz，分别测量上述信号功率，记为 P_{SH}、P_{TH}、P_{IMAGE}，邻频道带外无用发射功率为 P_{SH}、P_{TH}、P_{IMAGE} 三者最大值与 P 的差。

5.13 本振相位噪声

5.13.1 测量框图

本振相位噪声测量需要的设备包括码流发生器和频谱分析仪，测量框图见图 6。

5.13.2 测量步骤

5.13.2.1 测量方法选择

频谱分析仪带相位噪声测量功能采用测量方法一；频谱分析仪无相位噪声测量功能采用测量方法二。

5.13.2.2 测量方法一

测量步骤如下：

a) 如图 6 所示连接测量系统；

b) 设置激励器工作于 GB 20600—2006 规定的任意一种工作模式；

c) 设置码流发生器发送伪随机序列或测量图像序列，码率略低于激励器此时工作模式下的最大净码率；

d) 设置激励器只输出载波射频信号；

e) 选择相位噪声测量功能，设置频谱分析仪中心频率为标称工作频率，测量带宽设置为 2 MHz，打印和保存本振相位噪声测量结果。

5.13.2.3 测量方法二

测量步骤如下：

a) 如图 6 所示连接测量系统；

b) 设置激励器工作于 GB 20600—2006 规定的任意一种工作模式；

c) 设置码流发生器发送伪随机序列或测量图像序列，码率略低于激励器此时工作模式下的最大净码率；

d) 设置激励器只输出载波射频信号；

e) 设置频谱分析仪中心频率为标称工作频率，根据测量频率点位置不同，适当设置 RBW，分别测量 10 Hz、100 Hz、1 kHz、10 kHz、100 kHz 和 1 MHz 频率处幅度相对标称工作频率处幅度的差值，记为 A_p，并根据式(1)换算得到各频率点相位噪声 N_p。

$$N_p = A_p - 10\lg(1.2\text{RBW}/1\ \text{Hz}) + 2.5 \qquad (1)$$

5.14 峰值平均功率比

5.14.1 测量框图

峰值平均功率比(PAPR)测量需要的设备包括码流发生器和矢量分析仪，测量框图见图 7。

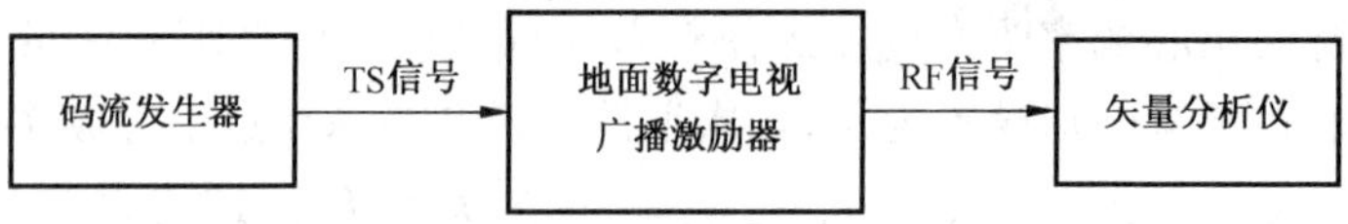

图 7 峰值平均功率比测量框图

5.14.2 测量步骤

测量步骤如下：

a) 如图 7 所示连接测量系统；

b) 设置激励器工作于 GB 20600—2006 规定的任意一种工作模式；

c) 设置码流发生器发送伪随机序列或测量图像序列，码率略低于激励器此时工作模式下的最大净码率；

d) 设置矢量分析仪中心频率为激励器工作频率，分析带宽为 8 MHz；

e) 选择矢量分析仪的 CCDF 测量功能，统计样本设置为 100 000，在显示的 CCDF 曲线稳定后，保存并打印 CCDF 曲线，读取峰值平均功率比。

5.15 调制误差率

5.15.1 测量框图

调制误差率(MER)测量需要的设备包括码流发生器和调制误差率测量仪，测量框图见图 8。

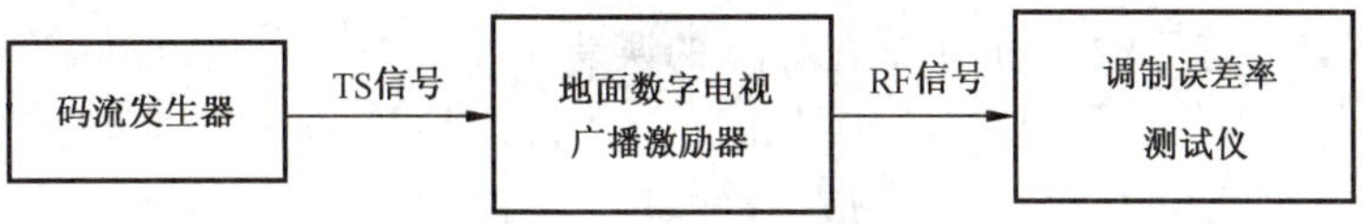

图 8 调制误差率测量框图

5.15.2 测量步骤

测量步骤如下：

a) 如图 8 所示连接测量系统；

b) 设置激励器工作于 GB 20600—2006 规定的任意一种工作模式；

c) 设置码流发生器发送伪随机序列或测量图像序列，码率略低于激励器此时工作模式下的最大净码率；

d) 调制误差率测量仪工作频率设置为激励器工作频率，读取调制误差率值。

5.16 单频网延时调整范围

5.16.1 测量框图

单频网延时调整范围测量需要的设备包括码流发生器、基准时钟信号源、地面数字电视广播单频网适配器、地面数字电视接收机、显示器或误码分析仪，测量框图见图 9。

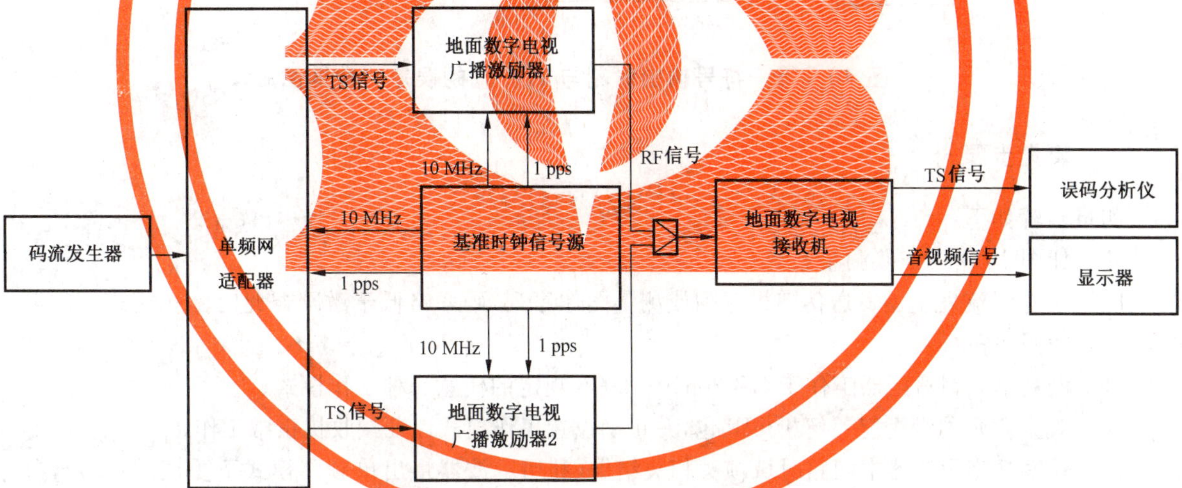

图 9 单频网延时调整范围测量框图

5.16.2 测量步骤

测量步骤如下：

a) 如图 9 所示连接测量系统；

b) 设置码流发生器发送伪随机序列或测量图像序列，码率略低于激励器此时工作模式下的最大净码率；

c) 设置单频网适配器工作于 GB 20600—2006 规定的任意一种工作模式；

d) 观察激励器是否能够解析 SIP 包，并正确设置工作模式保证接收机正常工作；

e) 通过单频网适配器改变激励器延时设置，在保证接收机正常工作情况下，观察并记录单频网延时调整范围。

5.17 单频网模式下第一符号输出时刻与 T_{delay_max} 的误差

5.17.1 测量框图

单频网模式下第一符号输出时刻与 T_{delay_max} 的误差测量需要的设备包括码流发生器、基准时钟信号源、地面数字电视广播单频网适配器、地面数字电视参考激励器、地面数字电视测量接收机和数字示波器，测量框图见图 10。

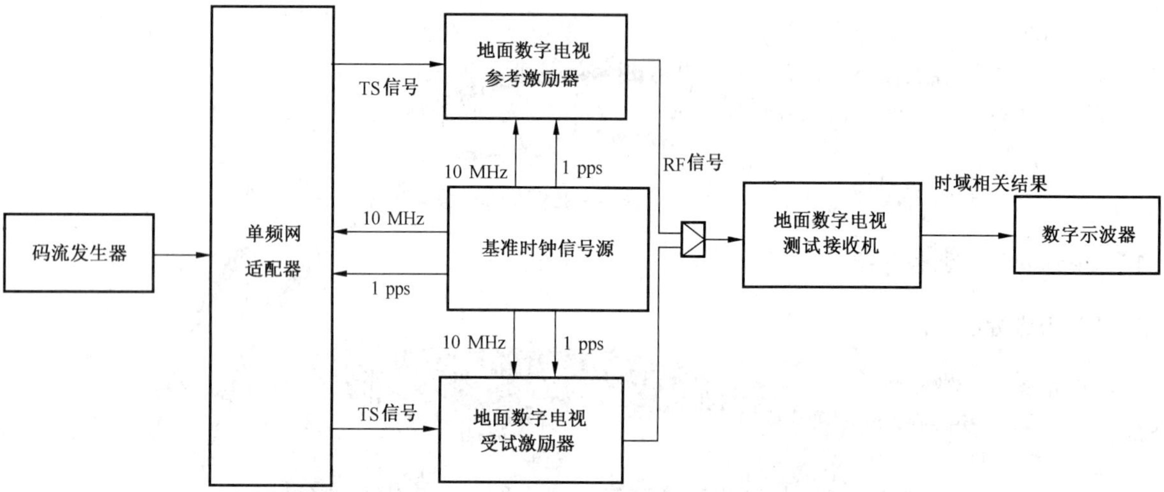

图 10 第一符号输出时刻与 T_{delay_max} 的误差测量框图

5.17.2 测量步骤

测量步骤如下：

a) 如图 10 所示连接测量系统；

b) 设置码流发生器发送伪随机序列或测量图像序列，码率略低于激励器此时工作模式下的最大净码率；

c) 设置单频网适配器工作于 GB 20600—2006 规定的任意一种工作模式；

d) 观察激励器是否能够解析 SIP 包，并正确设置工作模式保证接收机正常工作；

e) 观察数字示波器中两路时域帧头相关结果，利用示波器量出单频网模式下受试激励器与参考激励器的相关峰延时，此延时即为单频网模式下第一符号输出时刻与 T_{delay_max} 的误差。

5.18 电磁兼容性试验测量方法

各项电磁兼容性试验的试验条件、试验布置、场地要求、测量方法及测量仪器，如果在本标准中未提及或说明，应符合表 4～表 8 中各适用标准的要求及 GB/T 6113.101—2008 中相关要求。

电磁兼容发射测试时，激励器输出设置为最大输出状态。

电磁兼容抗扰度测试时，激励器输出设置为典型输出状态。

5.18.1 机壳端口辐射发射试验

5.18.1.1 测量框图

机壳端口的辐射发射试验的测量框图见图 11。

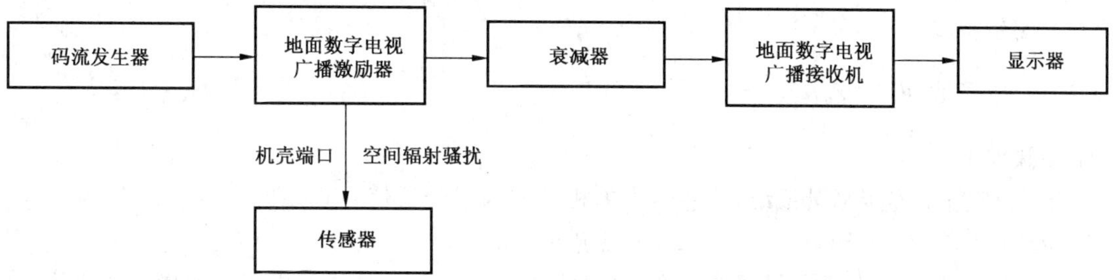

图 11　机壳端口的辐射发射试验测量框图

5.18.1.2　测量步骤

测量步骤如下：

a) 如图 11 所示连接测量系统，传感器为天线及电磁兼容测量接收机；
b) 设置激励器工作于 GB 20600—2006 规定的任意一种工作模式；
c) 设置码流发生器发送测量图像序列，码率略低于激励器此时工作模式下的最大净码率，在整个试验过程中，观察显示器，确认系统处于正常工作状态；
d) 根据 GB 9254—2008 第 10 章中的测量方法和场地布置进行试验：除激励器以外的辅助设备均应通过加磁环的、屏蔽性良好的线缆连接并置于暗室环境之外，或在保证辅助设备所引入的环境噪声低于限值线 6 dB 以上时允许辅助设备放置在暗室以内。天线及电磁兼容测量接收机采集激励器的辐射骚扰信号；
e) 用带有峰值检波器的电磁兼容测量接收机在 30 MHz～1 000 MHz 频率范围内进行初步测量；
f) 在每一个测量频率，在接地平板上方 1 m～4 m 的范围内调整天线的高度，以获得最大的指示值；
g) 在测量过程中，对激励器进行 360 度旋转，以寻找辐射场强最大的方向；
h) 依次将天线改变为水平或垂直极化方式，以寻找最大的场强读数；
i) 对照各频点的限值，对初测时峰值检波器读值超出相应频点准峰值限值的位置，使用电磁兼容测量接收机的准峰值检波器进行读数。

5.18.2　交流电源端口传导发射试验

5.18.2.1　测量框图

交流电源端口传导发射试验的测量框图见图 12。

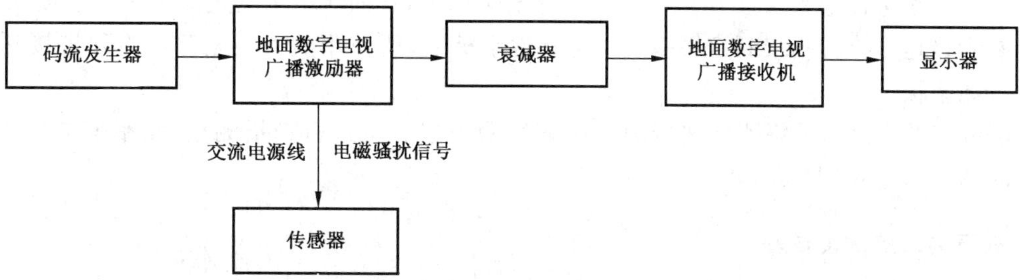

图 12　交流电源端口传导发射试验测量框图

5.18.2.2 测量步骤

5.18.2.2.1 电压波动

测量步骤如下：

a) 如图 12 所示连接测量系统，传感器为单相谐波闪烁分析仪；

b) 设置激励器工作于 GB 20600—2006 规定的任意一种工作模式；

c) 设置码流发生器发送测量图像序列，码率略低于激励器此时工作模式下的最大净码率，在整个试验过程中，观察显示器，确认系统处于正常工作状态；

d) 单相谐波闪烁分析仪连接专用的单相交流电源为激励器提供高质量的供电电源，并采集激励器的电压波动、电压变化和闪烁骚扰信号；

e) 根据 GB/T 17625.1—2003 的测量方法和场地布置进行试验，由谐波闪烁分析仪得到测量结果。

5.18.2.2.2 谐波电流

测量步骤如下：

a) 如图 12 所示连接测量系统，传感器为单相谐波闪烁分析仪；

b) 设置激励器工作于 GB 20600—2006 规定的任意一种工作模式；

c) 设置码流发生器发送测量图像序列，码率略低于激励器此时工作模式下的最大净码率，在整个试验过程中，观察显示器，确认系统处于正常工作状态；

d) 单相谐波闪烁分析仪连接专用的单相交流电源为激励器提供高质量的供电电源，并采集激励器的谐波电流骚扰信号；

e) 根据 GB/T 17625.2—2007 的测量方法和场地布置进行试验，由谐波闪烁分析仪得到测量结果。

5.18.2.2.3 传导发射

测量步骤如下：

a) 如图 12 所示连接测量系统，传感器为人工电源网络及电磁兼容测量接收机；

b) 设置激励器工作于 GB 20600—2006 规定的任意一种工作模式；

c) 设置码流发生器发送测量图像序列，码率略低于激励器此时工作模式下的最大净码率，在整个试验过程中，观察显示器，确认系统处于正常工作状态；

d) 将地面数字电视激励器的电源电缆连接到人工电源网络，电磁兼容测量接收机使用一个脉冲限幅器连接到人工电源网络，采集电源端子的传导骚扰信号；

e) 根据 GB 9254—2008 第 9 章中的测量方法和场地布置进行试验，地面数字电视激励器应布置于水平参考接地平板上方 0.8 m 的非导电桌子上，背面应距离垂直参考接地平板 0.4 m，垂直参考接地平板应搭接到水平垂直参考接地平板上，所使用的人工电源网络须搭接到水平参考接地平板上；

f) 用带有平均值和准峰值检波器的电磁兼容测量接收机进行扫描测量，频率范围为 150 kHz～30 MHz，记录测量结果。

5.18.3 机壳端口抗扰度试验

5.18.3.1 测量框图

机壳端口辐射抗扰度试验的测量框图见图 13。

机壳端口静电放电抗扰度试验的测量框图见图 14。

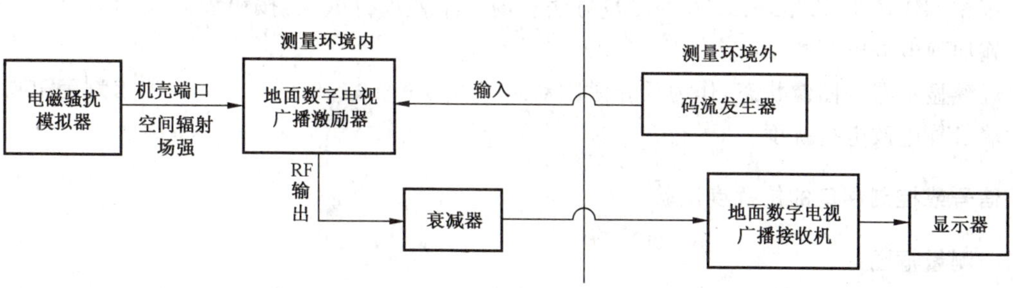

图 13　机壳端口辐射抗扰度试验测量框图

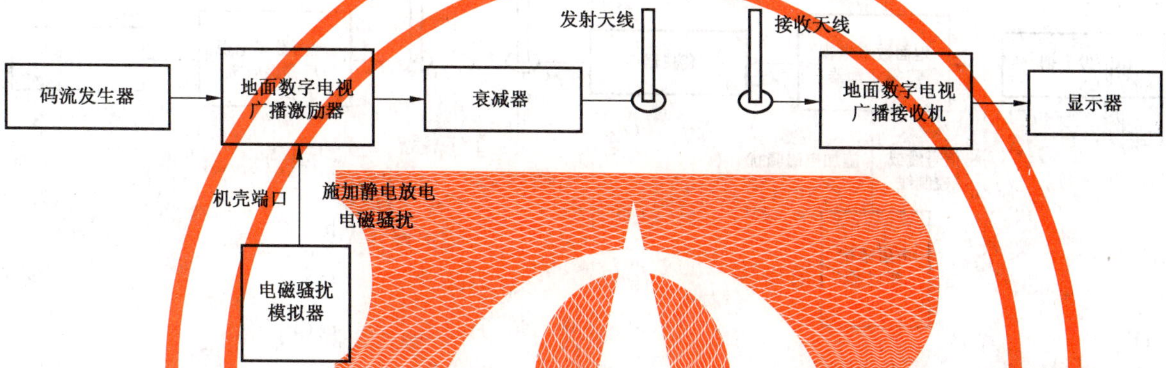

图 14　机壳端口静电放电抗扰度试验测量框图

5.18.3.2　测量步骤

5.18.3.2.1　射频电磁场

测量步骤如下：

a) 如图 13 所示连接测量系统，电磁骚扰模拟器为信号源、放大器及发射天线，应将辅助设备置于测量环境之外，以确保其不受到所施加的辐射骚扰信号的影响；
b) 设置激励器工作于 GB 20600—2006 规定的任意一种工作模式；
c) 设置码流发生器发送测量图像序列，码率略低于激励器此时工作模式下的最大净码率，在模拟施加电磁骚扰之前，观察显示器，确认系统处于正常工作状态；
d) 根据 GB/T 17626.3—2006 的测量方法和场地布置进行试验，按照表 6 规定的等级给激励器施加射频电场骚扰；
e) 观察显示器的图像状态，作为反映激励器工作状态的参数，根据 4.5.5.1 要求判定激励器机壳端口射频电磁场抗扰度。

5.18.3.2.2　静电放电

测量步骤如下：

a) 如图 14 所示连接测量系统，电磁骚扰模拟器为静电放电枪，应使用空间发射/接收方式作为信号传输手段，以确保地面数字电视接收机及显示器不受到所施加的静电放电骚扰信号的影响；
b) 设置激励器工作于 GB 20600—2006 规定的任意一种工作模式；
c) 设置码流发生器发送测量图像序列，码率略低于激励器此时工作模式下的最大净码率，在模拟施加电磁骚扰之前，观察显示器，确认系统处于正常工作状态；

d) 根据 GB/T 17626.2—2006 的测量方法和场地布置进行试验，按照表 6 规定的等级给激励器施加静电放电骚扰；

e) 观察显示器的图像状态，作为反映激励器工作状态的参数，根据 4.5.5.1 要求判定激励器机壳端口静电放电抗扰度。

5.18.4 信号或控制端口的抗扰度试验

5.18.4.1 测量框图

信号或控制端口传导抗扰度试验的测量框图见图 15。

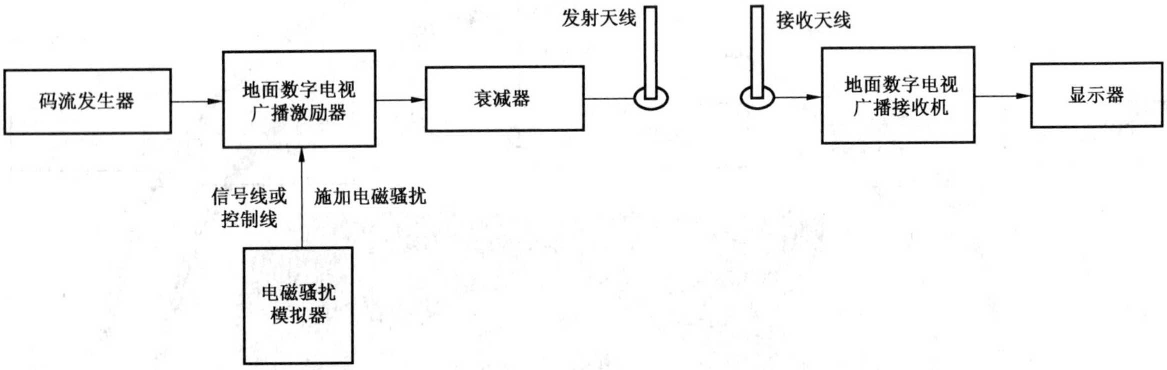

图 15 信号或控制端口传导抗扰度试验测量框图

5.18.4.2 测量步骤

5.18.4.2.1 电快速瞬变脉冲群

测量步骤如下：

a) 如图 15 所示连接测量系统，电磁骚扰模拟器为电快速瞬变脉冲群模拟器，应使用空间发射/接收方式作为信号传输手段，以确保地面数字电视接收机及显示器不受到所施加的电快速瞬变脉冲群骚扰信号的影响；

b) 设置激励器工作于 GB 20600—2006 规定的任意一种工作模式；

c) 设置码流发生器发送测量图像序列，码率略低于激励器此时工作模式下的最大净码率，在模拟施加电磁骚扰之前，观察显示器，确认系统处于正常工作状态；

d) 根据 GB/T 17626.4—2008 的测量方法和场地布置进行试验，按照表 7 规定的等级给激励器施加电快速瞬变脉冲群骚扰。脉冲群抗干扰模拟器连接电容耦合夹，通过耦合夹将骚扰信号耦合到地面数字电视激励器的信号或控制电缆上；

e) 观察显示器的图像状态，作为反映激励器工作状态的参数，根据 4.5.5.1 要求判定激励器信号或控制端口电快速瞬变脉冲群抗扰度。

5.18.4.2.2 射频共模

测量步骤如下：

a) 如图 15 所示连接测量系统，电磁骚扰模拟器为连续波模拟器，应使用空间发射/接收方式作为信号传输手段，以确保地面数字电视接收机及显示器不受到所施加的射频共模骚扰信号的影响；

b) 设置激励器工作于 GB 20600—2006 规定的任意一种工作模式；

c) 设置码流发生器发送测量图像序列，码率略低于激励器此时工作模式下的最大净码率，在模拟施加电磁骚扰之前，观察显示器，确认系统处于正常工作状态；

d) 根据 GB/T 17626.6—2008 的测量方法和场地布置进行试验，按照表 7 规定的等级给激励器施加射频共模骚扰：连续波模拟器连接 6 dB 衰减器，再通过耦合网络将骚扰信号耦合到地面数字电视激励器的信号或控制电缆上；

e) 观察显示器的图像状态，作为反映激励器工作状态的参数，根据 4.5.5.1 要求判定激励器信号或控制端口射频共模抗扰度。

5.18.5 交流电源端口的抗扰度试验

5.18.5.1 测量框图

交流电源端口传导抗扰度试验的测量框图见图 16。

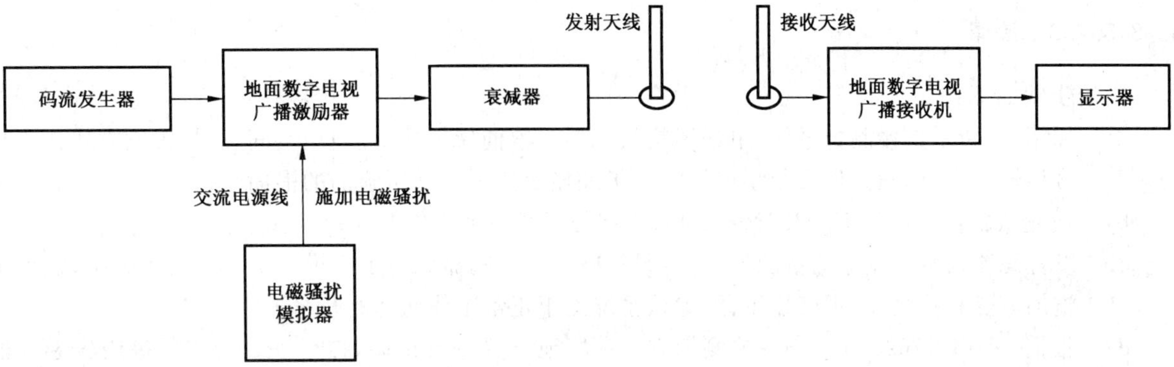

图 16 交流电源端口传导抗扰度试验测量框图

5.18.5.2 测量步骤

5.18.5.2.1 电快速瞬变脉冲群

测量步骤如下：

a) 如图 16 所示连接测量系统，电磁骚扰模拟器为电快速瞬变脉冲群模拟器，应使用空间发射/接收方式作为信号传输手段，以确保地面数字电视接收机及显示器不受到所施加的电快速瞬变脉冲群骚扰信号的影响；

b) 设置激励器工作于 GB 20600—2006 规定的任意一种工作模式；

c) 设置码流发生器发送测量图像序列，码率略低于激励器此时工作模式下的最大净码率，在模拟施加电磁骚扰之前，观察显示器，确认系统处于正常工作状态；

d) 根据 GB/T 17626.4—2008 的测量方法和场地布置进行试验，按照表 8 规定的等级给激励器施加电快速瞬变脉冲群骚扰：脉冲群抗干扰模拟器连接电容耦合夹，通过耦合夹将骚扰信号耦合到地面数字电视激励器的交流电源电缆上；

e) 观察显示器的图像状态，作为反映激励器工作状态的参数，根据 4.5.5.1 要求判定激励器交流电源端口电快速瞬变脉冲群抗扰度。

5.18.5.2.2 **射频共模**

测量步骤如下：

a) 如图 16 所示连接测量系统，电磁骚扰模拟器为连续波模拟器，应使用空间发射/接收方式作为信号传输手段，以确保地面数字电视接收机及显示器不受到所施加的射频共模骚扰信号的影响；

b) 设置激励器工作于 GB 20600—2006 规定的任意一种工作模式；

c) 设置码流发生器发送测量图像序列，码率略低于激励器此时工作模式下的最大净码率，在模拟施加电磁骚扰之前，观察显示器，确认系统处于正常工作状态；

d) 根据 GB/T 17626.6—2008 的测量方法和场地布置进行试验，按照表 8 规定的等级给激励器施加射频共模骚扰：连续波模拟器连接 6 dB 衰减器，再通过耦合网络将骚扰信号耦合到地面数字电视激励器的交流电源线缆上；

e) 观察显示器的图像状态，作为反映激励器工作状态的参数，根据 4.5.5.1 要求判定激励器交流电源端口射频共模抗扰度。

5.18.5.2.3 **浪涌**

测量步骤如下：

a) 如图 16 所示连接测量系统，电磁骚扰模拟器为浪涌模拟器，应使用空间发射/接收方式作为信号传输手段，以确保地面数字电视接收机及显示器不受到所施加的浪涌骚扰信号的影响；

b) 设置激励器工作于 GB 20600—2006 规定的任意一种工作模式；

c) 设置码流发生器发送测量图像序列，码率略低于激励器此时工作模式下的最大净码率，在模拟施加电磁骚扰之前，观察显示器，确认系统处于正常工作状态；

d) 根据 GB/T 17626.5—2008 的测量方法和场地布置进行试验，按照表 8 规定的等级给激励器施加浪涌骚扰；

e) 观察显示器的图像状态，作为反映激励器工作状态的参数，根据 4.5.5.1 要求判定激励器交流电源端口浪涌抗扰度。

5.18.5.2.4 **电压跌落、中断**

测量步骤如下：

a) 如图 16 所示连接测量系统，电磁骚扰模拟器为电压跌落模拟器，应使用空间发射/接收方式作为信号传输手段，以确保地面数字电视接收机及显示器不受到所施加的电压跌落、中断的影响；

b) 设置激励器工作于 GB 20600—2006 规定的任意一种工作模式；

c) 设置码流发生器发送测量图像序列，码率略低于激励器此时工作模式下的最大净码率，在模拟施加电磁骚扰之前，观察显示器，确认系统处于正常工作状态；

d) 根据 GB/T 17626.11—2008 的测量方法和场地布置进行试验，按照表 8 规定的等级给激励器施加电压跌落、中断骚扰；

e) 观察显示器的图像状态，作为反映激励器工作状态的参数，根据 4.5.5.1 要求判定激励器交流电源端口电压跌落、中断抗扰度。

附 录 A
（资料性附录）
地面数字电视广播系统净码率

地面数字电视广播系统最大净码率（8 MHz 带宽）见表 A.1。

表 A.1 地面数字电视广播系统最大净码率

单位为兆比特每秒

信号帧长度		信号帧长度 4 200 个符号			信号帧长度 4 375 个符号			信号帧长度 4 725 个符号		
FEC 码率		0.4	0.6	0.8	0.4	0.6	0.8	0.4	0.6	0.8
映射	4QAM-NR	—	—	5.414	—	—	5.198	—	—	4.813
	4QAM	5.414	8.122	10.829	5.198	7.797	10.396	4.813	7.219	9.626
	16QAM	10.829	16.243	21.658	10.396	15.593	20.791	9.626	14.438	19.251
	32QAM	—	—	27.072	—	—	25.989	—	—	24.064
	64QAM	16.243	24.365	32.486	15.593	23.390	31.187	14.438	21.658	28.877
注：表中横线表示该模式组合不在本标准规范之内。										

附 录 B
（资料性附录）
电磁环境与端口

B.1 电磁环境

各类产品应用的电磁环境分为五种类别，分别对应不同的限值集，这五种类别的电磁环境描述如下：

a) E1：居住环境（包括 GB/Z 18039.1—2000 所述的 1 类和 2 类场所）；

b) E2：商业和轻工业环境（如剧院）；

c) E3：城市户外环境（依据 GB/Z 18039.1—2000 的第 6 类场所的定义）；

d) E4：电磁兼容受控环境（如演播室或摄影棚）和乡村户外环境（远离铁路、发射机、高架电力线等）；

e) E5：重工业环境（见 GB/T 17799.2—2003）和靠近广播发射机的环境。

B.2 端口

电磁兼容性试验中，端口是受试设备在电磁环境中的特殊界面，各端口归类见图 B.1。

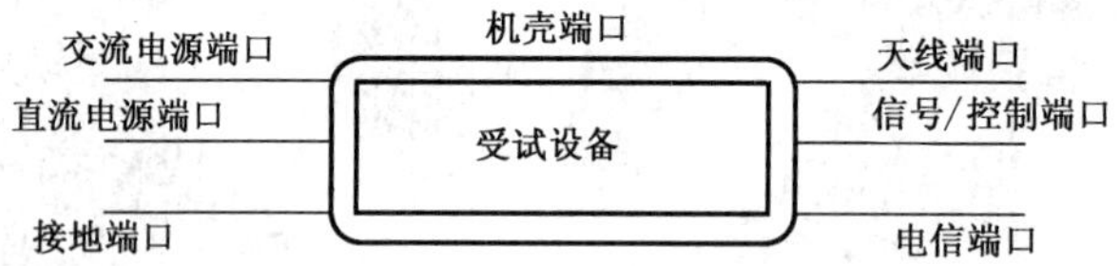

图 B.1 设备的电磁兼容性试验端口

参 考 文 献

[1] GB/T 4365—2003 电工术语 电磁兼容

[2] GB/T 9383—2008 声音和电视广播接收机及有关设备抗扰度限值和测量方法

[3] GB 13837—2003 声音和电视广播接收机及有关设备无线电骚扰特性限值和测量方法

[4] GB/T 17799.2—2003 电磁兼容 通用标准 工业环境中的抗扰度试验

[5] GB/Z 18039.1—2000 电磁兼容 环境 电磁环境的分类

[6] GB/T 19954.1—2005 电磁兼容 专业用途的音频、视频、音视频和娱乐场所灯光控制设备的产品类标准 第1部分 发射

[7] GB/T 19954.2—2005 电磁兼容 专业用途的音频、视频、音视频和娱乐场所灯光控制设备的产品类标准 第2部分 抗扰度

[8] GY/T 229.1—2008 地面数字电视广播单频网适配器技术要求和测量方法

[9] EN 30296 V1.1.1 (2005-1) Electromagnetic compatibility and Radio spectrum Matters (ERM); Transmitting equipment for the digital television broadcast service, Terrestrial (DVB-T); Harmonized EN under article 3.2 of the R&TTE Directive

[10] EN 55103-1:2009 Electromagnetic compatibility—Product family standard for audio, video, audio-visual and entertainment lighting control apparatus for professional use—Part 1: Emissions

[11] EN 55103-2:2009 Electromagnetic compatibility—Product family standard foraudio, video, audio-visual and entertainment lighting control apparatus for professional use—Part 2: Immunity

[12] EN 301489-1 V1.8.1 (2008-4) Electromagnetic compatibility and Radio spectrum Matters (ERM); ElectroMagnetic Compatibility (EMC) standard for radio equipment and services; Part 1: Common technical requirements

[13] EN 301489-14 V1.2.1 (2003-5) Electromagnetic compatibility and Radio spectrum Matters (ERM); ElectroMagnetic Compatibility (EMC) standard for radio equipment and services; Part 14: Specific conditions for analogue and digital terrestrial TV broadcasting service transmitters

ICS 33.160
M 60

中华人民共和国国家标准

GB/T 28437—2012

地面数字电视广播监测技术规程

Technical specifications of monitoring for digital terrestrial television broadcasting

2012-06-29 发布

2012-10-01 实施

中华人民共和国国家质量监督检验检疫总局
中国国家标准化管理委员会
发布

前　言

本标准按照 GB/T 1.1—2009 给出的规则起草。

本标准由国家广播电影电视总局提出。

本标准由全国广播电影电视标准化技术委员会(SAC/TC 239)归口。

本标准起草单位:国家广播电影电视总局广播电视监测中心、国家广播电影电视总局广播电视规划院。

本标准主要起草人:高南军、莫晓俊、何剑辉、陈峰、姜峰、丁汶平、郭巍、李杨、刘骏、常江、冯景锋、段垚、郝蔚、谢璞、包逸之、陈永炜、程征。

地面数字电视广播监测技术规程

1 范围

本标准规定了符合GB 20600—2006的地面数字电视广播系统的监测项目、技术指标和监测方法。

本标准适用于地面数字电视广播播出质量和覆盖效果的监测。

2 规范性引用文件

下列文件对于本文件的应用是必不可少的。凡是注日期的引用文件，仅注日期的版本适用于本文件。凡是不注日期的引用文件，其最新版本(包括所有的修改单)适用于本文件。

GB/T 14433—1993 彩色电视广播覆盖网技术规定

GB/T 16463—1996 广播节目声音质量主观评价方法和技术指标要求

GB/T 17975.1—2010 信息技术 运动图像及其伴音信息的通用编码 第1部分:系统

GB/T 17975.2—2000 信息技术 运动图像及其伴音信号的通用编码 第2部分:视频

GB/T 17975.3—2002 信息技术 运动图像及其伴音信号的通用编码 第3部分:音频

GB/T 20090.2—2006 信息技术 先进音视频编码 第2部分:视频

GB 20600—2006 数字电视地面广播传输系统帧结构、信道编码和调制

GB/T 22726—2008 多声道数字音频编解码技术规范

GB/T 28161—2011 数字电视广播业务信息规范

GY/T 134—1998 数字电视图像质量主观评价方法

3 术语、定义和缩略语

3.1 术语和定义

下列术语和定义适用于本文件。

3.1.1

地面数字电视广播监测 monitoring for digital terrestrial television broadcasting

对整个地面数字电视广播系统的播出质量与效果进行主观评价和客观测量。

3.1.2

停播 stop radio

因各种因素造成的在播出运行图规定时间内没有播出节目。

3.1.3

空播 nomodulated radio

在规定的播出时间内，因技术设备发生故障或人为操作不当，出现无调制信号，但载波正常的异常现象，也称有载波无调制。

3.1.4

劣播 broadcasting accident

因技术设备发生故障或人为操作使用不当，造成接收质量下降，但未达到停播界限。

3.1.5

错播　wrong radio

在广播电视节目的传输和播出过程中未按规定的播出节目播出。

3.1.6

LDPC 误包率　LDPC packet error ratio

1 秒内出现差错的 LDPC 包数与 LDPC 总包数之比。

3.1.7

单频网重叠覆盖区　SFN overlapping area

在地面数字电视广播单频网各发射台站覆盖区的重叠区域。

3.1.8

稳定接收点　stably receiving site

地面数字电视广播覆盖区域内信号裕量大于等于 10 dB 的接收点。

3.2　缩略语

下列缩略语适用于本文件。

BAT　业务群关联表(Bouquet Association Table)
CAT　条件接收表(Conditional Access Table)
CRC　循环冗余校验(Cyclic Redundancy Check)
C/N　载噪比(Carrier to Noise Ratio)
EIT　事件信息表(Event Information Table)
LDPC　低密度奇偶校验码(Low Density Parity Check)
MER　调制误差率(Modulation Error Ratio)
NIT　网络信息表(Network Information Table)
PAT　节目关联表(Program Association Table)
PCR　节目时钟参考(Program Clock Reference)
PER　误包率(Packet Error Ratio)
PID　包标识符(Packet Identifier)
PMT　节目映射表(Program Map Table)
PSI　节目专用信息(Program Specific Information)
PTS　呈现时间戳(Presentation Time-stamp)
RST　运行状态表(Running Status Table)
SDT　业务描述表(Service Description Table)
SFN　单频网(Single Frequency Network)
SI　业务信息(Service Information)
TDT　时间和日期表(Time and Date Table)
TOT　时间偏移表(Time Offset Table)
TS　传送流(Transport Stream)
TSTD　传送系统目标解码器(Transport System Target Decoder)

4　监测项目

4.1　播出状态

包括停播、空播、劣播、错播等播出状态的监测。

4.2 单频网运行状态

监测项目为地面数字电视广播单频网(SFN)的同步状态监测。

4.3 发射特性

包括地面数字电视广播发射频率、信号带宽、信号场强、系统工作模式、载噪比(C/N)以及低密度奇偶校验码(LDPC)、误包率(PER)等技术指标的监测。

4.4 视音频

包括地面数字电视广播视音频编码方式、视音频播出质量和视音频信源编码质量主观评价等项目的监测。

4.5 TS码流

监测项目为地面数字电视广播TS码流的标准符合性(含TS码流第一、二、三优先级监测)监测。

5 监测技术指标

5.1 播出状态

地面数字电视广播播出状态监测的技术要求见表1。

表1 地面数字电视广播播出状态监测技术要求

序号	监测项目	技术要求
1	停播	无停播
2	空播	无空播
3	劣播	MER下降≤ndB
4	错播	无错播
注1:MER是地面数字电视传输系统的关键指标之一,而且直接影响PER,可作为劣播评判指标; 注2:以按照批复发射功率正常发射时的MER监测值作为基准值; 注3:n由相关部门规定。		

5.2 单频网运行状态

地面数字电视广播单频网运行状态监测的技术要求见表2。

表2 地面数字电视广播单频网运行状态监测技术要求

序号	监测项目	技术要求
1	单频网同步状态	单频网重叠覆盖区监测点$PER=0$

5.3 发射特性

地面数字电视广播发射特性监测的技术要求见表3。

表 3　地面数字电视广播发射特性监测技术要求

序号	监测项目	技术要求
1	发射频率	符合 GB/T 14433—1993 的规定及相关地面数字电视广播指配频率
2	信号带宽	8 MHz
3	信号场强	波动幅度
4	系统工作模式	符合 GB 20600—2006 的规定及相关工作模式指配参数
5	C/N	波动幅度
6	PER	0

5.4　视音频

5.4.1　视音频编码方式

地面数字电视广播视音频编码方式监测的技术要求见表 4。

表 4　地面数字电视广播视音频编码方式技术要求

序号	监测项目	技术要求
1	视频编码方式	符合 GB/T 17975.2—2000 或 GB/T 20090.2—2006 的规定
2	音频编码方式	符合 GB/T 17975.3—2002 或 GB/T 22726—2008 的规定

5.4.2　视音频播出质量

地面数字电视广播视音频播出质量监测针对地面数字电视广播传输过程所造成的视音频损伤，视音频播出质量监测的技术要求见表 5。

表 5　地面数字电视广播视音频播出质量监测技术要求

序号	监测项目	技术要求
1	视频	无可察觉损伤
2	音频	无可察觉损伤

5.4.3　视音频信源编码质量主观评价

地面数字电视广播视音频主观评价针对信源编码质量所造成的视音频损伤，视音频主观评价技术要求见表 6。

表 6　地面数字电视广播视音频主观评价技术要求

序号	监测项目	技术要求
1	视频	≥4 分(GY/T 134—1998 规定的 5 级评分制)
2	音频	≥4 分(GB/T 16463—1996 规定的 5 级评分制)

5.5 TS 码流

5.5.1 TS 码流的标准符合性

地面数字电视广播 TS 码流应符合 GB/T 17975.1—2010 的有关规定。

TS 码流中的 SI 表应符合 GB/T 28161—2011 的有关规定。

5.5.2 第一优先级监测

地面数字电视广播 TS 码流第一优先级监测的监测项目和报警条件见表 7。表 7 中报警条件为"或"逻辑，即满足多项判断条件中的一项就可判断为出现错误。本级监测项目的结果中不出现错误是 TS 码流被正确解码的前提和条件。本级监测项目用于 TS 码流的基本监测，其中如果出现表 7 中第 1 项错误，则其他项目的监测结果无效。

表 7 TS 码流第一优先级监测项目和报警条件

序号	监测项目	报警条件
1	TS 同步丢失	两个或两个以上传输包连续出现同步字错误
2	同步字错误	同步字不等于 0x47
3	PAT 错误	PID=0x0000 的 TS 包出现下列情况之一： a) table_id=0x00 的 section 出现间隔超过 0.5 s； b) 出现 table_id 不是 0x00 的 section； c) scrambling_control_field 不是 00
4	连续计数错误	出现下列情况之一： a) TS 包顺序错误； b) 同一个 TS 包连续出现两次以上； c) TS 包丢失
5	PMT 错误	由 PAT 表 program_map_PID 指示 PID 的 TS 包出现下列情况之一： a) table_id=0x02 的 section 出现间隔超过 0.5 s； b) 在包含 section(table_id=0x02)的 TS 包中，scrambling_control_field 不等于 00
6	PID 错误	所指的 PID 没有在用户指定的时间间隔内出现

5.5.3 第二优先级监测

地面数字电视广播 TS 码流第二优先级监测的监测项目和报警条件见表 8。本级监测项目用于连续或周期性的监测。

表 8 TS 码流第二优先级监测项目和报警条件

序号	监测项目	报警条件
1	传输错误	TS 包头中的传输错误指示为"1"
2	CRC 错误	在 PAT,PMT,NIT,EIT,BAT,SDT 和 TOT 表中出现的 CRC 错误
3	PCR 间隔错误	两个连续 PCR 值之间的时间间隔大于 40 ms

表 8（续）

序号	监测项目	报警条件
4	PCR 不连续错误	两个连续 PCR 的差值($PCR_{i+1}-PCR_i$)不在(0～100)ms 的范围内，并且没有设置不连续指示(discontinuity_indicator＝0)
5	PCR 精确度错误	所选节目的 PCR 精确度超出±500 ns
6	PTS 错误	PTS 重复周期大于 700 ms

5.5.4 第三优先级监测(可选)

地面数字电视广播 TS 码流第三优先级监测的监测项目和报警条件见表 9。

表 9 TS 码流第三优先级监测项目和报警条件

序号	监测项目	报警条件
1	当前 NIT 错误	PID 为 0x0010 的 TS 包出现下列情况之一： a) 出现 table_id 不为 0x40，0x41 或 0x72 的 section； b) 超过 10 s 没有出现 table_id＝0x40(即当前 NIT)的 section； c) 两个 table_id＝0x40(当前 NIT)的 section 的间隔小于一个规定值(25 ms 或更短)
2	其他 NIT 错误	PID＝0x0010 的包中，具有相同 section_number 和 table_id＝0x41(其他 NIT)的 section 出现的时间间隔大于一个规定值(10s 或更长)
3	SI 间隔错误	SI 表的重复间隔超出规定值，具体如下： a) 若存在 NIT 表，NIT 的任意 section(包括其他 NIT)重复间隔超过 10 s； b) 若存在 BAT 表，BAT 的任意 section 重复间隔超过 10 s； c) 当前 TS 的 SDT 中任意 section 重复间隔超过 2 s； d) 若存在其他 TS 的 SDT 表，其任意 section 重复间隔超过 10 s； e) 当前 TS 中的 EIT P/F 的任意 section 重复间隔超过 2 s； f) 若存在其他 TS 的 EIT P/F 表，其任意 section 重复间隔超过 10 s； g) 若存在包含近 8 天当前和其他 TS 流 Schedule Table 的 EIT 表，其任意 section 重复间隔超过 10 s； h) 若存在包含 8 天以后当前和其他 TS 流 Schedule Table 的 EIT 表，其任意 section 重复间隔超过 30 s； i) TDT 和 TOT 的重复间隔超过 30 s
4	缓冲器错误	出现下列情况之一： a) TB_buffer_error 传输缓冲器(TBn)上溢。 b) TBsys_buffering_error 系统信息传输缓冲器(Tbsys)上溢。 c) MB_buffering_error 复用缓冲器(MBn)上溢，或如果使用 vbv_delay 方式时出现复用缓冲器(MBn)的下溢。 d) EB_buffering_error 基本流缓冲器(EBn)上溢，或如果使用 leak 方式时出现基本流缓冲器(EBn)下溢，尽管 low_delay_flag 和 DSM_trich_mode_flag 设置为 0。如果使用 vbv_delay 方式，基本流缓冲器下溢(EBn)。 e) B_buffering_error 主缓冲器(Bn)上溢或下溢。 f) Bsys_buffering_error PSI 输入缓冲器(Bsys)上溢

表 9（续）

序号	监测项目	报警条件
5	未引用 PID 错误	在 0.5 s 内出现了未被 PMT 或 CAT 引用定义的 PID(不包括 PMT_PID、值为 0x00 到 0x1F 的 PID，或是用户定义的私有数据流的 PID)。测量的过渡状态限定为 0.5 s，处于过渡状态时不引发错误指示
6	当前 SDT 错误	对于 PID=0x0011 的 TS 包出现下列情况之一： 超过 2 s 没有出现 table_id=0x42(当前 TS 的 SDT)的 section； 出现了 table_id 不是 0x42、0x46、0x4A 或 0x72 的 section； 任意两个 table_id 为 0x42(当前 SDT)的 section 的间隔小于规定值(25 ms 或更小)
7	其他 SDT 错误	在 PID=0x0011 的 TS 包中，如果 table_id=0x46(SDT，其他 TS)且具有相同 section_number 的 section 之间的间隔大于规定值(10 s 或更长)
8	当前 EIT 错误	对于 PID=0x0012 的 TS 包出现下列情况之一： a) 超过 2 s 没有出现 table_id=0x4E、section_number=0x0(EIT-P 实际 TS)的 section0； b) 超过 2 s 没有出现 table_id=0x4E、section_number=0x1(EIT-F 实际 TS)的 section1； c) 出现 table_id 不是 0x4E 至 0x6F，或 0x72 的 section； d) 两个 table_id 均为 0x4E(EIT-P/F，实际 TS)的 section 的间隔小于规定值(25 ms 或更小)
9	其他 EIT 错误	对于 PID=0x0012 的 TS 包出现下列情况之一： a) table_id=0x4F，section_number=0(EIT-P，其他 TS)的 section 的间隔超过规定值(10 s 或更长)； b) table_id=0x4F，section_number=1(EIT-F，其他 TS)的 section 的间隔超过规定值(10 s 或更长)
10	EIT_P/F 错误	如果 EIT P/F 子表中某一 section(“0”或“1”)出现，而另一个 section 没有出现
11	RST 错误	对于 PID=0x0013 的 TS 包出现下列情况之一： a) 出现 table_id 不是 0x71 或 0x72 的 section； b) 任意两个 table_id=0x71(RST)的 section 间隔小于规定值(25ms 或更小)
12	TDT 错误	对于 PID=0x0014 的 TS 包出现下列情况之一： a) 出现 table_id=0x70(TDT)的 section 超过 30 s 没有出现； b) 出现了不是 0x70，0x72(ST)或是 0x73(TOT)的 section； c) table_id=0x70(TDT)的 section 的间隔小于规定值(25 ms 或更小)
13	缓冲器空错误	在 1 s 内，出现下列情况之一： 传输缓冲器(TBn)至少出现一次非空； 用于系统信息的传输缓冲器(TBsys)至少出现一次非空； 如果使用 leak 方式，复用缓冲器(MBn)至少出现一次非空
14	数据延时错误	经过 TSTD 缓冲器的数据延时(非静止图像)超过 1 s，或静止图像视频数据延时超过 60 s

6 监测方法

6.1 播出状态

6.1.1 监测仪器

地面数字电视广播监测接收机、接收天线、频谱分析仪、计算机(数据记录与分析)。

6.1.2 测量框图

地面数字电视广播播出状态测量框图见图1。

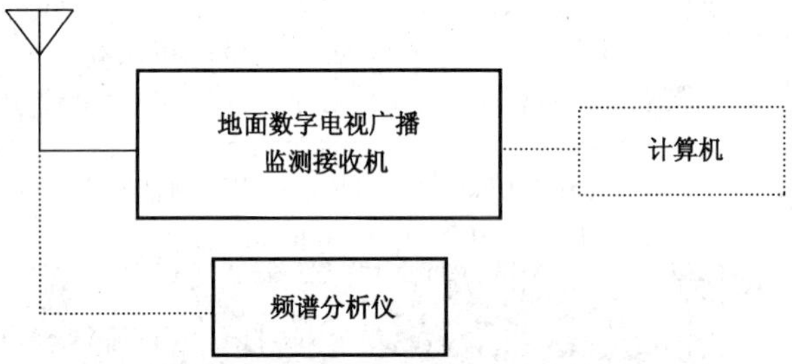

图1 播出状态测量框图

6.1.3 测量步骤

步骤如下：

a) 核定发射功率符合批复功率；
b) 监测点要求接收天线的极化方式与发射天线极化方式一致，接收天线与发射天线之间为直视路径，监测点周围场地应空旷平坦，远离机场、主要交通运输公路、高压输电线、变电所、工厂等，保证没有来自上述设施的明显干扰，非欲收信号较欲收信号电平低20 dB；
c) 按图1连接测量仪器；
d) 设置地面数字电视广播监测接收机工作频率，确保地面数字电视广播监测接收机工作正常；
e) 用频谱分析仪监测地面数字电视广播发射机的播出状态，分析是否出现空播；
f) 用地面数字电视广播监测接收机测量地面数字电视广播信号的MER，以按照批复发射功率正常发射时的MER监测值作为基准值，分析MER的波动幅度，根据表1中的技术要求分析是否出现劣播；
g) 监测地面数字电视广播发射机的播出内容，分析是否出现停播；如果未停播，将播出节目与节目单进行比对，分析是否出现错播。

6.2 单频网运行状态

6.2.1 监测仪器

地面数字电视广播监测接收机、接收天线、计算机(数据记录与分析)。

6.2.2 测量框图

地面数字电视广播单频网运行状态测量框图见图2。

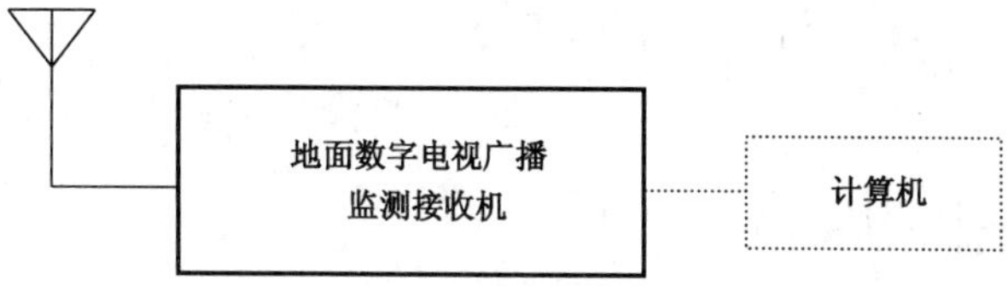

图 2 单频网运行状态、视音频编码方式测量框图

6.2.3 测量步骤

步骤如下：

a) 核定发射功率符合批复功率；
b) 监测点为地面数字电视广播单频网重叠覆盖区内的稳定接收点；
c) 按图 2 连接测量仪器；
d) 设置地面数字电视广播监测接收机工作频率，确保地面数字电视广播监测接收机工作正常；
e) 调整接收天线指向，根据地面数字电视广播监测接收机的时域脉冲响应测量结果，使来自单频网不同发射台站的接收信号强度之差小于相应系统工作模式的同频射频保护率值；
f) 实时测量地面数字电视广播信号的 PER，根据表 2 中的技术要求分析地面数字电视广播单频网的同步状态。

6.3 发射特性

6.3.1 监测仪器

地面数字电视广播监测接收机、接收天线、频谱分析仪、场强仪、计算机（数据记录与分析）。

6.3.2 测量框图

地面数字电视广播发射特性测量框图见图 3。

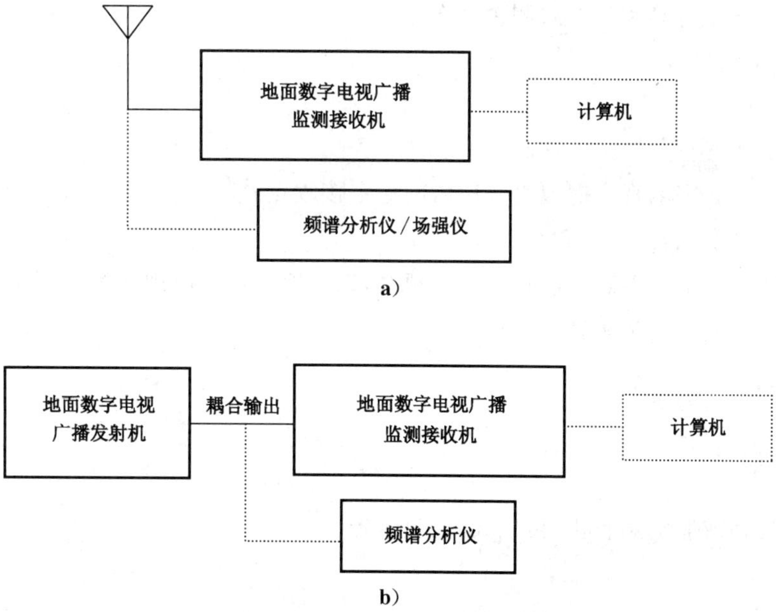

图 3 发射特性测量框图

6.3.3 测量步骤

步骤如下：

a) 核定发射功率符合批复功率；

b) 监测点要求接收天线的极化方式与发射天线极化方式一致，接收天线与发射天线之间为直视路径，监测点周围场地应空旷平坦，远离机场、主要交通运输公路、高压输电线、变电所、工厂等，保证没有来自上述设施的明显干扰，非欲收信号较欲收信号电平低 20 dB。此外，为排除外界干扰，可在地面数字电视广播发射机的耦合输出口监测发射频率、信号带宽；

c) 根据监测点的实际位置，选择图 3a)或图 3b)所示方式连接测量仪器；

d) 用频谱分析仪测量、分析地面数字电视广播的发射频率和信号带宽；

e) 设置地面数字电视广播监测接收机工作频率，确保地面数字电视广播监测接收机工作正常；

f) 用场强仪测量信号场强；

g) 以核定发射功率发射时的场强测量值作为基准值，实时分析信号场强的波动幅度；

h) 用地面数字电视广播监测接收机分析地面数字电视广播的系统工作模式；

i) 用地面数字电视广播监测接收机测量地面数字电视广播信号的 C/N，以正常播出时的 C/N 监测值作为基准值，实时分析 C/N 波动幅度；

j) 用地面数字电视广播监测接收机测量地面数字电视广播信号的 PER。

6.4 视音频编码方式

6.4.1 主要监测仪器

地面数字电视广播监测接收机、接收天线、计算机(数据记录与分析)。

6.4.2 测量框图

地面数字电视广播视音频编码方式测量框图见图 2。

6.4.3 测量步骤

步骤如下：

a) 监测点为地面数字电视广播覆盖区域内的稳定接收点；

b) 按图 2 连接测量仪器；

c) 设置地面数字电视广播监测接收机工作频率，确保地面数字电视广播监测接收机工作正常；

d) 分析地面数字电视广播视音频编码方式。

6.5 视音频播出质量

6.5.1 主要监测仪器

地面数字电视广播或监测接收机、接收天线、显示器。

6.5.2 测量框图

地面数字电视广播视音频播出质量测量框图见图 4。

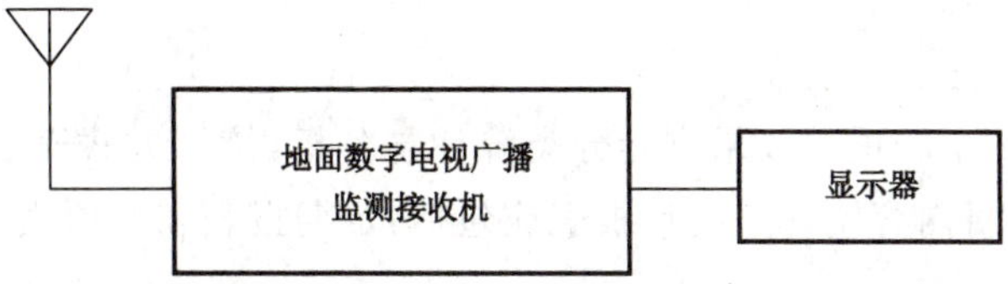

图 4 视音频播出质量测量框图

6.5.3 测量步骤

步骤如下：

a) 监测点为地面数字电视广播覆盖区域内的稳定接收点；

b) 按图 4 连接测量仪器；

c) 设置地面数字电视广播监测接收机工作频率，确保地面数字电视广播监测接收机工作正常；

d) 实时监测地面数字电视广播视音频内容。

6.6 视音频主观评价

视频图像质量主观评价应符合 GY/T 134—1998 的有关规定。

音频质量主观评价应符合 GB/T 16463—1996 的有关规定。

6.7 TS 码流

6.7.1 主要监测仪器

地面数字电视广播监测接收机、接收天线、码流分析仪。

6.7.2 测量框图

地面数字电视广播 TS 码流测量框图见图 5。

图 5 TS 码流测量框图

6.7.3 测量步骤

步骤如下：

a) 监测点为地面数字电视广播覆盖区域内的稳定接收点；

b) 按图 5 连接测量仪器；

c) 设置地面数字电视广播监测接收机工作频率，确保地面数字电视广播监测接收机工作正常；

d) 从码流分析仪中读出第一、二、三优先级监测的各项结果。

7 监测数据处理

7.1 数据汇总

将监测数据(播出状态、单频网运行状态、发射特性、视音频和 TS 码流等监测情况)汇总。

7.2 数据统计、分析

根据不同需求对播出质量和覆盖效果进行分类统计与分析，统计方式至少应包括：按覆盖区统计、按发射台统计、按节目及节目内容统计。统计报表应包括：定期报表和专项报表。

7.3 监测报告

监测报告应包括以下内容：

a) 概况：任务由来、收测时间、监测地点、监测环境、监测仪器设备和监测方法等；
b) 监测结果及分析；
c) 监测数据统计表，可作为监测报告附件；
d) 效果评估；
e) 提出建议：通过分析和效果评估，针对性地提出改善地面数字电视广播效果的具体措施与建议；
f) 监测人员。

7.4 归档

提交书面报告和电子文档，按监测地点进行归类汇总。

8 监测设备技术要求

8.1 地面数字电视广播监测接收机技术要求

地面数字电视广播监测接收机应能解调符合 GB 20600—2006 规定的地面数字电视广播信号，具备信号电平、载噪比、调制误差率、LDPC 误包率以及多径信号测量和分析功能，技术要求见表 10。

表 10 地面数字电视广播监测接收机技术要求

序号	项目		技术指标
1	工作模式		符合 GB 20600—2006 的规定
2	频率范围		48.5 MHz～958 MHz
3	信号电平	测量范围	−95 dBm～0 dBm
		测量精度	±1 dB
4	载噪比	测量范围	0 dB～30 dB
		测量精度	±1 dB
5	调制误差率	测量范围	0 dB～32 dB
		测量精度	±1 dB
6	时域脉冲响应多径信号延时分析精度		1 μs
7	视频编码方式		符合 GB/T 17975.2—2000 和 GB/T 20090.2—2006 的规定
8	音频编码方式		符合 GB/T 17975.3—2002 和 GB/T 22726—2008 的规定
9	遥控接口		RS-232 或以太网接口

8.2 频谱分析仪技术要求

地面数字电视广播监测用频谱分析仪的技术要求见表11。

表11 地面数字电视广播监测用频谱分析仪技术要求

序号	项　目	技术指标
1	频率范围	30 MHz～1 GHz
2	频率分辨率	≤1 Hz
3	电平测量范围	−90 dBm～0 dBm
4	平均噪声电平(不含预放)	≤−140 dBm/Hz
5	动态范围	≥70 dB

8.3 场强仪技术要求

地面数字电视广播监测用场强仪的技术要求见表12。

表12 地面数字电视广播监测用场强仪技术要求

序号	项　目	技术指标
1	频率范围	30 MHz～1 GHz
2	测量精度	米波段：±2 dBμV/m
		分米波段：±3 dBμV/m
3	场强测量范围	米波段(48 MHz～160 MHz)：10 dBμV/m～120 dBμV/m
		米波段(160 MHz～300 MHz)：20 dBμV/m～120 dBμV/m
		分米波段：30 dBμV/m～120 dBμV/m
4	镜像抑制	>35 dB
5	检波方式	均方根平均值
6	测量带宽	8 MHz

8.4 接收天线技术要求

地面数字电视广播监测采用定向接收天线，技术要求见表13。

表13 地面数字电视广播监测用接收天线技术要求

序号	项　目	技术指标
1	频率范围	30 MHz～1 GHz
2	天线增益	≥8 dBd
3	电压驻波比(VSWR)	≤1.2
4	极化方式	水平/垂直极化

8.5 码流分析仪技术要求

地面数字电视广播监测用码流分析仪的技术要求见表 14。

表 14 地面数字电视广播监测用码流分析仪技术要求

序号	项 目	技术指标
1	分析码流最大速率	≥32.486 Mbps
2	码流分析	a) 支持实时分析和离线分析； b) 支持标清、高清数字电视信号； c) 至少支持对符合 GB/T 17975.1—2010 规定的 TS 码流的三级监测分析

ICS 33.160
M 60

中华人民共和国国家标准

GB/T 28438.1—2012

地面数字电视广播信号覆盖质量客观评估和测量方法 第1部分:室外固定接收

Objective assessment and measurement methods for coverage of digital terrestrial television broadcasting signals—Part 1: Outdoor fixed reception

2012-06-29 发布　　2012-10-01 实施

中华人民共和国国家质量监督检验检疫总局
中国国家标准化管理委员会　发布

前　言

GB/T 28438《地面数字电视广播信号覆盖质量客观评估和测量方法》分为以下三个部分：

——第1部分：室外固定接收；

——第2部分：移动接收；

——第3部分：室内固定接收。

本部分为GB/T 28438的第1部分。

本标准按照GB/T 1.1—2009给出的规则起草。

本部分由国家广播电影电视总局提出。

本部分由全国广播电影电视标准化技术委员会(SAC/TC 239)归口。

本部分起草单位：国家广播电影电视总局广播电视规划院、国家广播电影电视总局广播科学研究院。

本部分主要起草人：何剑辉、周兴伟、刘骏、代明、冯景锋、李国松、吴醒峰、李雷雷、张国庭。

引　言

2008年颁布的广播电视行业技术标准GY/T 238.1—2008《地面数字电视广播信号覆盖客观评估和测量方法　第1部分：单点发射室外固定接收》在地面数字电视的推广普及过程中得到了初步应用和验证。根据该行业标准在应用过程中的具体情况，针对所出现的问题，对该行业标准的相关内容进行了修改，同时增加了关于地面数字电视广播接收天线系数测量校准方法的资料性附录，形成了本标准。

地面数字电视广播信号覆盖质量客观评估和测量方法 第1部分:室外固定接收

1 范围

GB/T 28438的本部分规定了符合GB 20600—2006的地面数字电视广播系统室外固定接收信号覆盖质量的客观评估和测量方法。对于能够确保同样测量不确定度的任何等效测量方法也可以采用。有争议时,应以本部分为准。

本部分适用于地面数字电视广播室外固定接收。

2 规范性引用文件

下列文件对于本文件的应用是必不可少的。凡是注日期的引用文件,仅注日期的版本适用于本文件。凡是不注日期的引用文件,其最新版本(包括所有的修改单)适用于本文件。

GB/T 14109—1993 电视、调频广播场强测量方法

GB 20600—2006 数字电视地面广播传输系统帧结构、信道编码和调制

GB/T 26252—2010 VHF/UHF频段地面数字电视广播频率规划准则

GB/T 26666—2011 地面数字电视广播传输系统实施指南

3 术语和定义

下列术语和定义适用于本文件。

3.1

峭壁效应 cliff effect

数字电视接收从成功到失败的迅速跳变现象。

3.2

信号裕量 signal margin

某测量位置的信号电平与该位置满足成功接收条件的最小信号电平之差。

3.3

时间概率 time probability

在规定的连续测量时间段中,任一测量位置上信号场强达到或超过某给定值的时间相对于测量时间的百分率。

3.4

地点概率 location probability

在特定测量区域内(典型值为100 m×100 m)的不同位置上测量,信号场强能达到或超过某给定值的位置百分率。

3.5

欲收信号 wanted signal

带有需要接收信息的无线电射频信号。

4 质量评估要求

4.1 评估参数

本部分采用欲收信号的场强和信号裕量两个参数对地面数字电视广播信号覆盖质量进行客观评估。场强除随接收地点和高度的变化而变化外，还依赖于到达接收天线多个路径信号的幅度和相位的组合。信号裕量除了与各路径信号的幅度和相位相关外，还与各路径信号之间的相对延时等其他因素密切相关。因此场强与信号裕量之间不存在固定的对应关系，通过测量到的场强与信号裕量的综合考虑，可以对地面数字电视广播的信号覆盖质量进行客观评估。

4.2 覆盖质量等级

对于地面数字电视广播，考虑到数字电视的峭壁效应，无法继续延用模拟图像质量的 5 级主观评价标准。但是根据信号接收状态与峭壁效应点之间的信号裕量空间，可以将地面数字电视广播室外固定接收的信号覆盖质量划分成 5 个客观评估等级，见表 1。

表 1 地面数字电视广播室外固定接收信号覆盖质量客观评估等级

场强(E)	高于客观判决门限[a]的信号裕量(M[b]) dB			
	$M<0$	$0\leqslant M<5$	$5\leqslant M<10$	$10\leqslant M$
$E<E70$[c]	1	1	2	/
$E70\leqslant E<E95$[c]	2	2	3	4
$E95\leqslant E$	2	3	4	5

[a] 客观判决门限：1 分钟内传送流的误比特率不超过 3×10^{-6}。

[b] 高于客观判决门限的信号裕量 M 是指使接收状态达到 1 min 内传送流的误比特率不超过 3×10^{-6} 的接收信号最大衰量。

[c] $E70$ 和 $E95$ 分别表示地点概率为 70% 和 95% 情况下，计算出来的室外固定接收的最小中值等效场强，各典型工作模式对应的 $E70$ 和 $E95$ 取值及计算方法应符合 GB/T 26252—2010 和 GB/T 26666—2011 的有关规定。

4.3 覆盖质量客观评估等级说明

表 1 所划分的 5 个覆盖质量客观评估等级可以进一步分为覆盖水平的“不可接受”、“基本可接受”、“可接受”和“满意”四种程度，见图 1，其中等级 1 为“不可接受”，等级 2 为“基本可接受”，等级 3 为“可接受”，等级 4 和等级 5 为“满意”。

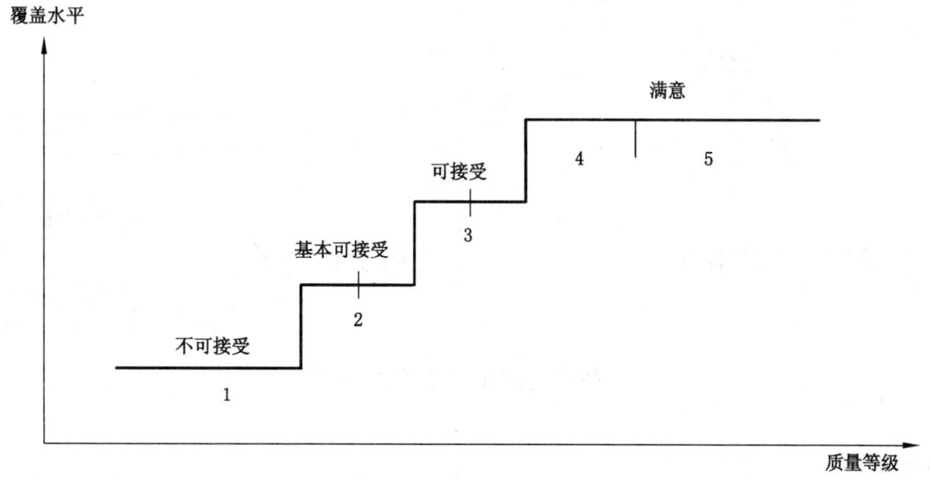

图 1　覆盖质量客观评估等级图

5　测量方法

5.1　测量准备

5.1.1　发射参数

发射台站的名称、地理位置、海拔高度、发射频率、发射功率、馈线损耗、天线增益、天线方向图、极化方式、天线高度以及工作模式信息。

5.1.2　电波传播模型

根据计划覆盖区域的地理特征和 GB/T 26666—2011 有关规定选择相应的电波传播模型。

5.1.3　测量点

采用相应的电波传播模型进行覆盖预测，根据预测结果选择测量点。

5.1.4　测量接收机

测量接收机的性能指标应与普通家用接收机相当，测量前应明确所用测量接收机的性能指标。

5.2　测量系统

进行室外固定接收测量除了广播发射的设备外，测量系统需要具备码流发生器、可调衰减器、场强仪/频谱分析仪、接收天线和连接馈线、测量接收机、传输分析仪和定位设备等仪器设备，测量系统示意图见图 2。

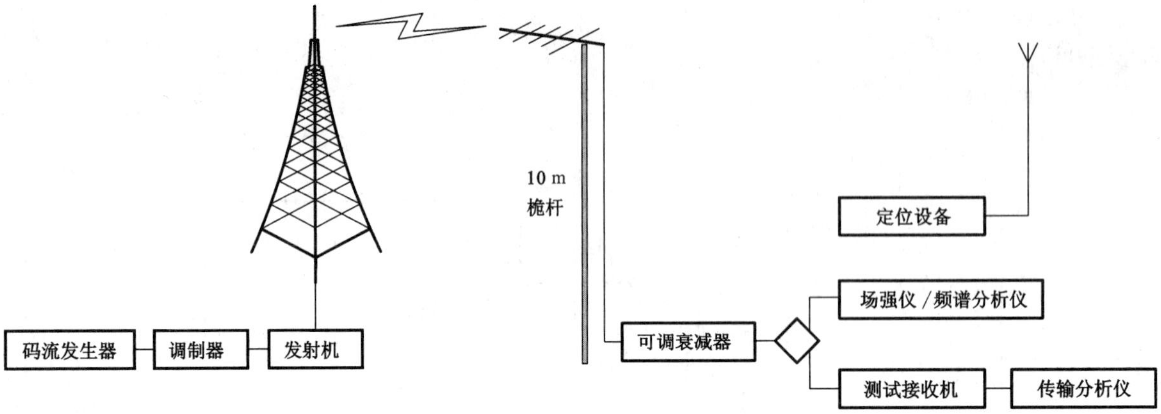

图 2　测量系统示意图

5.3　测量仪器设备

5.3.1　码流发生器

用于产生误比特率统计所需的 $2^{15}-1$ 或 $2^{23}-1$ 伪随机二进制序列测量码流。

5.3.2　场强仪

其主要性能应满足下列要求：

a)　频率范围
　　米波段:48 MHz～300 MHz;
　　分米波段:300 MHz～806 MHz。

b)　场强量程
　　米波段(48 MHz～160 MHz):10 dBμV/m～120 dBμV/m;
　　米波段(160 MHz～300 MHz):20 dBμV/m～120 dBμV/m;
　　分米波段:30 dBμV/m～120 dBμV/m。

c)　测量精度
　　米波段:±2 dBμV/m;
　　分米波段:±3 dBμV/m。

d)　镜像抑制:>35 dB。

e)　测量带宽:8 MHz。

f)　检波方式:均方根平均值。

g)　输入阻抗:75 Ω。

5.3.3　频谱分析仪

频谱分析仪应具备测量规定频带内信号功率的功能,其主要性能应满足下列要求:

a)　频率范围
　　米波段:48 MHz～300 MHz;
　　分米波段:300 MHz～806 MHz。

b)　电平量程:−90 dBm～20 dBm(前置放大器关)。

c)　测量精度:±1.5 dB。

d)　分辨率带宽:30 Hz～1 MHz,宜有数档可供选择使用。

e) 视频带宽:30 Hz~1 MHz,宜有数档可供选择使用。

f) 检波方式:均方根平均值。

g) 输入阻抗:75 Ω。

5.3.4 可调衰减器

其主要性能应满足下列要求:

a) 频率范围:48 MHz~806 MHz;

b) 衰减量:0 dB~40 dB;

c) 调节步长:≤1 dB;

d) 反射损耗:≥23 dB。

5.3.5 接收天线和连接馈线

接收天线和连接馈线应满足下列要求:

a) 天线桅杆高度应为 10 m 且可升降;

b) 所用接收天线和连接馈线应是与场强仪配套供应的附件;

c) 所用接收天线和连接馈线与场强仪或频谱分析仪之间应有良好的阻抗匹配;

d) 如需另行配用其他接收天线时,对其形式不限,但接收天线应与所用连接馈线一起进行预校正,得出各个频率的天线系数后方可与场强仪或频谱分析仪配合使用,天线系数的测量方法参见附录 A;

e) 天馈增益,即天线增益与馈线损耗之差应符合 GB/T 26666—2011 和 GB/T 26252—2010 的有关规定:

  1) Ⅰ、Ⅱ、Ⅲ波段:2 dB;

  2) Ⅳ、Ⅴ波段:7 dB。

5.3.6 测量接收机

测量接收机用于接收 GB 20600—2006 规定的制式信号,应能输出解调的测量码流。

5.3.7 传输分析仪

用于测量码流的误比特率测量统计,应支持 $2^{15}-1$ 或 $2^{23}-1$ 伪随机二进制序列测量码流。

5.4 测量步骤

在核实确定发射参数,并保证接收端测量系统准确可靠的条件下,对每一个测量点,具体的测量位置应当保证测量过程能够安全顺利地进行,保证接收天线的极化方式与发射天线极化方式一致,选择的测量位置应避免存在严重的遮挡或干扰(特殊要求除外)。在测量点除了采用 10 m 接收天线高度进行测量,还可以采用在该区域内现有电视接收天线的典型高度进行测量。场强测量时间应符合 GB/T 14109—1993 中 9.2 的规定。

具体测量步骤如下:

a) 通过定位设备记录测量点的经纬度、海拔高度等地理位置信息,记录天气、测量时间,通过拍照、摄像、笔记等形式记录测量点所处的地理环境以及可能影响信号接收的其他因素,如架空电线、树木和广告牌等。

b) 将接收天线升至距离地面 10 m 高度。

c) 将可调衰减器衰减量调节为 0,调整天线指向使接收机输入信号电平最高,根据不同接收状况操作如下:

1) 如果接收机接收失败，可以对接收天线指向进行适当调整，若调整天线指向仍然接收失败，恢复天线指向至接收机输入信号电平最高，记录信号裕量 $M<0$，记录接收天线指向、接收信号频谱图和测量的信号场强（测量时间需满足 GB/T 14109—1993 中 9.2 的要求）或电平（依照 GB/T 26252—2010 附录 F 换算成场强），然后进入步骤 e）；若调整天线指向后接收成功，记录接收天线最终指向、接收信号频谱图和测量的信号场强（测量时间需满足 GB/T 14109—1993 中 9.2 的要求）或电平（依照 GB/T 26252—2010 附录 F 换算成场强）。

2) 如果接收机接收成功，记录接收天线指向、接收信号频谱图和测量的信号场强（测量时间需满足 GB/T 14109—1993 中 9.2 的要求）或电平（依照 GB/T 26252—2010 附录 F 换算成场强）。

d) 增加可调衰减器衰减量至接收失败，以最大不超过 1 dB 的步进减小衰减量，测量并记录达到客观判决门限时的信号电平，计算并记录信号裕量 M。

e) 根据表 1 进行覆盖质量等级评估，根据不同评估结果操作如下：

1) 如果质量等级为第 4 或第 5 级，该测量点测量完毕，可继续进行下一个测量点的测量。

2) 如果质量等级为第 3 级，应降低接收天线高度，同时观察信号强度变化，若信号有所增强，根据信号强度选择相应高度返回步骤 c）进行补充测量（记录天线距离地面高度）；若信号减弱，该测量点测量完毕，可继续进行下一个测量点的测量。

3) 如果质量等级为第 1 或第 2 级，应降低接收天线高度，同时观察信号强度变化，若信号有所增强，根据信号强度选择相应高度返回步骤 c）进行补充测量（记录天线距离地面高度）；若信号减弱，应将测量结果与覆盖预测结果进行对比分析，同时根据测量环境判断测量数据的合理性，如果测量数据存在明显异常，需要在 20 m×20 m 的范围内（固定接收天线安装时可以调整的平均范围）适当调整测量位置返回步骤 a）重新进行测量，重新测量的次数不超过 3 次，选择最佳测量结果作为该测量点的测量数据。

6 简化评估和测量方法

6.1 背景及适用范围

因为场强测量通常要求具备场强仪及配套接收天线，误比特率测量通常要求具备码流发生器、传输分析仪和测量接收机，所以本部分第 4 章和第 5 章所规定的评估和测量方法适用于试验或者测量状态下的地面数字电视广播覆盖网。

为了在正常节目播出情况下也可以进行信号覆盖质量的测量和评估，并考虑到在很多应用情况下场强仪、家用接收机和监视器等测量设备更容易配备，通过测量普通接收机输入端的信号电平以及通过主观判决门限[1)]测量信号裕量的方法也可以对信号覆盖质量进行评估。此时测量系统的搭建相对简单，不需要专用的测量码流发生器、测量接收机和传输分析仪等设备，在正常节目播出情况下也可以进行信号覆盖质量的测量和评估。本章所规定的简化评估和测量方法适用于正常节目播出状态下的地面数字电视广播覆盖网。

6.2 简化评估质量等级

根据 4.2 信号覆盖质量的 5 个评估等级，表 2 给出了对应的简化评估质量等级。

---

1) 主观判决门限：在 1 min 的时间内通过监视器看不到图像出现一次以上的损伤。

表 2　地面数字电视广播室外固定接收信号覆盖质量客观评估等级(简化评估方法)

接收机输入端信号电平(V)	高于主观判决门限的信号裕量(M[a]) dB			
	$M<0$	$0\leqslant M<5$	$5\leqslant M<10$	$10\leqslant M$
$V\leqslant V_{\min}$[b]	1	1	2	/
$V_{\min}<V<V_{\min}+6$ dB	2	2	3	4
$V_{\min}+6$ dB$\leqslant V$	2	3	4	5

[a] 高于主观判决门限的信号裕量 M 是指使接收状态达到在 1 min 的时间内通过监视器看不到图像出现一次以上的损伤时接收信号的最大衰减量。

[b] $V_{\min}$表示最小接收电平(采用接收机最小输入信号电平＋5 dB),各典型系统模式对应的接收机最小输入信号电平取值及计算方法应符合 GB/T 26666—2011 的有关规定,6 dB 的步进参考室外固定接收 E70 和 E95 之间的差值。

6.3　简化测量系统

除了广播发射的设备外,简化测量系统需要具备可调衰减器、场强仪、接收天线和连接馈线、家用接收机、监视器等仪器设备,简化测量系统示意图见图 3。

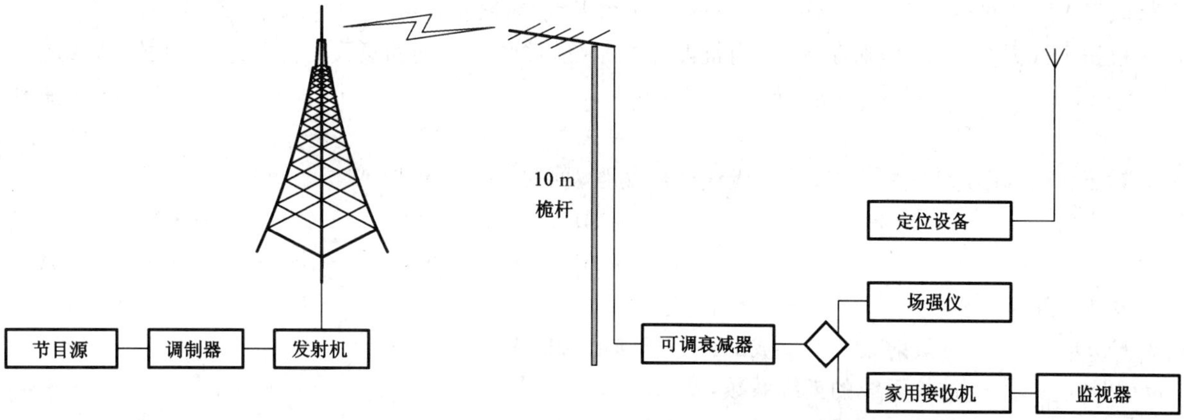

图 3　简化测量系统示意图

6.4　简化测量方法

简化测量系统的校准和具体的测量步骤见 5.4。

附　录　A
（资料性附录）
测量校准天线系数(参考天线法)

A.1　概述

天线是测量场强的必备工具，而天线系数是用于场强测量的重要参数。人们利用测量频谱仪读数和天线系数来计算场强。当难以用理论计算的方法精确获得天线系数时，需要对天线的天线系数进行校准。

在对精度要求不高的情况下，参考天线法是一种工程上常用的天线系数的校准方法，即：利用标准偶极子半波谐振天线作为参考天线(其天线系数已知)，将该参考天线与被校准天线分别放在同一场强环境中进行对比测量，然后计算出被校准天线的天线系数的一种方法。

A.2　参考天线法校准天线系数原理

在合适的测量场地(如开阔场或电波暗室)，使用发射天线在被校天线位置附近形成一个稳定的场强，注意保证在测量频率范围内，发射天线与被校天线之间距离为远场的条件。记录被校天线接收到的信号电平 V_{AUC}，然后使用参考偶极子天线替换被校天线，再次记录接收到的信号电平 V_{DIP}。

根据天线系数的定义，对于 50 Ω 阻抗匹配的系统，接收天线处的场强，见式(A.1)和式(A.2)。

$$E(h)=V_{AUC}+AF_{AUC}+A+107 \qquad \cdots\cdots(A.1)$$

$$E(h)=V_{DIP}+AF_{DIP}+A+107 \qquad \cdots\cdots(A.2)$$

对于 75 Ω 阻抗匹配的系统，接收天线处的场强，见式(A.3)和式(A.4)。

$$E(h)=V_{AUC}+AF_{AUC}+A+109 \qquad \cdots\cdots(A.3)$$

$$E(h)=V_{DIP}+AF_{DIP}+A+109 \qquad \cdots\cdots(A.4)$$

式中：

$E(h)$ ——由发射天线所形成的同一场强值，dBμV/m；

AF_{AUC} ——被校天线的天线系数，dB/m；

AF_{DIP} ——偶极子天线的天线系数，dB/m；

A ——连接天线和频谱仪的馈线的线缆衰减，dB；

V_{AUC}、V_{DIP}——频谱仪分别测得的由被校天线和偶极子天线接收得到的信号电平，dBm。

联立式(A.1)和式(A.2)或者联立式(A.3)和式(A.4)可得被校天线的天线系数 AF_{AUC}，见式(A.5)。

$$AF_{AUC}=AF_{DIP}+V_{DIP}-V_{AUC} \qquad \cdots\cdots(A.5)$$

其中，偶极子天线的天线系数 AF_{DIP} 可查表得出。

A.3　测量步骤

测量时，应根据被测天线的实际使用情况，决定其水平/垂直极化的摆放方式，设置被校天线垂直极化放置，高度为 h；发射天线也呈垂直极化放置在高度 h_T，与接收天线距离为 D。

测量场地布置见图 A.1，具体测量步骤如下：

a)　按图 A.1 布置，两天线相距 D =3.4 m，距地面高度 $h_T=h$ =1.5 m，均为垂直极化；

b)　测量设备预热，根据所测信号，对频谱仪进行设置：RBW=10 kHz，VBW=100 kHz，Sweeptime=

300 ms, Reference Level＝－35 dBm；

c) 信号源经馈线连接发射天线，被校天线通过馈线连接频谱仪，选取所需频点，调整发端输出功率使频谱仪接收到的电平足够强，记录频谱仪读数 V_{AUC}(dBm)；

d) 根据所需测量频率，改变发端频率设置，重复 c)步骤，得到 530 MHz/666 MHz/754 MHz 的 V_{AUC}读值分别为－70.4 dBm/－71.5 dBm/－72.0 dBm；

e) 分别在发端同样设置情况下，使用合适的标准偶极子天线振子作为参考天线，替代被校天线（相同的频点，相同极化，相同的位置），再次记录频谱仪读数 V_{DIP}(dBm)，得到 530 MHz/666 MHz/754 MHz 的 V_{DIP}读值分别为－79.0 dBm/－82.2 dBm/－83.7 dBm；

f) 精确偶极子天线是单频点测量天线，它靠两侧棒状天线的长度与频率对应来确定工作频点；

g) 根据式(A.5)计算被校天线系数 $AF_{AUC}=AF_{DIP}+V_{DIP}-V_{AUC}$。

本示例测量中使用的标准偶极子天线在 530 MHz 的天线系数为 32.4 dB/m；在 666 MHz 的天线系数为 34.6 dB/m；在 754 MHz 的天线系数为 35.6 dB/m。因此，被校天线在 530 MHz 的天线系数为 －79.0－(－70.4)＋32.4＝23.8 dB/m；在 666 MHz 的天线系数(dB/m)为－82.2－(－71.5)＋34.6＝23.9 dB/m；在 754 MHz 的天线系数为－83.7－(－72.0)＋35.6＝23.9 dB/m。

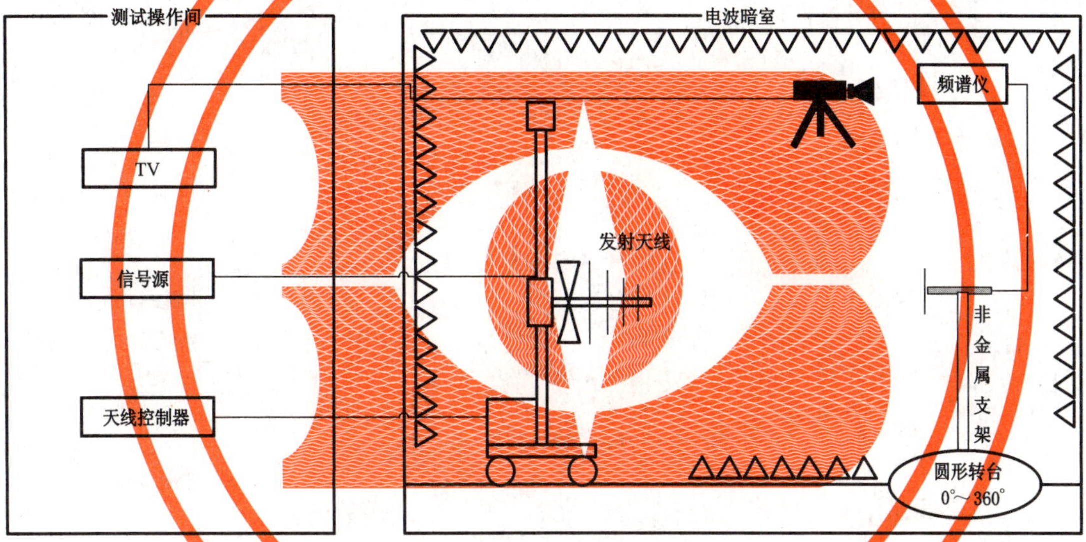

图 A.1 天线系数校准测量示意图

参 考 文 献

[1] GB/T 7400.2—1987 广播电视名词术语 无线电广播

[2] GB/T 7400.11—1999 数字电视术语

[3] ITU-R BT.1735 ITU-R BT.1306 建议书中系统B的地面数字电视广播信号覆盖客观质量评估方法

[4] ANSI 63.5-2006. Electromagnetic Compatibility Radiated Emission Measurements in Electromagnetic Interference (EMI) Control Calibration of Antennas (9 kHz to 40 GHz) 2006

[5] CISPR,Publication 16-1-5:Antenna Calibration,Amd.1 Ed.1 2006.01

[6] 王英翔,涂奔,郑柳刚.天线的测量校准方法[J].中国无线电 2009(8)

ICS 35.220.10
L 64

中华人民共和国国家标准

GB/T 28439—2012

热转印色带通用规范

General specification for thermal transfer ribbons

2012-06-29 发布

2012-10-01 实施

中华人民共和国国家质量监督检验检疫总局
中国国家标准化管理委员会
发布

前　言

本标准按照 GB/T 1.1—2009 给出的规则起草。

本标准由中华人民共和国工业和信息化部提出。

本标准由全国信息技术标准化技术委员会归口。

本标准起草单位：杭州天地数码科技有限公司、上海紫东薄膜材料股份有限公司、北京斯泰博环保科技有限公司、北京博通恒星化工新材料有限公司、山东新北洋信息技术股份有限公司、山东华菱电子有限公司、安妮股份有限公司、河南焦作市卓立烫印材料有限公司、山东省曲阜市玉樵夫办公耗材有限公司、中国电子技术标准化研究所、中国计算机行业协会耗材专业委员会。

本标准主要起草人：潘浦敦、丁立新、谢党、陈国刚、晁鹤鸣、许秀峰、王永华、姜天信、孙华刚、薛岩、张振宇、高本强、郑洪仁、龚滨良、张慧军。

热转印色带通用规范

1 范围

本标准规定了热转印色带的定义、分类、要求、试验方法、检验规则、标识、包装、运输和贮存。

本标准适用于以热转印成像方式为工作原理的热转印打印机色带。

2 规范性引用文件

下列文件对于本文件的应用是必不可少的。凡是注日期的引用文件，仅注日期的版本适用于本文件。凡是不注日期的引用文件，其最新版本(包括所有的修改单)适用于本文件。

GB/T 191—2008 包装储运图示标志

GB/T 2828.1—2003 计数抽样检验程序 第1部分：按接收质量限(AQL)检索的逐批检验抽样计划

GB/T 6543—2008 运输包装用单瓦楞纸箱和双瓦楞纸箱

GB/T 18348—2008 商品条码 条码符号印制质量的检验

GB/T 18455—2010 包装回收标志

GB/T 28165—2011 热打印机通用规范

SJ/T 11363—2006 电子信息产品中有毒有害物质的限量要求

SJ/T 11364—2006 电子信息产品污染控制标识要求

SJ/T 11365—2006 电子信息产品中有毒有害物质的检测方法

3 术语和定义

下列术语和定义适用于本文件。

3.1

热转印色带 thermal transfer ribbon；TTR

由带基(如PET膜)和其表面涂布的热转印涂层以及其他辅助涂层组成，打印过程中通过热打印头的发热体加热，使油墨层熔化转印到媒体上。

3.2

热转印涂层 thermal transfer layer

涂布于热转印色带上的能够通过加热转移到媒体上的功能性涂层，主要由着色剂、热熔融性材料和助剂等组成。

3.3

媒体 medium

热转印打印过程中用于接受热转印色带成像物质形成影像的材料，一般为纸张或合成材料。

3.4

印迹 printing image

热转印色带上的热转印涂层成像材料熔融转移至媒体上的痕迹。

3.5

色密度 density

印迹的反射色密度值。

3.6

分辨率 resolution

打印后单位长度上能够清晰分辨的最多像素点数。

注：单位为点数/毫米(dots/mm)或者点数/英寸(dpi)。

3.7

打印速度 print speed

单位时间内打印输出的媒体长度。

注：单位为毫米/秒(mm/s)、英寸/秒(ips)或者页/分钟(p/min)。

3.8

图像密度不均匀性 non-uniformity of image density

不同位置但具有相同密度的图像，经打印后所产生的色密度不均匀程度。

4 分类

4.1 用途

按用途分为：传真色带、条码色带、条幅色带和热打码色带4类。

4.2 颜色

按照色带颜色可分为黑色、白色和其他颜色色带。

4.3 涂层成分

按照热转印涂层成分可分为通用型蜡基热转印色带、增强型蜡基热转印色带、蜡/树脂混合基热转印色带、树脂基热转印色带。

5 要求

5.1 使用和贮存的环境条件

使用和贮存的环境条件见表1。

表1 使用和贮存的环境条件

	温度	相对湿度
使用环境条件	5 ℃～35 ℃	45%～85%
贮存环境条件	−5 ℃～40 ℃	20%～85%
大气压	86 kPa～106 kPa	

5.2 外观

5.2.1 涂层均匀，不应有皱纹、断裂和影响打印质量的疵点。

5.2.2 色带卷轴的两端面应平整。

5.2.3 色带不应有接头。

5.3 尺寸

5.3.1 轴芯尺寸

表2规定了宜采用成品色带的轴心内径大小及公差要求。

表2 成品色带轴心内径尺寸

标称内径/mm(in)	目标值/mm	公差/mm
9	9.0	+0.2 0
13(1/2)	13.0	+0.2 0
14	14.0	+0.2 0
15	15.0	+0.2 0
18(3/4)	18.0	+0.2 0
25.4(1)	25.4	+0.2 0
25.6	25.6	+0.2 0
26	26.0	+0.2 0

其他内径尺寸可定制,其公差规格参照表2确定。

5.3.2 宽度

表3规定了宜采用的卷材宽度及公差。

表3 优选卷材标称宽度和公差要求

标称宽度/mm	目标值/mm	公差/mm
15	15.0	+1.0 −0.5
20	20.0	+1.0 −0.5
25	25.0	+1.0 −0.5
30	30.0	+1.0 −0.5
35	35.0	+1.0 −0.5
40	40.0	+1.0 −0.5
50	50.0	+1.0 −1.0
60	60.0	+1.0 −1.0

表 3（续）

标称宽度/ mm	目标值/ mm	公差/ mm
70	70.0	+1.0 −1.0
80	80.0	+1.0 −1.0
90	90.0	+1.0 −1.0
100	100.0	+1.0 −1.0
110	110.0	+1.0 −1.0
120	120.0	+1.0 −1.0
130	130.0	+1.0 −1.0
140	140.0	+1.0 −1.0
150	150.0	+1.0 −1.0
160	160.0	+1.0 −1.0
208	208.0	+1.0 −2.0
212	212.0	+1.0 −2.0
214	214.0	+1.0 −2.0
216	216.0	+1.0 −2.0
220	220.0	+1.0 −2.0

其他宽度可定制，其公差规格应符合表 4 的规定。

表 4　未列入表 3 的卷材宽度的目标值和公差要求

标称宽度/ mm	目标值/ mm	公差/ mm
<15	标称值	+1.0 −0.5
15～50	标称值	+1.0 −0.5
50～200	标称值	+1.0 −1.0
>200	标称值	+1.0 −2.0

5.3.3　长度

色带成品的长度一般由生产者根据客户要求或适用机型自行规定，由产品标准给出，通常宜采用表 5 规定的长度。

表 5 建议卷材标称长度和公差要求

标称长度/ m	目标值/ m	公差/ m
30	30.0	+0.5 −0.5
50	50.0	+0.5 −0.5
70	70.0	+0.5 −0.5
80	80.0	+0.5 −0.5
35	35.0	+0.5 −0.5
40	40.0	+0.5 −0.5
50	50.0	+1.0 −1.0
60	60.0	+1.0 −1.0
70	70.0	+1.0 −1.0
80	80.0	+1.0 −1.0
90	90.0	+1.0 −1.0
100	100.0	+1.0 −1.0
115	115.0	+1.0 −1.0
120	120.0	+1.0 −1.0
150	150.0	+1.5 −1.5
200	200.0	+2.0 −2.0
300	300.0	+3.0 −3.0
450	450.0	+5.0 −5.0

其他规格可定制，对于大于 100 m 的长度，建议公差为标称值的±1%的整数，具体数值按照四舍五入的规则确定。

5.3.4 **厚度**

色带的厚度应由产品标准规定，厚度波动范围应在±1 μm 之内。

5.4 抗静电性能

色带的静电不应影响正常使用，表面电阻不大于 5×10^{12} Ω/cm^2。

5.5 装机兼容性

5.5.1 装机应良好。

5.5.2 走带应正常。

5.6 印迹性能

5.6.1 色密度

色带的印迹色密度要求见表 6。

表 6 热转印的印迹色密度要求

色　带	黑色密度值	其他颜色(白色除外)密度值
热转印传真色带	≥1.20	≥0.80
热转印条码色带	≥1.80	
热转印条幅色带	由产品标准规定	
热打码色带	≥1.50	

5.6.2 清晰度

使用相应热转印打印机打印规定字符时印迹清晰,色泽无突变,轮廓分明,无污点。

5.6.3 耐擦性

表 7 规定了耐擦性的要求。

表 7 印迹耐擦性

色　带	媒　体	500 g 标准砝码擦糊次数
热转印传真色带	70 g 普通复印纸	≥10 次
热转印条码色带	铜版纸	≥10 次
热转印条幅色带	条幅布、旗帜	≥10 次
热打码色带	铜版纸	≥10 次

5.6.4 耐水性

衰减率小于或等于 10%。

5.6.5 耐紫外光照射试验

黑色衰减率小于或等于 5%,其他颜色衰减率小于或等于 20%。

5.6.6 条码色带打印的条码质量

条码色带打印的条码质量应符合 GB/T 18348—2008 的有关规定。

5.7 打印速度

由产品标准规定。

5.8 分辨率

应不低于 50 dpi，误差应在±2%的范围内。

5.9 图像密度不均匀性

应不大于30%。

5.10 有毒有害物质的限量

应符合SJ/T 11363—2006的要求。

6 试验方法

6.1 试验条件

除环境适应性试验外，受试产品的所有测试均应在表8规定的条件下进行，并应在此条件下预先将受试产品和所用媒体放置16 h。

表8 测试的环境条件

	温度	相对湿度	大气压
试验条件	5 ℃～35 ℃	45%～75%	86 kPa～106 kPa

6.2 外观

用目测法检验。

6.3 几何尺寸

6.3.1 内径

用测量精度为0.02 mm的游标卡尺检验。

6.3.2 宽度

用测量精度为0.02 mm的游标卡尺检验。

6.3.3 长度

用测量精度为10 mm的长度测量工具检验。

6.3.4 厚度

用测量精度为0.1 μm的千分尺检验。

6.4 抗静电性能

在温度25 ℃±2 ℃、相对湿度40%～60%的环境下用表面电阻仪或者高阻仪测试色带的热转印涂层面的表面电阻。

6.5 装机兼容性

6.5.1 装机时不应有装不上或取不下的现象。

6.5.2 用相应的热转印打印机检验，装机后走带正常，不会卡带。

6.6 印迹

6.6.1 媒体

表 9 规定了色带印迹检验所使用的媒体。

表 9 印迹检验的媒体

色 带	媒 体
热转印传真色带	70 g 普通复印纸
热转印条码色带	铜版纸
热转印条幅色带	条幅布、旗帜
热打码色带	铜版纸

6.6.2 色密度

用相应的热转印打印机在 6.6.1 规定的媒体上打印成 15 mm×15 mm 饱和色块，然后在反射色密度仪上测出色密度，反射色密度仪采用 T 响应方式。

6.6.3 清晰度

用相应的热转印打印机在 6.6.1 规定的媒体上打印表 10 规定的测试文字或图案，检查印迹是否符合 5.6.2 的要求。

表 10 清晰度测试的打印内容

色 带	打印内容
热转印传真色带	英文 Arial 字体“F”(16 磅、12 磅、10 磅)和中文宋体“型”(小四)
热转印条码色带	横条码数据源 12345，竖条码 12345678，Code-39 码；中文(小六)、英文 Arial (6.5 磅)字体粗体，内容不限
热转印条幅色带	中文(四号)、英文 Arial 字体(14 磅)，内容不限
热打码色带	中文(四号)、英文 Arial 字体(14 磅)，内容不限

6.6.4 耐擦性

在 6.6.1 规定的媒体上打印的印迹上覆盖一张 70 g 普通复印纸，然后在复印纸上放一个 500 g 的标准砝码，在印迹上来回匀速拖动复印纸，记录印迹被擦糊时拖动的次数。

6.6.5 耐水性

在 6.6.1 规定的媒体上打印成 15 mm×15 mm 色块，测其色密度后浸入 30 ℃±5 ℃的纯净水中，浸泡 2 h 后取出，置于 100 ℃±2 ℃烘箱中 10 min 后再测其色密度，按照下列公式计算其衰减率。

衰减率＝(浸泡前色密度－浸泡后色密度)/浸泡前色密度×100％

6.6.6 耐紫外光照射试验

在 6.6.1 规定的媒体上打印成 15 mm×15 mm 色块，测其色密度后放入紫外线光照试验箱中，照射时间为2h(紫外线灯管功率为30 W,波长为254 nm,光源与测试样本的距离为150 mm±10 mm),然后取出测其色密度,按照下列公式计算其衰减率。

衰减率=(照射前色密度-照射后色密度)/照射前色密度×100%

6.6.7 条码色带打印的条码质量

条码色带打印的条码质量的检验方法按GB/T 18348—2008的有关规定执行。

6.7 环境适应性试验

6.7.1 使用环境测试

将色带样品放入打印机中,再将打印机置入恒温恒湿箱中,在打印机不工作的条件下,分别将恒温箱温度逐渐升到表1中的使用环境条件极限值,待温度湿度稳定后,进行打印测试。

6.7.2 存贮测试

高温试验:将色带样品放置于50 ℃±1 ℃的恒温箱内5 h,取出后在6.1规定条件下,经16 h适应后打印测试。

低温试验:将色带放置在-15 ℃±1 ℃的恒温箱内3 h,取出后在表1规定条件下,经16 h适应后打印测试。

6.8 打印速度

在对应的测试速度下打印最窄条码及间距为0.254 mm的条码,按照GB/T 18348—2008规定的条码等级判定要求检验,条码等级应大于1。

6.9 分辨率

按照GB/T 28165—2011规定的方法测量。

6.10 图像密度不均匀性

按照GB/T 28165—2011规定的方法测量。

6.11 有毒有害物质的限量

按SJ/T 11365—2006的试验方法进行。

7 检验规则

7.1 总则

产品在设计定型、生产定型时和生产过程中应按本规范的规定进行检验,各项指标应符合规定的要求。

7.2 检验分类

产品检验分为两类。

a) 定型检验;

b) 交收检验。

各类检验项目和顺序分别按表11进行。

表 11 检验项目

序号	检验项目	技术要求章条号	试验方法章条号	定型检验	交收检验
1	外观	5.2	6.2	√	√
2	尺寸(轴芯、宽度、长度、厚度)	5.3	6.3	√	√
3	抗静电性	5.4	6.4	√	—
4	装机兼容性	5.5	6.5	√	√
5	色密度	5.6.1	6.6.2	√	√
6	清晰度	5.6.2	6.6.3	√	√
7	耐擦性	5.6.3	6.6.4	√	—
8	耐水性	5.6.4	6.6.5	√	—
9	耐紫外光照射试验	5.6.5	6.6.6	√	—
10	条码打印质量[a]	5.6.6	6.6.7	√	√
11	环境适应性	5.1	6.7	√	—
12	打印速度[b]	5.7	6.8	√	—
13	分辨率	5.8	6.9	√	—
14	图像不均匀性	5.9	6.10	√	—
15	有毒有害物质的限量	5.10	6.11	√	—

[a] 只对热转印条码色带进行该项检验。
[b] 热转印传真色带不进行本项检验。

7.3 定型检验

7.3.1 产品在设计定型和生产定型时均应进行定型检验。

7.3.2 定型检验由产品承制方的质量检验部门或由上级主管部门指定或委托的质量检验单位负责进行。

7.3.3 定型检验的受试产品数根据产品批量、试验时间和成本确定。

7.4 交收检验

7.4.1 批量生产或连续生产的产品，进行逐批交收检验。交收检验允许按照 GB/T 2828.1 进行抽样检验，在产品标准中应具体规定抽样方案和拒收后的处理方法。

7.4.2 交收检验由产品承制方的质量检验部门负责进行。

8 标识、包装、运输和贮存

8.1 标识

8.1.1 产品标识

每件产品须在管芯内侧或膜卷外侧粘贴印有产品名称、编号、规格、生产日期等相关信息的不干胶封口标签，也可根据用户要求采用中性标识或特殊标识。

8.1.2 运输包装箱标识

应有下列清晰而牢固的储运标识：

a) 产品名称和型号；
b) 生产企业名称、地址和电话、邮政编码；
c) 执行产品的标准编号；
d) 产品规格、颜色、数量、质量；
e) 注册商标；
f) 生产日期；
g) 批号；
h) 符合 GB/T 191—2008 的相关要求；
i) 包装箱的外形尺寸。

8.1.3 产品包装回收标志

产品包装的回收标志应符合 GB/T 18455—2010 的要求。

8.1.4 有毒有害物质的含量标识

产品中有毒有害物质的含量标识应符合 SJ/T 11364—2006 的规定。

8.2 包装

8.2.1 包装要求

产品应放置在透明塑料袋内并密封。

瓦楞纸箱技术指标应符合 GB/T 6543—2008 的规定。

包装箱应符合防潮、防尘、防震的要求包装箱内应装入装箱单、产品合格证、产品说明书等。

包装箱应用不干胶粘带封口，然后用打包带做“十”或“井”字捆扎。

8.2.2 产品合格证

每一包装箱内均应附有生产企业质量检验部门签发的产品合格证，合格证上应注明下列内容：

a) 产品名称和型号；
b) 产品质量执行的标准名称和编号；
c) 生产日期；
d) 检验日期；
e) 保证期；
f) 检验者签章及质检章。

8.3 运输和贮存

8.3.1 运输要求

运输时应采用有篷的运输工具运输。产品在运输过程中不允许扔、摔、丢、抛，避免受到挤压、冲击、雨淋和日晒。在运输时不得装在敞开的船舱和车厢里，中途转运不得放在露天的仓库中，在运输过程中不允许和易燃、易爆、易腐蚀的物品同车船装运。

8.3.2 产品的贮存

8.3.2.1 产品应在 5.1 规定的环境条件下贮存，不得与腐蚀性物品混放。产品贮存时应放在原包装箱内。仓库内不允许有各种有害气体、易燃和易爆物品及有腐蚀性的化学物品,并且应无强烈的机械震动、冲击。

8.3.2.2 产品堆垛时,应按纸箱上箭头所指方向放于平坦的地面上或铺板上,并距热源 1 m 以外,产品应保持原封装状态,堆放高度不超过 1.2 m。

8.3.2.3 贮存期限从生产之日起,不应超过 12 个月。

ICS 13.220.10
C 81

中华人民共和国国家标准

GB 28440—2012

消防话音通信组网管理平台

Voice communication network management platform for firefighting command center

2012-06-29 发布　　2013-04-01 实施

中华人民共和国国家质量监督检验检疫总局
中国国家标准化管理委员会　发布

前　言

本标准的第 4 章～第 8 章内容为强制性的，其余为推荐性的。

本标准按照 GB/T 1.1—2009 给出的规则起草。

本标准由中华人民共和国公安部提出。

本标准由全国消防标准化技术委员会消防通信分技术委员会(SAC/TC 113/SC 14)归口。

本标准起草单位：公安部沈阳消防研究所。

本标准主要起草人：刘程、刘长安、马青波、卢韶然、祁广路、郭锐、臧桂从、郭金龙。

消防话音通信组网管理平台

1 范围

本标准规定了消防话音通信组网管理平台的术语和定义、要求、试验、检验规则、标志和使用说明书。

本标准适用于公安消防部队、政府专职消防队及单位专职消防队使用的消防话音通信组网管理平台。

2 规范性引用文件

下列文件对于本文件的应用是必不可少的。凡是注日期的引用文件，仅注日期的版本适用于本文件。凡是不注日期的引用文件，其最新版本(包括所有的修改单)适用于本文件。

GB/T 9969 工业产品使用说明书 总则

GB 12978 消防电子产品检验规则

GB 16838 消防电子产品环境试验方法及严酷等级

GB/T 17626.2 电磁兼容 试验和测量技术 静电放电抗扰度试验

GB/T 17626.3 电磁兼容 试验和测量技术 射频电磁场辐射抗扰度试验

GB/T 17626.4 电磁兼容 试验和测量技术 电快速瞬变脉冲群抗扰度试验

GB/T 17626.5 电磁兼容 试验和测量技术 浪涌(冲击)抗扰度试验

GB/T 17626.6 电磁兼容 试验和测量技术 射频场感应的传导骚扰抗扰度

3 术语和定义

下列术语和定义适用于本文件。

3.1

消防话音通信组网管理平台 voice communication network management platform for firefighting command center

安装于消防通信指挥中心或移动消防指挥中心，汇接有线电话、无线常规、无线集群、公众移动、卫星电话等通信系统，建立通信传输链路，互联互通，具有综合通信调度管理功能的系统。

4 要求

4.1 总则

消防话音通信组网管理平台(以下简称管理平台)应符合第 4 章的要求，并按第 5 章的规定进行试验。

4.2 整机性能要求

4.2.1 管理平台主电源应支持交流和直流两种供电电源。

4.2.2　管理平台的主要部(器)件应采用符合相关标准的定型产品。紧固部位应无松动。按键、开关等控制部件的动作应灵活可靠,并有清晰齐全的中文标志。表面应无腐蚀、涂覆层脱落和起泡现象,无明显划伤、裂痕、毛刺等机械损伤。

4.2.3　管理平台接入U/VHF无线常规通信系统的信道接口应不少于4路,管理平台应能通过无线信道进行半双工或全双工通信。

4.2.4　管理平台应具有接入无线集群通信系统的信道接口,应能接入350 MHz或800 MHz集群系统进行话音通信。

4.2.5　管理平台接入公众通信网的信道接口应不少于2路,应能接入公众交换电话网(PSTN)、用户交换机(PBX)、VOIP语音网关或卫星电话、GSM、CDMA或3G模式进行话音通信。

4.2.6　管理平台应具有接入短波电台的信道接口,并应能通过短波电台进行话音通信。

4.2.7　管理平台应具有本地调度电话接口,应能与所有通信信道进行话音通信。

4.2.8　管理平台应具有通信信道监听扩音接口,应能对通信信道通话进行扩音播放。

4.2.9　管理平台应具有调度指挥终端,应能对全部接入的通信系统进行调度管理。

4.2.10　管理平台应具有交换通话、多方通话、通播通话、会议通话、联网通话以及分组私密通话控制功能,私密通话时不影响接收其他用户的呼叫。管理平台进行话音交换时,切换时间应小于1 s,通话延迟应小于50 ms。管理平台话音信道在300 Hz～3 400 Hz范围内频率响应特性应优于±3 dB,在1 000 Hz频率上的总谐波失真应小于5 %。

4.2.11　管理平台应具有对无线通信的通话效果优化的功能,应能通过硬件或软件方式对噪音进行滤除。

4.2.12　管理平台应具有不少于2种电台通信的触发模式,包括VOX(声音)、COR(载波检测)、VMR(语音)。

4.2.13　管理平台应能进行特定紧急信号音或指挥信号音的播放控制,应能在所有通信信道范围内按信道或按会议组进行独立的内置或外置式自动录音,应能对所有通信信道进行管理和显示。

4.2.14　管理平台应能编制信道用户组、重点用户、通话会议组、自动接入控制和无线信道通信参数配置等指挥通信预案。

4.2.15　管理平台应能管理用户资料并查询通话记录,应能支持内置或外置查询并回放录音。

4.2.16　管理平台应具有多平台间的联网和统一调度管理的能力。

4.2.17　管理平台应具有二次开发接口。

4.3　绝缘性能

管理平台有绝缘要求的外部带电端子与机壳间的绝缘电阻值应不小于20 MΩ;管理平台的电源输入端与机壳间的绝缘电阻值应不小于50 MΩ。

4.4　电气强度

管理平台的电源插头与机壳间应能耐受频率为50 Hz,有效值电压为1 250 V的交流电历时1 min的电气强度试验。试验期间,不应发生击穿现象,漏电流值应小于20 mA;试验后,管理平台的整机性能应满足4.2的要求。

4.5　电磁兼容性能

管理平台应能耐受表1所规定条件下的各项电磁兼容试验。试验期间,管理平台应保持正常工作状态;试验后,管理平台的整机性能应满足4.2的要求。

表 1 电磁兼容性能试验条件

序号	试验名称	试验条件
1	射频电磁场辐射抗扰度试验	——场强：10 V/m； ——频率范围：80 MHz～1 000 MHz； ——扫频速率：≤1.5×10^{-3} dec/s； ——调制幅度：80 %(1 kHz，正弦)。
2	射频场感应的传导骚扰抗扰度试验	——电压：140 dBμV； ——频率范围：0.15 MHz～80 MHz； ——调制幅度：80 %(1 kHz，正弦)。
3	静电放电抗扰度试验	——空气放电电压(外壳为绝缘体)：8 kV； ——接触放电电压(外壳为导体和耦合板)：6 kV； ——放电极性：正、负； ——放电间隔：≥1 s； ——每点放电次数：10 次。
4	电快速瞬变脉冲群抗扰度试验	——AC 电源线瞬变脉冲电压：2 kV±0.2 kV； ——其他连接线瞬变脉冲电压：1 kV±0.1 kV； ——重复频率：100 kHz； ——极性：正、负； ——时间：每次 1 min。
5	浪涌(冲击)抗扰度试验	——AC 电源线浪涌(冲击)电压：2 kV±0.2 kV； ——其他连接线浪涌(冲击)电压：1 kV±0.1 kV； ——极性：正、负； ——试验次数：5 次。

4.6 电源瞬变耐受性

管理平台应能耐受将主电源按照通电 9 s、断电 1 s 的固定程序连续通断 500 次的试验。试验后，管理平台的整机性能应满足 4.2 的要求。

4.7 气候环境耐受性

管理平台应能耐受表 2 所规定条件下的各项气候环境试验。试验期间，管理平台应保持正常工作状态；试验后，管理平台应无破坏涂覆和腐蚀现象，整机性能应满足 4.2 的要求。

表 2 气候环境试验条件

序号	试验名称	试验条件
1	低温(运行)试验	——温度：−25 ℃±3 ℃； ——时间：16 h。
2	恒定湿热(运行)试验	——温度：55 ℃±3 ℃； ——相对湿度：90 %～95 %； ——时间：4 d。

4.8 机械环境耐受性

管理平台应能耐受表3所规定条件下的各项机械环境试验。振动(正弦)(运行)和碰撞试验期间,管理平台应保持正常工作状态。振动(正弦)(耐久)试验期间,管理平台不通电。试验后,管理平台应无机械损伤和紧固部位松动现象,整机性能应满足4.2的要求。

表3 机械环境试验条件

序号	试验名称	试验条件
1	振动(正弦)(运行)试验	——扫频范围:10 Hz~150 Hz; ——加速度:9.81 m/s^2; ——扫频速率:1 oct/min; ——振动方向:X、Y、Z互相垂直的三个轴线; ——每个振动方向扫频次数:1次。
2	振动(正弦)(耐久)试验	——扫频范围:10 Hz~150 Hz; ——加速度:9.81 m/s^2; ——扫频速率:1 oct/min; ——振动方向:X、Y、Z互相垂直的三个轴线; ——每个振动方向扫频次数:20次。
3	碰撞试验	——碰撞能量:0.5 J±0.04 J; ——碰撞部位:试样表面上的每个易损部件; ——每个部位碰撞次数:3次。

5 试验

5.1 总则

5.1.1 除特殊规定外,各项试验应在下述大气条件下进行:

——温度:15 ℃~35 ℃;

——相对湿度:25%~75%;

——大气压力:86 kPa~106 kPa。

5.1.2 各项试验数据的容差为±5%。

5.1.3 环境试验参数偏差应符合GB 16838要求。

5.1.4 试验样品为管理平台1套。试验程序见表4。

表4 试验程序

序 号	条 款 号	试 验 项 目
1	5.2	整机性能试验
2	5.3	绝缘电阻试验
3	5.4	电气强度试验
4	5.5	射频电磁场辐射抗扰度试验
5	5.6	射频场感应的传导骚扰抗扰度试验
6	5.7	静电放电抗扰度试验

表 4（续）

序　号	条 款 号	试 验 项 目
7	5.8	电快速瞬变脉冲群抗扰度试验
8	5.9	浪涌(冲击)抗扰度试验
9	5.10	电源瞬变试验
10	5.11	低温(运行)试验
11	5.12	恒定湿热(运行)试验
12	5.13	振动(正弦)(运行)试验
13	5.14	振动(正弦)(耐久)试验
14	5.15	碰撞试验

5.2 整机性能试验

5.2.1 试验步骤

5.2.1.1 在试样正常工作状态下，通过无线或有线呼入，检查试样的交换、控制和显示功能。

5.2.1.2 在试样正常工作状态下，操作试样的调度指挥终端，检查试样的录音、管理、查询和回放功能。

5.2.1.3 在试样正常工作状态下，将示波器、音频综合测试仪连接至试样的有线话音信道，测量试样的通话延迟时间、频率响应特性和总谐波失真。

5.2.2 试验设备

微型集群系统1套，350 MHz常规手持无线电台2台，400 MHz常规手持无线电台2台，350 MHz集群手持无线电台1台，800 MHz集群手持无线电台1台，GSM或CDMA手机2部，示波器，音频综合测试仪。

5.3 绝缘电阻试验

5.3.1 试验步骤

通过绝缘电阻试验装置，分别对试样的下述部分施加500 V±50 V直流电压：

——有绝缘要求的外部带电端子与机壳之间；

——电源插头(或电源接线端子)与机壳之间(电源开关置于接通位置，但电源插头不接入电网)。

持续60 s±5 s后，测量其绝缘电阻值。试验时，应保证接触点有可靠的接触，引线间的绝缘电阻应足够大，以保证读数准确。

5.3.2 试验设备

采用满足下述技术要求的绝缘电阻试验装置(也可用兆欧表或摇表测试)：

——试验电压：500 V±50 V；

——测量范围：0 MΩ～500 MΩ；

——最小分度：0.1 MΩ；

——记时：60 s±5 s。

5.4 电气强度试验

5.4.1 试验步骤

试验前，将试样的接地保护元件拆除。通过试验装置，以 100 V/s～500V/s 的升压速率，对试样的电源线与机壳间施加 50 Hz、1 250 V 的试验电压。持续 60 s±5 s，观察并记录试验中所发生的现象。试验后，以 100 V/s～500 V/s 的降压速率使电压降至低于额定电压值后，方可断电。接通试样电源，按 5.2 的要求进行整机性能试验。

5.4.2 试验设备

采用满足下述条件的试验装置：

——试验电压：电压 0 V～1 250 V(有效值)连续可调，频率 50 Hz；

——漏电流：≥20 mA；

——升、降压速率：100 V/s～500 V/s；

——计时：60 s±5 s。

5.5 射频电磁场辐射抗扰度试验

5.5.1 试验步骤

5.5.1.1 将试样按 GB/T 17626.3 的规定进行试验布置，接通电源，使试样处于正常工作状态 20 min。

5.5.1.2 按 GB/T 17626.3 规定的试验方法对试样施加符合 4.5 规定条件的电磁干扰。试验期间，观察并记录试样状态。试验后，按 5.2 的要求进行整机性能试验。

5.5.2 试验设备

采用符合 GB/T 17626.3 相关规定的试验设备。

5.6 射频场感应的传导骚扰抗扰度试验

5.6.1 试验步骤

5.6.1.1 将试样按 GB/T 17626.6 的规定进行试验布置，接通电源，使试样处于正常工作状态 20 min。

5.6.1.2 按 GB/T 17626.6 规定的试验方法对试样施加符合 4.5 规定条件的电磁干扰试验。试验期间，观察并记录试样状态。试验后，按 5.2 的要求进行整机性能试验。

5.6.2 试验设备

采用符合 GB/T 17626.6 相关规定的试验设备。

5.7 静电放电抗扰度试验

5.7.1 试验步骤

5.7.1.1 将试样按 GB/T 17626.2 的规定进行试验布置，接通电源，使试样处于正常工作状态 20 min。

5.7.1.2 按 GB/T 17626.2 规定的试验方法对试样及耦合板施加符合 4.5 规定条件的静电放电干扰试验。试验期间，观察并记录试样状态。试验后，按 5.2 的要求进行整机性能试验。

5.7.2 试验设备

采用符合 GB/T 17626.2 相关规定的试验设备。

5.8 电快速瞬变脉冲群抗扰度试验

5.8.1 试验步骤

5.8.1.1 将试样按 GB/T 17626.4 规定进行试验配置，接通电源，使其处于正常工作状态 20 min。

5.8.1.2 按 GB/T 17626.4 规定的试验方法对试样施加 4.5 规定条件的电快速瞬变脉冲群干扰试验。试验期间，观察并记录试样状态。试验后，按 5.2 的要求进行整机性能试验。

5.8.2 试验设备

采用符合 GB/T 17626.4 相关规定的试验设备。

5.9 浪涌(冲击)抗扰度试验

5.9.1 试验步骤

5.9.1.1 将试样按 GB/T 17626.5 的规定进行试验配置，接通电源，使其处于正常工作状态 20 min。

5.9.1.2 按 GB/T 17626.5 规定的试验方法对试样施加符合 4.5 规定条件的浪涌干扰试验。试验期间，观察并记录试样状态。试验后，按 5.2 的要求进行整机性能试验。

5.9.2 试验设备

采用符合 GB/T 17626.5 相关规定的试验设备。

5.10 电源瞬变试验

5.10.1 试验步骤

5.10.1.1 连接试样到电源瞬变试验装置上，使其处于正常工作状态。

5.10.1.2 对试样施加符合 4.6 规定条件的电源瞬变试验。试验后，按 5.2 的要求进行整机性能试验。

5.10.2 试验设备

采用能够产生满足试验条件要求的电源装置。

5.11 低温(运行)试验

5.11.1 试验步骤

5.11.1.1 试验前，将试样在正常大气条件下放置 2 h～4 h，然后接通电源，使试样处于正常工作状态。

5.11.1.2 调节试验箱温度，使其在 20 ℃±3 ℃温度下保持 30 min±5 min，然后，以不大于 1 ℃/min 的速率降温至－25 ℃±3 ℃。

5.11.1.3 在－25 ℃±3 ℃温度下，保持 16 h 后，立即按 5.2 的要求进行整机性能试验。

5.11.1.4 调节试验箱温度，使其以不大于 1 ℃/min 的速率升温至 20 ℃±3℃，并保持 30 min±5 min。

5.11.1.5 取出试样，在正常大气条件下放置 1 h～2 h 后，检查试样表面涂覆情况。

5.11.2 试验设备

采用符合 GB 16838 相关规定的试验设备。

5.12 恒定湿热(运行)试验

5.12.1 试验步骤

5.12.1.1 试验前,将试样在正常大气条件下放置 2 h～4 h,然后接通电源,使试样处于正常工作状态。

5.12.1.2 调节试验箱,使温度为 55 ℃±3 ℃,相对湿度为 90%～95%(先调节温度,当温度达到稳定后再加湿)。连续保持 4 d 后,立即按 5.2 的要求进行整机性能试验。

5.12.1.3 取出试样,在正常大气条件下,处于正常工作状态 1 h～2 h 后,检查试样表面涂覆情况。

5.12.2 试验设备

采用符合 GB 16838 相关规定的试验设备。

5.13 振动(正弦)(运行)试验

5.13.1 试验步骤

5.13.1.1 将试样刚性固定在试验设备上,使其重力作用方向与使用时一致(重力影响可忽略时除外),接通电源,使试样处于正常工作状态。

5.13.1.2 对试样施加符合 4.8 规定条件的振动(正弦)(运行)试验。

5.13.1.3 试验后,立即检查试样外观及紧固部位,并按 5.2 的要求进行整机性能试验。

5.13.2 试验设备

采用符合 GB 16838 相关规定的试验设备(振动台及夹具)。

5.14 振动(正弦)(耐久)试验

5.14.1 试验步骤

5.14.1.1 将试样刚性固定在试验设备上,使其重力作用方向与使用时一致(重力影响可忽略时除外),试验期间试样不通电。

5.14.1.2 对试样施加符合 4.8 规定条件的振动(正弦)(耐久)试验。

5.14.1.3 试验后,立即检查试样外观及紧固部位,并按 5.2 的要求进行整机性能试验。

5.14.2 试验设备

采用符合 GB 16838 相关规定的试验设备(振动台及夹具)。

5.15 碰撞试验

5.15.1 试验步骤

5.15.1.1 接通电源,使试样处于正常工作状态。

5.15.1.2 对试样施加符合 4.8 规定条件的碰撞试验。

5.15.1.3 试验后,按 5.2 的要求进行整机性能试验。

5.15.2 试验设备

采用符合 GB 16838 相关规定的试验设备。

6 检验规则

6.1 出厂检验

管理平台出厂前,应进行下述试验项目的检验:

a) 整机性能试验;

b) 绝缘电阻试验;

c) 电气强度试验。

其中任一项不合格,则判该产品不合格。

6.2 型式检验

6.2.1 型式检验项目为第5章规定的试验项目。检验样品在出厂合格的产品中抽取。

6.2.2 有下列情况之一时,应进行型式检验:

a) 新产品或老产品转厂生产时的试制定型鉴定;

b) 正式生产后,产品的结构、主要部件或元器件、生产工艺等有较大的改变可能影响产品性能;

c) 正常生产满5年;

d) 产品停产1年以上,恢复生产;

e) 出厂检验结果与上次型式检验结果差异较大;

f) 发生重大质量事故。

6.2.3 检验结果按GB 12978中规定的型式检验结果判定方法进行判定。

7 标志

7.1 产品标志

每套管理平台应有清晰、耐久的产品标志,产品标志应包括以下内容:

a) 产品名称、型号;

b) 执行标准代号;

c) 制造商名称或商标;

d) 软件版本号;

e) 接线端子标注;

f) 制造日期、产品编号和产地。

7.2 质量检验标志

每套管理平台应有质量检验合格标志。

8 使用说明书

管理平台应附有相应的中文说明书。说明书的内容应满足GB/T 9969要求,并与产品的性能一致。

ICS 33.200
M 50

中华人民共和国国家标准

GB/T 28441—2012

车载导航电子地图数据质量规范

Data quality specification for navigation electronic map in vehicle

2012-06-29 发布 2012-10-01 实施

中华人民共和国国家质量监督检验检疫总局
中国国家标准化管理委员会 发布

前　言

本标准依据 GB/T 1.1—2009 给出的规则起草。

请注意本文件的某些内容可能涉及专利。本文件的发布机构不承担识别这些专利的责任。

本标准由中华人民共和国工业和信息化部提出。

本标准由中国电子技术标准化研究所归口。

本标准起草单位:北京四维图新科技股份有限公司、中国电子技术标准化研究所、北京灵图软件技术有限公司、高德软件有限公司、瑞图万方科技有限公司、易图通科技(北京)有限公司。

本标准主要起草人:屈彦军、孙玉国、陈倩、曹晓航、蒋晟、李艳霞、李宏利、赵斌。

车载导航电子地图数据质量规范

1 范围

本标准规定了车载导航电子地图数据质量描述原则、评价内容、评价指标、评价方法和评价流程。

本标准适用于车载导航电子地图数据的检查验收和质量评定。

2 规范性引用文件

下列文件对于本文件的应用是必不可少的。凡是注日期的引用文件,仅注日期的版本适用于本文件。凡是不注日期的引用文件,其最新版本(包括所有的修改单)适用于本文件。

GB/T 2828.1—2003 计数抽样检验程序 第1部分:按接收质量限(AQL)检索的逐批检验抽样计划

GB 20263 导航电子地图安全处理技术基本要求

GB/T 20267—2006 车载导航电子地图产品规范

3 术语和定义

下列术语和定义适用于本文件。

3.1

数据集 dataset

可以识别的数据集合。

[GB/T 19710—2005,定义4.2]

3.2

数据质量元素 data quality element

产品满足用户要求和使用目的的基本特征。

3.3

数据质量评价指标 data quality measure

定义数据质量元素的评价等级参数。

3.4

关注点 point of interesting

兴趣点

POI

导航电子地图上有特定位置和属性的点位,用于检索和引导。

3.5

单位产品 item

可以单独描述和考察的对象。

[GB/T 2828.1—2003,定义3.1.4]

注:单位产品可以是数据集的任何部分,如要素、要素间关系、要素属性或它们的组合。

3.6

样本　sample

在抽样检查中，取自一个批并且提供有关该批的信息的一个或一组单位产品。

3.7

抽样检查　sampling inspection

按照一定的抽样方法，从数据集中抽取样本数据进行的检查。

3.8

全数检查　full inspection

对数据集中所有单位产品的检查（100％检查）。

3.9

严重缺陷　high defect

地图产品的极重要质量元素不符合规定，对用户的使用有严重影响。

3.10

重缺陷　medium defect

地图产品的重要质量元素不符合规定，或者地图产品的质量元素严重不符合规定，对用户使用有重大影响。

3.11

轻缺陷　low defect

地图产品的一般质量元素不符合规定，或者地图产品的质量元素轻微不符合规定，对用户使用有轻微影响。

4　数据质量描述原则

4.1　概述

车载导航电子地图数据可依据使用目的划分成不同规模或类型的数据集，数据集的质量通常采用两类元素描述：

a）　数据质量定性元素

　　数据质量定性元素提供概括性的、非定量性的质量信息。

b）　数据质量定量元素

　　数据质量定量元素提供量化的质量信息，用于评价数据集符合规定的程度。

4.2　数据质量定性元素

数据质量定性元素描述见表1。

表1　数据质量定性元素

数据质量定性元素	说　明
安全性	描述数据满足国家相关法律、法规和GB 20263对于信息安全的规定
用户自定义	描述数据满足供方或需方特别规定的质量定性指标，如数据范围、可持续性等
目的	描述生产数据集的原因和主要目的
用途	描述数据集的使用范围
数据志	描述数据集的历史沿革，即数据集从获取、编辑、编译到发布的全过程的描述。数据志包括两个独立的部分：数据源信息和数据处理步骤、重要处理事件（转换、维护）信息

4.3 数据质量定量元素

4.3.1 概述

数据质量定量元素描述见表2。

表2 数据质量定量元素

一级质量元素	二级质量元素
完整性	多余
	遗漏
逻辑一致性	概念一致性
	格式一致性
	值域一致性
	拓扑一致性
位置准确度	绝对位置准确度
	相对位置准确度
专题准确度	定量属性准确度
	专题分类准确度
时间准确度	现势性
	时间度量准确度
	时间一致性

4.3.2 完整性

描述要素、要素属性和要素关系的多余或者遗漏：

a) 多余

描述数据集中有不应有的数据。

b) 遗漏

描述数据集中缺少应有的数据。

4.3.3 逻辑一致性

描述数据结构(包括概念的、逻辑的或物理的数据结构)、要素、属性和关系符合逻辑规则的程度：

a) 概念一致性

描述数据概念与概念模型规则的一致性程度。

b) 格式一致性

描述数据实现的存储格式与定义格式的一致性程度。

c) 值域一致性

描述数据值是否在界定的值域内。

d) 拓扑一致性

描述数据集显性的拓扑关系编码的正确性。

4.3.4 位置准确度

描述要素位置的准确度：

a) 绝对位置准确度

描述要素的绝对空间位置信息与真值或者约定值的近似度。

b) 相对位置准确度

描述要素与要素间的相对空间位置信息与真值或者约定值的近似度。

4.3.5 专题准确度

描述定量属性准确度以及要素的分类准确度：

a) 定量属性准确度

描述定量属性数据的正确性或一致性程度。

b) 专题分类准确度

描述要素或要素属性分类与数据规格中的分类定义的一致性程度。

4.3.6 时间准确度

描述要素的时间属性和时间关系的准确度：

a) 现势性

描述数据内容在时间上的有效性。

b) 时间度量准确度

描述数据中各项目使用的时间参考系的正确性。

c) 时间一致性

描述有序事件的准确度。

5 数据质量评价内容

5.1 数据质量定性元素评价内容

数据质量定性元素的评价内容见表 3。

表 3 数据质量定性元素评价内容

数据质量定性元素	评价内容
安全性	a) 数据空间位置坐标精度是否符合安全规定； b) 数据存储或表达的内容是否符合安全规定
目的	a) 是否具备数据集生产原因的描述； b) 是否具备数据集预定目标的描述
用途	是否具备数据集使用范围的描述
数据志	a) 是否具备数据源信息的描述； b) 是否具备数据编辑、编译、发布、维护过程中重要情况的描述； c) 是否具备数据质量过程控制的描述
用户自定义	a) 是否与数据供方自定义内容一致； b) 是否与数据需方定制要求一致

5.2 数据质量定量元素评价内容

数据质量定量元素的评价内容见表 4。

表 4 数据质量定量元素评价内容

<table>
<tr><th>一级质量元素</th><th>二级质量元素</th><th>评价内容</th></tr>
<tr><td rowspan="2">完整性</td><td>多余</td><td>a) 要素类型、要素的多余;
b) 属性类型、属性的多余;
c) 关系类型、关系的多余;
d) 基本元数据的多余</td></tr>
<tr><td>遗漏</td><td>a) 强制性的要素类型或要素的遗漏;
b) 强制性的属性类型或属性的遗漏;
c) 强制性的关系类型或关系的遗漏;
d) 基本元数据的遗漏</td></tr>
<tr><td rowspan="4">逻辑一致性</td><td>概念一致性</td><td>a) 要素、属性和关系与现实世界的地理信息的一致性;
b) 要素、属性和关系与概念模型中定义的一致性</td></tr>
<tr><td>格式一致性</td><td>a) 数据存储与数据集物理结构的一致性;
b) 数据存储与规定格式的一致性</td></tr>
<tr><td>值域一致性</td><td>数据值与界定的值域的一致性</td></tr>
<tr><td>拓扑一致性</td><td>a) 面状要素的闭合性;
b) 线状要素的连通性和符合某种条件的线状要素集的闭合性;
c) 要素、属性和关系 ID 的一致性;
d) 有序或部分有序要素的一致性;
e) 点、线、面要素间空间几何位置、拓扑关系的一致性</td></tr>
<tr><td rowspan="2">位置准确度</td><td>绝对位置准确度</td><td>a) 采用的空间参考坐标系统是否正确;
b) 要素的绝对空间位置信息误差是否在允许的范围内;
c) 数据集准确度等级是否符合预定的等级要求</td></tr>
<tr><td>相对位置准确度</td><td>a) 相对位置基准点的位置信息误差是否在允许的范围内;
b) 要素间的相对位置信息误差是否在允许范围内</td></tr>
<tr><td rowspan="2">专题准确度</td><td>定量属性准确度</td><td>定量属性数据与现实世界的地理实体符合程度</td></tr>
<tr><td>专题分类正确性</td><td>a) 要素、属性的分类与现实世界类别是否一致;
b) 要素、属性的分类是否符合数据规格中的分类定义</td></tr>
<tr><td rowspan="3">时间准确度</td><td>现势性</td><td>数据内容在时间上的有效性</td></tr>
<tr><td>时间度量准确度</td><td>数据集中各对象的时间参考系的正确性</td></tr>
<tr><td>时间一致性</td><td>a) 数据时间属性与数据集发布时指明时间的一致性;
b) 数据集中各有序事件或序列的一致性</td></tr>
</table>

6 数据质量评价指标

6.1 数据质量定性元素评价指标

导航电子地图数据质量定性元素评价指标，主要是指地图的安全性和其他数据质量定性元素评价指标：

a) 安全性

车载导航电子地图数据的安全性应符合国家相关法律、法规和 GB 20263 的规定，安全性质量元素为合格，否则为不合格。

b) 其他

其他数据质量定性元素评价指标由使用或参考本标准的单位或机构规定。

6.2 数据质量定量元素评价指标

6.2.1 概述

数据集质量的定量评价由数据质量定量元素的评价指标决定，结果分合格和不合格两种，评价指标由不同等级的数据评价得分构成，数据集的定量评价体现为数据集的定量综合评价分值，该评价分值由道路、关注点、注记、背景四大类要素主题的评价结果与其要素主题的评价权重值计算得出。四大类要素主题综合评价权重值见表 5 中的综合权重(P''_i)。

四大类要素主题中每一类要素主题的评价结果由各一级质量元素的评价得分与该一级质量元素的权重值计算得出，各要素主题的一级质量元素的评价权重值见表 5 中的 P'_i。

四大类要素主题的定量元素分为严重缺陷、重缺陷、轻缺陷三种缺陷等级。一级质量元素缺陷等级包含二级质量元素的评价内容，其评价结果由三种不同缺陷等级的缺陷个数通过经验公式得出（见 7.4.1）。

表 5 车载导航电子地图数据各要素主题评价权重表

权 重	要素主题			
	道路	关注点	注记	背景
完整性权重(P'_1)	0.2	0.1	0.25	0.2
逻辑一致性权重(P'_2)	0.25	0.3	0.2	0.2
位置准确度权重(P'_3)	0.25	0.3	0.2	0.25
专题准确度权重(P'_4)	0.2	0.2	0.25	0.25
时间准确度权重(P'_5)	0.1	0.1	0.1	0.1
综合权重(P''_i)	0.45	0.3	0.15	0.1

6.2.2 道路评价的缺陷等级

道路数据的评价内容包括道路属性、道路形状及连接关系、道路编号、道路名称、道路功能等级、道路宽度、道路位置准确度等道路相关信息的评价，道路数据评价的缺陷等级见表 6。道路功能等级定义采用 GB/T 20267—2006 的相关内容。

表 6 道路评价的缺陷等级

一级质量元素	严重缺陷	重缺陷	轻缺陷
完整性	高速公路、国道、城市快速路等四级以上功能道路的遗漏或多余	a) 造成道路规划和引导错误的交通限制信息的遗漏或多余； b) 五级功能道路的遗漏或多余	a) 一般属性(如收费和限速信息等)遗漏或多余； b) 造成引导绕远的交通限制信息遗漏或多余
逻辑一致性	数据存储格式与数据规格的不一致	高速公路、国道、城市快速路等四级以上功能道路的空间位置关系(平面或立体交叉)错误	五级功能道路(含)以下道路的空间位置关系(平面或立体交叉)错误
位置准确度	道路相对位置准确度大于40 m	道路相对位置准确度大于25 m，且小于或等于40 m	道路相对位置准确度大于15 m，且小于或等于25 m
专题准确度	高速公路、国道、城市快速路等四级以上功能道路中导致路径规划与引导错误的属性错误	五级功能道路(含)以下道路中导致路径引导错误的属性错误	道路一般属性的错误
时间准确度	—	高速公路、国道、城市快速路等四级以上功能道路的记录时间未在有效范围内	五级功能道路(含)以下可引导道路的记录时间未在有效范围内

6.2.3 关注点评价的缺陷等级

关注点的评价内容包括关注点的分类、名称、属性、坐标的评价，关注点之间的逻辑关系的评价，关注点与道路之间的逻辑关系以及关注点的位置准确度等相关信息的评价。关注点的重要性可根据评价目的需要分为重要关注点和一般关注点两类，也可根据评价需要增加客户强制性指定的关注点的评价，关注点评价的缺陷等级见表 7。

表 7 关注点评价的缺陷等级

一级质量元素	严重缺陷	重缺陷	轻缺陷
完整性	强制性属性或子要素的遗漏	a) 重要标志性关注点的遗漏或多余； b) 惟一性或限制性属性或子要素的多余； c) 客户强制性指定的关注点遗漏	一般关注点的遗漏或多余
逻辑一致性	数据物理存储格式与数据规格的不一致	a) 重要关注点与道路、水系等空间位置关系错误； b) 重要关注点的进入点与道路位置关系错误； c) 客户强制性指定的关注点与道路、水系等空间位置关系错误	a) 一般关注点与道路、水系等空间位置关系错误； b) 一般关注点的进入点与道路位置关系错误

表 7（续）

一级质量元素	严重缺陷	重缺陷	轻缺陷
位置准确度	—	关注点相对位置准确度大于 40 m	关注点相对位置准确度大于 25 m，且小于或等于 40 m
专题准确度	—	重要关注点的属性错误（名称、拼音等）	a) 一般关注点的属性（如门牌号、电话）错误； b) 关注点次要属性（如邮编）错误
时间准确度	—	客户强制性指定的关注点记录时间未在有效范围内	重要关注点的记录时间未在有效范围内

6.2.4 注记评价的缺陷等级

车载导航电子地图数据的注记包括地名、道路名、道路编号、设施名等，注记评价的内容针对注记的名称、分类、属性、等级、位置准确度等相关信息的评价，也包括注记之间的压盖关系、密度、均匀分布等项目的评价。注记的重要性可根据评价目的需要分为重要注记和一般注记两种类型，也可根据评价需要增加客户强制性指定注记的评价。注记评价的缺陷等级见表 8。

表 8 注记评价的缺陷等级

一级质量元素	严重缺陷	重缺陷	轻缺陷
完整性	—	a) 重要标志性注记的遗漏或多余； b) 客户强制性指定的注记遗漏或多余	一般注记的遗漏或多余
逻辑一致性	—	a) 数据物理存储格式与数据规格的不一致； b) 重要注记与道路、水系等空间位置关系错误； c) 客户指定的注记与道路、水系等空间位置关系错误	a) 一般注记与道路、水系等空间位置关系错误； b) 一般注记之间的压盖错误
位置准确度	—	a) 客户强制性指定的注记与国家测绘单位提供的基础地理数据不一致； b) 重要注记表示区域准确度大于 30 m； c) 一般注记表示区域准确度大于 40 m	a) 重要注记表示区域准确度大于 20 m，且小于或等于 30 m； b) 一般注记表示区域准确度大于 30 m，且小于或等于 40 m
专题准确度	—	a) 重要注记的属性错误（如名称等）； b) 注记的重要属性错误	a) 注记的次要属性错误（如描述属性）； b) 一般注记的属性错误（如显示等级）
时间准确度	—	客户强制性指定的注记记录时间未在有效范围内	重要注记的记录时间未在有效范围内

6.2.5 背景评价的缺陷等级

背景的评价内容包括行政区划、铁路、水系、绿地等背景相关信息的评价，以及背景与道路、关注点之间的逻辑关系、一致性等项目的评价，背景评价的缺陷等级见表9。

表9 背景评价的缺陷等级

一级质量元素	严重缺陷	重缺陷	轻缺陷
完整性	国土、领海的遗漏	a) 强制性属性或子要素的遗漏或多余； b) 数据覆盖范围内的行政区划遗漏或多余； c) 主要河流或湖泊的遗漏或多余	a) 县或县级以上行政区划名称的遗漏或多余； b) 一般河流或湖泊的遗漏或多余
逻辑一致性	—	a) 数据物理存储格式与数据规格的不一致； b) 行政区划形状非闭合； c) 主要河流或湖泊空间位置错误	a) 行政区划层次划分不符合国家行政区划层次划分原则； b) 行政区划间出现重叠或空隙； c) 水系与土地覆盖与利用等其他要素重叠； d) 一级河流或湖泊的空间位置错误
位置准确度	国界、未定国界与国家公布的基础地理数据不一致	a) 省级以上行政区划边界与国家公布的基础地理数据不一致； b) 主要河流或湖泊形状与实际形状不一致	a) 县级以上行政区划边界与国家公布的基础地理数据不一致； b) 一般河流或湖泊的形状与实际形状不一致
专题准确度	a) 国界、未定国界处地名错误造成主权归属错误； b) 国界、未定国界、特别行政区以及相应的界桩、界碑属性错误等	a) 重要属性(如地级市级别以上名称和行政区域代码)错误； b) 主要河流或湖泊名称或种别属性错误	a) 次要属性(绿地、铁路、水系的描述性属性)错误； b) 一般河流或湖泊的名称或种别属性错误
时间准确度	—	—	背景的现势性未满足客户要求

7 数据质量评价方法

7.1 概述

车载导航电子地图数据质量评价方法可以分为定性评价法和定量评价法。定性评价法主要是针对数据质量定性元素的评价，是基于数据发布时提供的相关信息进行演绎推理确定数据集的数据质量状况，用于演绎推理的信息包括数据用途、数据源的质量、数据生产方法和记录等；定量评价法主要是针对数据质量定量元素的评价，通过与内部或外部的参照信息进行对比来评定数据集的数据质量状况，内部或外部的参照信息可以是现实世界的客观描述信息，也可以是被认可的权威性数据。

7.2 定性评价法

定性评价法是根据事先确定的评价指标，对数据的安全性、目的、用途、数据志以及用户自定义项目的评价，通过演绎推理等方法对这些项目进行评价，从而判定数据集的质量是否合格，用于演绎推理的方法和信息应当在质量评价报告中进行阐述。

7.3 定量评价法

7.3.1 概述

定量评价法是对数据集质量的直接评价，通过检查数据集中各个数据项目来判定数据集质量是否合格。定量评价法一般采用数据质量检查软件检查数据集的质量，数据质量检查软件根据数据规格预先定义的描述数据要素、属性和关系的质量检查原则，通过计算机软件程序对数据组织结构、数据逻辑关系和数据存储内容进行判定，检查数据集中可能存在的错误；也可以通过辅助工具结合人工识别分析方法进行人工检查，如使用车载导航仪进行道路网络、道路属性等信息的检查。数据质量检查软件的名称、算法和人工检查判定方法应在数据集质量报告中说明。定量评价法一般可分为全数检查或抽样检查。

7.3.2 全数检查

7.3.2.1 概述

全数检查，也称全检，指在数据质量评价范围内对被指定的总体中的全部单位产品进行检查。车载导航电子地图数据质量检查，一般只对补充安全性规定的说法、用户的特殊要求或其他可能导致严重影响的数据质量项目进行全检，适合通过数据质量检查软件进行全数检查的数据项目也建议采用全检方式。车载导航电子地图数据全检的必要项目见附录A。

7.3.2.2 全数检查的过程

全数检查时应对数据质量范围内每一个单位产品均进行检查，全数检查的过程步骤见表10。

表10 全数检查过程

序号	步骤	说　　明
1	确定单位产品	单位产品是检查的最小单位。一个要素、一个要素的属性或者要素间的关系都可以成为一个单位产品
2	检查数据质量范围内的单位产品	检查数据质量范围内的每一个单位产品
3	确定全检数据结果	依据评价指标检查单位产品的评价得分，确定全检数据结果

7.3.3 抽样检查

7.3.3.1 概述

抽样检查指按照规定的抽样方案，从待检数据集中随机抽取一部分为样本，通过对样本数据进行全数检查来评定数据集的质量。车载导航电子地图数据抽样方法的描述见附录B。地图数据常用的抽样方法分为两种：

a) 基于要素的抽样；

b) 基于区域的抽样。

7.3.3.2 抽样检查过程

抽样检查的对象为待检数据集中按照抽样原则选取的抽样单元中的各个单位产品，抽样单元根据数据质量评价对象的不同可以是某个区域或者某些属性数据，每一个抽样单元可以是一个数据集或者多个抽样单元组合成一个数据集，单位产品是数据质量评价的直接对象，抽样检查过程见表11。

表 11 抽样检查过程

序号	步骤	说　明
1	确定抽样方法	采用随机抽样方法
2	确定单位产品	单位产品是检查的最小单位。一个要素、一个要素的属性或者要素间的关系都可以成为一个单位产品
3	将数据质量范围(总体)划分成检验批	检验批是数据质量范围内单位产品的集合，从中抽出样本，并进行检查。每个检验批应尽可能包含相同条件或相同时间生产的单位产品
4	将检验批划分为抽样单元	抽样单元是进行检查的数据范围
5	定义抽样比例或样本大小	抽样比例确定从每个检验批平均抽取多少单位产品进行检查
6	选取抽样单元	根据抽样比例要求选取的抽样单元
7	检查抽样单元中的单位产品	检查抽样单元中的每个单位产品
8	确定抽检数据结果	依据评价指标，检查单位产品的评价得分，确定抽检数据结果

7.4 定量评价法的数据质量评定过程

7.4.1 各质量元素的评分方法

数据质量检查过程中，通过参照信息据判断单位产品是否合格，若不合格时根据相应的评价指标给出缺陷分类，统计各一级质量元素的评价结果中不同等级缺陷的个数，采用缺陷扣分法方式计算该一级质量元素的缺陷分值。一级质量元素的评分按式(1)进行：

$$E_i = 1 - l_i - 40m_i/N - 4n_i/N \qquad \cdots\cdots(1)$$

式中：

E_i——第 i 个一级质量元素的得分；

l_i——第 i 个一级质量元素的严重缺陷的个数；

m_i——第 i 个一级质量元素的重缺陷的个数；

n_i——第 i 个一级质量元素的轻缺陷的个数；

N——一级质量元素的数据检查的总量。

7.4.2 各要素主题的质量评分方法

车载导航电子地图数据中道路、关注点、注记以及背景四大类要素主题的评价结果按式(2)进行：

$$S = \sum_{i=1}^{n} E_i P'_i \qquad \cdots\cdots(2)$$

式中：

S——各要素主题的评价结果；

E_i——第 i 个一级质量元素的得分；

P'_i——第 i 个一级质量元素的权重，各个质量元素的权重值见表 5；

n——一级质量元素的个数，通常 n 取值为 5。

7.4.3 地图数据的质量评分方法

地图数据的质量综合评价得分，采用式(3)进行：

$$W = \sum_{i=1}^{n} 100 S_i P''_i \qquad \cdots\cdots (3)$$

式中：

W——地图数据的综合评价分值；

S_i——第 i 个要素主题的评价结果；

P''_i——第 i 个要素主题的综合权重值，各个要素主题的综合权重值见表 5；

n——要素主题的个数，通常 n 取值为 4。

7.4.4 地图数据的质量评定

导航电子地图数据质量评价过程中，依据数据结果评定的分值，按照以下规则对数据质量进行评定：

a) 地图数据质量评价过程中，一旦发现严重缺陷，则评定该地图数据不合格；

b) 地图数据中包含全检和抽检内容时，只有当全检数据和抽检数据都合格时，该地图数据才判定合格；

c) 车载导航电子地图数据质量结果根据 7.4.3 的评分方法计算得出，80 分(含)以上为合格。

7.4.5 地图数据检查后的处置

对地图数据进行检查后，需要记录与地图数据评价相关的内容，如数据名称、评价的内容、评价的方法以及评价中发现的缺陷的描述，具体参见附录 C。

对评定为不合格的全检数据，一般为该全检数据的最终评定结果，也可要求生产单位进行返工或重做并进行复检。对返工或重做的数据，再次检查结果为地图数据的最终评定结果。

对评定为不合格的抽检数据，一般为该抽检数据的最终评定结果，也可根据实际评价要求扩大抽样比例，再次对抽检样本数据进行复检，再次检查结果为该地图数据的最终评定结果。

地图数据的二次评定过程，应编写入地图数据质量评价报告中。

8 数据质量评价流程

8.1 评价流程图

用数据质量评价流程图描述车载导航电子地图质量评价的流程和各个步骤，见图 1。

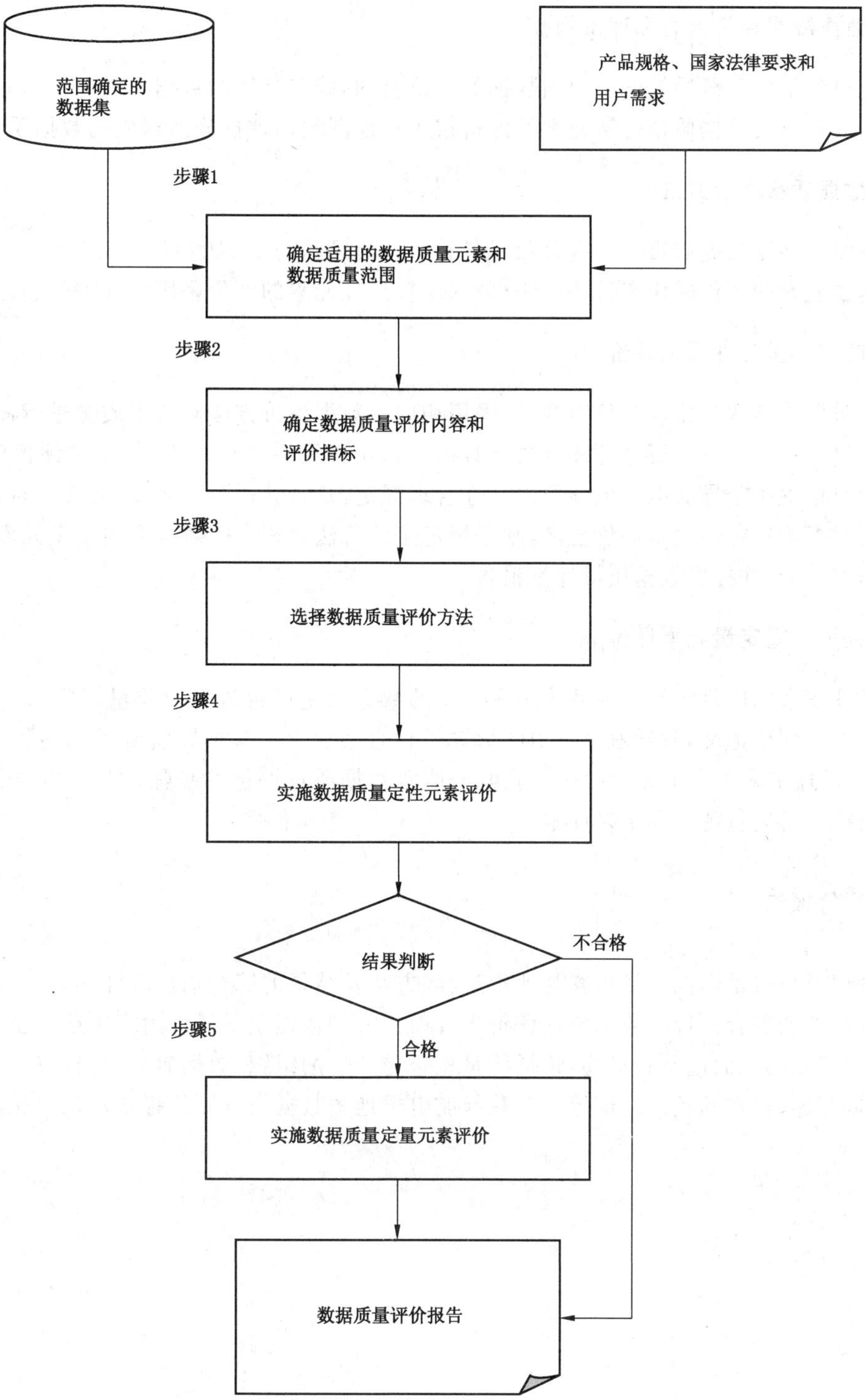

图 1　数据质量评价流程图

8.2　评价实施步骤

8.2.1　确定适用的数据质量元素、数据质量适用范围

评价实施单位根据车载导航电子地图数据的评价目的，在满足地图数据预先定义的规格和用户的特殊需求的基础上，选定适用的数据质量元素和质量适用范围。

8.2.2 确定数据质量评价内容和评价指标

评价实施单位根据车载导航电子地图数据的评价目的，确定具体的数据质量评价内容和评价指标。实施单位可以自行定义数据质量定量元素的评价权重和地图数据评价分值对应的数据质量等级。

8.2.3 选择数据质量评价方法

评价实施单位根据数据质量评价内容制定各相应质量评价方法，如定量评价法和定性评价法。一般数据质量定量元素的评价采用定量评价法，数据质量定性元素的评价采用定性评价法。

8.2.4 实施数据质量定性元素评价

评价实施单位确定数据质量评价内容后，采用相应的数据评价方法对数据质量进行评价，并给出数据质量评定结果。一般首先采用定性评价法对数据质量定性元素进行评价，如用于评价的数据是否通过国家相关行政机关关于导航电子地图的强制性管理规定，是否获得审图号，或者用户自定义项目是否满足要求。若数据质量定性元素评价合格，则采用定量评价法对相应的数据质量定量元素的评价，否则判定该批数据不合格，并提供数据质量评价报告。

8.2.5 实施数据质量定量元素评价

导航电子地图数据质量定量元素评价采用7.4的数据质量评价过程及质量评定，评价实施单位根据预先设定的质量评价标准，对导航电子地图数据进行合格评定。车载导航电子地图数据质量评价示例参见附录C，描述了采用定量评价法对导航电子地图数据质量评价的步骤、方法，以及如何应用这些方法对地图数据进行质量评价和结果评定。

9 数据质量评价报告

数据质量评价报告是数据质量检查与评价过程、方法及结果的综合描述和评述，是对车载导航电子地图数据质量特性的综合评价。数据质量评价报告由正文和数据质量评价附表组成。正文应是质量评价方法、过程和结果的全面记录和描述，包括质量检查与评价的组织、数据集概况、检查方法、评价依据、评价规则、质量评述、存在问题及结论等。车载导航电子地图数据质量评价报告示例参见附录D。

附 录 A
（规范性附录）
全数检查的必要项目

全数检查的必要项目包括：

a） 国家相关法律、法规和 GB 20263 规定的所有数据检查项目；

b） 高速公路、国道、城市快速路等主干道路对应的重要检查项目，如道路位置和连接关系、道路等级、道路名称、交通限制等；

c） 重要关注点对应的重要检查项目，如名称、位置信息等；

d） 其他产品规格、质量要求或用户要求规定的全检项目。

附　录　B
（资料性附录）
车载导航电子地图数据抽样方法

B.1　概述

对产品质量的检查通常采用两种方式，即全数检查和抽样检查。GB/T 2828 适用于评价产品规范一致性的抽样检查，抽样检查是按规定的抽样方案，随机地从检验批或过程中抽取少量个体或材料作为样本，对样本进行全数检查，并根据对样本的检查结果对该批产品作出合格或不合格地判定。

车载导航电子地图数据抽样一般采用基于要素的抽样方法和基于区域的抽样方法。根据导航电子地图数据用户的质量要求状况和导航电子地图数据特点，当使用抽样方法进行导航电子地图数据质量检查时，通常按 GB/T 2828.1—2003 使用一般检验的Ⅱ水平和规定 AQL 为 1(％)不合格品。

B.2　基于要素的抽样方法

以要素为个体的抽样，通常将需要检查的对象整体作为抽样的总体，比如将需要检查的 1 000 个道路属性或 100 个关注点作为抽样的总体。基于要素的抽样步骤如下：

a)　确定该批数据可接收的最大不合格品率，即确定 AQL＝1(％)；

b)　统计该批数据包含的数据项个数；

c)　在一般检验的Ⅱ水平下，确定与数据项对应的样本检查的数据项数；

d)　根据确定的可接收的最大不合格品率和抽样的数据项数量，确定合格判定数。

B.3　基于区域的抽样方法

基于区域抽样的导航电子地图数据，通常按照图幅实现或根据人为划定的网格区域实现，例如：城市核心区域 4 km^2(2 km×2 km)或城市郊区 16 km^2(4 km×4 km)。基于区域的抽样，一般分为多图幅抽样和图幅内抽样。

多图幅抽样中，图幅为抽样的个体。如果需要检查的图幅少于 10 幅，抽样的比例采用专家判断法抽样，根据数据检查的目的以及图幅质量的提交说明，确定抽样的样本数和合格判定数。

若图幅大于 10 幅，通常采用分层随机抽样方法抽取样本，一般实施步骤如下：

a)　确定该检验批数据可接收的最大不合格品率，即确定 AQL＝1(％)；

b)　在一般检验的Ⅱ水平下，确定与总图幅数对应的样本图幅数量；

c)　根据确定的可接收的最大不合格品率和抽样的图幅数量，确定合格判定数。

附 录 C
（资料性附录）
车载导航电子地图数据质量评价示例

C.1 概述

本附录以×××市车载导航电子地图数据质量评价为例来说明采用定量评价法如何对车载导航电子地图数据进行质量评价。

C.2 区域抽样说明

本附录中用于评价的×××市导航电子地图数据共6幅图，评价组根据专家评定法讨论结论，决定对其中覆盖市区面积较多的1幅图进行评价，根据对此抽样的图幅评价的结果，确定×××市车载导航电子地图数据是否合格。

C.3 车载导航电子地图数据质量评价

C.3.1 车载导航电子地图数据质量评价过程

评价组根据选定评价的图幅，确定采用通过数据质量定量元素评价的方式来判定地图数据质量；评价的内容包括道路、关注点、注记和背景四大类要素主题，选取的评价指标按照6.2.2～6.2.5。评价组首先选定评价路线，评价路线要求尽可能包括各类等级道路，以重要关注点为起始点、经过点和目的地，对某条设定的评价路线通过车载导航仪的显示和提示信息，与内部或外部的参照信息进行对比来进行评价。车载导航电子地图数据评价的结果参考表C.1的格式对评价内容进行记录，数据质量的评价记录表是数据质量检查过程中形成的原始记录凭证，是评价产品质量和编写报告的依据。

表C.1 车载导航电子地图数据质量评价记录表

数据产品名称		×××××电子地图		提交单位	××××公司
数据集名称	道路	缺陷数	23	缺陷分值	0.983
一级质量元素	权重	评价内容	缺陷类型	评价方法	缺陷描述
完整性	0.2	道路信息	重缺陷	实机应用检查	×××省道遗漏
		交通限制	轻缺陷	实机应用检查	××路口交通限制遗漏
逻辑一致性	0.25	……		……	
位置准确度	0.25	道路精度	轻缺陷	实机应用检查	×××道路偏离20 m
		……		……	
专题准确度	0.2	……		……	
时间准确度	0.1	……		……	
评价时间		评价人		审核人	
说明	（含严重缺陷、重缺陷的描述） 1.××××省道在××××处与×××处之间遗漏2 km。				

C.3.2 数据质量评价缺陷数量统计

示例中道路数据评价总量为2 000个，关注点数据评价总量为500个，注记数据评价总量为200个，背景数据评价总量为100个。其中道路数据评价中共发现23个问题，关注点数据评价中共发现27个问题，注记数据评价中共发现6个问题，背景数据评价中共发现4个问题。各个要素主题的问题缺陷类型和数量见表C.2。

表C.2 车载导航电子地图数据质量评价缺陷数量

要素主题	缺陷类型	数据质量定量元素				
		完整性	逻辑一致性	位置准确度	专题准确度	时间准确度
道路	严重缺陷	0	0	0	0	0
	重缺陷	2	0	0	0	0
	轻缺陷	18	0	3	0	0
关注点	严重缺陷	0	0	0	0	0
	重缺陷	0	0	1	0	0
	轻缺陷	18	0	3	4	1
注记	严重缺陷	0	0	0	0	0
	重缺陷	0	0	0	0	1
	轻缺陷	0	2	0	3	0
背景	严重缺陷	0	0	0	0	0
	重缺陷	0	0	0	0	0
	轻缺陷	3	1	0	0	0

C.3.3 一级质量元素评价分值计算

根据式(1)计算道路要素主题相关的数据质量定量元素中5个一级质量元素的评价分值，分别为：完整性得分为0.924，位置准确度得分为0.994，其他一级质量元素得分均为1。以此类推，关注点数据要素评价中完整性得分为0.856，位置准确度得分为0.896，专题准确度得分为0.968，时间准确度得分为0.992，逻辑一致性得分为1；注记数据要素评价中逻辑一致性得分为0.96，专题准确度得分为0.94，时间准确度得分为0.8，其他一级质量元素得分均为1；背景数据要素评价中完整性得分为0.88，逻辑一致性得分为0.96，其他质量定量元素得分均为1。

C.3.4 各要素主题的评价分值计算

道路、关注点、注记和背景此四大类要素主题的评价结果按照表5中的各要素主题对应的各个数据质量定量元素的权重值，采用式(2)计算得出，道路评价结果为道路要素主题中5个一级质量元素得分与其权重值相乘积的和，计算得出道路评价结果为0.983；以此类推其他要素主题的评价结果分别为：关注点为0.947；注记为0.957；背景为0.968。

C.3.5 导航电子地图数据质量评价分值计算

导航电子地图数据质量评价汇总表中反映的地图数据中各个要素主题的评价结果，记录了各个地图数据质量评价中发现的各类缺陷数量，参照表5中给出的地图数据中各要素主题的权重值，采用式

(3)的计算方法得出导航电子地图数据质量评价结果。考虑一般评价分值采用百分制计算，所以将四大要素主题的评价结果与其权重的乘积各自再与100相乘后求和，从而得出地图数据质量的评价分值。该地图数据质量评价案例中，选定的评价图幅最终得分为96.7，见表C.3。

地图数据质量评价结束后，评价单位需要编制评价报告，评价报告的内容要求参见附录D。

表C.3　车载导航电子地图数据质量评价汇总表

<table>
<tr><td colspan="2">数据产品名称</td><td colspan="2">×××××电子地图</td><td colspan="2">提交单位</td><td>××××××</td></tr>
<tr><td colspan="2">产品得分</td><td colspan="2">96.7</td><td colspan="2">评价单位</td><td>×××××××</td></tr>
<tr><td rowspan="2">数据集名称</td><td colspan="3">缺陷数</td><td rowspan="2">权重</td><td rowspan="2">缺陷分</td><td rowspan="2">严重缺陷说明</td></tr>
<tr><td>严重缺陷</td><td>重缺陷</td><td>轻缺陷</td></tr>
<tr><td>道路</td><td>0</td><td>2</td><td>21</td><td>0.45</td><td>0.983</td><td>—</td></tr>
<tr><td>关注点</td><td>0</td><td>1</td><td>26</td><td>0.3</td><td>0.947</td><td>—</td></tr>
<tr><td>注记</td><td>0</td><td>1</td><td>5</td><td>0.15</td><td>0.957</td><td>—</td></tr>
<tr><td>背景</td><td>0</td><td>0</td><td>4</td><td>0.1</td><td>0.968</td><td>—</td></tr>
<tr><td colspan="2">评审组长</td><td colspan="3"></td><td colspan="1">评审日期</td><td></td></tr>
<tr><td colspan="2">说明</td><td colspan="5"></td></tr>
</table>

附 录 D
（资料性附录）
车载导航电子地图数据质量评价报告

车载导航电子地图数据质量评价报告可分为文本格式(见 D.2)和表格格式(见 D.3)两种。

D.1 数据质量评价报告封面格式

编号：

车载导航电子地图数据质量评价报告

产品名称：____________________

生产单位：____________________

送检单位：____________________

评价单位：____________________

评价日期：____________________

D.2 数据质量评价报告文本格式

一、地图数据的整体描述 1. 数据提交和评价单位。 相关组织或机构的人员、时间、地点、形式等。 2. 产品概况 产品来源、数据(集)范围、提交时间、格式等。 3. 数据质量评价的依据 列出相关依据文件。 二、地图数据质量评价过程描述 1. 数据质量的评价步骤 2. 数据质量的评价方法 采用定性评价法的应包括:评价项目、评价规则、等级等。 采用定量评价法的应包含:抽样方案、评价项目、评价规则、缺陷等级、权重等。 3. 数据质量的评价结果 对数据质量评价的过程和结果进行描述(包括对严重缺陷的说明)。 三、地图数据质量评价结论 包括评价结果、等级和(或)合格与否等结论。 四、附表 车载导航电子地图数据质量评价记录表(参见表C.1)、车载导航电子地图数据质量评价汇总表(参见表C.3)、评审组名单等。

D.3 数据质量评价报告表格格式

<table>
<tr><td rowspan="3">地图数据
整体描述</td><td colspan="2">描述数据提交和评价单位的概要情况，如相关组织或机构的人员、时间、地点、形式等</td></tr>
<tr><td colspan="2">描述产品的概况，如产品来源、数据(集)范围、提交时间、格式等</td></tr>
<tr><td colspan="2">描述数据质量评价的依据，并列出相关依据文件</td></tr>
<tr><td rowspan="4">地图数据
质量评价
过程描述</td><td>地图数据
评价步骤</td><td></td></tr>
<tr><td rowspan="2">地图数据
评价方法</td><td>定性评价法：(应包括：评价项目、评价规则、等级等)</td></tr>
<tr><td>定量评价法：(应包含：抽样方案、评价项目、评价规则、缺陷等级、权重等)</td></tr>
<tr><td>数据质量
评价结果</td><td>对数据质量评价过程和结果进行描述(包括对严重缺陷的说明)</td></tr>
<tr><td>地图数据质
量评价结论</td><td colspan="2"></td></tr>
<tr><td colspan="3">评审组长：

年　月　日</td></tr>
</table>

附表 1：车载导航电子地图数据质量评价记录表(参见表 C.1)

附表 2：车载导航电子地图数据质量评价汇总表(参见表 C.3)

附表 3：评审组名单

参 考 文 献

［1］ GB/T 19710—2005 地理信息 元数据

［2］ GB/T 18316—2008 数字测绘成果质量检查与验收

［3］ GB/T 21336—2008 地理信息 质量评价过程

［4］ GB/T 21337—2008 地理信息 质量原则

ICS 33.200
M 50

中华人民共和国国家标准

GB/T 28442—2012

导航电子地图数据分类与编码

Data classification and coding for navigation electronic map

2012-06-29 发布　　2012-10-01 实施

中华人民共和国国家质量监督检验检疫总局
中国国家标准化管理委员会　发布

前言

本标准依据 GB/T 1.1—2009 给出的规则起草。

请注意本文件的某些内容可能涉及专利。本文件的发布机构不承担识别这些专利的责任。

本标准由中华人民共和国工业和信息化部提出。

本标准由中国电子技术标准化研究所归口。

本标准起草单位：国家基础地理信息中心。

本标准主要起草人：刘若梅、蒋景曈、周旭、贾云鹏、路平。

导航电子地图数据分类与编码

1 范围

本标准规定了车载导航和个人位置服务导航电子地图数据的分类原则、方法、分类体系和代码。

本标准适用于车载导航和个人位置服务导航电子地图数据的处理、交换和应用。

2 术语和定义

下列术语和定义适用于本文件。

2.1

电子地图 electronic map

借助视屏技术显示的数字地图。

[GB/T 16820—2009,定义 7.78]

2.2

导航电子地图 navigation electronic map

含有空间位置地理坐标,能够与空间定位系统结合,准确引导人或交通工具从出发地到达目的地的电子地图或数据集。

[GB 20263—2006,定义 3.2]

2.3

要素 feature

具有共同特征的现实世界现象的抽象。

2.4

类 category

具有某种共同属性(或特征)的事物或概念的集合。

[GB/T 10113—2003,定义 2.1.1]

2.5

分类 classification

按照选定的属性(或特征)区分分类对象,将具有某种共同属性(或特征)的分类对象集合在一起的过程。

[GB/T 10113—2003,定义 2.1.2]

2.6

分类对象 objects of classification

被分类的事物或概念。

[GB/T 10113—2003,定义 2.1.4]

2.7

代码 code

表示特定事物或概念的一个或一组字符。

注:这些字符可以是阿拉伯数字、拉丁字母或便于人和机器识别与处理的其他符号。

[GB/T 10113—2003,定义 2.2.5]

2.8

编码 coding

给事物或概念赋予代码的过程。

[GB/T 10113—2003,定义 2.2.1]

2.9

关注点 point of interesting

兴趣点

POI

导航电子地图上用于检索和引导,具有特定位置和属性的点位。

3 导航电子地图数据分类与编码原则

3.1 系统性

按导航电子地图数据的内容主题和要素主要属性进行分类,形成分类体系。

3.2 完整性和包容性

分类应反映数据的类型特征、主要属性和要素间相互关系,具有完整性。

数据分类和编码应尽可能适用于各种地区、各种比例尺、各种用途导航电子地图的需要。当选定用于分类的主要属性(或特征)存在两种、甚至两种以上选择而难以割舍时,可保留两种或两种以上类型和代码,并按先综合指标、后单一指标顺序排列。

3.3 相对稳定性

分类体系应以各要素最稳定的主要属性为基础,能在较长时间里不发生重大变更。

3.4 实用性

类型名称应尽量沿用习惯名称,避免发生概念混淆。代码应尽可能简短和便于使用。

3.5 代码的惟一性

编码方法和结构应与分类体系相一致,同一要素类型应具有一致的、惟一的代码。

3.6 可扩展性

类型和代码应允许扩充,可通过使用预留码位和扩展码长进行扩充。

4 导航电子地图数据分类方法

导航电子地图数据分类采用线分类法,将导航电子地图数据内容按主要属性(或特征)分出层级,每个层级又分为数量不等的类目;同一分支的同层级类目之间构成并列关系,不同层级类目之间构成隶属关系。

导航电子地图数据类型分为 3 个层级,即一级类、二级类和自定义类。其中一级类包括区域与边界、道路交通、水系、土地覆盖与土地利用、关注点、其他等,二级类是对一级类的细化。

可根据第 7 章的规定,适当扩充数据类型和代码,也可利用自定义扩充码进行扩充。

5 导航电子地图数据编码方法

导航电子地图数据的分类代码由一级类码、二级类码和扩充码组成，其结构见图1。

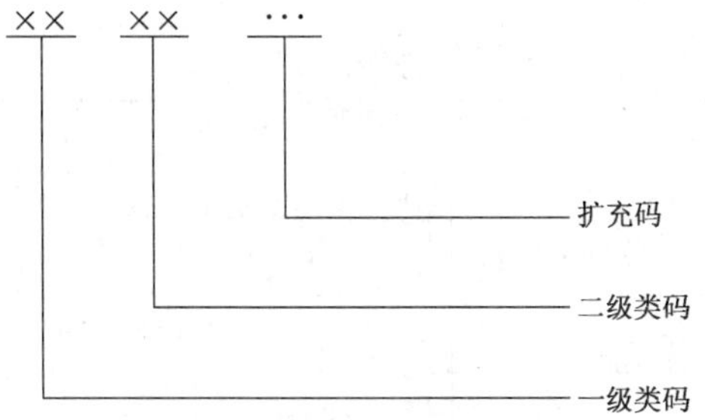

图1 分类代码结构图

在图1中，第1、2位为一级类码。第1位表示一级类，第2位一般为0。当一级类内容丰富时，宜将其细分为亚类；或者当主要属性存在两种甚至两种以上时，也宜将其细分为亚类。需要用亚类表示时，第2位表示该一级类的亚类码。

第3、4位为二级类码。编排时宜保留一定的间隔，留出码位，以利扩充使用。

第5位及以后码位为扩充码，其码长和代码可自行定义。

本标准只规定一级、二级分类及其代码，并可在不含扩充码的情况下直接使用。

在一级、二级类代码的基础上，可以自行定义扩充码，本标准不做统一规定，但扩充码应前置该扩充类型所属的一级和二级类代码，三个码段按图1所示组合使用。

6 导航电子地图数据分类代码表

导航电子地图数据的分类代码见表1。

表1 导航电子地图数据分类代码表

代码	一级类名称	二级类名称	说　明
1000	区域与边界		
1100	行政区域		
1110		国家	
1120		省级区域	
1130		地市级区域	
1140		县级区域	
1150		乡镇级区域、街道办事处辖区	
1200	行政区域边界		
1210		已定国界	
1220		未定国界	
1230		已定省级区域界线	

表 1（续）

代码	一级类名称	二级类名称	说 明
1240		未定省级区域界线	
1250		特别行政区界线	
1260		地市级区域界线	
1270		县级区域界线	
1280		乡镇级区域、街道办事处辖区界线	
1300	命名区域		
1310		建成区域	
1320		有名称区域	
1330		地址区域	
1340		邮政区	
2000	道路交通		
2100	城际道路		
2110		国家高速公路	
2120		一般国道	
2130		省级高速公路	
2140		省道	
2150		县道	
2160		乡道	
2170		村道	
2180		专用公路	
2190		其他公路	
2200	城市道路		
2210		快速路	
2220		主干道	
2230		次干道	
2240		支线道路	
2250		其他道路	
2260		步行街	
2270		内部道路	
2280		不通车路	
2300	城市公共交通		含地铁、轻轨（城市铁路）、有轨电车、磁悬浮、缆车和公交车等

表 1（续）

代码	一级类名称	二级类名称	说　明
2310		公交线路	含上行线、下行线、单行线
2320		公交路径	
2330		公交路径线段	
2340		公交连接点	
2350		公交站点	
2360		公交换乘区	
2400	渡口		
2410		渡口联络线	
2411		车渡联络线	
2412		人渡联络线	
2420		渡口	渡口联络线抵岸的接驳点
2421		车渡渡口	
2422		人渡渡口	
2500	道路附属设施		
2510		交通标志	含警告标志、禁令标志、指示标志、指路标志、旅游区标志、道路施工安全标志、辅助标志等
2520		交通标线	
2530		交通信号灯	
2540		铁路道口	
2550		人行横道	
2551		过街天桥	
2552		过街地道	
2560		交通监视点	电子眼、测速雷达等
2570		隔离带	
2600	道路构造物		
2610		桥梁	
2620		隧道	
2700	铁路		
2710		铁路路段	
3000	水系		
3010		河流	
3020		运河	

表 1（续）

代码	一级类名称	二级类名称	说　明
3030		渠	
3040		湖泊	
3050		水库	
3060		池塘	
3070		海洋	
3080		岸线	又称水涯线
4000	土地覆盖与土地利用		
4100	街区		
4200	建筑物		
4300	绿地		
4310		一般绿地	
4320		公园	
4330		风景区	
4400	农林用地		
4410		耕地	
4420		园地	
4430		林地	
4440		草地	
4450		湿地	
4500	岛屿		
4600	其他用地		
5000	关注点		
5100	机关团体		
5110		人大、政协、党政、司法、海关等机关	
5150		公安、消防等单位	
5160		社会团体	
5200	文教卫生		
5210		教育机构	
5211		大专院校	
5212		中小学	
5213		其他学校	

表 1（续）

代码	一级类名称	二级类名称	说　明
5214		幼儿园	
5220		科研机构	
5230		文艺团体	
5240		图书馆	
5250		博物馆、科技馆、美术馆	
5260		展览馆、展览中心	
5270		医院、诊所	含急救中心、急救站
5280		防疫机构	
5290		其他文教单位或设施	
5291		纪念碑	
5292		陵园	
5293		寺庙	
5294		教堂	
5300	商业金融		
5310		商场、购物中心、超市	百货商店
5320		批发零售市场	
5330		书店	
5340		药店	
5350		零售店	
5351		一般零售店	昼营业
5352		24 小时营业零售店	昼夜营业
5360		银行	
5361		自动存取款机	ATM
5370		证券公司	
5380		保险公司	
5400	体育休闲娱乐		
5410		公园	
5411		动物园	
5412		植物园	
5420		剧场	
5430		电影院	
5440		歌舞厅	
5441		露天舞台	
5450		游乐场	

表 1（续）

代码	一级类名称	二级类名称	说　明
5460		体育场馆	
5461		高尔夫球场	
5462		滑雪场	
5463		健身场馆	可包含保龄球馆、游泳池、网球场等
5464		游泳场、游泳池	
5465		网球场	
5500	旅游餐饮服务		
5510		旅游景点	含自然保护区
5520		名人故居	
5530		度假村	
5540		旅行社	
5550		旅馆	
5551		宾馆	3星及3星以上级别
5552		旅店	3星以下及无星级
5553		商务连锁酒店	
5560		餐饮场所	
5561		星级餐馆	
5562		一般餐馆	
5563		快餐店	
5564		酒吧	
5565		茶馆	
5566		咖啡厅	
5600	公共传媒与通信		
5610		电视台、广播电台	
5620		电信机构	含公用电话亭
5630		邮政机构	
5640		新闻出版机构	新闻社、报社、杂志社等
5650		广播、电视塔	
5700	汽车服务设施		
5710		收费站	
5720		高速公路服务区	
5730		车辆管理机构	
5731		车辆管理所	

表 1（续）

代码	一级类名称	二级类名称	说　明
5732		安全检查站	
5733		验车场	
5734		汽车定损点	
5740		加油站	含加气站、充电站等
5750		停车场	
5760		汽车修理厂	
5761		汽车美容店	
5770		汽车销售店	
5771		汽车零部件销售点	
5780		汽车租赁公司	
5800	公共交通服务设施		
5810		民用机场	
5820		火车站	
5830		长途汽车站	
5840		公交车站	
5850		城市轨道交通站	含地铁站、轻轨站等
5860		码头	
5870		海关口岸	
5900	地名点和其他关注点		
5910		写字楼、大厦	
5920		居民小区	
5930		开发区	
5940		产业园区	
5950		公共厕所	
5960		企事业单位	
9000	其他		
注：说明栏中内容表示对该类数据的解释或提示，提示即说明该类数据可以考虑进行扩充的内容。			

7　导航电子地图数据分类与代码扩充原则

本标准已确定的类型名称和代码不应修改或重新定义，只有当本标准规定的类别及其代码不能满足使用时，允许对数据类型和代码进行扩充。扩充数据类型和代码时应遵照如下原则：

- 一级类码一般不宜进行扩充，如需扩充应使用 6 000～8 000 码段进行编码；
- 扩充的二级类码应归入相应的一级类码；

- 尽量利用代码结构的第 3、第 4 位所预留的码位进行扩充；
- 当预留码位不够使用或需要进一步细分时，可自定义扩充码进行扩展；
- 扩充的代码结构应符合第 5 章的规定。扩充代码应具有一致性和惟一性，不应出现重码或二义性，甚至多义性。

参 考 文 献

[1] GB/T 2260—2007 中华人民共和国行政区划代码
[2] GB/T 10113—2003 分类与编码通用术语
[3] GB/T 16820—2009 地图学术语
[4] GB/T 19711—2005 导航地理数据模型与交换格式
[5] GB 20263—2006 导航电子地图安全处理技术基本要求
[6] ISO 19110:2005 地理信息 要素编目方法

ICS 33.200
M 50

中华人民共和国国家标准

GB/T 28443—2012

导航电子地图图形符号

Symbols of navigation electronic map

2012-06-29 发布 2012-10-01 实施

中华人民共和国国家质量监督检验检疫总局
中国国家标准化管理委员会 发布

前　言

本标准依据 GB/T 1.1—2009 给出的规则起草。

请注意本文件的某些内容可能涉及专利。本文件的发布机构不承担识别这些专利的责任。

本标准由中华人民共和国工业和信息化部提出。

本标准由中国电子技术标准化研究所归口。

本标准起草单位:北京瑞图万方科技有限公司、中国电子技术标准化研究所、武汉大学、北京灵图软件有限公司。

本标准主要起草人:李宏利、陈倩、陈艳武、盛秀杰、王玉巧、李霖、王占宏、蒙进、蒋晟。

导航电子地图图形符号

1 范围

本标准规定了车载导航和个人位置服务所用导航电子地图的图形符号及其表示方法，并对导航电子地图各类图形符号进行了惟一性编码。

本标准适用于车载导航和个人位置服务导航电子地图的生产和使用。

2 规范性引用文件

下列文件对于本文件的应用是必不可少的。凡是注日期的引用文件，仅注日期的版本适用于本文件。凡是不注日期的引用文件，其最新版本(包括所有的修改单)适用于本文件。

GB 2312—1980 信息交换用汉字编码字符集 基本集

GB/T 10001.1—2006 标志用公共信息图形符号 第1部分：通用符号

GB/T 10001.2—2006 标志用公共信息图形符号 第2部分：旅游休闲符号

GB/T 10001.3—2004 标志用公共信息图形符号 第3部分：客运与货运

GB/T 10001.4—2007 标志用公共信息图形符号 第4部分：体育健身符号

GB/T 14543 标志用图形符号的视觉设计原则

GB/T 16900 图形符号表示规则 总则

GB/T 16903.1 标志用图形符号表示规则 第1部分：公共信息图形符号的设计原则

GB/T 17695—2006 印刷品用公共信息图形标志

GB 18030—2005 信息技术 中文编码字符集

GB/T 20257.3—2006 国家基本比例尺地图图式 第3部分：1∶25 000 1∶50 000 1∶100 000 地形图图式

GB/T 28442—2012 导航电子地图数据分类与编码

JT/T 471—2002 交通客运图形符号、标志及技术要求

3 图形符号分类与编码原则

3.1 图形符号分类原则

导航电子地图图形符号的分类方法按照GB/T 28442—2012执行，根据地图显示的需要，补充文字注记和标记性图形符号，共有区域要素图形符号、道路交通要素图形符号、水系要素图形符号、土地覆盖与利用类要素图形符号、关注点要素图形符号、文字注记图形符号、标记性图形符号等七个类别图形符号，基于以上七个类别又细分为一级子类别和二级子类别图形符号。具体表示方法见第8章。

3.2 图形符号编码原则

导航电子地图图形符号分类代码为十进制4位数字码，编码方法同GB/T 28442—2012。第1、2位为一级类码，第3、4位为二级类码，GB/T 28442—2012已规定的代码直接作为图形符号分类代码使

用，未规定的代码按照GB/T 28442—2012第7章的规定进行扩充，扩充时应只使用4位数字码，不采用扩充码长的方式。

4 图形符号规格要求

4.1 点状符号

对点状符号只规定颜色、尺寸和式样(纹理)，式样尽可能简单、明了、象形。

点状符号的尺寸以像素值为单位表示，其大小定义为8×8、16×16、24×24、32×32四种尺寸，可根据设备显示能力或显示比例尺自行选择使用。

指北针符号是导航电子地图的一个特殊点状符号，为标记性图形符号，其大小定义为24×24、32×32和64×64三种尺寸，可根据设备显示能力或显示比例尺自行选择使用。

4.2 线状符号

对线状符号只规定颜色和虚、实段的长度比例，不规定线的宽度，可根据需要自行定义。

4.3 面状符号

对面状符号只规定颜色，以不加边界线的单色填充方式表示一块面状区域。若需要以复杂纹理的方式表现一块面状区域，允许自定义纹理式样，但不得改变基本色调。

4.4 文字注记

a) 文字注记的尺寸以字号为单位，字号的大小见8.9；

b) 文字注记的字符集编码应符合GB 2312—1980、GB 18030—2005的规定；

c) 文字注记的字体应使用宋体；

d) 文字注记的字型应使用正体表示；

e) 文字注记的颜色见8.9。

5 图形符号使用要求

5.1 图形符号的定位和朝向

5.1.1 点状符号

点状符号的方向在显示窗口中应始终向上表示。

点状符号的定位点应位于该符号的中心。以符号像素矩阵的左上角为原点，向右为横轴，向下为纵轴，先横后纵给出定位点在像素矩阵中的位置是：

8×8尺寸的符号定位点为(4,5)像素点处；

16×16尺寸的符号定位点为(8,9)像素点处；

24×24尺寸的符号定位点为(12,13)像素点处；

32×32尺寸的符号定位点为(16,17)像素点处。

如图1所示，图中涂黑像素表示的是8×8符号的定位点。

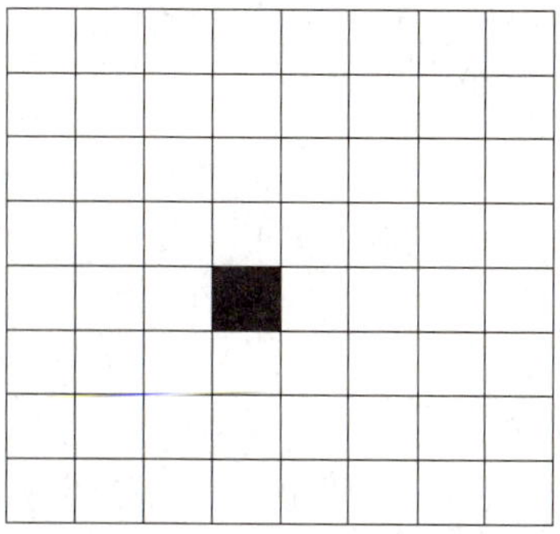

图 1　8×8 图形符号定位点

5.1.2　线状符号

线状符号的定位线在符号的中心线处，如图 2 所示。

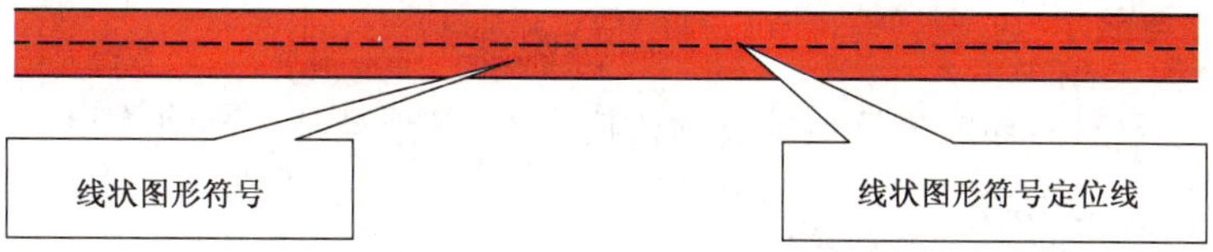

图 2　线状图形符号定位线

5.1.3　面状符号

面状符号无定位线或定位点，按实际形状绘制。

5.1.4　文字注记

文字注记的朝向应采用字头朝向显示器上方或被标注的线状要素的法线方向，字头朝向的角度应在以显示器上方为 0°开始计算的－90°～＋90°之间。

文字注记的定位点应为字模像素矩阵的左上角点。

5.2　图形符号的颜色

5.2.1　图形符号的色彩模型

图形符号的颜色应使用两种数字色彩模型表示：

a)　RGB——加色混合色彩模型，以红(R)、绿(G)、蓝(B)三个分量表示，值域分别为 0～255。

b)　Lab——不依赖设备的色彩模型，以照度(L)和有关色彩的 a、b 两个分量组成。L 的值域为 0～100，a 和 b 的值域同为－120～＋120。

注：在 Lab 色彩模型下，L 等于 0 为最亮，等于 100 为最暗；a、b 两个分量中，a 为＋120 是红色，渐渐过渡到－120 时变为绿色，b 为＋120 是黄色，渐渐过渡到－120 时变为蓝色。

5.2.2　图形符号的 RGB 色彩模型的转换

图形符号的 RGB 色彩模型为 RGB 24 位真彩色模型，对于 RGB 16 位增强色模型的导航电子地图显示设备，应使用式(1)对 RGB 24 位真彩色模型的图形符号的颜色值进行转换，并取整数使用。

$$\left.\begin{aligned} R_{16} &= \frac{R_{24}+1}{8} \\ G_{16} &= \frac{G_{24}+1}{8} \\ B_{16} &= \frac{B_{24}+1}{8} \end{aligned}\right\} \qquad \cdots\cdots(1)$$

式中：

R_{16},G_{16},B_{16}——16 位增强色模型下图形符号的红、绿、蓝色分量值；

R_{24},G_{24},B_{24}——24 位真彩色模型下图形符号的红、绿、蓝色分量值。

5.2.3 图形符号的其他颜色模型转换

图形符号颜色应使用 RGB 和 Lab 模型表示。对由于显示介质或使用目的不同采用的其他色彩模型，如 CMYK——减色混合色彩模型、HSV(HSB)——用户直观的色彩模型等，应根据第 8 章规定的 RGB 或 Lab 值通过公开发布的颜色转换器进行转换。

5.3 图形符号的尺寸与显示

不同的导航软件在不同的导航电子地图显示比例尺下，应选择适应自身需要的符号尺寸，对点状要素的符号一般应按下列原则使用：

a) 8×8 尺寸的图形符号在小比例尺显示模式下使用；

b) 16×16 尺寸的图形符号在不影响导航的显示比例下使用；

c) 24×24 或 32×32 尺寸的图形符号在特大显示比例尺(1：1 000 及更大的比例尺)下使用；

d) 特殊情况下，允许自定义符号尺寸，但应遵守第 4 章要求。

5.4 图形符号的时间模式

图形符号的时间模式按导航需要，分为日间模式与夜间模式，相应的符号颜色见第 8 章。

6 图形符号的扩充原则

未定义的图形符号，可自行定义。设计图形符号时应遵循以下原则：

a) 在相关国家标准、行业标准、国际标准中已经规定的图形符号，应按照相应的标准执行，并优先采用国家标准、行业标准中已规定的图形符号；

b) 相关标准未规定的，应按照 GB/T 16903.1、GB/T 16900 和 GB/T 14543 的要求进行符号的设计；

c) 扩充的符号应与第 4 章和第 8 章规定的符号规格和显示风格要求保持一致，并按照第 3 章的分类方法进行归类编码。

7 图形符号的约束条件

根据图形符号对于导航电子地图表现的重要程度以及使用的频度，分为必选符号和可选符号两种。

a) 必选符号(M)：符号所表现的要素是导航电子地图中的必要要素，必须选择这些符号来表示。

b) 可选符号(O)：符号所表现的要素是导航电子地图整体表现作用相对次要或作为可多样性选择的符号，可以有选择地使用这些符号，也可以自定义。

8 图形符号表示方法

8.1 图形符号定义方式

图形符号的定义采用符号表的方式定义。

关注点的符号表结构是由序号、符号分类代码、符号名称、图形符号、约束条件、补充说明、扩充标志七项指标组成。关注点符号的颜色见表 18。

其他图形的符号表结构是由序号、符号分类代码、符号名称、图形符号、约束条件、颜色及比例、扩充标志七项指标组成。

序号为表内所列符号的顺序号。

符号分类代码及编码方法同 GB/T 28442—2012，为十进制 4 位数字码。

符号名称为符号所表达要素的中文名称。

图形符号给出具体的符号式样。

约束条件分必选和可选，必选为 M，可选为 O。

颜色及比例为符号采用的颜色色值及虚实相间表示的线状符号各段的间隔比例。

补充说明是对关注点要素性质的补充说明。

扩充标志是在 GB/T 28442—2012 编码之外扩充符号的标志，标“*”号者为扩充类。

8.2 区域要素图形符号

区域要素包括地图背景和其他区域类地图要素，地图背景指未做面状要素的大陆陆地，图形符号见表 1 和表 2。

表 1 区域要素图形符号（日间模式）

序号	符号分类代码	符号名称	图形符号	约束条件	颜色及比例	扩充标志
1	1010	地图背景（无面状地物要素覆盖区域）		O	(RGB:239,239,239) (Lab:94,0,0)	*
2	1020	其他区域类地图要素		O	(RGB:0,0,0) (Lab:0,0,0)	*

表 2 区域要素图形符号（夜间模式）

序号	符号分类代码	符号名称	图形符号	约束条件	颜色及比例	扩充标志
1	1010	地图背景（无面状地物要素覆盖区域）		O	(RGB:80,80,80) (Lab:34,0,0)	*
2	1020	其他区域类地图要素		O	(RGB:151,151,151) (Lab:62,0,0)	*

8.3 区域边界要素图形符号

区域边界要素图形符号见表 3 和表 4 所示，具体绘制式样和间隔见 GB/T 20257.3—2006。

表 3 区域边界要素图形符号(日间模式)

序号	符号分类代码	符号名称	图形符号	约束条件	颜色及比例	扩充标志
1	1121	已定国界		M	实节、点节长度比例 1.5∶1 (RGB:153,51,153) (Lab:40,52,−35)	
2	1122	未定国界		M	实节、虚节长度比例 1.5∶1 (RGB:153,51,153) (Lab:40,52,−35)	
3	1123	省级区域界线		M	实节、点节长度比例 1∶1 (RGB:153,51,153) (Lab:40,52,−35)	
4	1125	特别行政区界线		M	实节、虚节、点节长度比例 3∶1∶2 (RGB:153,51,153) (Lab:40,52,−35)	
5	1126	地市级区域界线		M	实节、虚节、点节长度比例 4.5∶1∶3.5 (RGB:153,51,153) (Lab:40,52,−35)	
6	1127	县级区域界线		M	实节、点节长度比例 1.6∶1 (RGB:153,51,153) (Lab:40,52,−35)	
7	1128	乡镇级区域、街道办事处辖区界线		M	实节、虚节、点节长度比例 3∶1∶3 (RGB:153,51,153) (Lab:40,52,−35)	

表 4　区域边界要素图形符号(夜间模式)

序号	符号分类代码	符号名称	图形符号	约束条件	颜色及比例	扩充标志
1	1121	已定国界	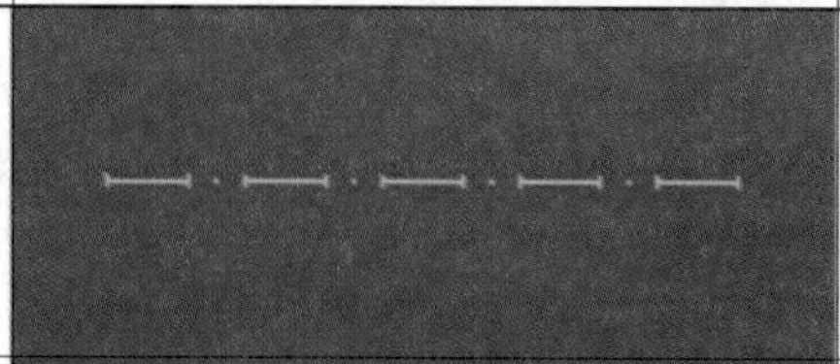	M	实节、点节长度比例 1.5∶1 (RGB:152,204,255) (Lab:80,−8,−31)	
2	1122	未定国界	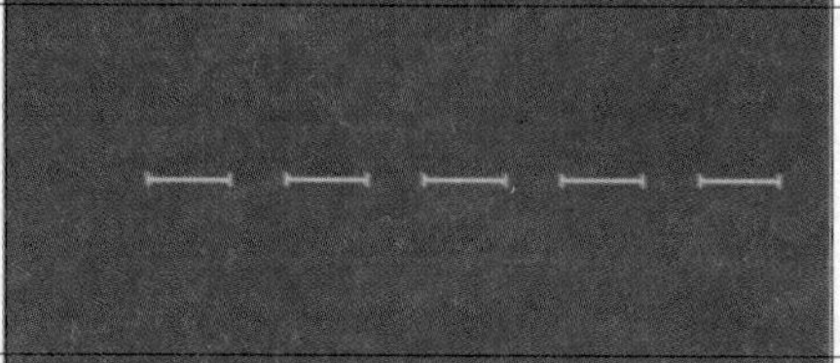	M	实节、虚节长度比例 1.5∶1 (RGB:152,204,255) (Lab:80,−8,−31)	
3	1123	省级区域界线	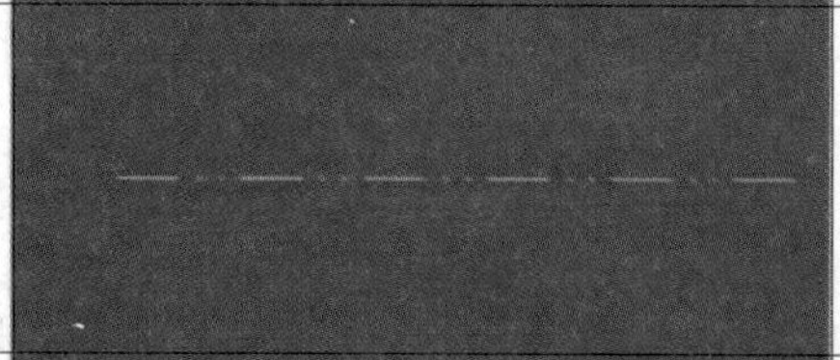	M	实节、点节长度比例 1∶1 (RGB:152,204,255) (Lab:80,−8,−31)	
4	1125	特别行政区界线		M	实节、虚节、点节长度比例 3∶1∶2 (RGB:152,204,255) (Lab:80,−8,−31)	
5	1126	地市级区域界线	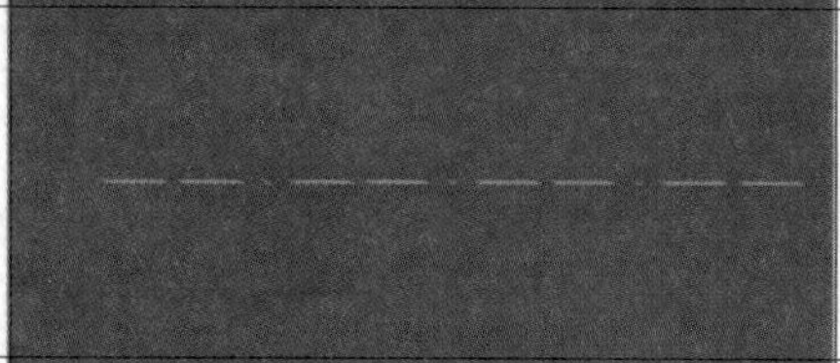	M	实节、虚节、点节长度比例 4.5∶1∶3.5 (RGB:152,204,255) (Lab:80,−8,−31)	
6	1127	县级区域界线	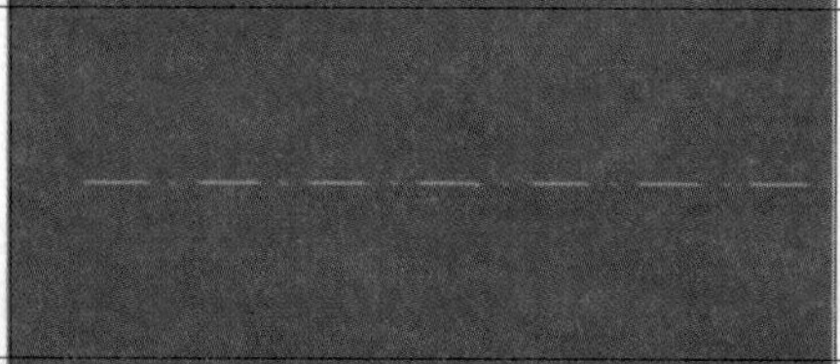	M	实节、点节长度比例 1.6∶1 (RGB:152,204,255) (Lab:80,−8,−31)	
7	1128	乡镇级区域、街道办事处辖区界线	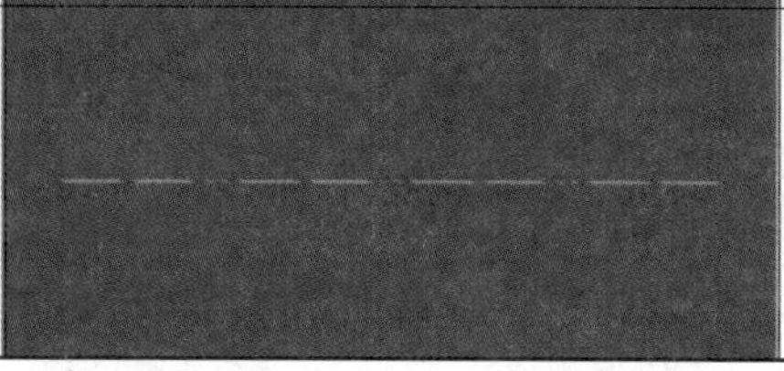	M	实节、虚节、点节长度比例 3∶1∶3 (RGB:152,204,255) (Lab:80,−8,−31)	

8.4　道路交通类要素图形符号

在道路交通类要素中，道路根据体系分类依据的不同，可分为城际道路和城市道路等。城际道路图形符号给出两套图形符号配色方案，一类为道路交通 A 类图形符号，见表 5 至表 6；另一类为道路交通 B 类图形符号，见附录 A。

城市道路图形符号采用城际道路图形符号，对应关系见表 7。

在道路交通类要素中，还包括轮渡线和铁路这两类特殊的交通类要素，其图形符号见表 8 至表 11。

表 5　城际道路 A 类图形符号(日间模式)

序号	符号分类代码	符号名称	图形符号	约束条件	颜色及比例	扩充标志
1	2110	高速公路		M	道路面： (RGB:231,24,24) (Lab:50,73,58) 道路边线： (RGB:57,0,0) (Lab:8,28,13)	
2	2115	国道		M	道路面： (RGB:255,140,36) (Lab:70,40,69) 道路边线： (RGB:151,79,30) (Lab:42,28,41)	
3	2125	省道		M	道路面： (RGB: 255,255,83) (Lab:98,−14,77) 道路边线： (RGB:185,175,64) (Lab:71,−16,56)	
4	2130	县道		M	道路面： (RGB:209,236,104) (Lab:89,−23,59) 道路边线： (RGB:121,165,48) (Lab:63,−29,52)	
5	2140	乡道	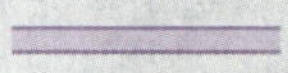	M	道路面： (RGB:224,220,245) (Lab:89,5,−12) 道路边线： (RGB:175,167,209) (Lab:70,9,−20)	
6	2160	专用公路		M	道路面： (RGB:255,255,255) (Lab:100,0,0) 道路边线： (RGB:181,174,191) (Lab:72,5,−8)	
7	2170	其他公路		M	道路面： (RGB:200,200,200) (Lab:81,0,0) 道路边线： (RGB:160,160,160) (Lab:66,0,0)	

表 6　城际道路 A 类图形符号(夜间模式)

序号	符号分类代码	符号名称	图形符号	约束条件	颜色及比例	扩充标志
1	2110	高速公路		M	道路面： (RGB:206,13,13) (Lab:44,68,56) 道路边线： (RGB:233,157,88) (Lab:71,24,48)	
2	2115	国道		M	道路面： (RGB:255,164,11) (Lab:75,28,78) 道路边线： (RGB:196,92,0) (Lab:52,40,61)	
3	2125	省道		M	道路面： (RGB:255,255,134) (Lab:98,−12,57) 道路边线： (RGB:188,155,54) (Lab:66,5,55)	
4	2130	县道		M	道路面： (RGB:184,216,124) (Lab:82,−22,42) 道路边线： (RGB:107,147,43) (Lab:56,−26,48)	
5	2140	乡道		M	道路面： (RGB:190,187,255) (Lab:78,12,−33) 道路边线： (RGB:102,87,170) (Lab:42,22,−43)	
6	2160	专用公路		M	道路面： (RGB:221,221,221) (Lab:88,0,0) 道路边线： (RGB:134,119,147) (Lab:52,10,−13)	

表 6（续）

序号	符号分类代码	符号名称	图形符号	约束条件	颜色及比例	扩充标志
7	2170	其他公路		M	道路面： (RGB:120,120,120) (Lab:50,0,0) 道路边线： (RGB:176,176,176) (Lab:72,0,0)	

表 7　城市道路与城际道路图形符号对应表

序号	城际道路定义	城际道路代码	城市道路定义	城市道路代码
1	高速公路	2110	快速道	2210
2	国道	2115	主干道	2215
3	省道	2125	次干道	2220
4	县道	2130	支线道路	2225
5	乡道	2140	其他道路	2230
6	专用道路	2160	步行街	2235
7	其他道路	2170	内部道路	2270
			不通车路	2275

表 8　轮渡线图形符号(日间模式)

序号	符号分类代码	符号名称	图形符号	约束条件	颜色及比例	扩充标志
1	2410	轮渡联络线		M	虚、实节长度比例 1∶2 (RGB:0,204,255) (Lab:31,−9,−15)	

表 9　轮渡线图形符号(夜间模式)

序号	符号分类代码	符号名称	图形符号	约束条件	颜色及比例	扩充标志
1	2410	轮渡联络线	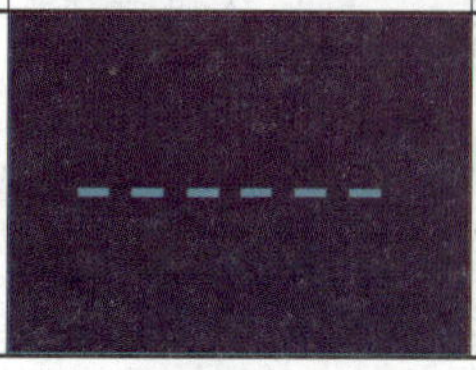	M	虚、实节长度比例 1∶2 (RGB:42,78,96) (Lab:63,−29,−26)	

表 10 铁路图形符号(日间模式)

序号	符号分类代码	符号名称	图形符号	约束条件	颜色及比例	扩充标志
1	2700	铁路	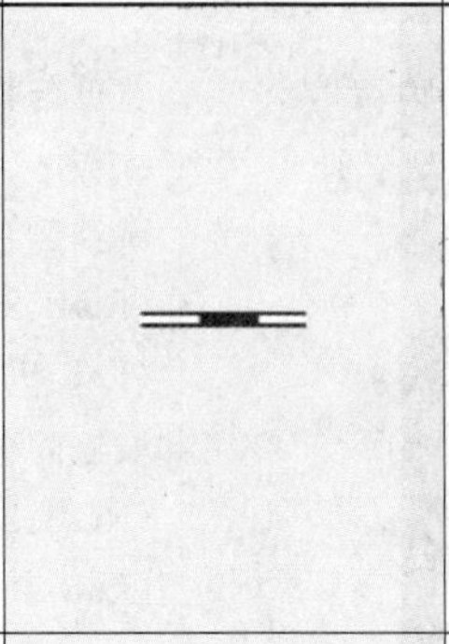	M	宽度与黑节、白节长度比例 1∶5∶5 铁路颜色: (RGB:0,0,0) (Lab:0,0,0) 铁路间色: (RGB:255,255,255) (Lab:100,0,0)	
2	2710	城铁	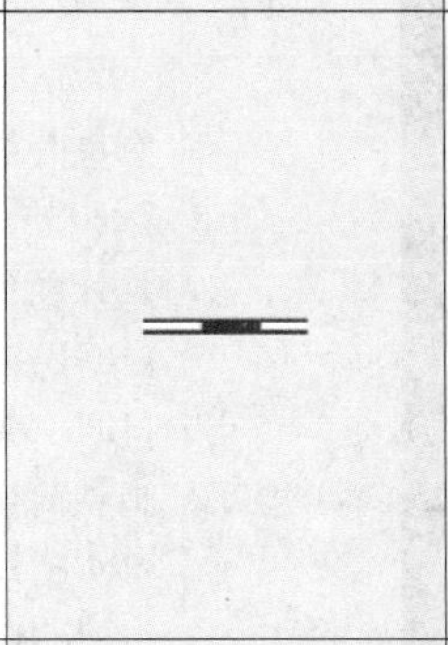	M	宽度与黑节、白节长度比例 1∶5∶5 城铁颜色: (RGB:146,29,29) (Lab:33,48,32) 城铁间色: (RGB:255,255,255) (Lab:100,0,0)	*
3	2720	地铁	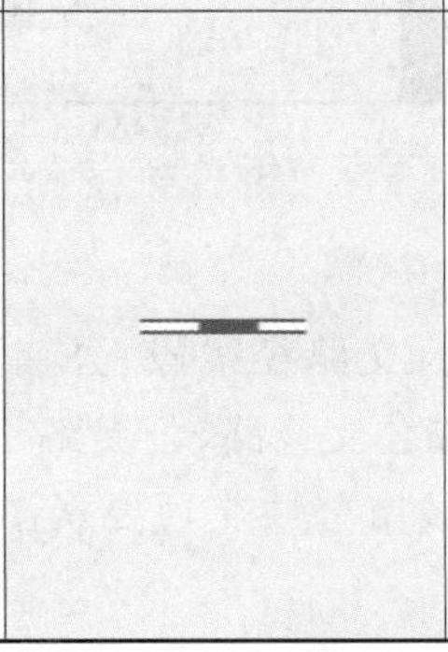	M	宽度与黑节、白节长度比例 1∶5∶5 地铁颜色: (RGB:20,107,154) (Lab:42,−12,−33) 地铁间色: (RGB:255,255,255) (Lab:100,0,0)	*

表 11 铁路图形符号(夜间模式)

序号	符号分类代码	符号名称	图形符号	约束条件	颜色及比例	扩充标志
1	2700	铁路		M	宽度与黑节、白节长度比例 1∶5∶5 铁路颜色: (RGB:125,125,125) (Lab:52,0,0) 铁路间色: (RGB:255,255,255) (Lab:100,0,0)	

表 11（续）

序号	符号分类代码	符号名称	图形符号	约束条件	颜色及比例	扩充标志
2	2710	城铁	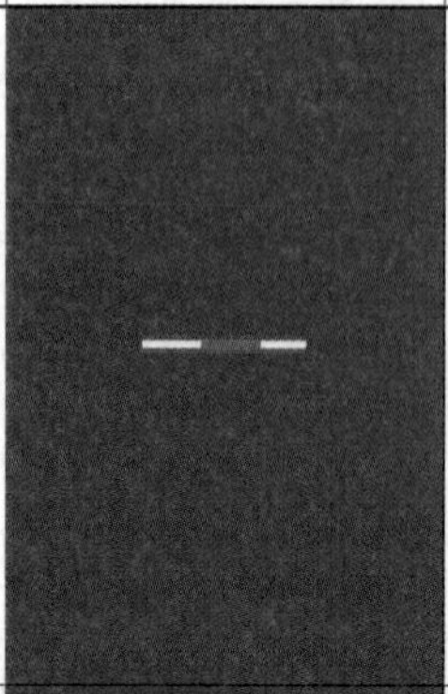	M	宽度与黑节、白节长度比例 1∶5∶5 城铁颜色： (RGB:202,107,87) (Lab:56,37,29) 城铁间色： (RGB:255,255,255) (Lab:100,0,0)	*
3	2720	地铁	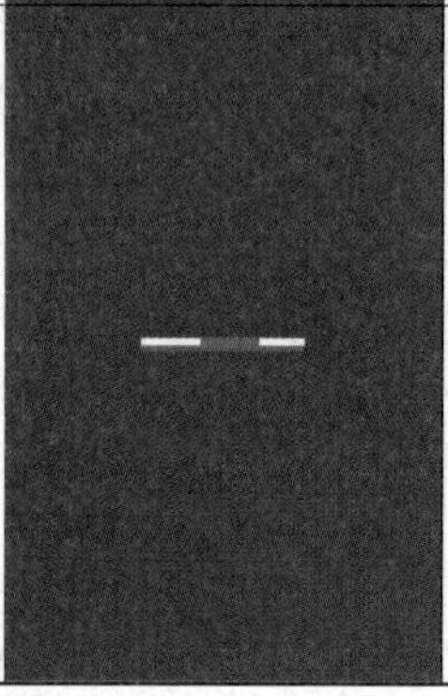	M	宽度与黑节、白节长度比例 1∶5∶5 地铁颜色： (RGB:92,125,163) (Lab:51,−4,−24) 地铁间色： (RGB:255,255,255) (Lab:100,0,0)	*

8.5 城市公共交通要素图形符号

城市公共交通要素包括公交线路、公交路径、公交路径线段、公交连接点、公交站点、公交换乘区。城市公共交通要素的表现形式为两类，一类为线，如公交线路、公交路径、公交路径线段；另一类为点，如公交连接点、公交站点、公交换乘区。其中线状的城市公共交通要素图形符号见表 12 至表 13，点状的城市公共交通要素图形符号在 8.8 中详细描述。

表 12 城市公共交通要素图形符号（日间模式）

序号	符号分类代码	符号名称	图形符号	约束条件	颜色及比例	扩充标志
1	2310	公交线路		O	(RGB:233,172,255) (Lab:78,33,−32)	
2	2320	公交路径				
3	2330	公交路径线段				

表 13　城市公共交通要素图形符号(夜间模式)

序号	符号分类代码	符号名称	图形符号	约束条件	颜色及比例	扩充标志
1	2310	公交线路				
2	2320	公交路径		O	(RGB:235,212,227) (Lab:87,10,−4)	
3	2330	公交路径线段				

8.6　水系要素图形符号

水系要素包括河流、运河、沟渠、湖泊、水库、池塘、海洋和岸线,图形符号见表 14 和表 15。

表 14　水系图形符号(日间模式)

序号	符号分类代码	符号名称	图形符号	约束条件	颜色及比例	扩充标志
1	3000	面状水系	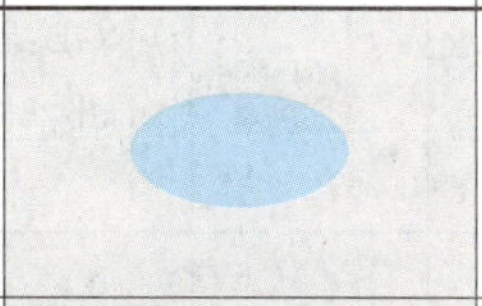	M	(RGB:160,224,255) (Lab:86,−15,−22)	
2	3000	线状水系	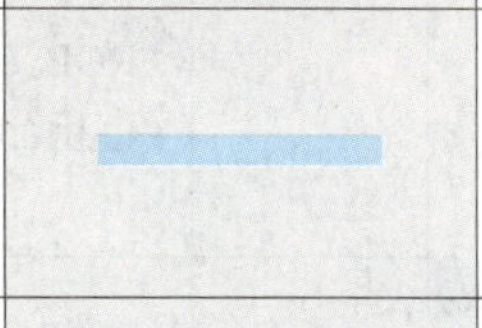	M	(RGB:160,224,255) (Lab:86,−15,−22)	
3	3080	岸线	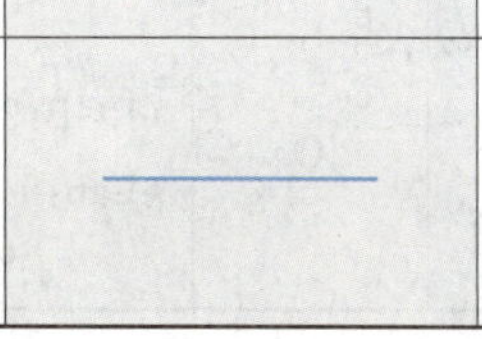	M	(RGB:0,173,234) (Lab:66,−22,−42)	

表 15　水系图形符号(夜间模式)

序号	符号分类代码	符号名称	图形符号	约束条件	颜色及比例	扩充标志
1	3000	面状水系	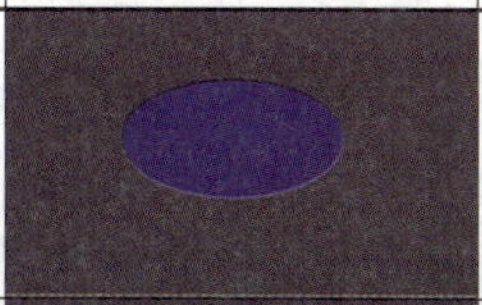	M	(RGB:0,0,255) (Lab:30,68,−112)	
2	3000	线状水系		M	(RGB:0,0,255) (Lab:30,68,−112)	

表 15（续）

序号	符号分类代码	符号名称	图形符号	约束条件	颜色及比例	扩充标志
3	3080	岸线		M	(RGB:0,0,255) (Lab:30,68,−112)	

8.7 土地覆盖与利用类要素图形符号

土地覆盖与利用类要素图形符号见表 16 和表 17。

表 16 土地覆盖与利用类符号(日间模式)

序号	符号分类代码	符号名称	图形符号	约束条件	颜色及比例	扩充标志
1	4100	街区		O	(RGB:255,239,126) (Lab:94,−5,56)	
2	4200	建筑物	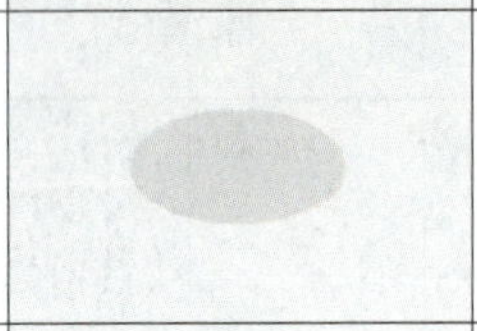	O	(RGB:215,215,215) (Lab:86,0,0)	
3	4300	公园、绿地、风景区	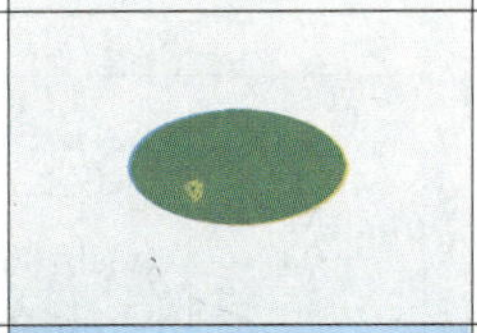	O	(RGB:85,161,85) (Lab:60,−37,32)	
4	4500	岛屿		O	(RGB:239,239,239) (Lab:94,0,0)	

表 17 土地覆盖与利用类符号(夜间模式)

序号	符号分类代码	符号名称	图形符号	约束条件	颜色及比例	扩充标志
1	4100	街区	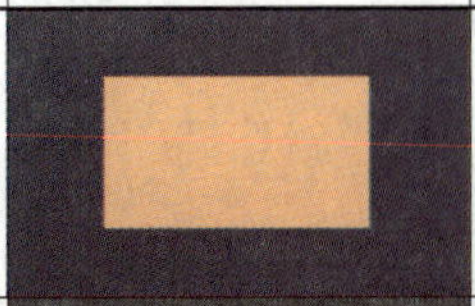	O	(RGB:255,186,117) (Lab:81,20,45)	
2	4200	建筑物	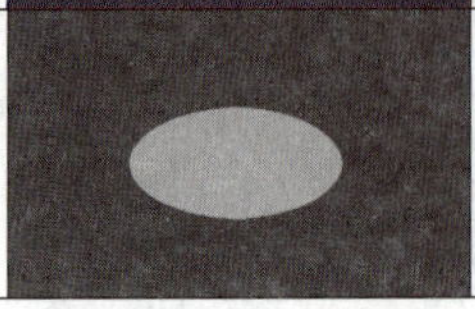	O	(RGB:192,192,192) (Lab:78,0,0)	

表 17（续）

序号	符号分类代码	符号名称	图形符号	约束条件	颜色及比例	扩充标志
3	4300	公园、绿地、风景区	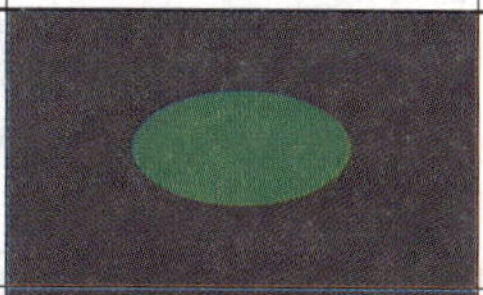	O	(RGB:21,150,0) (Lab:54,−52,55)	
4	4500	岛屿		O	(RGB:0,0,0) (Lab:0,0,0)	

8.8 关注点图形符号

关注点又称兴趣点，图形符号见表 18 至表 46。“补充说明”栏中的标准编号仅作为说明该符号采用的国家标准、行业标准的标准编号。

表 18 关注点图形符号日、夜间模式颜色色值对应表

序号	符号类别	符号分类代码	日间模式		夜间模式	
			样例	颜色色值	样例	颜色色值
1	城市公共交通	2300	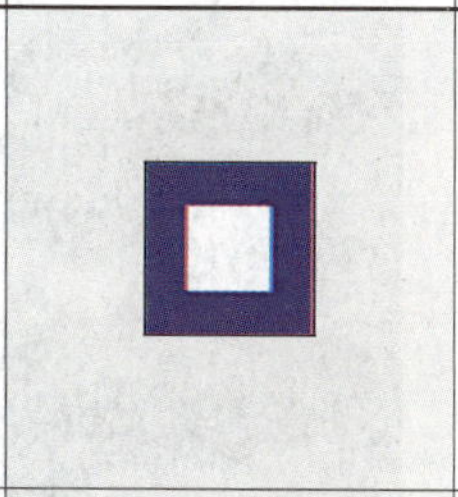	前景色： (RGB:255,255,255) (Lab:100,0,0) 背景色： (RGB:0,0,255) (Lab:30,68,−112)		前景色： (RGB:0,15,79) (Lab:7,18,−41) 背景色： (RGB:151,151,151) (Lab:62,0,0)
2	道路附属设施	2500	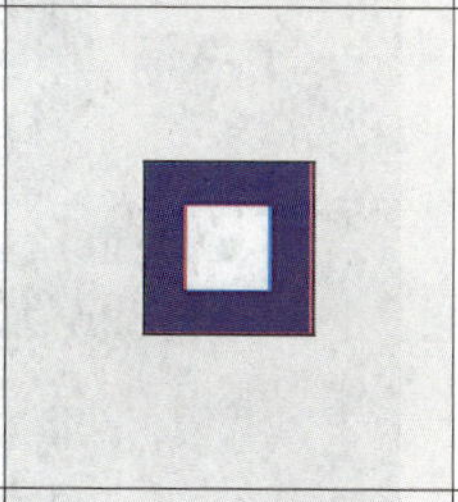	前景色： (RGB:255,255,255) (Lab:100,0,0) 背景色： (RGB:0,0,255) (Lab:30,68,−112)		前景色： (RGB:0,15,79) (Lab:7,18,−41) 背景色： (RGB:151,151,151) (Lab:62,0,0)
3	构造物	2600		前景色： (RGB:255,255,255) (Lab:100,0,0) 背景色： (RGB:0,0,255) (Lab:30,68,−112)		前景色： (RGB:0,15,79) (Lab:7,18,−41) 背景色： (RGB:151,151,151) (Lab:62,0,0)
4	机关团体	5100	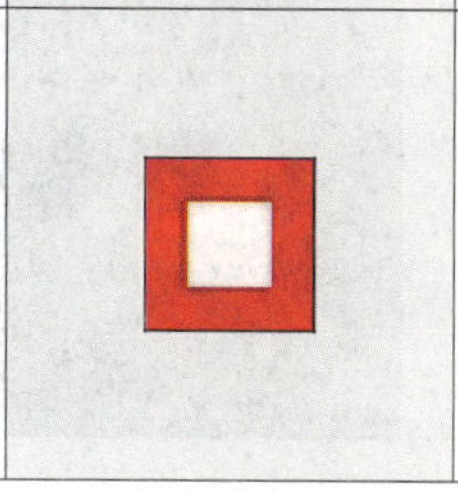	前景色： (RGB:255,255,255) (Lab:100,0,0) 背景色： (RGB:255,0,0) (Lab:54,81,70)		前景色： (RGB:103,0,55) (Lab:21,44,−2) 背景色： (RGB:151,151,151) (Lab:62,0,0)

表 18（续）

序号	符号类别	符号分类代码	日间模式		夜间模式	
			样例	颜色色值	样例	颜色色值
5	文教卫生	5200		前景色： (RGB:0,0,0) (Lab:0,0,0) 背景色： (RGB:255,255,0) (Lab:98,−16,93)		前景色： (RGB:103,79,7) (Lab:35,5,41) 背景色： (RGB:151,151,151) (Lab:62,0,0)
6	商业金融	5300	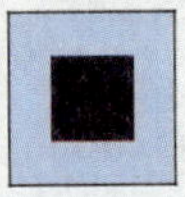	前景色： (RGB:0,0,0) (Lab:0,0,0) 背景色： (RGB:151,207,255) (Lab:81,−10,−30)		前景色： (RGB:39,79,119) (Lab:32,−4,−28) 背景色： (RGB:151,151,151) (Lab:62,0,0)
7	体育休闲娱乐	5400		前景色： (RGB:255,255,255) (Lab:100,0,0) 背景色： (RGB:0,151,0) (Lab:54,−54,55)		前景色： (RGB:31,47,23) (Lab:17,−11,13) 背景色： (RGB:151,151,151) (Lab:62,0,0)
8	旅游餐饮服务	5500		前景色： (RGB:255,255,255) (Lab:100,0,0) 背景色： (RGB:0,151,0) (Lab:54,−54,55)		前景色： (RGB:31,47,23) (Lab:17,−11,13) 背景色： (RGB:151,151,151) (Lab:62,0,0)
9	公共传媒与通信	5600	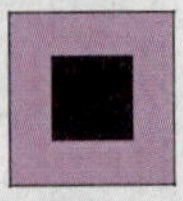	前景色： (RGB:0,0,0) (Lab:0,0,0) 背景色： (RGB:207,151,255) (Lab:71,36,−44)		前景色： (RGB:71,0,71) (Lab:14,37,−24) 背景色： (RGB:151,151,151) (Lab:62,0,0)
10	汽车服务设施	5700		前景色： (RGB:255,255,255) (Lab:100,0,0) 背景色： (RGB:0,0,255) (Lab:30,68,−112)		前景色： (RGB:0,15,79) (Lab:7,18,−41) 背景色： (RGB:151,151,151) (Lab:62,0,0)

表 18（续）

序号	符号类别	符号分类代码	日间模式		夜间模式	
			样例	颜色色值	样例	颜色色值
11	公共交通服务设施	5800		前景色： (RGB:255,255,255) (Lab:100,0,0) 背景色： (RGB:0,0,255) (Lab:30,68,−112)		前景色： (RGB:0,15,79) (Lab:7,18,−41) 背景色： (RGB:151,151,151) (Lab:62,0,0)
12	地名点和其他关注点	5900		前景色： (RGB:0,0,0) (Lab:0,0,0) 背景色： (RGB:255,255,255) (Lab:100,0,0)		前景色： (RGB:63,63,63) (Lab:27,0,0) 背景色： (RGB:151,151,151) (Lab:62,0,0)
13	标记性符号	7000		前景色： (RGB:0,0,0) (Lab:0,0,0) 背景色： (RGB:255,255,255) (Lab:100,0,0)		前景色： (RGB:63,63,63) (Lab:27,0,0) 背景色： (RGB:151,151,151) (Lab:62,0,0)
14	其他	9000		前景色： (RGB:0,0,0) (Lab:0,0,0) 背景色： (RGB:255,255,255) (Lab:100,0,0)		前景色： (RGB:63,63,63) (Lab:27,0,0) 背景色： (RGB:151,151,151) (Lab:62,0,0)

表 19　关注点_机关团体图形符号(日间模式)

序号	符号分类代码	符号名称	图形符号				约束条件	补充说明	扩充标志
			8×8	16×16	24×24	32×32			
1	5100	党政机关团体					M	表示归属于党政机关团体这一大类，且本标准未列举出的要素的所在位置，也可用于表示所有的这一大类的要素	

表 19（续）

序号	符号分类代码	符号名称	图形符号				约束条件	补充说明	扩充标志
			8×8	16×16	24×24	32×32			
2	5111	党政办公地点	—				O		*
3	5112	国家级政府机关	—				O		*
4	5113	省级政府机关	—				O	表示省级政府机关的所在位置，包括直辖市政府所在地	*
5	5114	市级政府机关	—				O	表示市级政府机关的所在位置，包括省会城市、地级市的政府所在地	*
6	5115	区县政府机关	—				O		*
7	5116	外地常驻省级单位	—				O		*
8	5117	外地常驻市级单位	—				O		*
9	5118	大使馆	—				O		*
10	5119	领事馆	—				O		*
11	5150	公安机关	—				M		

表 19（续）

序号	符号分类代码	符号名称	图形符号				约束条件	补充说明	扩充标志
			8×8	16×16	24×24	32×32			
12	5151	交、巡警部门	—				O	[GB/T 17695—2006]	*
13	5152	消防队	—				O		*
14	5153	检察院	—				O		*
15	5154	法院	—				O		*
16	5160	社会团体	—				O		

表 20　关注点_机关团体图形符号(夜间模式)

序号	符号分类代码	符号名称	图形符号				约束条件	补充说明	扩充标志
			8×8	16×16	24×24	32×32			
1	5100	党政机关团体					M	表示归属于党政机关团体这一大类，且本标准未列举出的要素的所在位置，也可用于表示所有的这一大类的要素	
2	5111	党政办公地点	—				O		*

表 20（续）

序号	符号分类代码	符号名称	图形符号 8×8	图形符号 16×16	图形符号 24×24	图形符号 32×32	约束条件	补充说明	扩充标志
3	5112	国家级政府机关	—				O		*
4	5113	省级政府机关	—				O	表示省级政府机关的所在位置，包括直辖市政府所在地	*
5	5114	市级政府机关	—				O	表示市级政府机关的所在位置，包括省会城市、地级市的政府所在地	*
6	5115	区县政府机关	—				O		*
7	5116	外地常驻省级单位	—				O		*
8	5117	外地常驻市级单位	—				O		*
9	5118	大使馆	—				O		*
10	5119	领事馆	—				O		*
11	5150	公安机关	—				M		

表 20（续）

序号	符号分类代码	符号名称	图形符号				约束条件	补充说明	扩充标志
			8×8	16×16	24×24	32×32			
12	5151	交、巡警部门	—				O	[GB/T 17695—2006]	*
13	5152	消防队	—				O		*
14	5153	检察院	—				O		*
15	5154	法院	—				O		*
16	5160	社会团体	—				O		

表 21　关注点_其他党政机关团体图形符号（日间模式）

序号	符号分类代码	符号名称	图形符号				约束条件	补充说明	扩充标志
			8×8	16×16	24×24	32×32			
1	5970	首都					M	表示首都	*
2	5971	直辖市、省、自治区、特别行政区					O	表示省级行政政府所在位置	*
3	5972	地级市、地区、自治州、盟	—				O	表示地级行政政府所在位置	*

表 21（续）

序号	符号分类代码	符号名称	图形符号				约束条件	补充说明	扩充标志
			8×8	16×16	24×24	32×32			
4	5973	县、县级市、自治县、旗、自治旗、特区、林区	—				O	表示县级行政政府所在位置	*
5	5974	乡、镇、苏木、民族乡、民族苏木、街道办	—				O	表示乡级行政政府所在位置	*
6	5975	其他行政区划	—				O	表示不属于以上划分的其他行政级别范围，本符号标注于其管理机构的所在位置	*

表 22　关注点_其他党政机关团体图形符号（夜间模式）

序号	符号分类代码	符号名称	图形符号				约束条件	补充说明	扩充标志
			8×8	16×16	24×24	32×32			
1	5970	首都					M	表示首都	*
2	5971	直辖市、省、自治区、特别行政区					O	表示省级行政政府所在位置	*
3	5972	地级市、地区、自治州、盟	—				O	表示地级行政政府所在位置	*
4	5973	县、县级市、自治县、旗、自治旗、特区、林区	—				O	表示县级行政政府所在位置	*
5	5974	乡、镇、苏木、民族乡、民族苏木、街道办	—				O	表示乡级行政政府所在位置	*

表 22（续）

序号	符号分类代码	符号名称	图形符号 8×8	图形符号 16×16	图形符号 24×24	图形符号 32×32	约束条件	补充说明	扩充标志
6	5975	其他行政区划	—				O	表示不属于以上划分的其他行政级别范围，本符号标注于其管理机构的所在位置	*

表 23　关注点_文教卫生图形符号（日间模式）

序号	符号分类代码	符号名称	图形符号 8×8	图形符号 16×16	图形符号 24×24	图形符号 32×32	约束条件	补充说明	扩充标志
1	5200	文教卫生					M	用于表示所有的这一大类的要素	
2	5210	大专院校	—				O		
3	5211	中小学	—				O		
4	5212	其他学校	—				O	用于表示所有的学校或在普通大专院校、中小学之外的其他教育培训机构	*
5	5213	幼儿园	—				O		
6	5220	科研机构	—				O		

表 23（续）

序号	符号分类代码	符号名称	图形符号				约束条件	补充说明	扩充标志
			8×8	16×16	24×24	32×32			
7	5221	科技馆	—				O		*
8	5222	天文台	—				O		*
9	5230	文艺团体	—				O		
10	5240	图书馆	—				O		
11	5250	博物馆、科技馆、美术馆	—				O		
12	5260	展览馆、展览中心	—				O		
13	5270	医院	—				O	[GB/T 10001.1—2006]	
14	5271	急救中心	—				O		*
15	5272	妇婴保健医院	—				O		*
16	5273	牙齿保健院	—				O		*

表 23（续）

序号	符号分类代码	符号名称	图形符号				约束条件	补充说明	扩充标志
			8×8	16×16	24×24	32×32			
17	5274	针灸按摩院	—				O		*
18	5276	宠物医院	—				O		*
19	5281	纪念碑	—				O		
20	5282	陵园	—				O		
21	5283	寺庙	—				O		
22	5284	教堂	—				O		
23	5285	礼堂	—				O		*
24	5286	烈士陵园	—				O		*
25	5287	殡仪馆	—				O		*

表 24　关注点_文教卫生图形符号(夜间模式)

序号	符号分类代码	符号名称	图形符号				约束条件	补充说明	扩充标志
			8×8	16×16	24×24	32×32			
1	5200	文教卫生					M	用于表示所有的这一大类的要素	
2	5210	大专院校	—				O		
3	5211	中小学	—				O		
4	5212	其他学校	—				O	用于表示所有的学校或在普通大专院校、中小学之外的其他教育培训机构	*
5	5213	幼儿园	—				O		
6	5220	科研机构	—				O		
7	5221	科技馆	—				O		*
8	5222	天文台	—				O		*
9	5230	文艺团体	—				O		

表 24（续）

序号	符号分类代码	符号名称	图形符号				约束条件	补充说明	扩充标志
			8×8	16×16	24×24	32×32			
10	5240	图书馆	—				O		
11	5250	博物馆、科技馆、美术馆	—				O		
12	5260	展览馆、展览中心	—				O		
13	5270	医院	—			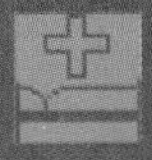	O	[GB/T 10001.1—2006]	
14	5271	急救中心	—				O		*
15	5272	妇婴保健医院	—				O		*
16	5273	牙齿保健院	—				O		*
17	5274	针灸按摩院	—				O		*
18	5276	宠物医院	—				O		*

表 24（续）

序号	符号分类代码	符号名称	图形符号				约束条件	补充说明	扩充标志
			8×8	16×16	24×24	32×32			
19	5281	纪念碑	—				O		
20	5282	陵园	—				O		
21	5283	寺庙	—				O		
22	5284	教堂	—				O		
23	5285	礼堂	—				O		*
24	5286	烈士陵园	—				O		*
25	5287	殡仪馆	—				O		*

表 25　关注点_商业金融图形符号（日间模式）

序号	符号分类代码	符号名称	图形符号				约束条件	补充说明	扩充标志
			8×8	16×16	24×24	32×32			
1	5300	商业、金融					M	表示归属于商业金融这一大类的所有要素，也包括本标准未列出的这类要素	

表 25（续）

序号	符号分类代码	符号名称	图形符号				约束条件	补充说明	扩充标志
			8×8	16×16	24×24	32×32			
2	5305	超市	—				O		
3	5310	商场、购物中心	—				O		
4	5311	商业街	—				O		*
5	5315	批发零售市场	—				O		
6	5320	书店	—				O		
7	5325	药房	—				O		
8	5330	零售店	—				O		
9	5431	电器店	—				O		*
10	5332	摩托车、自行车销售中心	—				O		*

表 25（续）

序号	符号分类代码	符号名称	图形符号				约束条件	补充说明	扩充标志
			8×8	16×16	24×24	32×32			
11	5333	服装店	—				O		*
12	5334	体育用品店	—				O		*
13	5335	24 小时营业零售店	—				O		
14	5336	文具店	—				O		*
15	5337	眼镜店	—				O		*
16	5338	书画乐器店	—				O		*
17	5339	玩具店、宠物店	—				O		*
18	5340	银行	—				O	[GB/T 17695—2006]	
19	5345	ATM	—				O	表示提供自动存取款业务的 ATM 机服务的位置	

表 25（续）

序号	符号分类代码	符号名称	图形符号				约束条件	补充说明	扩充标志
			8×8	16×16	24×24	32×32			
20	5350	证券	—				O	表示证券交易所、证券交易厅等证券类服务场所	
21	5355	保险	—				O	表示保险公司或其他提供保险服务的场所	
22	5360	照相馆、婚纱摄影店	—				O		*
23	5361	冲印店	—				O		*
24	5362	音像店	—				O		*
25	5370	理发、美容店	—				O	[GB/T 10001.1—2006]	*

表 26　关注点_商业金融图形符号(夜间模式)

序号	符号分类代码	符号名称	图形符号				约束条件	补充说明	扩充标志
			8×8	16×16	24×24	32×32			
1	5300	商业、金融					M	表示归属于商业金融这一大类的所有要素，也包括本标准未列出的这类要素	

表 26（续）

序号	符号分类代码	符号名称	图形符号				约束条件	补充说明	扩充标志
			8×8	16×16	24×24	32×32			
2	5305	超市	—				O		
3	5310	商场、购物中心	—				O		
4	5311	商业街	—				O		*
5	5315	批发零售市场	—				O		
6	5320	书店	—				O		
7	5325	药房	—				O		
8	5330	零售店	—				O		
9	5431	电器店	—				O		*
10	5332	摩托车、自行车销售中心	—				O		*

表 26（续）

序号	符号分类代码	符号名称	图形符号				约束条件	补充说明	扩充标志
			8×8	16×16	24×24	32×32			
11	5333	服装店	—				O		*
12	5334	体育用品店	—				O		*
13	5335	24 小时营业零售店	—				O		
14	5336	文具店	—				O		*
15	5337	眼镜店	—		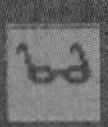		O		*
16	5338	书画乐器店	—				O		*
17	5339	玩具店、宠物店	—				O		*
18	5340	银行	—				O	[GB/T 17695—2006]	
19	5345	ATM	—				O	表示提供自动存取款业务的 ATM 机服务的位置	

表 26（续）

序号	符号分类代码	符号名称	图形符号				约束条件	补充说明	扩充标志
			8×8	16×16	24×24	32×32			
20	5350	证券	—				O	表示证券交易所、证券交易厅等证券类服务场所	
21	5355	保险	—				O	表示保险公司或其他提供保险服务的场所	
22	5360	照相馆、婚纱摄影店	—				O		*
23	5361	冲印店	—				O		*
24	5362	音像店	—				O		*
25	5370	理发、美容店	—				O	[GB/T 10001.1—2006]	*

表 27　关注点_体育休闲娱乐图形符号（日间模式）

序号	符号分类代码	符号名称	图形符号				约束条件	补充说明	扩充标志
			8×8	16×16	24×24	32×32			
1	5400	体育休闲娱乐					M	表示归属于体育休闲娱乐这一大类，且本标准未列举出的要素的所在位置，也可用于表示所有的这一大类的要素	

表 27（续）

序号	符号分类代码	符号名称	图形符号				约束条件	补充说明	扩充标志
			8×8	16×16	24×24	32×32			
2	5410	公园	—				O		
3	5415	动物园	—				O		
4	5416	植物园	—				O		
5	5420	剧场、剧院	—				O	[GB/T 10001.1—2006]	
6	5425	电影院	—				O	[GB/T 10001.1—2006]	
7	5430	歌舞厅	—				O	夜总会等也用此符号表示 [GB/T 10001.2—2006]	
8	5431	综合娱乐厅	—				O		*
9	5432	音乐厅	—				O		*
10	5433	卡拉 OK 厅	—				O	表示提供卡拉 OK 服务，具有相应影音设施的娱乐场所	*
11	5435	露天舞台	—			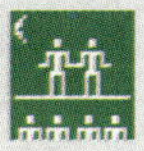	O		

表 27（续）

序号	符号分类代码	符号名称	图形符号				约束条件	补充说明	扩充标志
			8×8	16×16	24×24	32×32			
12	5440	游乐场	—				O	[GB/T 17695—2006]	
13	5441	俱乐部	—				O	表示为具有某一共同目的或爱好的人提供交流、活动的聚会场所	*
14	5442	网吧	—				O	表示专门提供 Internet 服务的经营性场所	*
15	5443	水族馆	—				O		*
16	5444	保龄球馆	—				O	[GB/T 10001.4—2007]	*
17	5445	体育场馆	—				O	[GB/T 10001.1—2006]	
18	5446	极限运动场所	—				O		*
19	5447	水上运动场	—				O		*
20	5450	高尔夫球场	—				O	[GB/T 10001.4—2007]	
21	5455	滑雪场	—				O	[GB/T 10001.4—2007]	

表 27（续）

序号	符号分类代码	符号名称	图形符号				约束条件	补充说明	扩充标志
			8×8	16×16	24×24	32×32			
22	5456	溜冰场	—				O	[GB/T 10001.4—2007]	*
23	5460	健身场馆	—				O	[GB/T 10001.4—2007]	
24	5470	游泳池	—				O	[GB/T 10001.4—2007]	
25	5475	网球场	—				O	[GB/T 10001.4—2007]	

表 28　关注点_体育休闲娱乐图形符号(夜间模式)

序号	符号分类代码	符号名称	图形符号				约束条件	补充说明	扩充标志
			8×8	16×16	24×24	32×32			
1	5400	体育休闲娱乐					M	表示归属于体育休闲娱乐这一大类,且本标准未列举出的要素的所在位置,也可用于表示所有的这一大类的要素	
2	5410	公园	—				O		
3	5415	动物园	—				O		
4	5416	植物园	—				O		

表 28（续）

序号	符号分类代码	符号名称	图形符号 8×8	图形符号 16×16	图形符号 24×24	图形符号 32×32	约束条件	补充说明	扩充标志
5	5420	剧场、剧院	—				O	[GB/T 10001.1—2006]	
6	5425	电影院	—				O	[GB/T 10001.1—2006]	
7	5430	歌舞厅	—				O	夜总会等也用此符号表示[GB/T 10001.2—2006]	
8	5431	综合娱乐厅	—				O		*
9	5432	音乐厅	—				O		*
10	5433	卡拉 OK 厅	—				O	表示提供卡拉 OK 服务，具有相应影音设施的娱乐场所	*
11	5435	露天舞台	—				O		
12	5440	游乐场	—				O	[GB/T 17695—2006]	
13	5441	俱乐部	—				O	表示为具有某一共同目的或爱好的人提供交流、活动的聚会场所	*
14	5442	网吧	—				O	表示专门提供 Internet 服务的经营性场所	*

表 28（续）

序号	符号分类代码	符号名称	图形符号				约束条件	补充说明	扩充标志
			8×8	16×16	24×24	32×32			
15	5443	水族馆	—				O		*
16	5444	保龄球馆	—				O	[GB/T 10001.4—2007]	*
17	5445	体育场馆	—				O	[GB/T 10001.1—2006]	
18	5446	极限运动场所	—				O		*
19	5447	水上运动场	—				O		*
20	5450	高尔夫球场	—				O	[GB/T 10001.4—2007]	
21	5455	滑雪场	—				O	[GB/T 10001.4—2007]	
22	5456	溜冰场	—				O	[GB/T 10001.4—2007]	*
23	5460	健身场馆	—				O	[GB/T 10001.4—2007]	
24	5470	游泳池	—				O	[GB/T 10001.4—2007]	

表 28（续）

序号	符号分类代码	符号名称	图形符号 8×8	图形符号 16×16	图形符号 24×24	图形符号 32×32	约束条件	补充说明	扩充标志
25	5475	网球场	—				O	[GB/T 10001.4—2007]	

表 29　关注点_旅游餐饮服务图形符号(日间模式)

序号	符号分类代码	符号名称	图形符号 8×8	图形符号 16×16	图形符号 24×24	图形符号 32×32	约束条件	补充说明	扩充标志
1	5500	旅游					M	表示归属于旅游这一大类，且本标准未列举出的要素的所在位置，也可用于表示所有的这一大类的要素	
2	5505	旅游景点	—				O		
3	5506	自然保护区	—				O	[GB/T 10001.2—2006]	*
4	5507	名胜古迹	—				O		*
5	5510	野营地、度假村	—				O		
6	5515	纪念馆、故居	—				O		

表 29（续）

序号	符号分类代码	符号名称	图形符号				约束条件	补充说明	扩充标志
			8×8	16×16	24×24	32×32			
7	5520	旅行社	—				O	[GB/T 17695—2006]	
8	5525	宾馆	—				O	表示提供膳宿服务具有星级的场所。包括宾馆和酒店等 [GB/T 17695—2006]	
9	5530	旅馆	—				O	表示提供膳宿服务不具有星级的场所。包括旅馆、旅店和招待所等	
10	5535	商务连锁酒店	—				O	表示连锁经营的商务快捷类酒店	
11	5540	星级餐馆	—				O	表示提供具有星级水平的膳食服务场所	
12	5545	餐馆	—				O	表示本标准中已列出的餐馆类要素以外的餐馆所在地，也可表示所有的餐馆	
13	5546	快餐店	—				O	[GB/T 10001.1—2006]	
14	5547	中餐厅	—				O	[GB/T 10001.1—2006]	*

表 29（续）

序号	符号分类代码	符号名称	图形符号				约束条件	补充说明	扩充标志
			8×8	16×16	24×24	32×32			
15	5548	西餐厅	—				O	[GB/T 10001.1—2006]	*
16	5549	火锅店	—				O		*
17	5550	酒吧	—				O	[GB/T 10001.1—2006]	
18	5555	茶馆	—				O		
19	5560	咖啡厅	—				O	[GB/T 10001.1—2006]	

表 30　关注点_旅游餐饮服务图形符号（夜间模式）

序号	符号分类代码	符号名称	图形符号				约束条件	补充说明	扩充标志
			8×8	16×16	24×24	32×32			
1	5500	旅游					M	表示归属于旅游这一大类，且本标准未列举出的要素的所在位置，也可用于表示所有的这一大类的要素	
2	5505	旅游景点	—				O		
3	5506	自然保护区	—				O	[GB/T 10001.2—2006]	*

表 30（续）

序号	符号分类代码	符号名称	图形符号				约束条件	补充说明	扩充标志
			8×8	16×16	24×24	32×32			
4	5507	名胜古迹	—				O		*
5	5510	野营地、度假村	—				O		
6	5515	纪念馆、故居	—				O		
7	5520	旅行社	—				O	[GB/T 17695—2006]	
8	5525	宾馆	—				O	表示提供膳宿服务具有星级的场所。包括宾馆和酒店等 [GB/T 17695—2006]	
9	5530	旅馆	—				O	表示提供膳宿服务不具有星级的场所。包括旅馆、旅店和招待所等	
10	5535	商务连锁酒店	—				O	表示连锁经营的商务快捷类酒店	
11	5540	星级餐馆	—				O	表示提供具有星级水平的膳食服务场所	

表 30（续）

序号	符号分类代码	符号名称	图形符号				约束条件	补充说明	扩充标志
			8×8	16×16	24×24	32×32			
12	5545	餐馆	—				O	表示本标准中已列出的餐馆类要素以外的餐馆所在地，也可表示所有的餐馆	
13	5546	快餐店	—				O	[GB/T 10001.1—2006]	
14	5547	中餐厅	—				O	[GB/T 10001.1—2006]	*
15	5548	西餐厅	—				O	[GB/T 10001.1—2006]	*
16	5549	火锅店	—				O		*
17	5550	酒吧	—				O	[GB/T 10001.1—2006]	
18	5555	茶馆	—				O		
19	5560	咖啡厅	—				O	[GB/T 10001.1—2006]	

表 31 关注点_公共传媒与通信图形符号(日间模式)

序号	符号分类代码	符号名称	图形符号				约束条件	补充说明	扩充标志
			8×8	16×16	24×24	32×32			
1	5600	公共传媒与通信					M	表示归属于公共传媒与通信这一大类,且本标准未列举出的要素的所在位置,也可用于表示所有的这一大类的要素	
2	5610	电台、电视台、电影制片厂	—				O		
3	5620	电信机构	—				O	表示提供固定或移动电话等电信服务的场所	
4	5630	邮政机构	—				O	[GB/T 10001.1—2006]	
5	5640	新闻出版机构	—				O		
6	5650	广播、电视塔	—				O		

表 32 关注点_公共传媒与通信图形符号(夜间模式)

序号	符号分类代码	符号名称	图形符号				约束条件	补充说明	扩充标志
			8×8	16×16	24×24	32×32			
1	5600	公共传媒与通信					M	表示归属于公共传媒与通信这一大类,且本标准未列举出的要素的所在位置,也可用于表示所有的这一大类的要素	

表 32（续）

序号	符号分类代码	符号名称	图形符号 8×8	图形符号 16×16	图形符号 24×24	图形符号 32×32	约束条件	补充说明	扩充标志
2	5610	电台、电视台、电影制片厂	—				O		
3	5620	电信机构	—				O	表示提供固定或移动电话等电信服务的场所	
4	5630	邮政机构	—				O	[GB/T 10001.1—2006]	
5	5640	新闻出版机构	—				O		
6	5650	广播、电视塔	—				O		

表 33　关注点_汽车服务设施图形符号(日间模式)

序号	符号分类代码	符号名称	图形符号 8×8	图形符号 16×16	图形符号 24×24	图形符号 32×32	约束条件	补充说明	扩充标志
1	5700	汽车服务设施					M	表示归属于汽车服务设施这一大类,且本标准未列举出的要素的所在位置,也可用于表示所有的这一大类的要素	
2	5705	收费站	—				O		

表 33（续）

序号	符号分类代码	符号名称	图形符号				约束条件	补充说明	扩充标志
			8×8	16×16	24×24	32×32			
3	5710	安全检查站	—				O		
4	5720	高速公路服务区	—				O		
5	5721	服务区入口	—				M		*
6	5730	车辆管理所	—				O		
7	5740	加油站	—				O	[GB/T 17695—2006]	
8	5745	停车场	—				O	[GB/T 10001.1—2006]	
9	5750	验车场	—				O		
10	5755	汽车定损点	—				O		
11	5760	汽车修理厂	—				O		
12	5765	汽车销售	—				O		

表 33（续）

序号	符号分类代码	符号名称	图形符号				约束条件	补充说明	扩充标志
			8×8	16×16	24×24	32×32			
13	5770	汽车租赁	—				O		
14	5775	汽车美容	—				O		
15	5780	汽车零部件销售	—				O		

表 34　关注点_汽车服务设施图形符号(夜间模式)

序号	符号分类代码	符号名称	图形符号				约束条件	补充说明	扩充标志
			8×8	16×16	24×24	32×32			
1	5700	汽车服务设施					M	表示归属于汽车服务设施这一大类，且本标准未列举出的要素的所在位置，也可用于表示所有的这一大类的要素	
2	5705	收费站	—				O		
3	5710	安全检查站	—			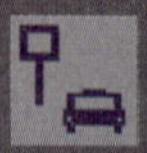	O		
4	5720	高速公路服务区	—				O		

表 34（续）

序号	符号分类代码	符号名称	图形符号 8×8	图形符号 16×16	图形符号 24×24	图形符号 32×32	约束条件	补充说明	扩充标志
5	5721	服务区入口	—				O		*
6	5730	车辆管理所	—				O		
7	5740	加油站	—				O	[GB/T 17695—2006]	
8	5745	停车场	—				O	[GB/T 10001.1—2006]	
9	5750	验车场	—				O		
10	5755	汽车定损点	—				O		
11	5760	汽车修理厂	—		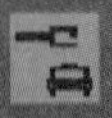		O		
12	5765	汽车销售	—				O		
13	5770	汽车租赁	—				O		
14	5775	汽车美容	—				O		

表 34（续）

序号	符号分类代码	符号名称	图形符号				约束条件	补充说明	扩充标志
			8×8	16×16	24×24	32×32			
15	5780	汽车零部件销售	—				O		

表 35　关注点_公共交通服务设施图形符号(日间模式)

序号	符号分类代码	符号名称	图形符号				约束条件	补充说明	扩充标志
			8×8	16×16	24×24	32×32			
1	5800	公共交通服务设施					M	表示归属于公共交通服务设施这一大类，且本标准未列举出的要素的所在位置，也可用于表示所有的这一大类的要素	
2	5810	民用机场	—				O	[GB/T 10001.3—2004]	
3	5820	火车站	—				O		
4	5830	长途汽车站	—				O	[JT/T 471—2002]	
5	5840	公交车站	—				O	[GB/T 10001.3—2004]	
6	5850	城市轨道交通站	—				O		

表 35（续）

序号	符号分类代码	符号名称	图形符号 8×8	图形符号 16×16	图形符号 24×24	图形符号 32×32	约束条件	补充说明	扩充标志
7	5860	码头	—				O		
8	5870	海关口岸	—				O	表示用于通关的口岸	
9	6100	渡口	—				O		
10	6110	车渡渡口	—				O		
11	6111	人渡渡口	—				O		
12	6020	环岛	—				O	表示为疏通交通流，在多条道路交汇处修建的，平面上呈环状连接各个交叉道路的道路，是道路网中的简单闭合环路	

表 36　关注点_公共交通服务设施图形符号（夜间模式）

序号	符号分类代码	符号名称	图形符号 8×8	图形符号 16×16	图形符号 24×24	图形符号 32×32	约束条件	补充说明	扩充标志
1	5800	公共交通服务设施					M	表示归属于公共交通服务设施这一大类，且本标准未列举出的要素的所在位置，也可用于表示所有的这一大类的要素	

表 36（续）

序号	符号分类代码	符号名称	图形符号				约束条件	补充说明	扩充标志
			8×8	16×16	24×24	32×32			
2	5810	民用机场	—				O	[GB/T 10001.3—2004]	
3	5820	火车站	—				O		
4	5830	长途汽车站	—				O	[JT/T 471—2002]	
5	5840	公交车站	—				O	[GB/T 10001.3—2004]	
6	5850	城市轨道交通站	—				O		
7	5860	码头	—				O		
8	5870	海关口岸	—				O	表示用于通关的口岸	
9	6100	渡口	—				O		
10	6110	车渡渡口	—				O		
11	6111	人渡渡口	—				O		

表 36（续）

序号	符号分类代码	符号名称	图形符号				约束条件	补充说明	扩充标志
			8×8	16×16	24×24	32×32			
12	6020	环岛	—				O	表示为疏通交通流，在多条道路交汇处修建的，平面上呈环状连接各个交叉道路的道路，是道路网中的简单闭合环路	

表 37　关注点_道路附属设施图形符号（日间模式）

序号	符号分类代码	符号名称	图形符号				约束条件	补充说明	扩充标志
			8×8	16×16	24×24	32×32			
1	2510	交通标志					O	道路边悬挂的路牌，表示行车时的一种交通限制、建议的标识	
2	2520	交通标线	—				O	道路的路面和突起部分用线条、箭头、文字、颜色向交通参与者传递引导、限制、警告等交通信息标识	
3	2530	交通信号灯	—				O		
4	2540	铁路道口	—				M	表示铁路与道路平面交叉口	
5	2550	人行横道	—				O		
6	2551	过街天桥	—				O		*

表 37（续）

序号	符号分类代码	符号名称	图形符号				约束条件	补充说明	扩充标志
			8×8	16×16	24×24	32×32			
7	2552	过街地道	—				O		
8	2560	交通监视点	—				O	表示公安交通部门在城市主要路口设立的视频采集点	
9	2561	测速点	—				O	表示公安交通部门在城市主要道路上设立的测量车速的采集点	*

表 38　关注点_道路附属设施图形符号(夜间模式)

序号	符号分类代码	符号名称	图形符号				约束条件	补充说明	扩充标志
			8×8	16×16	24×24	32×32			
1	2510	交通标志					O	道路边悬挂的路牌，表示行车时的一种交通限制、建议的标识	
2	2520	交通标线	—		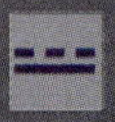	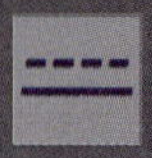	O	道路的路面和突起部分用线条、箭头、文字、颜色向交通参与者传递引导、限制、警告等交通信息标识	
3	2530	交通信号灯	—				O		
4	2540	铁路道口	—				M	表示铁路与道路平面交叉口	

表 38（续）

序号	符号分类代码	符号名称	图形符号 8×8	图形符号 16×16	图形符号 24×24	图形符号 32×32	约束条件	补充说明	扩充标志
5	2550	人行横道	—				O		
6	2551	过街天桥	—				O		*
7	2552	过街地道	—				O		
8	2560	交通监视点	—				O	表示公安交通部门在城市主要路口设立的视频采集点	
9	2561	测速点	—				O	表示公安交通部门在城市主要道路上设立的测量车速的采集点	*

表 39　关注点_构造物图形符号(日间模式)

序号	符号分类代码	符号名称	图形符号 8×8	图形符号 16×16	图形符号 24×24	图形符号 32×32	约束条件	补充说明	扩充标志
1	2610	桥梁					M	表示跨越河流、湖泊、海洋等水系的桥梁	
2	2611	立交桥	—		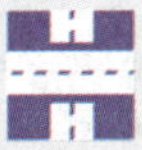	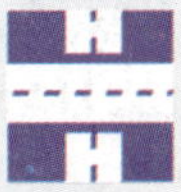	O	表示道路交通中的立交桥	*
3	2620	隧道	—				O		

表 40　关注点_构造物图形符号(夜间模式)

序号	符号分类代码	符号名称	图形符号				约束条件	补充说明	扩充标志
			8×8	16×16	24×24	32×32			
1	2610	桥梁					M	表示跨越河流、湖泊、海洋等水系的桥梁	
2	2611	立交桥	—				O	表示道路交通中的立交桥	*
3	2620	隧道	—				O		

表 41　关注点_城市公共交通图形符号(日间模式)

序号	符号分类代码	符号名称	图形符号				约束条件	补充说明	扩充标志
			8×8	16×16	24×24	32×32			
1	2340	公交连接点	—				O	表示用来换乘公共交通的站点	
2	2350	公交站点	—				O	表示公共交通停靠的站点	
3	2360	公交换乘区	—				O	由一个或多个邻近的公交车站构成的换乘区域	
4	2370	公交总站	—				O	表示公交发车与停运的场所	*

表 42　关注点_城市公共交通图形符号(夜间模式)

序号	符号分类代码	符号名称	图形符号				约束条件	补充说明	扩充标志
			8×8	16×16	24×24	32×32			
1	2340	公交连接点	—				O	表示用来换乘公共交通的站点	
2	2350	公交站点	—		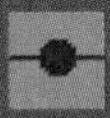	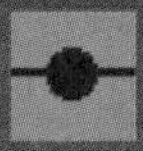	O	表示公共交通停靠的站点	
3	2360	公交换乘区	—				O	由一个或多个邻近的公交车站构成的换乘区域	
4	2370	公交总站	—				O	表示公交发车与停运的场所	*

表 43　关注点_地名点和其他关注点图形符号(日间模式)

序号	符号分类代码	符号名称	图形符号				约束条件	补充说明	扩充标志
			8×8	16×16	24×24	32×32			
1	5910	大厦、写字楼	—				O		
2	5920	居民小区	—				O		
3	5930	开发区	—				O		
4	5940	产业园	—				O		

表 43（续）

序号	符号分类代码	符号名称	图形符号				约束条件	补充说明	扩充标志
			8×8	16×16	24×24	32×32			
5	5950	公共厕所	—				O	[GB/T 10001.1—2006]	
6	5960	企事业单位	—				O		

表 44　关注点_地名点和其他关注点图形符号(夜间模式)

序号	符号分类代码	符号名称	图形符号				约束条件	补充说明	扩充标志
			8×8	16×16	24×24	32×32			
1	5910	大厦、写字楼	—				O		
2	5920	居民小区	—				O		
3	5930	开发区	—				O		
4	5940	产业园	—				O		
5	5950	公共厕所	—				O	[GB/T 10001.1—2006]	
6	5960	企事业单位	—				O		

表 45　关注点_其他关注点图形符号(日间模式)

序号	符号分类代码	符号名称	图形符号				约束条件	补充说明	扩充标志
			8×8	16×16	24×24	32×32			
1	9000	其他设施					M	表示归属于其他设施这一大类,且本标准未列举出的要素的所在位置,也可用于表示所有的这一大类的要素	
2	9010	农林牧场	—				O		*
3	9020	山岳山峰	—				O	[GB/T 17695—2006]	*
4	9030	工矿点	—				O		*
5	9040	房地产交易中心	—				O		*
6	9041	搬家公司	—				O		*

表 46　关注点_其他关注点图形符号(夜间模式)

序号	符号分类代码	符号名称	图形符号				约束条件	补充说明	扩充标志
			8×8	16×16	24×24	32×32			
1	9000	其他设施					M	表示归属于其他设施这一大类,且本标准未列举出的要素的所在位置,也可用于表示所有的这一大类的要素	

表 46（续）

序号	符号分类代码	符号名称	图形符号 8×8	16×16	24×24	32×32	约束条件	补充说明	扩充标志
2	9010	农林牧场	—				O		*
3	9020	山岳山峰	—				O	[GB/T 17695—2006]	*
4	9030	工矿点	—				O		*
5	9040	房地产交易中心	—				O		*
6	9041	搬家公司	—				O		*

8.9 文字注记图形符号

文字注记图形符号见表 47 和表 48，日间模式的文字注记颜色值为(RGB:0,0,0)(Lab:0,0,0)，夜间模式的文字注记的颜色值为(RGB:151,151,151)(Lab:62,0,0)。对要素的说明和符号的性质标注于“说明”栏中。

表 47 文字注记——文字注记图形符号(日间模式)

序号	符号名称	注记示例	约束条件	说明
1	首都	北京	O	表示首都 (宋体小二号、磅值为 18 磅)
2	省	陕西	O	表示省、自治区、直辖市、特别行政区名称 (宋体三号、磅值为 16 磅)
3	地级市	青岛	O	表示地区、自治州、盟、地级市名称 (宋体小三号、磅值为 15 磅)

表 47（续）

序号	符号名称	注记示例	约束条件	说　明
4	县	蓝田县	O	表示县、自治县、旗、自治旗、特区、林区、县级市名称 （宋体四号、磅值为 14 磅）
5	乡、镇	永乐镇	O	表示乡、镇、苏木、民族乡、农场的名称 （宋体小四号、磅值为 12 磅）
6	村庄	冯村	O	表示村庄的名称 （宋体五号、磅值为 10.5 磅）
7	道路	淮海路	O	表示各种级别道路的名称 （宋体五号、磅值为 10.5 磅）
8	道路附属设施	长江大桥	O	表示道路附属设施的名称 （宋体五号、磅值为 10.5 磅）
9	公共设施	人民广场	O	表示各种公共设施的名称 （宋体五号、磅值为 10.5 磅）
10	水系	黄浦江	O	表示海洋、海峡、海湾、海港、河口、江、河、运河、溪流、沟渠、湖泊、水库、池塘等名称 （宋体五号、磅值为 10.5 磅）
11	群岛、岛屿	东沙群岛	O	表示群岛、岛屿的名称 （宋体五号、磅值为 10.5 磅）
12	其他地理名称	崇明岛	O	表示凹地、草地、沙地、沙漠、山谷、冰川、干河、干湖、山峡、半岛、沙嘴、海角、沙洲、沙滩、礁等名称 （宋体五号、磅值为 10.5 磅）
13	高地	山关口	O	表示山隘、独立高地、独立山等名称 （宋体五号、磅值为 10.5 磅）
14	关注点	加油站	O	表示特定服务地点入口的位置名称 （宋体五号、磅值为 10.5 磅）
15	山岳	秦岭	O	表示山岭、山脉的名称 （宋体五号、磅值为 10.5 磅）

表 48 文字注记——文字注记图形符号(夜间模式)

序号	符号名称	注记示例	约束条件	说明
1	首都	北京	O	表示首都 (宋体小二号、磅值为 18 磅)
2	省	陕西	O	表示省、自治区、直辖市、特别行政区名称 (宋体三号、磅值为 16 磅)
3	地级市	青岛	O	表示地区、自治州、盟、地级市名称 (宋体小三号、磅值为 15 磅)
4	县	蓝田县	O	表示县、自治县、旗、自治旗、特区、林区、县级市名称 (宋体四号、磅值为 14 磅)
5	乡、镇	永乐镇	O	表示乡、镇、苏木、民族乡、农场的名称 (宋体小四号、磅值为 12 磅)
6	村庄	冯村	O	表示村庄的名称 (宋体五号、磅值为 10.5 磅)
7	道路	淮海路	O	表示各种级别道路的名称 (宋体五号、磅值为 10.5 磅)
8	道路附属设施	长江大桥	O	表示道路附属设施的名称 (宋体五号、磅值为 10.5 磅)
9	公共设施	人民广场	O	表示各种公共设施的名称 (宋体五号、磅值为 10.5 磅)
10	水系	黄浦江	O	表示海洋、海峡、海湾、海港、河口、江、河、运河、溪流、沟渠、湖泊、水库、池塘等名称 (宋体五号、磅值为 10.5 磅)
11	群岛、岛屿	东沙群岛	O	表示群岛、岛屿的名称 (宋体五号、磅值为 10.5 磅)
12	其他地理名称	崇明岛	O	表示凹地、草地、沙地、沙漠、山谷、冰川、干河、干湖、山峡、半岛、沙嘴、海角、沙洲、沙滩、礁等名称 (宋体五号、磅值为 10.5 磅)

表 48（续）

序号	符号名称	注记示例	约束条件	说　明
13	高地	山关口	O	表示山隘、独立高地、独立山等名称 （宋体五号、磅值为 10.5 磅）
14	关注点	加油站	O	表示特定服务地点入口的位置名称 （宋体五号、磅值为 10.5 磅）
15	山岳	秦岭	O	表示山岭、山脉的名称 （宋体五号、磅值为 10.5 磅）

8.10　标记性符号图形符号

表 49　标记性符号图形符号（日间模式）

序号	符号分类代码	符号名称	图形符号			约束条件	颜色及比例	扩充标志
			16×16	24×24	32×32			
1	7000	指北针				M	背景色： （RGB:239,239,239） （Lab:94,0,0） 前景色： （RGB:0,0,0） （Lab:0,0,0）	*
2	7010	简化指北针				M	背景色： （RGB:239,239,239） （Lab:94,0,0） 前景色： （RGB:0,0,0） （Lab:0,0,0）	*

表 50　标记性符号图形符号（夜间模式）

序号	符号分类代码	符号名称	图形符号			约束条件	颜色及比例	扩充标志
			16×16	24×24	32×32			
1	7000	指北针				M	背景色： （RGB:80,80,80） （Lab:34,0,0） 前景色： （RGB:255,255,255） （Lab:100,0,0）	*

表 50（续）

序号	符号分类代码	符号名称	图形符号			约束条件	颜色及比例	扩充标志
			16×16	24×24	32×32			
2	7010	简化指北针				M	背景色： (RGB:80,80,80) (Lab:34,0,0) 前景色： (RGB:255,255,255) (Lab:100,0,0)	*

附 录 A
（资料性附录）
道路交通 B 类图形符号

道路交通 B 类图形符号的配色方案如表 A.1 和表 A.2 所示。

表 A.1 城际道路 B 类图形符号(日间模式)

序号	符号分类代码	符号名称	图形符号	约束条件	颜色及比例	扩充标志
1	2110	高速公路		M	道路面： (RGB:255,0,0) (Lab:54,81,70) 道路边线： (RGB:192,0,0) (Lab:41,65,56)	
2	2115	国道		M	道路面： (RGB:143,31,207) (Lab:39,64,−68) 道路边线： (RGB:144,0,144) (Lab:34,61,−40)	
3	2125	省道		M	道路面： (RGB:31,207,63) (Lab:73,−64,56) 道路边线： (RGB:33,81,49) (Lab:30,−23,14)	
4	2130	县道		M	道路面： (RGB:242,173,77) (Lab:76,20,58) 道路边线： (RGB:166,54,0) (Lab:40,46,52)	
5	2140	乡道		M	道路面： (RGB:207,143,95) (Lab:65,21,36) 道路边线： (RGB:115,81,66) (Lab:38,13,15)	

表 A.1（续）

序号	符号分类代码	符号名称	图形符号	约束条件	颜色及比例	扩充标志
6	2160	专用公路	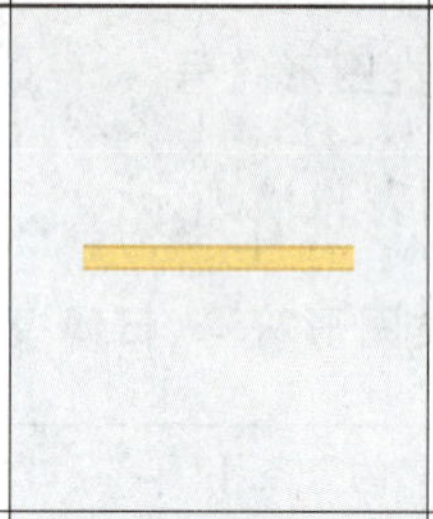	M	道路面： (RGB:255,208,64) (Lab:86,7,73) 道路边线： (RGB:255,176,96) (Lab:79,24,52)	
7	2170	其他公路		M	道路面： (RGB:176,208,179) (Lab:80,－15,11) 道路边线： (RGB:155,193,142) (Lab:74,－20,21)	

表 A.2　城际道路 B 类图形符号(夜间模式)

序号	符号分类代码	符号名称	图形符号	约束条件	颜色及比例	扩充标志
1	2110	高速公路		M	道路面： (RGB:207,36,40) (Lab:46,65,44) 道路边线： (RGB:247,119,122) (Lab:66,50,23)	
2	2115	国道		M	道路面： (RGB:228,69,232) (Lab:58,74,－51) 道路边线： (RGB:228,170,229) (Lab:76,29,－21)	
3	2125	省道		M	道路面： (RGB:45,222,85) (Lab:78,－65,53) 道路边线： (RGB:167,216,178) (Lab:82,－22,13)	
4	2130	县道		M	道路面： (RGB:220,128,72) (Lab:63,33,45) 道路边线： (RGB:216,179,157) (Lab:76,11,17)	

表 A.2（续）

序号	符号分类代码	符号名称	图形符号	约束条件	颜色及比例	扩充标志
5	2140	乡道		M	道路面： (RGB:243,138,70) (Lab:68,37,54) 道路边线： (RGB:243,205,181) (Lab:85,11,17)	
6	2160	专用公路		M	道路面： (RGB:246,195,82) (Lab:82,10,62) 道路边线： (RGB:247,223,170) (Lab:90,3,29)	
7	2170	其他公路		M	道路面： (RGB:160,160,160) (Lab:66,0,0) 道路边线： (RGB:200,200,200) (Lab:81,0,0)	

参 考 文 献

［1］ GB/T 10001.5—2006 标志用公共信息图形符号 第5部分:购物符号

［2］ GB/T 10001.6—2006 标志用公共信息图形符号 第6部分:医疗保健符号

［3］ GB/T 20257.2—2006 国家基本比例尺地图图式 第2部分:1∶5 000 1∶10 000地形图图式

［4］ GB/T 20267—2006 车载导航电子地图产品规范